Joachim Renn · Existentielle und kommunikative Zeit

Joachim Renn

Existentielle und kommunikative Zeit

Zur „Eigentlichkeit“ der individuellen Person und ihrer dialogischen Anerkennung

M&P
VERLAG FÜR WISSENSCHAFT
UND FORSCHUNG

Die Deutsche Bibliothek – CIP-Einheitsaufnahme

Renn, Joachim:
Existentielle und kommunikative Zeit: Zur „Eigentlichkeit" der individuellen Person und ihrer dialogischen Anerkennung/Joachim Renn
– Stuttgart: M und P, Verl. für Wiss. und Forschung, 1996
Zugl.: Frankfurt, Univ., Diss., 1994
ISBN 978-3-476-45168-2

ISBN 978-3-476-45168-2
ISBN 978-3-476-04263-7 (eBook)
DOI 10.1007/978-3-476-04263-7

M & P Verlag für Wissenschaft und Forschung
ein Verlag der J.B. Metzlerschen Verlagsbuchhandlung und
Carl Ernst Poeschel Verlag GmbH in Stuttgart

Vorbemerkung

Eine solche Arbeit verdankt ihre Entstehung einer größeren Zahl von Menschen, als das Literaturverzeichnis verrät. Ich möchte darum zunächst diejenigen erwähnen, ohne die es nicht gelungen wäre.

An erster Stelle denke ich dabei an Thomas Barknowitz, ohne den ich die Art von grundlegender Motivation, über die man nicht diskutieren muß, nie entwickelt hätte.

Die Arbeit wurde in den Jahren 1992 und 1993 durch ein Stipendium von der Hessischen Graduierten Förderung unterstützt. Vieles verdanke ich meiner Familie, besonders Frau Dr. Uta Renn und Frau Irmingard Warm, die u.a. durch das Verständnis für eine nicht leicht verständliche Entscheidung einiges leichter gemacht haben.

Danken möchte ich meinen Betreuern: Prof. Dr. Jürgen Habermas für die gründliche, von jeder falschen Schonung freie, Kritik und Prof. Dr. Hansfried Kellner für die Toleranz gegenüber einer eigensinnigen Themenwahl.

Erwähnen möchte ich all diejenigen, die durch ihre Diskussionsbereitschaft und/oder die z.T. handwerkliche Mühe um unfertige Entwürfe meinen Intentionen zu einer mitteilbaren Form verholfen haben: Joel Anderson, Gesine Braun, Dr. Ferdinand Brüngel, Prof. Dr. Thomas McCarthy, Dr. Josef Früchtl, Dietmar Janetzko, Dr. Guy van Kerckhoven, Dr. Nikolas Kompridis, Dr. Christina Lafont, Anne Fritz Middelhoek, Claudia Reimann, Prof. Dr. Frithjof Rodi, Dr. Lutz Wingert.

Schließlich möchte ich denen danken, deren Engagement dadurch unverzichtbar wurde, daß es hinter der theoretischen Absicht stets die Person zu entziffern wußte: Jost Malsch, Rudolf Sievers, Dr. Arne Johan Vetlesen und besonders: Gritt Maria Klinkhammer. Für die Zeit der Überarbeitung zur Publikation möchte ich Matthias Dech für seine Hilfe danken, sowie Anja Wittek, die in vielen Hinsichten eine unschätzbare Unterstützung war.

Inhalt:

Einleitung - Ein vernünftiges Besonderes

Die Verbindung von 'existentieller' und 'kommunikativer' Zeit, die der Titel dieser Arbeit in Aussicht stellt, entspringt einer Verschränkung von zwei ausgesprochen heterogenen philosophischen Positionen. Es wird nach einer Verbindung gesucht zwischen der existentialistischen Hermeneutik der Faktizität von Martin Heidegger und der sprachphilosophischen Rationalitätstheorie, für die die Theorie des kommunikativen Handelns von Jürgen Habermas steht. Diese Suche erfolgt nicht auf dem Wege eines direkten Theorievergleiches. An die Stelle eines umfassenden, abstrakten und allzu ehrgeizigen Integrationsversuches tritt der Versuch, ein theoretisches Motiv der hermeneutischen Phänomenologie in mehreren Schritten aus der Perspektive einer pragmatischen Sprachphilosophie zu reformulieren. Dieses theoretische Motiv ist die Interpretation personaler Selbstverhältnisse. In der Heideggerschen Daseinsanalyse wird das Moment der Individualität personaler Selbstverhältnisse rekonstruiert als existentielle Zeitlichkeit. Im Gegensatz dazu steht eine kommunikationstheoretische Rekonstruktion, die mit dem Vorrang der Intersubjektivität vor einer subjektiven oder personalen Innerlichkeit das Moment der Allgemeinheit im Sinne rationaler Akzeptierbarkeit personaler Selbstverhältnisse in den Vordergrund rückt.

Das Anliegen dieser Arbeit besteht nun genau darin, in der Rekonstruktion dieses hermeneutisch-phänomenologischen Motivs aus der methodischen Perspektive einer pragmatischen Sprachphilosophie diese beide Momente, die besondere Individualität und die allgemeine rationale Akzeptierbarkeit, zusammenzuführen. In diesem Sinne soll am Ende ein Begriff 'kommunikativer Zeit' den Begriff existentieller Zeit sprachpragmatisch aufheben. Eine solche Integration ist nicht durch eine metatheoretische Lust am Jonglieren mit komplexen Theorien motiviert, sie wird vielmehr angeregt durch das thematisch konkrete Bedürfnis, sich darüber Rechenschaft zu geben, was wir heute meinen, wenn wir von einer Person als einem Individuum sprechen.

Eine der in letzter Zeit vieldiskutierten Thesen bringt eine umfassende 'Individualisierung' in Zusammenhang mit dem Nachlassen traditioneller gesellschaftlicher Bindungskräfte.[1] Der und die Einzelne, ausgezeichnet durch eine rasant beschleunigte berufliche und private Mobilität, werden zum Signum, aber auch zum fragwürdigen Symptom, einer in die Jahre gekommenen Moderne erklärt.

Neben der empirischen Frage, was es mit dieser Beobachtung auf sich habe, ist für eine philosophische, konzeptuelle Untersuchung von Interesse, was "Individualisierung" überhaupt bedeuten soll. Angesichts einer gewissen Inflation der Nachfrage nach flink konsumierbaren therapeutischen Eingriffen in die Lebensplanung der Einzelnen könnte man sich z.B. fragen, ob jene, die von 'Individualisierung' sprechen, nicht eigenlich 'Atomisierung' meinen. In jedem Falle ist das stereotype Bild des Vorstandes eines Ein-Personen-Haushaltes, des frei flottierenden und diese Freiheit zugleich feiernden und beklagenden 'Singles', weit entfernt von der romantischen Vorstellung der 'inneren Unendlichkeit' des Individuums. So wenig über die Bedeutung des Ausdruckes "Individuum" fest stehen mag, so eindeutig ist es, daß das Konzept menschlicher Individualität sowohl in der Alltagspraxis als auch in der Theorie in Bewegung geraten ist.

Die Erinnerung an die Alltagspraxis kann zu der Überlegung führen, wozu eine philosophische Bemühung überhaupt nützlich sein mag, die sich die Frage vorlegt, was 'Individualität' bedeuten 'soll'. Hat sich der moderne Mensch als ehrbarer Normalverbraucher nicht längst in der intuitiven Gewißheit eines Individualitätskonzeptes eingerichtet, dessen Begründungsansprüche drastisch heruntergeschraubt sind? Genügt es nicht sich durchzuschlagen, sich pragmatisch in einer "Bastel-Biographie"[2] zu bewähren, und gelegentlich eine Soziologie zu konsultieren, die das Verlangen nach einer vernünftigen Identität mit dem Konzept personaler Individualität auf die Seite einer 'alteuropäischen' Semantik schlägt, einer Semantik, die angesichts funktionaler Differenzierung und

[1] Vgl. dazu: Ulrich Beck, RG*, darin: 5. Kapitel: Individualisierung, Institutionalisierung und Standardisierung von Lebenslagen und Biographiemustern, S. 206ff. *(Sämtliche Titel werden im folgenden unter Angabe der Namen der Autoren und unter Verwendung von Siglen ausgewiesen und erscheinen entsprechend im Literaturverzeichnis.)
[2] Vgl. Elisabeth Beck-Gernsheim, WpF, S. 120.

Exklusionsverhältnissen zwischen sozialen und psychischen Systemen bestenfalls Selbsttäuschungen möblieren kann?[3]

Der Kommentar, den die philosophische Analyse beisteuert, ist indessen nur dann eine ungebetene und unwillkommene Zumutung, wenn ihr normativer Anspruch allein aus den Quellen der unbelehrbar traditionsverliebten Prätention eines verselbständigten Faches entspringt. Die Forderung, daß die Individualität einer Person unter Berufung auf Gründe 'vernünftig' genannt werden dürfe, ist jedoch keineswegs ein alter Zopf philosophischer Argumentation, die anders als durch den Bezug auf Rationalität ihre Einheit nicht bewahren kann. Diese Forderung wird in der Alltagspraxis selbst erhoben, wenn auch unter anderen Namen und in vielfältiger Gestalt. Der soziostrukturelle Druck zur Individualisierung, dessen Systemaspekt wohlweißlich in funktionalistischer Sprache beschrieben werden kann, hat sein Echo in der Innenansicht des Entscheidungsdruckes, der Lebensläufe ins Stottern bringt, in der Häufung der Situationen, die die Einzelnen zur Bestimmung der Zielgröße ihres einzelnen Lebens verpflichten. Warum dieser eine nicht der richtige Mann für jene ist, warum diese berufliche Fortbildung für diese eine das Richtige ist, wann sie, und wann er ein Kind bekommen sollen, welche von zwei sich ausschließende Möglichkeiten ergriffen werden soll; alle Fragen dieser Art setzen ein Abwägen in Gang, das nolens volens die Bestimmung berührt, was 'eine' und was 'meine' Individualität ist bzw. sein, bleiben und werden soll. Solche Fragen mögen aufgezwungen sein oder nicht; sie mögen das konkrete Arsenal der 'unzumutbaren Reflexionslasten' vorstellen, denen die Person im Zeichen spätmoderner Vergesellschaftung unterworfen ist, oder sie mögen die Obertöne einer unerhörten Verbreitung von Freiheitschancen sein, das Zeichen, daß auf den Zwang zur Individualisierung eine Innenansicht antwortet, der ein hohes Maß an Freiwilligkeit eigen ist; in jedem Falle sind solche Fragen jedoch nicht allein durch 'starke Bewertungen'[4] zu entscheiden. Das Beispiel Charles Taylor's: "Can you talk in reason to (...) say, those who seem ready to throw away love, children, democratic solidarity, for the sake of some career advancement?"[5] ist kein Fall, in dem das

[3] Vgl. Niklas Luhmann, I.
[4] Im Sinne von Charles Taylor's "strong evaluations", vgl. Taylor, SoS, und Anderson, ZBA.
[5] Taylor, EoA, S. 31.

Abwägen durch die Klärung der Hierarchie von persönlichen Werten zu einem Ende gebracht werden könnte, denn dazu müßte jeder Entscheidungsfall in seinem Wertbezug eindeutig und die Individualität ausschließlich eine besondere Konstellation von Verpflichtungen gegenüber allgemein verfügbaren Werten sein. Das Besondere einer Person ist jedoch das Einmalige eines Prozesses, und dieser ist kein schlingernder Kurs, den jede auf ihre Weise nach einem universalen Sternenhimmel bestimmt. Der Kurs richtet sich vielmehr nach dem spezifischen Zeithorizont ungleich konkreterer Maximen, also Handlungsanweisungen. Vernunft mischt sich unter, wo diese Maximen individuell aber doch einem und vielen anderen verständlich sein können. Diese Zeitlichkeit in die Vorstellung von der 'Individualität' einer Person aufzunehmen, ist die Aufgabe der hier versuchten begrifflichen Klärung.

Eine philosophische Begriffserklärung ist eingebettet in die Geschichte, die der Gebrauch eines Begriffs innerhalb einer Disziplin hinter sich hat und damit in sich trägt. Und in diesem Sinne ist das Problem menschlicher Individualität ein besonderer Fall, denn es steht auf der Agenda der Metaphysikkritik auf einem der ersten Plätze.

Der schmale Konsens der gegenwärtigen, zueinander Abstand haltenden philosophischen Positionen scheint in der Berufung auf ein 'nachmetaphysisches' Denken zu bestehen. Der Streit entbrennt, sobald gefragt wird, was unter einem solchen nachmetaphysischen Denken zu verstehen ist. Man kann sich mit Bezug auf den Habermasschen Begriff der kommunikativen Vernunft unter einem Denken nach der Metaphysik jene Form philosophischer Argumentation vorstellen, die das kantische Programm der Selbstbeschränkung des Vernunftgebrauches auf den Bereich nachprüfbarer Geltungsansprüche, mit der 'sprachphilosophischen Wende' verschränkt. Das heißt, vernünftig läßt sich über Vernunft nur sprechen, solange das Sprechen und das Gesagte einer intersubjektiven Praxis der Prüfung von Geltungsansprüchen ausgesetzt werden kann. Vernünftig kann nur solches sein, wogegen Einspruch erhoben werden kann.

Der kommunikationstheoretische Ausgang aus der Metaphysik hat z.B. gegenüber einer dekonstruktivistischen Metaphysikkritik den Vorteil, daß das Konzept der Vernunft und das Prinzip der Geltung nicht überhaupt preisgegeben werden muß. Auch mit Jacques Derrida läßt sich z.B. die sogenannte Subjektphilosophie, der vielleicht letzte glänzende Sproß der Metaphysik, kritisieren, aber mehr auch nicht. Will man demgegenüber das Projekt, die eigene Zeit in Gedanken zu fassen, umstellen und nicht einfach aufgeben, muß man gealterte Fragen eher reformulieren als abschaffen. Dann ist die Metaphysik nicht im Ganzen ein Problem, das zum Verschwinden gebracht werden sollte, sondern der Oberbegriff für eine Reihe von Problemen, die auf eine neue Art gestellt und behandelt werden können.

Der Begriff der Individualität einer Person stellt eines dieser Probleme dar. Jürgen Habermas bezeichnet eine kommunikationstheoretische Klärung der Bedeutung von Individualität als "(...) den Schlüssel für die Lösung dieses letzten und schwierigsten der von der Metaphysikkritik hinterlassenen Probleme."[6] Es ist ein Problem, weil in der Tradition der metaphysikkritischen Philosophie keine überzeugende Alternative zwischen zwei abstrakt entgegengesetzten Extremen zum Vorschein gekommen ist. Diese Extreme sind zum einen die Reduktion menschlicher bzw. personaler Individualität auf das Allgemeine und zum anderen die Beharrung darauf, daß die personale Individualität als das radikal begrifflich Uneinholbare zu verstehen sei.

Der Spannung zwischen diesen Extremen ist auch der Versuch ausgesetzt, mit nachmetaphysischen Begriffen zugleich am Moment der Universalität und der Unbedingtheit der Geltung festzuhalten und die besondere Individualität einer Person als vernünftig begründbar zu begreifen. Denn seit den Tagen der Kierkegaardschen Hegelkritik gilt der Versuch, die Individualität einer Person als 'diese' Individualität zu 'begreifen', als hoffnungslos. Die Identität allgemeiner Begriffe, so versicherte noch Adorno, bleibt dem Individuellen notwendig unangemessen.

Es ist das alte Problem des Zusammenhanges von Besonderem und Allgemeinem, das die philosophischen Traditionen durchzieht. Für die Romantik galt es als ausgemacht, daß die Spannung zwischen Besonderem und Allgemeinem unversöhnlich sei, oder aber auf Kosten der Mitteilbarkeit in einer verströhmenden Ichauflösung zu gewinnen wäre, deren inwendige Erscheinung Robert Musil später als das "ozeanische Gefühl" beschrieben hat.[7] Die Voraussetzung

---

[6] Habermas, EVVS, S. 184.
[7] Robert Musil, MoE.

einer ineffablen Individualität wurde zum prominentesten Rechtsgrund der Anklage gegen einen totalitären Vernunftbegriff.

Seit dem scheint die Frontlinie eher erstarrt zu sein, die jene, die das Besondere der individuellen Person an die Allgemeinheit der Begriffe assimilieren, von denen trennt, die auf jede Verallgemeinerbarkeit verzichten wollen und in ihr die Zumutung einer philosophisch sublimierten Doktrin der Staatsräson erkennen.

"Der Schlüssel zur Lösung" des Problems der individuellen Person liegt nun für eine kommunikationstheoretische Position in der folgenden Formulierung: "Die Bedeutung von Individualität erschließt sich aus der gleichsam autobiographischen Perspektive der ersten Person - nur ich selbst kann performativ den Anspruch stellen, als Individuum in meiner Einzigartigkeit anerkannt zu werden." Das allerdings erinnert noch immer an die subjektphilosophische Privilegierung der Innenperspektive des Bewußtseins, und gegen diese Privilegierung spricht die Einsicht in die Notwendigkeit, die Vorstellung aufzugeben, es gäbe einen unmittelbaren, direkten Zugang des Subjektes zu sich selbst. Darum muß ergänzt werden: Diese Idee gehört "...aus der Kapsel absoluter Innerlichkeit befreit und mit Humboldt und George Herbert Mead ins Medium einer Sprache verpflanzt, die die Prozesse der Vergesellschaftung und der Indivduierung miteinander verschränkt (...)."[8]

Das in dieser Arbeit verfolgte Ziel ist nun, näher zu klären, was das genau bedeuten und wie das möglich sein kann: Daß die Rekonstruktion einer Sprache, oder besser: einer Form des Sprachgebrauches, in der Individuierung und Vergesellschaftung verschränkt sind, einen Begriff personaler Individualität in Aussicht stellt, der das Moment der irreduziblen Besonderheit mit der intersubjektiven Geltung eines auf die personale Individualität bezogenen Geltungsanspruches verbinden kann. Ein leitender Verdacht lautet dabei, daß der kommunikationstheoretische Begriff der individuellen Person ein 'Übergewicht der Allgemeinheit' bisher nicht vollständig vermeiden kann. Wenigstens wird in der Theorie des kommunikativen Handelns die Rolle z.B. eines Sprechers, der an rationalen Diskursen beteiligt ist, ausschließlich durch die Angabe formaler, und d.h. allgemeiner, Kompetenzen charakterisiert. Zwar gibt es in der Theorie

[8] Habermas, EVVS, ebda.

des kommunikativen Handelns die Aufnahme der nichtverallgemeinerbaren ethischen Selbstverständigung von Personen sowie des von Dilthey abgelauschten Motivs der individuellen Lebensgeschichte einer Person. Doch diese Erweiterungen finden noch nicht recht Anschluß an den Anspruch, in dieser Aufnahme einen spezifischen Geltungsanspruch zu identifizieren, an dem gemessen man die individuelle Identität einer Person vernünftig nennen könnte.

Gerade wenn die Nichtverallgemeinerbarkeit von konkreten personalen Selbstverhältnissen zum principium individuationis erklärt wird, obwohl es dabei bleibt, daß die Vernünftigkeit begründeter Überzeugungen nicht ohne einen starken Universalitätsanspruch möglich sein soll, kann von einer gelungenen Vermittlung von Allgemeinem und Besonderem noch nicht gesprochen werden.

Wie also kann ich meine Individualität 'vernünftig' nennen, ohne ihre eigene Farbe und ihr Muster zu einem allgemein verpflichtenden Modell zu entstellen? Dabei liegt es auf der Hand, im Falle der Individualität einer Person an einen Modus der Vernünftigkeit von weitaus weniger ausgreifender Allgemeinheit zu denken. Die traditionelle Opposition von Besonderem und Allgemeinem ist nur solange ein guter Grund, die Auszeichnung der Vernünftigkeit dem Nichtallgemeinen vorzuenthalten, wie die Vernunft nichts Eingeschränktes sein kann.

Die Einschränkung der Vernünftigkeit einer personalen Individualität kann jedoch den Unterschied zwischen formaler und inhaltlicher Bestimmung sowie den Unterschied zwischen Verständlichkeit und Verbindlichkeit nutzen. Dann nämlich weiß man zu unterscheiden zwischen der besonderen, aber verständlichen Identität und der authentischen und als solche kritisierbaren Lebenspraxis einer Person. Vernünftig wäre dann die authentische Form des Lebensvollzuges mit ihrer nur einer Person auferlegten Verbindlichkeit und die hermeneutische Nachvollziehbarkeit ihrer individuellen Bestimmungen.

Wie aber eine intersubjektive Sprachpraxis, die allein den übersubjektive Rechtsgrund der Rationaliät gewährt, eine solche Authentizität ermöglichen und tragen soll, das ist noch nicht ausreichend geklärt. Das mag daran liegen, daß die rezenten Rekonstruktionen eines sprachpragmatischen Vernunftbegriffes dazu neigen, die Geltungsdimensionen der normativen Richtigkeit und der subjektiven Wahrhaftigkeit wahrheitsanalog zuzuschneiden. Das heißt, wenn das Moment der Unbedingtheit des Vernünftigen als eine kontextübergreifende

Beziehung gedacht wird, in der das kommunikative Handeln seine Einbettung überschreitet, fällt der besondere Kontext, den der zeitliche Horizont einer individuellen Existenz darstellt, zwischen den Polen der lokalen Bezüge und der universalen Beziehungen hindurch.

Die hier vorgelegte Arbeit wird durch diese Einschätzung motiviert und zu der folgenden Vermutung gebracht: Ein erneuter, gezielter Rückgriff auf die durch die Metaphysikkritik überwundene 'Subjektphilospophie' kann zu einer Lösung des Problems der Rekonstruktion personaler, individueller Identität beitragen. Dieser gezielte Rückgriff ist der Versuch, die phänomenologisch-hermeneutische Theorie der Zeitlichkeit des Bewußtseins bzw. der Person sprachtheoretisch aufzuheben. Denn während die phänomenologisch-hermeneutische Deutung der spezifischen Zeitlichkeit eines personalen Selbstverhältnisses das Moment des Besonderen hervorstreicht, kann eine sprachtheoretische Rekonstruktion dieser Deutung den Anschluß an die sprachlich vermittelte Geltung gewährleisten.

Welchen Sinn kann dabei aber das Moment des Besonderen haben, sobald die Nichtkommunizierbarkeit der inneren Unendlichkeit des Individuums als Charakteristikum ausscheidet?

Ein gängiges Stichwort ist der Ausdruck "Einzigartigkeit". Mit diesem Begriff allein läßt sich jedoch bei Licht besehen wenig anfangen. Für die metaphysische Substantialitätsunterstellung, ohne die der Ausdruck "Einzigartigkeit" gar keine klare Bedeutung hat, spricht allein schon, daß "Einzigartigkeit" ein unauflösbares Oxymoron ist. Entweder etwas ist einzig, oder aber es gehört einer Art an. Die Zugehörigkeit zur Gattung der Entitäten, die 'einzig in der Welt sind', ist selbst eine allgemeine Bestimmung. Und für die konkrete Ausfüllung dessen, was dabei mit dem Partikel "einzig" angezeigt sein soll, steht im Sinne einer kommunikablen Bestimmung so wenig zur Verfügung, wie für eine propositionale Übersetzung des beharrlichen, leeren Hinweises auf "dieses" und immer wieder "dieses".

Genausowenig genügt es, die Individualität einer Person ausschließlich als Gesamtheit ihrer Differenzen zu allem und jedem zu begreifen. Hegels Tadel der abstrakten Negation kann hier Vorbild sein für die Verweigerung, es bei dem leeren Hinweis auf eine unbestimmte Verschiedenheit bewenden zu lassen.

Eine Person versteht sich nicht dadurch als Individuum, daß sie unaufhörlich sich selbst vorspricht, sie sei dies nicht, sie sei das nicht, und das nächste ebensowenig. Eine individuelle Person zu sein, ist nicht bloß die ars vivendi eines selbstbezüglichen Skeptikers, sondern es bedeutet, in relevanten Fällen genau zu wissen, welche konkreten Bestimmungen (jetzt) auf einen selbst zutreffen und welche nicht. Das Selbstverhältnis einer Person muß einen bestimmten oder bestimmbaren Inhalt haben (auch wenn solche Inhalte nicht unveränderlich sind). Und auch wenn zur Individualität einer Person das Übergewicht von Selbstbestimmungen über Fremdbestimmungen gehört, so ist doch die Bestimmbarkeit konkreter Inhalte nicht anders verständlich als unter Rückgriff auf die intersubjektive Verständlichkeit des Bestimmten.

Für die Klärung dessen, was mit der Individualität einer Person gemeint sein soll, scheint mir darum der Begriff der Unvertretbarkeit der aussichtsreichste zu sein.

Denn die Einheit von Identität und Differenz, die als Gleichzeitigkeit von allgemeiner Verständlichkeit und individueller Bestimmtheit die Vernünftigkeit individueller personaler Selbstverhältnisse trägt, ergibt sich nicht aus einer Leipnizschen unendlichen Versammlung allgemeiner Prädikate, sondern aus der Unterscheidung zwischen Verstehbarkeit und Vertretbarkeit. Wir können das individuelle Selbstverhältnis einer Person als ein individuelles verstehen, weil es zwar intersubjektiv verständlich (sein kann) ist, aber doch nur von ihr selbst 'vertreten' werden muß. Und 'Vertreten' hat dann nicht den deskriptiven Sinn der Beharrung auf einer Behauptung, sondern den praktischen Sinn der Übernahme einer Verpflichtung. Die Person vertritt mit Bezug auf sich selbst keinen theoretischen Standpunkt, sondern sie ist als diejenige, der bestimmte Verbindlichkeiten auferlegt sind, durch niemanden zu vertreten.

Die Annahme, die Individualität einer Person müsse als substantielle Unvergleichbarkeit von theoretisch erfaßbaren Eigenschaften gedacht werden, ist der direkteste Weg zu der abstrakten Behauptung der Unverständlichkeit und Nichtmitteilbarkeit von existentiellen Selbstverhältnissen. Nur wenn vorausgesetzt wird, daß alles Verstehen sich deskriptiv auf Erkenntnisgegenstände bezieht und dabei notwendig allgemeine Begriffe zur Anwendung bringt, erzwingt es die Zuschreibung von Individualität, die individuelle Person in die Einsamkeit einer innerlichen Ineffabilität zu verbannen.

Mit dieser einleitenden Präzisierung des Momentes des Besonderen, an das bei dem Begriff der individuellen Person zu denken ist, wird bereits vorweggenommen, was in dieser Arbeit als ein Zwischenergebnis erscheinen wird: Das Selbstverhältnis einer Person hat vornehmlich einen praktischen Sinn. Die Versuche, eine Person als individuellen Gegenstand einer theoretischen Auffassung und Selbstauffassung zu beschreiben, können die Intuition, an die der Ausdruck "Individualität" erinnert, nicht angemessen einholen.

Diese erste Festlegung erklärt, warum es hier auch um Heidegger geht: In Heideggers Daseinsanalyse wird zugleich das Moment des Besonderen unter dem Zeichen der Existentialität in radikaler Form unterstrichen und mit dem Begriff der Unvertretbarkeit auf die praktische Dimension personaler Selbstverhältnisse bezogen. Zudem ist es die Heideggersche Daseinsanalyse, in der der Sinn der individuellen Unvertretbarkeit durch eine Analyse der spezifischen Zeithorizontalität von Selbstverhältnissen entschlüsselt wird.

Gleichwohl gelingt in der Daseinsanalyse die radikale Betonung des Besonderen wiederum nur auf Kosten der rationalen intersubjektiven Akzeptierbarkeit von personalen Selbstverhältnissen. Aus eben diesem Grunde wird hier, wie gesagt, eine 'Aufhebung' der phänomenologisch-hermeneutischen Verknüpfung von personalen Selbstverhältnissen und Zeithorizontalität angestrebt. Der Weg dieser Aufhebung ist eine sprachtheoretische Transformation des Konzeptes zeitlicher Horizontalität. Dieser Versuch einer Transformation besteht genau genommen aus drei nacheinander vollzogenen Transformationen:

1) Zunächst wird die transzendentale Phänomenologie Husserls betrachtet. Sie ist die paradigmatische Theorie eines bewußten Selbstverhältnisses, in der der Zusammenhang zwischen Bewußtsein, Zeit, Reflexion und Sprache in beispiellos differenzierter Form analysiert wird. Allerdings stehen alle diese Analysen unter dem Vorbehalt, nicht das Selbstverhältnis einer individuellen Person zu beschreiben, sondern die Reflexivität des transzendentalen Ego. Gleichwohl ist der Ansatz bei Husserl sinnvoll. Denn eine methodologische Rekonstruktion der transzendentalen Phänomenologie kommt zu dem Ergebnis, daß eine unausweichliche Aporie, die Spannung zwischen der Wahrheitstheorie bzw. dem

Letztbegründungsanspruch und der Zeitlichkeit der Reflexion, eine Detranszendentalisierung erzwingt. Diese Detranszendentalisierung setzt erstens personalitätstheoretische Potentiale frei und macht zweitens die Ergebnisse Husserls zu einem geltungstheoretischen Korrektiv der im zweiten Schritt betrachteten Heideggerschen Daseinsanalyse. Mit Husserl gelangt die Untersuchung, unter der Bedingung einer detranszendentalisierenden Interpretation, zu der Gewißheit, daß bewußte Selbstverhältnisse mit Bezug auf eine spezifische Zeithorizontalität und auf eine intersubjektive Sprache, ohne die eine konkrete Reflexion nicht möglich ist, analysiert werden müssen. (Teil 1., 1.1.-1.4.)

2) Die erste Transformation setzt mit der Untersuchung der Heideggerschen Daseinsanalyse ein. Es ist die hermeneutische Transformation der transzendentalen Phänomenologie, und d.h. eine hermeneutische Variante der Detranszendentalisierung. In Heideggers Daseinsanalyse wird der Begriff der Intentionalität im Rahmen der 'Hermeneutik der Faktizität' umgeformt. An die Stelle der weltentrückten Immanenz des Egos tritt das existentielle Weltverhältnis eines Daseins. Heidegger spezifiziert den Begriff der Zeithorizontalität zu dem Begriff der existentiellen ekstatischen Zeit. Mit dieser Spezifikation tritt die existentielle Genese als Individualisierung einer Person im Sinne der Ausbildung eines individuellen Zeithorizontes des Selbstverständnisses in Erscheinung. Zudem wird bei Heidegger deutlich, daß ein existentielles Selbstverhältnis in die pragmatische Dimension gehört. D.h., eigentliches Dasein versteht sich selbst vornehmlich mit Bezug auf Handlungen und normative Entscheidungen. Die korrigierende Funktion der Husserlschen Verknüpfung von Sprache und intersubjektiver Geltung wird an dem Punkt relevant, wo Heidegger die existentielle Genese (und den Begriff einer ursprünglichen Zeit) von der Öffentlichkeit einer intersubjektiven Sprache radikal trennt. In den Analysen von Heideggers Zeittheorie und von seinem Konzept der Alltäglichkeit wird deutlich, daß die Abwertung der intersubjektiven Dimension auch aus immanenten Gründen eine weitere Transformation erzwingt. (Teil 2., 2.1.-2.4.)

3) Diese zweite Transformation besteht in einer an der sprachanalytischen Philosophie orientierten Reinterpretation des Zusammenhanges von existentiellem Selbstverhältnis und ursprünglicher Zeit. Mit der Narrativitätstheorie von Paul Ricoeur wird versucht, unter Bewahrung der Heideggerschen Interpretati-

on des Zusammenhanges zwischen der Zeit, dem existentiellen Selbstverhältnis und der praktischen Orientierung einer Person, eine intersubjektive Form der ursprünglichen Zeit zu identifizieren. Wegen der Unhaltbarkeit von Heideggers Begriff eines vorprädikativen und dennoch gehaltvollen Verstehens, und d.h. aus bedeutungs- und geltungstheoretischen Gründen, muß diese intersubjektive Form einer ursprünglichen Zeit eine Form der sprachlichen Darstellung von Zeit sein. Diese Form wird mit Ricoeur in der Struktur der Erzählung gefunden. Die Rekonstruktion der Ricoeurschen Hermeneutik macht klar, daß der intersubjektive Sprachgebrauch als Bedingung der Möglichkeit der existentiellen Genese zu betrachten ist. Die bedeutungs-, geltungs- und referenztheoretischen Analysen des narrativen Sprachgebrauches zeigen, daß mit dem Übergang zu Ricoeur ein methodischer Übergang von der bewußtseinsphilosophischen zur sprachphilosophischen Perspektive vollzogen worden ist. Das Konzept einer notwendig indirekten Reflexion von Intentionen und von personalem Bewußtsein im Ganzen führt zur Betonung einer nicht intentionalistisch rekonstruierbaren intersubjektiven Sprache.

Allerdings bleibt die Ricoeursche Hermeneutik dem Dogma der Schriftlichkeit verhaftet. Die entscheidende Frage nach der Struktur der intersubjektiv ermöglichten Indidvidualisierung wird von Ricoeur wegen seiner Beharrung auf der Unhintergehbarkeit des schriftlichen Mediums nicht befriedigend beantwortet. Zwar kann Ricoeur den pragmatischen, personalitätstheoretisch relevanten Zeithorizont als die öffentlich zugängliche Struktur der Narration identifizieren. Er unterläßt jedoch den, gemäß der gesammten Interpretation konsequenten, Schritt zu einer Analyse eines spezifischen individualisierenden Sprachgebrauches. (Teil 3, 3.1.-3.4.)

4) Darum wird eine dritte Transformation notwendig. Diese Transformation ist die Erweiterung von Ricoeurs Wende zur Sprachphilosophie um den Übergang zu einer sprachpragmatischen Betrachtung des Zusammenhanges zwischen Person, Zeit und Sprache. An dieser Stelle wird versucht, die Ergebnisse von Ricoeurs Analyse der Verbindung von Zeit und Erzählung für eine Untersuchung der zeitlichen Struktur der Verknüpfung von Sprechakten zu nutzen. Die abschließende These wird lauten, daß nur eine durch die gesamte vorstehende Interpretation des Verhältnisses von Person, Zeit und Sprache vorberei-

tete Untersuchung der Zeitstruktur des kommunikativen Sprachgebrauches den phänomenologisch-hermeneutischen Begriff eines praktischen, zeitbezogenen Selbstverhältnisses aufheben und zugleich die Genese eines unvertretbaren und rational akzeptierbaren Selbstverhältnisses erklären kann. Der Begriff, der ein solches Programm repräsentieren soll, ist schließlich der einer "kommunikativen Zeit". (Teil 4, 4.1.-4.4.)

Bei diesem Ergebnis geht es letzten Endes um mehr als um das Selbstverhältnis von Personen. Eine Untersuchung der Zeitstruktur der Kommunikation ist für zusätzliche Fragen relevant. So gehört der Begriff der Zeit schlechthin zu den wesentlichen metaphysikkritischen Prüfsteinen. Ein kommunikationstheoretisches 'nachmetaphysisches' Denken muß das Problem der Zeit, nicht der dekonstruktivistischen Kritik am metaphysischen Präsentismus überlassen. Ein entsprechendes Projekt würde allerdings die hier vorgelegte Arbeit hoffnungslos überfordern. Die Generalisierung der Zeitfrage bleibt darum im Hintergrund.

Dennoch soll nicht unerwähnt bleiben: neben dem Begriff der Person ist es das zweite, im Hintergrund präsente, Ziel dieser Arbeit, am Leitfaden der Frage nach personalen, individuellen Selbstverhältnissen den Zeitstrukturen des kommunikativen Sprachgebrauches in einem verallgemeinerbaren Sinne auf die Spur zu kommen.

Die Vermutung lautet dabei, daß die personalitätstheoretisch inspirierte Beschreibung der Zeitlichkeit des kommunikativen Sprachgebrauches sich nicht darin erschöpfen kann, das Nacheinander von Sprachhandlungen auf einer linearen Chronologie abzubilden.

An der Kommunikation sind Personen beteiligt. Und eine Sprachhandlung zu vollziehen und zu verstehen, erfordert, was die Zeit angeht, mehr als die Kenntnis der Reihenfolge von Zeitpunkten und die Kenntnis des Zeitpunktes, zu dem man als Sprecher 'an der Reihe' ist. Sprechenden Personen muß zudem das Verständnis unterstellt werden können, in welcher Beziehung ein jeweiliger Sprechakt zu den anderen Sprechakten steht, mit denen er einen Kontext bildet. Was eine Äußerung bedeutet, hängt nicht allein ab von der intersubjektiv allgemeinen Bedeutung der Wörter, aus denen sie besteht. Die Bedeutung einer Äußerung wird unter anderem dadurch bestimmt, wie sie zusammen mit anderen Äußerungen ein kommunikatives Geflecht bildet. Die Beschreibung eines solchen Geflechtes hängt mit der Beschreibung der Zeitlichkeit des kommunikativen Handelns eng zusammen.

Es soll also Folgendes untersucht werden: Wie kann sich unter der Bedingung der Unmöglichkeit eines direkten Zugangs einer Person zu sich selbst die Genese eines personalen, individuellen Selbstverhältnisses in der Vermittlung durch einen intersubjektiven Sprachgebrauch vollziehen. Und wie kann eine solche Genese personaler Selbstverhältnisse in dem Sinne als existentielle Genese verstanden werden, daß die Intersubjektivität der Möglichkeitsbedingungen und der Verständlichkeit eines personalen Selbstverhältnisses nicht in Widerspruch gerät mit der besonderen Unvertretbarkeit einer Person. Denn erst diese jemeinige Unvertretbarkeit unterscheidet ein individuelles Selbstverhältnis von der allgemeinen Eigenschaft, daß Personen sich zu sich verhalten. Das Motiv, das hier verfolgt wird, ist darum der Versuch, der phänomenologisch-hermeneutischen Zeittheorie in mehreren Schritten eine sprachphilosophisch transformierte Fassung zu geben. Denn wenn eine solche Transformation gelingt, kann das Moment der Existentialität mit dem Begriff eines rationalen Selbstverhältnisses im Sinne der intersubjektiven Geltung und Verständlichkeit dieses Selbstverhältnisses zusammengedacht werden.

Der Effekt dieser Untersuchung ist schließlich zweitens, daß die sprachphilosophische Transformation des phänomenologisch-hermeneutischen Zeitbegriffes, die Rekonstruktion des Sprachgebrauches auch unabhängig von der Personalitätsfrage bereichert. Denn wenn eine Rekonstruktion der intersubjektiven Möglichkeitsbedingungen der Ausbildung eines individuellen personalen Selbstverhältnisses zu der Annahme einer spezifischen Zeitlichkeit des kommunikativen Sprachgebrauches, zu dem Begriff einer "kommunikativen Zeit", führt, dann ist diese Zeitlichkeit nicht auf die Intentionalität der beteiligten Sprecher zu reduzieren.

Die Einführung eines Begriffes "kommunikativer Zeit" hätte also - entlang der personalitätstheoretischen Fragestellung - die zeitbezogene Analyse einer allgemeinen Grundstruktur des kommunikativen Sprachgebrauches zumindest unterstützt.

1. Teil: Husserl - die immanente Zeit

1.1. Das transzendentale Subjekt als allgemeines bewußtes Selbstverhältnis

Es gibt in den Schriften des 'späten' Husserl, in den Texten der sogenannten 'genetischen' Phänomenologie, eine rudimentäre Theorie der Personalität. Diese Theorie erscheint unter dem Titel der "personalen Einstellung" des transzendentalen Ego. In dieser Theorie werden Bestimmungen dieser personalen Einstellung vorgenommen, die Elemente enthalten, welche für die Zwecke dieser Arbeit interessant sind. Denn dort ist die Rede von einer im Prinzip 'individuellen' subjektiven Welt, von der Abhängigkeit personaler Selbstverhältnisse von der Perspektive der anderen Personen, schließlich von einem "kommunikativen Personenverband", auf dessen gemeinsamen Sprachgebrauch die reflexive Erfahrung einer Person von sich selbst bezogen werden muß.

Allerdings: diese Bestimmungen stehen allesamt unter dem Vorbehalt des Primates der subjektiven Konstitution durch das transzendentale Ego. Dieser Vorbehalt ist in erster Linie als eine methodologische Voraussetzung relevant. Husserl bleibt davon überzeugt, daß a) der Zusammenhang zwischen dem intersubjektiven, innerweltlichen Sprachgebrauch und personalen Selbstverhältnissen selbst ein subjektives Phänomen ist, und daß b) darum eine Rekonstruktion dieses Zusammenhangs aus der Perspektive der ersten Person, aus der bewußtseinsphilosophischen, phänomenologischen Perspektive vorgenommen werden muß.

Dieser methodologischen Prämisse wegen bleibt die transzendental phänomenologische Analyse eines bewußten Selbstverhältnisses stets die Analyse der allgemeinen Selbstbeziehung des einen universalen transzendentalen Subjektes. Das Interesse an einer Rekonstruktion der personalen Identität im Sinne eines individuellen bewußten Selbstverhältnisses muß darum in erster Linie diese methodologische Prämisse einer kritischen Überprüfung unterziehen und - im begründeten Falle - außerkraft setzen.

Warum dann überhaupt mit Husserl beginnen? Die Aufmerksamkeit für Husserl lohnt sich, weil ungeachtet der transzendentalen Perspektive in Husserls Analysen des Bewußtseins der Zusammenhang zwischen einem bewußten Selbstverhältnis, der Reflexivität, der Sprache und vor allem: der Zeit in unvergleichlicher Differenziertheit entfaltet wird.

Wenn also die folgende Interpretation der Husserlschen Phänomenolgie über weite Strecken der Rekonstruktion ihrer methodologischen Aporie gewidmet ist, so geht es hierbei nicht bloß um eine (heutzutage wohlfeile) Widerlegung der sogenannten Bewußtseinsphilosophie, sondern es geht um den Versuch, im Zuge einer methodologischen Transformation das Potential einer differenzierten Analyse der Zeitlichkeit und der Sprachlichkeit eines bewußten, reflexiven Selbstverhältnisses 'aufzuheben'.

Im Vordergrund wird dabei das Verhältnis der Reflexivität zur Zeitlichkeit und der Sprache als der Bedingung ihrer Möglichkeit stehen.

Die Methodologie der transzendentalen Phänomenolgie ist überdies nicht nur ein Hindernis für eine Rekonstruktion der personalen Identität, sondern sie sorgt - wegen der hervorragenden Bedeutung der Geltungsproblemtik in Husserls Fragestellungen - dafür, daß die Rekonstruktion der Personalität als Individualität aufmerksam bleibt für die Rationalitätsfrage. (Das wird in der Beschäftigung mit Heidegger im zweiten Kapitel zu einer heilsamen Gegenkraft werden.)

Denn es ist ein Leichtes, im Zuge eines von Hegel, von der Metaphysik und vom Transzendentalismus übersättigten Ästhetizismus den Menschen als Individuum auf die Seite einer kriterienlosen Selbstgenügsamkeit zu stellen, in die die konventionelle Intersubjektivität nicht hereinzureden hat. Wohingegen es weniger leicht ist, die Individualität einer Person zugleich als Differenz oder Unvertretbarkeit und als etwas intersubjektiv rational Legitimier- oder Anerkennbares zu verstehen.

Auch um dieser Verbindung willen wird hier der Anfang mit Husserl gemacht; denn zu den Einsichten seiner Phänomenologie, die bei aller Transformation nicht aufzugeben sind, zählt die Notwendigkeit der Verbindung zwischen personalem Selbstverhältnis und der intersubjektiven Geltung von zeitlich und sprachlich vermittelten Reflexionen.

Die folgende Untersuchung geht also zunächst weite Wege durch die Rekonstruktion der phänomenologischen Bewußtseinsanalyse und ihrer Methode. Dabei ist jeder einzelne Schritt jedoch als Vorbereitung zu verstehen auf eine detaillierte Rekonstruktion eines Begriffes eines personalen Selbstverhältnisses und der Bedingungen seiner Möglichkeiten. Die Konzentration auf die komplexen Husserlschen Texte ist mithin theoretisch durch diese Vorbereitungsfunktion legitimiert. Darüberhinaus, das soll an dieser Stelle betont werden, ist die Wahl der Phänomenologie zum Ausgangspunkt der Untersuchung motiviert durch den großen Respekt vor einem Denken, daß an Konsequenz und Redlichkeit nach wie vor nicht leicht zu überbieten ist.

Die folgenden Analysen der Husserlschen Phänomenologie verfolgen also, wie gesagt, zwei unterschiedliche Ziele: Es soll erstens gezeigt werden, daß Husserls Theorie des Bewußtseins zu dem Ergebnis führt, daß ein rationales bewußtes Selbstverhältnis nur rekonstruiert werden kann mit Bezug auf die Sprache und auf eine spezifische Zeitlichkeit, die als Horizont der Bestimmbarkeit von Intention und Bewußtsein fungieren. Es soll jedoch zweitens gezeigt werden, daß ein solcher Bezug auf die Sprache und auf die Zeit sich von dem methodologischen Selbstverständnis der Phänomenologie distanzieren muß. Daß diese Distanzierung notwendig ist, wird begründet durch die Rekonstruktion der grundsätzlichen Aporie der transzendentalen Phänomenologie. Diese Aporie wird erst auf der Ebene der phänomenologischen Methodologie sichtbar. Darum ist ein längerer Weg durch die verzweigten Einzelheiten der Evidenz-,Bedeutungs-, und Intentionalitätstheorie Husserls unerläßlich. Das zentrale Thema, das individuelle personale Selbstverhältnis, tritt also während dieser vorbereitenden Analysen von Zeit zu Zeit in den Hintergrund, wenn auch die Untersuchung der bewußtseinstheoretischen Details den Begriff eines bewußten Selbstbezuges stetig anreichert.

Die Phänomenologie, wie Husserl sie verstanden wissen wollte, unternimmt zum Zwecke der "subjektiven Selbstaufklärung" eine introspektive Analyse des Bewußtseins. Darum ist für die Theorie des Bewußtseins und für die Methode der Bewußtseinsanalyse der Begriff der Refexivität gleichermaßen entscheidend.

Mit Bezug auf die phänomenolgische Introspektion sind drei Formen der Reflexivität zu unterscheiden. Die theoretische Reflexivität, man könnte sagen: diejenige erster Ordnung, besteht zwischen verschiedenen, aufeinander bezogenen, intentionalen Gehalten, also auf der Gegenstandsebene; sie ist die immanente Reflexivität des primordialen Ego, die der Phänomenologe beschreiben will: identifizierende und reproduzierende Akte reflektieren andere fungierende Akte, die mit ihnen auf einer Stufe stehen.

Die Beschreibung der theoretischen Reflexivität, d.h. die introspektive Tätigkeit des Phänomenologen, bedeutet eine Reflexivität zweiter Ordnung. Sie ist eine Reflexion der theoretischen Reflexivität, die als Methode der Reflexion, die zur Theorie des reflexiven Bewußtseins führt, methodische Reflexivität genannt werden kann. Dabei erleichtert Husserls präzise Trennung zwischen Theorie und Methode es, jene Ebenen zu unterscheiden. Die methodische Reflexivität realisiert sich in der phänomenologischen Deskription in der Perspektive der ersten Person Singular, deren Gegenstand die gesamte Intentionalität des Bewußtseins ist.

Eine dritte Ebene der Reflexivität wird erreicht, wenn der Phänomenologe seine eigene Methode reflektiert, wenn also das Verhältnis der methodischen zur theoretischen Reflexivität selbst reflektiert wird. Diese dritten Ebene kann methodologische Reflexivität genannt werden.

Aus der Perspektive dieser methodologischen Reflexion zeigt sich, daß die theoretische und die methodische Reflexivität in bestimmter Weise "konvergieren" müssen. Denn die transzendentale Phänomenologie ist gedacht als subjektive Selbstaufklärung; die theoretische Reflexivität des Bewußtseins muß demnach als Bedingung der Möglichkeit der methodischen Reflexion ausweisbar sein, wenn der Phänomenologe die Strukturen der transzendentalen Subjektivität introspektiv gewinnen können soll. Denn die transzendentale Subjektivität, die der Phänomenologe untersuchen will, muß selbst Bedingung der Möglichkeit dieser Untersuchung sein. Konvergenz von theoretischer und methodischer Reflexivität heißt dann: die theoretische Reflexivität des immanenten Bewußtseins ist hinreichende Bedingung der Möglichkeit der methodischen Reflexion, und die Subjektivität ist sich selbst vollständig transparent. Denn anderenfalls könnte erstens die methodische Reflexion keine reine, d.h. neutrale und adäquate, Beschreibung sein, und zweitens müßte dann an der Möglichkeit intransparenter Teile der beschriebenen Subjektivität der Anspruch der Letztbegründung durch vollständige Ausweisung des subjektiven Fundamentes epistemischer und perzeptiver Möglichkeitsbedingungen scheitern.

Denn die Phänomenologie kann nicht zulassen, daß die bewußte Ausweisung der letzten Fundamente auf ein Unbewußtes verweist. Es läßt sich also festhalten: nur unter der Bedingung der dergestalt definierten Konvergenz von theoretischer und methodischer Reflexion holt sich die Subjektivität in der Introspektion selbst ein. Nur dann kann die introspektive Reflexion als neutrale Selbstbeschreibung gelten, die in reiner, vorurteilsloser Beschreibung die transzendentale Subjektivität freilegt.

Durch die methodologische Reflexion wird also deutlich, daß Husserls Theorie der synthetischen Leistungen des transzendentalen Subjektes immer schon selbstreferentiell die Bedingungen der Möglichkeit introspektiver Deskription betrifft. Unstimmigkeiten auf der Ebene theoretischer Reflexivität werden damit notwendig zu Problemen der phänomenologischen Methode. Entsprechend tritt die Aporie der Phänomenologie auf der Ebene einer methodologischen Betrachtung als die Uneinlösbarkeit des methodologischen Geltungsanspruches in Erscheinung. Denn hier muß die Konvergenz zwischen theoretischer Reflexion und phänomenologischer Beschreibung nicht nur konstatiert werden, sondern es stehen die grundsätzlichen Prämissen der Phänomenologie auf dem Spiel.

Die phänomenologische Aporie ist in erster Linie ein methodologischer Selbstwiderspruch; denn was sich als aporetisch erweist, ist der Versuch, das transzendentale Subjekt im phänomenologisch geforderten Modus evidenter Selbstgegebenheit - in originärer Anschaulichkeit - auszuweisen. Verantwortlich dafür sind die Konsequenzen der zeitlichen Struktur der Reflexion für die methodische Forderung, Subjektivität als Bewußtseinsstrom in anschaulicher Gegenwart und im Modus des Selbstbewußtseins auszuweisen. Denn diese Forderung kann nicht erfüllt werden. Husserl kommt im Rahmen der Zeittheorie zu widersprüchlichen Schlußfolgerungen. Diese betreffen den zeitlichen Status der Subjektivität und damit die Konvergenz zwischen theoretischer und methodischer Zeitlichkeit. Das Subjekt entzieht sich der methodischen Reflexivität (aufgrund von Bestimmungen der Zeitlichkeit der theoretischen Reflexion) in die, von Husserl so genannte, "Anonymität" eines ungreifbaren Fundamentes; eben weil es selbst zeitlich ist.

Ein Vergleich zwischen Husserl und Frege, und d.h. eine Betrachtung der entscheidenden Differenz in der Einheit ihres gemeinsamen Antipsychologismus, kann den Begriff des transzendentalen Bewußtseins klären:

In den "Logischen Untersuchungen" (LU) begegnet uns Husserl als Phänomenologe, ohne daß mit der Bezeichnung "Phänomenologie" schon ausdrücklich eine Transzendentalphilosophie gemeint wäre. Erst in den "Ideen" wird das charakteristische Verfahren der phänomenologischen Methode entfaltet, von der in den LU zunächst nur die "ideeierende Abstraktion" auftaucht.[1] Doch schon hier wird deutlich, in welcher Dimension die Subjektivität untersucht wird, welcher Fragehorizont und welches Verfahren angestrebt werden:

Die LU sind Arbeiten an einer letztbegründenden Wissenschaftstheorie, einer nichtpsychologischen Grundlegung der formalen und insbesondere mathematischen Logik. Ihr Ziel ist die für die theoretische Allgemeinheit im Sinne einer "apriorischen" Rechtfertigung[2] zu leistende Letztausweisung ihres Geltungsanspruches. Das Medium dieser Ausweisung ist dabei von vornherein subjektivistisch zugeschnitten; denn die Phänomenologie befaßt sich mit verbindlichen Strukturen der Erscheinung theoretischer Allgemeinheiten im "Wissensakt". Sie hat es laut Husserl "..ausschließlich mit den in der Intuition erfaßbaren und analysierbaren Erlebnissen in reiner Wesensallgemeinheit zu tun."[3]

Demzufolge versteht sich Phänomenologie als eine universalistische Fundamentalwissenschaft, die nur durch die ihre Eigenart begründende Fokussierung auf Subjektivität in einem vermittelten Zusammenhang mit dem Thema personaler Individualität steht.

Daß Husserls subjekttheoretisches Interesses zu der Frage nach dem Bewußtsein personaler Individuen einigen Abstand behält, wird auch dadurch deutlich, daß man unter der Überschrift "Antipsychologismus" so unterschiedliche Philosophen wie Husserl und Frege vergleichen kann. Michael Dummett hat in seiner theoriegeschichtlichen Erinnerungsarbeit über "Ursprünge der analytischen Philosophie" unter Berufung auf den Antipsychologismus die Phi-

---

[1] Husserl, LU II, § 2, S. 5.
[2] Husserl, LU II, § 2, S. 2.
[3] Husserl, LU II, § 2, S. 2.

losophie Husserls zusammen mit der Philosophie Freges zu den Repräsentanten der Initialgedanken der analytischen Wende zur Sprache gezählt. Das ist auf den ersten Blick erstaunlich, da doch die phänomenologische Tradition nahezu das Gegenteil einer Wendung zur Sprache darstellt. Der Vergleich gilt jedoch auch nur für den auslösenden Gedanken des Antipsychologismus. Von diesem Anfang aus, so Dummett, verzweigen sich die beiden Traditionen, die in großer Nähe zueinander entsprungen sind, um wie die Flüsse Rhein und Donau in unterschiedliche Meeren zu münden.[4] Zur Bestimmung dieses gemeinsamen Gedankens spricht Dummett von der "Vertreibung der Gedanken aus dem Bewußtsein". In Bezug auf Frege liegt es auf der Hand, daß schon die Unterscheidung zwischen einerseits rein privaten, nicht ausdrückbaren, "Vorstellungen" und andererseits "Gedanken", die unabhängig davon bestehen, wer immer sie 'hat' oder denkt, diesen Ausdruck rechtfertigt.

Bei Husserl ist es nicht ebenso selbstverständlich, diese Vertreibung der Gedanken aus dem Bewußtsein zu finden. Dummetts Metapher ist nur dann angemessen, wenn man hier unter Bewußtsein das personale Bewußtsein, das Gegenstand einer psychologistischen Logik ist, versteht. Dann trifft die Beschreibung auch auf Husserl zu. Doch es empfiehlt sich, zwischen allgemeinem und personalem Bewußtsein zu unterscheiden (worauf Dummett wenig Wert legt). Denn nur so erklärt es sich, daß Husserl und Frege einer ähnlichen Vertreibung das Wort reden, obwohl der Weg des einen bei der Sprache und der des anderen im transzendentalen Bewußtsein endet.

Der Vergleich zwischen Husserl und Frege kann hinsichtlich ihrer Gemeinsamkeit also erklären, warum die Subjektivität, die die Phänomenologie rekonstruiert, in erster Instanz nicht das Bewußtsein eines personalen Individuums betrifft.

Eine genauere Betrachtung der Unterschiede zwischen Husserl und Frege kann dagegen erklären, warum Husserls Antipsychologismus zur transzendentalen Subjekttheorie führt:

Husserl beginnt seinen Weg in den (LU) als Bedeutungstheoretiker. Die von einem empirischen Einzelbewußtsein unabhängigen logischen Zusammenhänge sind für Husserl wie für Frege zunächst sprachliche Entitäten. Die gemeinsame

[4] Diesen schönen Vergleich zieht Dummett in: Dummett ÜaPh, S. 37.

'Vertreibung der Gedanken aus dem Bewußtsein' drückt sich entsprechend bei Husserl in der Beschreibung seines Themas an einem Beispielsatz aus: "Was diese Aussage aussagt, ist dasselbe, wer immer sie behauptend aussprechen mag."[5] Husserl versteht jedoch unter Sprache etwas ganz anderes als Frege. Für den letzteren sind jene sprachlichen Entitäten unabhängig von jeglicher Form des Bewußtseins. Frege spricht von einem "dritten Reich", in dem Gedanken weder bewußt noch empirisch materialisiert sind.[6] Der für die analytische Philosophie, mindestens für die formale Semantik, grundlegende Gedanke, daß sprachliche Bedeutung und die Wahrheitsbedingungen von Sätzen zusammenhängen, ist damit bei Frege dadurch bereits vorbereitet, daß die Wahrheitswerte von Aussagen von der Relation zwischen Sätzen und objektiven Tatsachen bzw. Sachverhalten abhängen; das Bewußtsein bzw. ein Bewußtsein trägt zu dieser Relation nichts bei.

Husserl hingegen geht von 'Erlebnissen' aus. So läßt sich zeigen, daß die Sprachtheorie der LU im Sinne der analytischen Tradition eigentlich keine Sprachtheorie ist. Diese Deutung wird bestätigt, wenn man Husserls Schritte von den LU zu den "Ideen" verfolgt, die im wesentlichen in der Reduktion der Sprache auf ihre bewußtseinsimmanente Konstitution und in der Einführung des "Noemas" bestehen. Daraus ergeben sich wahrheitstheoretisch eindeutige Konsequenzen, die zu Husserls "Evidenztheorie" der Wahrheit führen:

In den LU und den "Vorlesungen zur Bedeutungslehre" von 1908 wird deutlich, daß die Husserlsche Sprachtheorie ein Derivat der egologischen Prämissen der Bewußtseinsanalyse ist. Die Erläuterung des Bedeutungsbegriffes beginnt mit dem Verzicht darauf, ihn durch seine Funktion in einer intersubjektiven, kommunikativen Sprache zu erklären. Die Erscheinung der kommunikativen Funktion von Sprache in den LU spiegelt die spätere Schwierigkeit Husserls, das Intersubjektivitätsproblem unter Beibehaltung seiner Prämissen lösen zu können.

Diese methodisch notwendige Ausblendung der kommunikativen Funktion der Sprache wird, wie später gezeigt wird, zu den phänomenologischen Entscheidungen gehören, die zurückgenommen werden müssen. Darum ist es nö-

---

[5] Husserl LU, II, 1, S. 43.
[6] Zu Freges 'drittem Reich': Frege, DG, S. 43, Dummett ÜaPh, S. 33.

tig, sich näher mit Husserls Analysen von Ausdruck und Bedeutung zu befassen:

Die LU eröffnen das Thema 'Ausdruck und Bedeutung' mit der "Abscheidung der sinnlichen Akte, in denen sich das Erscheinen des Ausdrucks als Wortlaut vollzieht."[7] Und damit ist für Husserl gleichzeitig die kommunikative Funktion der Sprache als unwesentlich aus dem eigentlichen phänomenologischen Gegenstandsbereich ausgeschieden. Diese Abgrenzung gegen das Kommunikative stützt sich im wesentlichen auf die Unterscheidung zwischen anzeigenden und ausdrückenden Zeichen. Die Anzeige dient laut Husserl allein dazu, individuelle Gegenstände aufeinander zu beziehen, darum wird ihr die Fähigkeit abgesprochen, zur Erkenntnis idealer Zusammenhänge beizutragen. Im nächsten Schritt wird die Anzeige bzw. ihr materielles Substrat, das Anzeichen, auf die kommunikative Funktion beschränkt. Die sogenannten Funktionen der "Kundgabe" und "Kundnahme" werden von Husserl unter Hinweis auf die vermeintliche Redundanz der Mitteilungsfunktion in der 'inneren' Rede des phänomenologisch erreichten einsamen Seelenlebens als akzidentielle Phänomene ausgeschieden.[8] Übrig bleibt die Unterscheidung von Ausdruck und Bedeutung in der Immanenz. Bedeutungen sind ideale Gegenstände, die in individuellen anschaulichen Akten zum Ausdruck kommen. Idealität der Bedeutung heißt, daß sie unabhängig von Zeitpunkten möglicher 'Realisierung' im Bewußtsein - also unabhängig von individuell anschaulichen Ausdrucksakten- die 'zeitlose' Bedingung der Möglichkeit solchen Ausdrucks sind. Damit bestimmt die ideale Bedeutung präskriptiv einen solchen Ausdruck und damit wiederum mögliche Gegenstände der aktuellen Anschauung. Diese 'Zeitlosigkeit' der eidetischen Bedeutungen hat zur Folge, daß die Frage nach ihrer Genese für den frühen Husserl schlicht sinnlos ist. Bedeutungen sind für Husserl - ungeachtet der Zeitlichkeit ihrer verschiedenen 'Realisierungen' - im Bewußtsein mit sich selbst identisch. Dadurch bekommt das Konzept der Idealität, wie weiter unten deutlich wird, eine besondere Bedeutung als Garant der Adäquatheit theoretischer wie methodischer Reflexion. In der Ausweisung der Geltung identifizierender

---

[7] Husserl LU, II, 1, § 9, S. 38.

[8] Husserl, LU, §§ 7 und 8, S. 32-36, auch: Husserl VBL,§ 3, S. 10. Die Absonderung der Anzeichenfunktion und die damit vollzogene Reinigung des Sprachgebrauches des einsamen Seelenlebens ist das zentrale Skandalon für Derrida, SP, S. 73ff.

Reflexionen findet der sogenannte 'Bedeutungsplatonismus' der Husserlschen 'Sprachtheorie' sowohl seine methodologische Aufgabe als auch seine Begründung.[9] Darauf wird zurückzukommen sein.

Bei Frege sind die eidetischen Bedeutungen 'in der Sprache selbst' inkorporiert, so daß von hier aus der Weg zu der Vorstellung führen kann, daß Gedanken nicht vermittels der Sprache 'übertragen', sondern von ihr 'erzeugt' werden.[10] Das ist in der Husserlschen Perspektive ausgeschlossen, denn er versteht Bedeutungen als bewußtseinsimmanente eidetische Gegenstände. Die in dieser Beziehung unterschiedlichen 'Platonismen' von Frege und Husserl legen also den Grund für die Verzweigung der phänomenologischen und der sprachanalytischen Traditionen.

Husserl stimmt allerdings insoweit mit Frege überein, als sowohl seiner als auch Freges Vorstellung gemäß der Bezug sprachlicher Ausdrücke durch den präskriptiven Charakter der idealen, 'platonischen' Bedeutung bestimmt wird.[11] Husserls Konzentration auf die Immanenz des Bewußtseins drückt sich jedoch darin aus, wie seine Unterscheidung zwischen Bedeutung, Sinn und Gegenstand von der Fregeschen Unterscheidung zwischen Sinn und Bedeutung bzw. Bezug abweicht: Denn die "Bedeutung" Husserls entspricht dem Fregeschen logischen Sinn, während der Bezug auf einen Gegenstand , den Frege wiederum Bedeutung nennt, zwar eine individuelle Gegenständlichkeit meint. Diese Gegenständlichkeit wird aber nicht ontologisch im Sinne der Referenz auf ein objektiv Seiendes gedacht. Der Gegenstand, auf den sich ein immanenter sprachlicher Ausdruck bezieht, ist in Husserls Beschreibung ein bewußtseinsimmanenter

---

[9] Habermas, PDM, S. 202; vgl. Tugendhats formalsemantische Einsprüche gegen die Husserlsche Sprachtheorie, die weniger ein Resultat eigenständiger Analysen der Sprache ist, als eine Folge der Anforderungen der Theorie reiner Deskription an den dazu passenden Sprachbegriff. Die Gegenstandsorientierung der Husserlschen Beschreibung der Sprache ist ein direkter Ausfluß der Notwendigkeit, die reine Bewußtseinsimmanenz und die Unmittelbarkeit immanenter Bedeutungen ausweisen zu müssen. Tugendhat, VS, S. 150.

[10] Dummett, UaPh, S. 115. Frege hat mit dem frühen Husserl gemein, daß auch für ihn die Frage nach der Genese von Bedeutungen nicht relevant ist. Anders als bei Husserl bietet seine Lokalisierung des 'Ortes' der idealen Bedeutungen jedoch Anknüpfungspunkte für den Gedanken einer vom Bewußtsein unabhängig gedachten 'kommunikativen Erzeugung' idealer Bedeutungen.

[11] Hier zeigt sich, wodurch sich analytische Bedeutungstheorien sowohl von Husserl als auch von Frege unterscheiden: Der sogennante "Bedeutungsholismus" (Quine, Putnam) gibt diese Vorstellung auf und distanziert sich damit nicht nur von einer Husserlschen, d.h. intentionalistischen, Vorstellung der Referenz sondern auch von Frege, vgl. Putnam, RR.

Gegenstand. Die Entfaltung der Intentionalitätsbegrifflichkeit wird verdeutlichen, daß in Husserls Perspektive durch den Bezug immanenter sprachlicher Ausdrücke auf immanente Gegenstände nichts über die 'reale Existenz' solcher intentionalen Gegenstände festgelegt wird.[12]

Der vielleicht deutlichste Unterschied zu Frege betrifft den "Sinn". Husserl verwendet diesen Ausdruck in den LU im Unterschied zu Frege weitgehend als ein Synonym von "Bedeutung". Wo "Sinn" in den LU nicht dasselbe wie "Bedeutung" bedeutet, ist damit der gegenständliche Inhalt eines sprachlichen Ausdruckes gemeint. "Sinn" meint also in den LU entweder "erfüllenden Sinn" einer Anschauung oder bedeutet schlicht "Bedeutung". Die Unterscheidung zwischen "Sinn" und "Bedeutung", die nur Verwendung findet, wo "Sinn" "Inhalt" bedeutet, und die für Frege auf den Bezug verweist, bleibt zudem bei Husserl reserviert für die Differenzierung zwischen verschiedenen Schichten des Bewußtseinsgegenstandes. Diese Differenzierung wird jedoch erst in den "Ideen", d.h. mit der Einführung der Intentionalitätsbegrifflichkeit wichtig. Mit dem Bezug sprachlicher Ausdrücke hat der Unterschied zwischen "Sinn" und "Bedeutung" in Husserls Terminologie nichts zu tun.[13]

In Husserls Perspektive muß das Phänomen der Sprache auf bewußte Erlebnisse zurückgeführt werden. Das führt zur Vergegenständlichung dessen, was in der sprachanalytischen Tradition propositionale Gehalte genannt wird. So ist Husserls Sprachtheorie wiederholt der Vorwurf gemacht worden, sie beschränke sich auf die Analyse von singulären Termini.[14] Dieser Einspruch unterstellt natürlich die Geltung einer Klassifikation sprachlicher Ausdrücke, in

[12] Frege, FBB, S. 40ff; vgl. zur Immanenz der entsprechenden Referenz: Robert Sokolowski, FHCC, S. 60 und Dagfinn Föllesdal, HNN, S. 79 sowie Föllesdal, HuB, S. 35-40.

[13] Der Ausdruck "Sinn" , der also "Bedeutung" oder "Inhalt" bedeuten kann, spielt in den LU gar keine terminologische Rolle. Wo er erscheint, wird er nicht eigens definiert, so z.b. in: Husserl, LU, II, Teil 1, § 14, S. 50: "Der Inhalt als Gegenstand, als erfüllender Sinn und als Sinn oder Bedeutung schlechthin". Zum "noematischen Sinn" siehe weiter unten.

[1]4 Vgl. Tugendhat, VS, S. 150, der darauf hinweist, daß der Bedeutung eines ganzen Satzes überhaupt kein Gegenstand korrespondiert. Auch Dummett bemerkt, daß Husserl über die Analyse singulärer Termini nicht hinausgegangen sei bzw. bedeutungstheoretisch nicht zwischen singulären Termini und Sätzen unterschieden habe; vgl. Dummett, UaPh, S. 43f. Der Idealismus der Husserlschen Bedeutungstheorie ist letztlich dafür verantwortlich, daß Sachverhalte zu Gegenständen sachverhaltsbezogener Akte vergegenständlicht werden. Dieser Idealismus selbst entspringt jedoch bei Husserl, anders als bei Frege, der bewußtseinsphilosophischen Perspektive.

der singuläre Termini nur einen Teil darstellen. Husserls Konzentration auf bewußte Erlebnisse erlaubt es jedoch nicht, diese Klassifikation zu akzeptieren. Für ihn müssen sich alle Arten sprachlicher Ausdrücke als Gegenstände des Bewußtseins ausweisen lassen. Zu dieser Ausweisung benötigt Husserl die Strategie, z.B. aus der prädikativen Form des Satzes einen diskreten Gegenstand anschaulicher Erlebnisse zu machen. Das führt ihn zu der Theorie der kategorialen Anschauung.

Durch die Vergegenständlichung der logisch relationalen, synthetischen Charaktere werden diese Charaktere zu eidetischen Gegenständen möglicher bewußter Erlebnisse gemacht. Das Beispiel der 'Ganzes-Teil'- Relation wird in den LU durch den Begriff der "Synkathegoremata", später in "Erfahrung und Urteil" (EU) durch Rekurs auf die zeitliche Synthesis der "Beziehungserfassung", als ideale Gegenständlichkeit gedeutet.[15] Die Synkathegoremata sind gegenständliche Relationsformen, die z.B. als Bedeutung der Verbindungsworte die Gegenständlichkeit der idealen Bedeutung eines ganzen Satzes sichern. Synkathegoremata gelten als unselbständig, d.h. sie brauchen Relata, die selbständige Ausdrücke, also 'realisierbare' Bedeutungen sein müssen. Das heißt allerdings nur, daß sie keinen individualisierten Gegenstand haben, also nicht auf eine die allgemeine Bedeutung limitierende Individualität im Sinne eines konkreten Gegenstandes bezogen sind. Sie haben gleichwohl Bedeutung und erfüllen als ideale Gegenständlichkeit umso besser den Anspruch, daß auch Relationen wie Wahrnehmungsgegenstände veranschaulicht werden können. Hierdurch wird jedoch die Anschaulichkeit, wie im folgenden gezeigt wird, auf die Gegebenheit abstrakter Gegenstände eingeengt.

Die Unselbständigkeit der relationalen Sinne ist für Husserl nichts weniger als ein Nachteil. Im Gegenteil führt ihre indirekte Erfüllungsmodalität, d.h. die Form ihrer indirekten Veranschaulichung, dazu, daß die logische Idealität auch durch freie Variation, also durch Analyse der Beziehung zwischen auch irrealen, phantasierten Gegenständen rekonstruiert werden kann. Die freie Variation ist dadurch eine Methode der Veranschaulichug idealer Wesenheiten und synthetischer Charaktere, die unabhängig von der Realität aposteriorischer Gegenstandsauffassung zu wahren Ergebnissen führt. Sie wird gedacht als apriori-

---

[15] Husserl, EU, § 35, S. 180; Husserl, LU II, § 1, S. 48.

sche Wesenserkenntnis.[16] Vermittels dieser Vergegenständlichung der relationalen Charaktere führt Husserls Prämisse der Ausweisung logischer Zusammenhänge durch ihre bewußtseinsimmanente Gegebenheit zur "kategorialen Anschauung": Die Frage nach der möglichen Veranschaulichung kategorialer Formen beantwortet Husserl mit der Erweiterung der Begriffe "Wahrnehmung" und "Anschaulichkeit":

"So werden, und in allgemein gebräuchlicher Rede, Inbegriffe, unbestimmte Vielheiten, Allheiten, Anzahlen, Disjunktiva, Prädikate (das Gerecht-sein), Sachverhalte zu "Gegenständen", die Akte, durch die sie als gegeben erscheinen, zu "Wahrnehmungen"."[17]

Auf diese Weise soll möglich werden, daß die phänomenologische Aufgabe der Letztbegründung ungeachtet ihrer Beschränkung auf bewußtseinsimmanente Erlebnisse erfüllt werden kann.

Das Verhältnis zwischen idealen Bedeutungen und anschaulichem Gegenstand ist nämlich in letzter Instanz nur darum so bedeutsam, weil Husserl auf eine letztbegründende 'Ausweisung' der logischen Zusammenhänge abzielt. "Ausweisung" bedeutet, soviel ist schon gesagt, zu zeigen, daß sich die Geltung logischer 'Gedanken' durch die wahrnehmungsförmige Anschaulichkeit dieser 'Gedanken' zeigen läßt. Die Vergegenständlichung prädikativer oder kategorialer Formen ist dabei vor allem deshalb interessant, da unter ihre Kategorie eben auch Urteile fallen. In Husserls Terminologie ist dabei zu unterscheiden zwischen Urteilsinhalten und gültigen Urteilsakten. Die Urteilsakte werden dabei zum Gegenstand eines identifizierenden Aktes vergegenständlicht. Husserl nennt die Qualität der im identifizierenden Akt bewußt gemachten Beziehung zwischen Bedeutung und Anschauung: Erfüllung. Er unterscheidet jetzt bedeutungsgebende Akte bzw. Bedeutungsintentionen von bedeutungserfüllenden Akten. Ein identifizierender Akt, der die Beziehung zwischen der Bedeutung, die im Urteilsakt gemeint ist, und der Anschauung, in der die Bedeutung gegeben ist, reflektiert, bemißt also die Geltung des Urteilsaktes an dem Maß der Erfüllung der Bedeutungsintention durch die gegebene Anschauung.

---

[16] Tugendhat W, S. 161ff.
[17] Husserl, LU, II, 2, § 45, S. 143.

Das begründende Bewußtsein der Geltung ist also gegeben in diesem identifizierenden, d.h. theoretisch reflexiven, Akt, der (gegebenfalls) die Bedeutungsintention (des Urteilsaktes) und die anschauliche Erfüllung (den wahrnehmbaren Urteilsinhalt) als 'gedeckt' identifiziert. Der kriteriologisch relevante Gegenstand der theoretischen Reflexion eines berechtigten (oder falschen) Urteils ist also nicht der Urteilsinhalt selbst, sondern die "Deckung" von Bedeutung und Anschauung. Gegenüber der Geltung eines Urteilsinhaltes und gegenüber der Übereinstimmung zwischen Satzsubjekt und möglichem Prädikat, ist darum für das bewußte Phänomen der Geltung selbst, also für die reflexive Ausweisung der Geltung -auf der Ebene der theoretischen Reflexion des Bewußtseins-, der Akt, der diese Identität von Bedeutung und Anschauung feststellt, der entscheidende.[18] In den "Ideen" kommentiert Husserl entprechend die Unterschiede zwischen bloßen Urteilsintentionen und solchen, die "anschaulich erfüllt" sind:

"Die Unterschiede gehen nicht den puren Sinn, bzw. Satz an, den dieser ist den Gliedern jedes (...) Beispielpaares ein identischer und als identischer jederzeit anschaubar. Der Unterschied betrifft die Weise, wie der bloße Sinn , bzw. Satz (...), erfüllter oder nicht erfüllter Sinn und Satz ist."[19]

Bedeutungstheoretisch heißt das, daß nicht schon die ideale Bedeutung etwa eines Urteilssatzes an sich wahr ist, sondern daß erst im Verbund mit anschaulichen Akten der Erfüllung entsprechender Bedeutungsintentionen wahre Aussagen entstehen. Für axiomatische Wahrheiten bedeutet dies, daß auch "ewige" Wahrheiten nur durch jeweils erfüllende Akte der Veranschaulichung ihres kategorial vergegenständlichten Inhaltes wahr werden, jedenfalls solange bewußtseinsphilosophisch vorausgesetzt wird, daß das 'wahr sein' von Urteilen abhängt von ihrem 'als wahr erkannt werden'.[20]

---

[18] Husserl, Lu, § 39, S. 124.
[19] Husserl, Ideen, § 136, S. 334.
[20] Husserl VBL, § 8, S. 34. Bezogen auf Urteilsinhalte hatte Husserl in den LU noch nicht klar unterschieden zwischen noetischer und noematischer Seite bzw. sich nur der noetischen gewidmet. Durch die Epoché tritt nicht nur zwischen die Intention und den Referenten (dem transzendenten Ding) das Noema, sondern, wie Husserl 1908 in den VBL klar macht, es ist neben der Unterscheidung zwischen Sachverhalt im Sinne des idealen Urteilsinhaltes und Sachverhalt als immanent anschaulich gegebenem noch der transzendente Sinn des als wirklich gemeinten Sachverhaltes zu unterscheiden. Diesen nennt Husserl dann "Sachlage", Husserl VBL, 7. Kap.,§§ 36-39, S. 121-135, vgl. Welton, VNVG, S. 165.

"Wahrheit" ist also für Husserl die 'Korrespondenz' zwischen einer setzenden Intention und einer ihr "vollangepaßten" Wahrnehmung.[21] Kriterium der Wahrheit ist das Erlebnis dieser Identität, die im Sinne einer anschaulichen Wahrnehmung schlicht "evident" ist. Dabei unterscheidet Husserl in den LU zwischen einem starken und einem schwachen Evidenzkriterium. In einem "laxeren" Sinn sei man berechtigt, von Graden der Evidenz zu sprechen. Für den phänomenologischen Gegenstand, d.h. zum Beispiel für die Gegebenheit logischer Urteilswahrheiten und für den phänomenologischen Geltungsanspruch ist allerdings nur der starke Begriff der Evidenz ausschlaggebend:

"Der erkenntniskritisch prägnante Sinn von Evidenz betrifft aber ausschließlich dieses letzte, unüberschreitbare Ziel, den Akt dieser vollkommensten Erfüllungssynthesis, welche der Intention, z.B. der Urteilsintention, die absolute Inhaltsfülle, die des Gegenstandes selbst, gibt."[22]

Husserl wird in den "Ideen" die Evidenzbegrifflichkeit verfeinern, und dann wird deutlich werden, daß die graduell steigerungsfähige Form der Evidenz, die mit einer bestimmten Gegenstandsart korreliert, für die theoretische Reflexivität des Bewußtseins eine große Rolle spielt.

In den LU konzentriert sich Husserl jedoch auf die "vollkommene" Evidenz. Allerdings unterläuft ihm hier bei der Bestimmung der vollkommen evident anschaulichen Identität zwischen gemeinter Bedeutung und gegebener Anschauung etwas, was vom Standpunkt der "Ideen" ein Fehler genannt werden müßte: Husserl nennt die fragliche Identität "..eine Deckung, die sich natürlich schrittweise vollzieht, worauf es hier nicht weiter ankommt"[23] Ein schrittweiser Vollzug der Identifizierung zwischen Bedeutung und Anschauung würde aber implizieren, daß die theoretische Reflexion die Deckungssynthesis auch bei voller Evidenz nach und nach vollzieht. Dabei würde sich die volle Evidenz also als Produkt einer graduellen Anreicherung von Evidenz ergeben. Bei bestimmten Gegenständen, vor allem konkreten Wahrnehmungsobjekten, ist jedoch die Anreicherung der Evidenz wegen der Unendlichkeit der möglichen Perspek-

[21] Wobei deutlich wird, daß die fragliche 'Korrespondenz' eine rein bewußtseinsimmanente Beziehung darstellt, also nichts mit der Referenz von sprachlichen Ausdrücken auf außersprachliche 'objektive' Bezugsgegenstände zu tun hat. Vgl. Husserl, LU, II, 2, S. 121.
[22] Husserl, LU, II, S. 122.
[23] Husserl, LU, II, S. 124.

tiven und Zeitpunkte prinzipiell unabschließbar. Vollkommene Evidenz ließe sich dann niemals erreichen. Husserl wird diese Unklarheit durch die Evidenz- und damit Gegenstandstypologie der "Ideen" beseitigen.

Auch wenn diese Unklarheit auszuräumen ist, wird hier jedoch bereits deutlich, daß die Geltung von bewußten Urteilsakten selbst nicht ohne die theoretische Reflexion des Bewußtseins zu Bewußtsein kommt. Das Bewußtsein wird sich der Geltung seiner vermeinten Gegenstände nicht unmittelbar durch deren Anschaulichkeit bewußt. Dazu bedarf es der sekundären, identifizierenden Akte. Schon auf der theoretischen Ebene des Bewußtseins, das der Phänomenologe beschreibt, spielt also die Zeit in Gestalt der prozeduralen Beziehung zwischen Urteilsakten und ihrer immer nachträglichen[24] Reflexion eine Rolle.

Darin zeigt sich die eminente Bedeutung der Idealität der Bedeutung: Denn allein ihre 'Zeitlosigkeit', ihre Identität in Unabhängigkeit von Zeitpunkten ihrer Realisierung, kann eine erfüllte Identität garantieren. Nur dadurch ist es gewährleistet, daß die Bedeutungsintention, die zuerst unreflektiert aktuell war, sich auf zweifellos dieselbe Bedeutung bezieht, die der identifizierende Akt der auf sie bezogenen Reflexion durch die originär gegebene Anschauung erfüllt sieht. Denn die Bedeutung ist ja zweimal, nämlich 'hintereinander', gegeben: Zuerst im bedeutungsgebenden Akt selbst und danach in der Identifikation durch den reflexiven Akt. In dieser Identifikation wird dieser erste bedeutungsgebende Akt zu einem Teil der anschaulichen Identitätsrelation zwischen Bedeutungsintention und erfüllender Anschauung. Die Präzision der Husserlschen Zeitanalysen zeigt, daß es zur Begründung dieser Identität mit der unreflektierten Unterstellung einer neutralen 'Erinnerung' an die frühere Bedeutungsintention nicht getan ist.

Schon auf der basalen Ebene der theoretischen Reflexivität muß also das Postulat der Idealität der Bedeutung zwischen der immanenten Vergangenheit der ursprünglichen Bedeutungsintention und der Gegenwärtigkeit dieser Bedeutungsintention in der bewußten Evidenz der Identität vermitteln.

Zusammenfassend kann also gesagt werden: die bewußtseinsimmanente Perspektive bedingt, daß jede Geltung durch eine spezifische Form bewußter Ge-

---

[24] Der zeitliche Sinn dieser Zeitlichkeit wird weiter unten in der Diskussion der immanenten Zeitlichkeit deutlich.

gebenheit begründet sein soll. Das Kriterium der Evidenz fordert von den Bewußtseinsinhalten, die evident sein können, Anschaulichkeit und Gegenwärtigkeit. Somit bezieht sich alle letztbegründende Ausweisung von Geltung notwendig auf mögliche 'Gegenstände' des Bewußtseins. Die Vergegenständlichung von Sätzen, kategorialen Formen, Urteilsinhalten und Urteilsakten dient also der Reduktion des Kriteriums der Geltung auf evidente bewußte Erlebnisse.

Die Idealität der Bedeutung trägt wegen der großen Bedeutung der Identifikation für die vollkommene Evidenz eine starke Beweislast. Darum ist es wichtig, welche Rolle das Konzept der Idealität der Bedeutung in der erst nach den LU eingeführten Intentionalitätstheorie übernimmt:

Die Theorie bewußtseinsimmanenter Geltungsbegründung und die konsequente Vergegenständlichung der Träger von Wahrheitswerten, d.h. die Reduktion ihrer Eigenschaften auf die Gegenwärtigkeit, die Anschaulichkeit und die Gegenständlichkeit von Objekten der Wahrnehmung, führt Husserl von den LU zu den "Ideen". Aus den eidetischen Bedeutungen werden nun durch 'Generalisierung' ideale "noematische Sinne"; und an die Stelle der Bedeutungstheorie der LU tritt die für die Phänomenologie paradigmatische Theorie der Intentionalität. Damit weicht Husserls Entwicklung endgültig von dem Weg ab, der mit den Fregeschen Prämissen hätte beschritten werden können. Die Phänomenologie wird zur transzendentalen Philosophie des Bewußtseins und nimmt damit eine bestimmte Zwischenstellung zwischen Frege und Brentano ein.

Der zentrale Begriff der "Ideen" ist der auf Brentano zurückgehende Begriff der Intentionalität: "Allgemein gehört es zum Wesen jedes aktuellen cogito, Bewußtsein von etwas zu sein", wobei Husserl, darin Brentano erweiternd, der Intentionalität prinzipiell einen Aktcharakter zuschreibt[25]. Diese Gerichtetheit intentionaler Akte und allgemein intentionaler Erlebnisse ist, dem §84 der Ideen

[25] Husserl, Ideen, § 36, S. 79. Herbert Spiegelberg weist darauf hin, daß der Unterschied zwischen Husserls und Brentanos Begriff der Intentionalität, d.h. vor allem die Husserlsche Betonung des Aktcharakters der Intentionalität, mit einiger Wahrscheinlichkeit durch Husserls Kenntnis von William James "Principles of Psychology", insbesondere durch das dynamische Konzept des 'Stream of Consciousness', mindestens beeinflußt sei: Spiegelberg PhM, S. 103. Dagfinn Föllesdal bezieht die Differenz zwischen Husserl und Brentano, d.h. den Aktcharakter und die Einführung des Noemas zwischen Intention und transzendentem Objekt, auf den fraglichen Status der nicht notwendig existenten Objekte bei Brentano. Vgl. Föllesdal, HuB, S. 35.

zufolge, das phänomenologische Hauptthema[26]. Die Unterscheidung zwischen noematischer Seite und noetischer Seite des Bewußtseins eines Gegenstandes bezieht sich dabei auf die Unterscheidung zwischen gegenständlicher Seite (Noema) und Gegebenheitsweise (Noesis). Die Formel, Bewußtsein sei Bewußtsein von etwas, erschöpft noch nicht den Sinn der Theorie der Intentionalität. Nur ein schärferer Blick auf das Verhältnis von Noema und Noesis erlaubt eine Einsicht in die komplexe Konstitutionstheorie der transzendentalen Phänomenologie. Es wäre z.B ein Mißverständnis, zu glauben, der Begriff der Wahrheit ließe sich in Husserls Beschreibungen ausschließlich durch Analysen der noetischen Seite erklären. Das kann so erscheinen, da der noetischen Seite die Modifikation des Gegenstandsbezuges zugeordnet wird.

Der gegenständliche Sinn, das Noema der Wahrnehmung, ist auf unterscheidbare Weise gegeben als "gewiß", "möglich", "wahrscheinlich" oder "nichtig". Diese unterschiedlichen Modalitäten der Gegebenheitsweise entstammen den korrelierenden noetischen Erlebnisformen des "Für-wahrscheinlich-", "für-möglich-Haltens" etc.[27]. Das evidente Erlebnis ist jedoch nicht einfach durch einen besonderen noetischen Charakter ausgezeichnet. Das Kriterium der Evidenz ist vielmehr unabhängig von der Unterscheidung zwischen Noema und Noesis; es beruht nach wie vor auf der Differenz zwischen leerer und erfüllter Intention aus den LU, von denen jede eine noetisch-noematische Doppelstruktur haben. Dennoch hat das basale Dual der Intentionalität etwas mit der Evidenzproblematik zu tun. Die Differenz zwischen den Strukturen der noematischen und der noetischen Seite von Erlebnissen ersetzt nicht die Bedeutung der Evidenz als Geltungskriterium, sie führt aber zu einer Ausdifferenzierung von Evidenzformen: Noema und Noesis unterscheiden sich bezüglich der Konstitution des intentionalen Gegenstandes, und das führt zu einer Ausdifferenzierung möglicher Gegenstandstypen, denen schließlich Typen der Evidenz entsprechen:

Auf der noematischen Seite unterscheidet Husserl zwischen den reellen Gehalten, dem noematischen Inhalt und dem noematischen Sinn. Eine Wahrnehmung setzt sich zusammen aus "hyletischen Momenten", den reellen Beständen,

[26] Husserl, CM, § 84, S. 206.
[27] Husserl, Ideen, § 94, S. 236; Husserl, CM, § 15, S. 38.

die in der Reflexion als aktuelle Partikel vorgefunden werden, die gleichsam das Material höherer Formen und der sich auf ihnen aufbauenden Identitäten bilden. Auf der konkreten Stufe der reellen Bestände, etwa der Elemente einzelner "Abschattungen" wahrgenommener Dinge, in EU heißen sie: letzte Substrate, herrscht zwischen noematischer und noetischer Seite vollständige "Parallelität"[28]. Aber hinsichtlich der Überschreitung einzelner Teilansichten auf den "zentralen Einheitspunkt" hin, d.h. auf den Gegenstand selbst, treten Noema und Noesis , wie Husserl betont, notwendig auseinander. Noematisch sind nämlich die Teilansichten immer schon durch ein vorgängig Identifiziertes auf den gemeinsamen Gegenstand bezogen und gleichsam zu ihm versammelt, während noetisch betrachtet niemals Identität 'desselben' Bezugsgegenstandes in den mannigfaltigen Abschattungen der Wahrnehmung erscheint.[29]

Der Anschein, daß dann das Wie und das Was der Gegenstandsintention bezogen auf die Identität des Gegenstandes auseinandertreten müßten, wird durch die Unterscheidung zwischen konkretem noematischem Gegenstand und noematischem Sinn wieder zerstreut. Der Gegenstand als konkrete Einheit des noematischen Inhaltes ist ein je individueller, er ist das einzelne Wahrgenommene als das Ganze seiner Abschattungen bzw. als das Ganze seiner reellen Bestände. Als noematischer "Inhalt" ist der Gegenstand im Sinne eines konkreten Wahrnehmungsobjektes nie vollständig gegeben. In Bezug auf diesen Sinn der Gegenständlichkeit bleiben also Noesis und Noema, das "Wie" und das "Was" des Gegenstandsbezuges, parallel.

Nur baut sich der Gegenstand noematisch nicht allein als Summe der Teilansichten auf. Noematisch bezieht sich das Bewußtsein vermittels eines vorgängigen idealen Ganzen, des noematischen Sinnes, auf seinen Gegenstand.[30] Noematisch werden, zumindest für den 'frühen' Husserl, die reellen Gehalte durch eine ideale Wesensallgemeinheit zur Identität eines Gegenstandes synthetisiert.[31] Damit erhält der noematische Sinn wie die 'Bedeutung' der LU

[28] Husserl, Ideen, § 88, S. 215.
[29] Husserl, Ideen, § 98, S. 248.
[30] Vgl. Tugendhat, W, S. 39, der den Sinn als den Gegenstand im "Wie" bezeichnet und damit m.E. nicht hinreichend das Verhältnis zwischen Noema und Noesis, bzw. zwischen konkreter und idealer Gegenständlichkeit zum Ausdruck bringt. (S.39) Diese Ungenauigkeit mag von der ansonsten hilfreichen primären Bezugnahme auf die LU herrühren.
[31] Husserl, Ideen, § 35, S. 318.

als eine eidetische, 'zeitlose' Entität bezüglich der Bedingung der Möglichkeit identifizierender Akte Vorrang.

Damit wird von vornherein durch die Einführung eines idealen synthetischen Einheitspunktes des Noematischen ein möglicher Widerspruch vermieden. Dieser mögliche Widerspruch könnte bestehen zwischen den vorgefundenen reellen Mannigfaltigkeiten, die in der Dynamik der wechselnden Abschattungen zu stets neuen Synthesen führen müßten, und dem Ziel des Nachweises von als identisch konstituierten Dingen.

Dadurch werden jedoch aus konkreten Gegenständen, denen 'wirkliche' Objekte einer Dingwahrnehmung (die als reale Gegenstände in der Bewußtseinsimmanenz transzendent bleiben) entsprechen, und aus den idealen Wesensallgemeinheiten, den noematischen Sinnen, zwei höchst unterschiedliche Typen von Gegenständlichkeit. Aus diesem Unterschied resultiert dann schließlich eine Differenz von Evidenztypen.

In den LU erschien diese Differenz noematischer Gegenstandsarten in der sprachtheoretischen Trennung Husserls von Gegenstand und Bedeutung.[32] Und schon hier deutet sich an, daß die Differenz zwischen vollkommener und gradueller Evidenz von den durch Gegenstandsarten bestimmten Formen möglicher 'Erfüllung' abhängig ist. Daraus wird in den Ideen nun eine explizite Typologie der möglichen Evidenzformen:

Die unterscheidbaren Regionen noematischer Gegenständlichkeit werden von Husserl "Sphären" genannt, und ihre Rolle für die Arten der Evidenz wird wie folgt beschrieben:

"Ob in einer Sphäre diese oder jene Evidenzart möglich ist, hängt von ihrem Gattungstyp ab; sie ist also apriori vorgebildet."[33]

Unterschieden werden erstens adäquate und inadäquate Evidenz. Diese Differenz stellt die Entsprechung zu der Unterscheidung der LU zwischen vollkommener und gradueller, d.h. prinzipiell unvollkommener, Evidenzform dar.

---

[32] Husserl, LU, II, § 12, S. 47; vgl. Föllesdal, HNN, S. 79; Tugendhat, Wahrheit, S.35. Von der Unterscheidung zwischen noematischem Sinn und idealer Bedeutung wird noch zu reden sein, denn die suggestive Zuordnung zu einerseits intuitiven Akten, andererseits prädikativen Akten scheitert an der Bedeutungstheorie selbst, in der eben auch nominale Bedeutungen eidetisch verstanden werden. Dazu weiter unten.

[33] Husserl, Ideen, § 138, S. 341.

Die Unterscheidung zwischen assertorischer und apodiktischer Evidenz entstammt demgegenüber dem Unterschied zwischen möglichen Gegenständen evidenter Reflexionen, der in den LU noch nicht mit Bezug auf Evidenzformen gemacht wurde, obwohl er sich notwendig auf das Paar: "adäquate" und "inadäquate" Evidenz überträgt:

Die erste Unterscheidung folgt dem Grad der möglichen Zweifelsfreiheit. Bei Husserl heißt es, die jeweilige Evidenz sei entweder "adäquat, prinzipiell nicht mehr zu 'bekräftigende' oder zu 'entkräftigende', ohne Gradualität eines Gewichtes, oder ...'inadäquat' und damit steigerungs- und änderungsfähige" Evidenz.[34] Die zweite Unterscheidung ist unmittelbar bezogen auf die Unterscheidung von Gegenstandstypen. Apodiktisch kann nur eine Evidenz genannt werden, die sich auf eine allgemeine Wesenserkenntnis bezieht; assertorische Evidenz gilt demgegenüber einer faktischen Individualität im Sinne des "Gewahren(s) eines Dinges oder eines individuellen Sachverhaltes."[35]

Da der Unterschied von noematischen Gegenstandstypen die Differenz der Evidenzarten bedingt und sich gleichzeitig aus dem jeweiligen Charakter der, einmal unabschließbaren, einmal vollendeten, Identifikation durch reflexive Akte herleitet, sind die beiden Evidenzunterscheidungen, apodiktisch-assertorisch, adäquat-inadäquat, ihrerseits parallelisiert.[36] Assertorische Evidenz, das 'Einleuchten konkreter Gegenstände', ist niemals adäquat, denn das Ding ist notwendig eine unvollendete Einheit der unendlich fortsetzbaren Reihe aktueller, reeler Erlebnisinhalte. Apodiktische Evidenz dagegen liegt nur in adäquater Form und ausschließlich bezogen auf ideale Gegenständlichkeiten, also auf noematischen Sinn und ideale Bedeutungen, vor.[37]

In den Ideen wird damit vollendet, was durch die Einführung der "kategorialen Anschauung" in den LU begonnen wurde: das Kriterium der Geltung (und damit, wie die methodologische Betrachtung zeigen wird, der Rechtsgrund der phänomenologischen Beschreibungen), die "originäre An-

---

[34] Husserl, Ideen, S. 340.
[35] Husserl, Ideen, § 137, S. 337.
[36] Ein Umstand, der signifikant ist für die wahrheitstheoretisch wichtige Engführung der eigentlichen Anschaulichkeit auf den Bereich der Idealität, die bei Tugendhat nicht eigens betrachtet wird. Vgl. Tugendhat, W., S. 207.
[37] So auch in Husserl, CM, §§ 5-7, S. 13-20.

schauung", verliert ihren alltagssprachlichen Sinn; denn der logische Idealismus des Evidenzbegriffes erklärt nur 'unkonkrete', überindividuelle, ideale Identitäten zu letztgültig ausweisbaren Bewußtseinsgegenständen, so daß unter Anschaulichkeit nicht die Sichtbarkeit in der natürlichen Einstellung verstanden werden kann. Die alltägliche, sogenannt natürliche oder 'naive' Vorstellung des konkreten Dinges entzieht sich der Sphäre der Gegenständlichkeit, über die in phänomenologischer Perspektive adäquat geurteilt werden kann. Denn identifizierende Akte der theoretischen Reflexion können nur über die Identität des abstrakten, eidetischen, noematischen Sinnes, nicht aber über den konkreten Wahrnehmungsgegenstand adäquate Urteile bilden.

Der Rechtsgrund der Geltung von Urteilen bzw. identifizierenden Akten hat den Charakter, "originär gebend" gesetzt zu sein. Das kann z.b. das Erinnerungsbewußtsein nicht bieten. Getreu der Vorbildlichkeit des 'schlichten Sehens' wird die erfüllte von der nicht erfüllten Intention unterschieden.

Im Modus der Erfülltheit ist der Sinn "leibhaft" gegenwärtig gegeben. Das ist jedoch keine noetische Färbung des fertigen noematischen Sinnes, wie es etwa die Tugendhatsche Übersetzung des intentionalen Sinnes in den "Gegenstand in seinem Wie" nahelegen könnte[38]. Denn die Differenz von Erfülltheit und Nichterfülltheit gilt noetisch-noematisch parallel.[39] Erfüllung ist demnach keine erweiternde Modifikation, sondern sie ist die Spezifikation des Vollzuges eines Aktes überhaupt. Die Alternative zur Erfüllung eines noematischen Sinnes bzw. einer Bedeutung ist dann die "Leerintention" oder - bezogen auf Ausdruck und Bedeutung in den LU - "unrealisierte, d.h. leer vermeinte Bedeutungsintention".[40]

Der Begriff der Anschauung erfährt also gegenüber seiner 'naiven' Eindeutigkeit in der 'natürlichen Einstellung' eine regelrechte Umkehrung. Nicht die

---

[38] Wobei diese Bezeichnung durch Husserls eigene, wortgleiche Wendung in § 131 der Ideen legitimiert ist und sich bei Tugendhat sicher nicht auf die These bezieht, daß die noetische Modalität die Basis der "Erfüllung" darstellt; Tugendhat, W , S. 39.

[39] Husserl, Ideen, § 136, S. 335.

[40] Tugendhat W, S. 48; Husserl, LU II, S. 537f. Die noetisch-noematische Doppelstruktur auch der unrealisierten Bedeutungen wird erst in den VBL recht deutlich. Denn hier unterscheidet Husserl phänologisch/phansische und phänomenologisch/ontische Bedeutung: die ontische Bedeutung meint dabei die gegenstandsorientierte, aber eben möglicherweise unerfüllte Bedeutung, so daß auch in der Leerintention die noetische und die noematische Seite zu unterscheiden sind, Husserl, VBL, § 8, S. 37.

Identifikation der konkreten Gegenstände der Wahrnehmung ist zweifelsfrei ausweisbar, obwohl die Form des gegenwärtig anschaulichen Wahrnehmungsobjektes metatheoretisch das Paradigma des 'schlichten Sehens' motivierte. Das vermeintlich Konkrete wird zum Transzendenten; der individuelle Gegenstand offenbart sich als inadäquat gegebene synthetische Einheit; das wirklich originär Gegebene sind die Kandidaten für apodiktische Evidenzen: isolierte reelle Gehalte, die allerdings von der Form einheitlicher Gegenständlichkeit weit entfernt sind, und vor allem Idealitäten, also abstrakte Gegenstände, die entweder Bedeutungen oder, generalisiert, noematische Sinne sind. Phänomenologie ist dank ihrer Herkunft aus den Problemen mathematischer Logik Wesenswissenschaft, so daß der Ruf "zu den Sachen selbst" durch die Konzentration auf eidetische Allgemeinheiten aus dem Sehen als einem empirischen Bezug zu Dingen herausführt.

Die Erfüllung als Spezifikation der geltungsorientierten Reflexion macht schließlich deutlich, was subjektive Konstitution überhaupt bedeutet, und das rundet schließlich das Verständnis der "Immanenz" des Bewußtseins, das der Phänomenologe introspektiv beschreiben will, ab. Tugendhats Interpretation der Phänomenologie legt größten Wert darauf, daß die Konstitution nicht als Erzeugung mißverstanden werden dürfe, so als ob die Phänomenologie introspektiv zum Zeugen eines subjektiven Schöpfungsaktes würde. Das Phänomen subjektiv evidenter Geltung erzwingt durch den Rechtsgrund der 'Selbstgegebenheit', daß die beschriebene Subjektivität reflexiv ist. Denn Konstitution meint die reflexive Selbstgebung durch den Vollzug identifizierender Akte in theoretischer Reflexion.[41] Es muß also unterschieden werden zwischen einer "fungierenden" Intentionalität, in der das Bewußtsein, wie Husserl sagt, im Vollzug seines Meinens 'lebt', und der basalen, theoretischen, Reflexivität, in der Identität und Geltung veranschaulicht werden. Tugendhat führt an, daß das Konstituierte ursprünglich nur in dem synthetischen Akt, von dem es strukturiert wird, gegeben sei. Das ist bei den synthetischen Charakteren, den abstrakten Gegenständen selbstverständlich, denn sie haben keinen realen Bezugsgegenstand (dem in der Immanenz ein transzendeter Gegenstand entsprechen würde) und müssen durch synthetische Akte veranschaulicht werden. Für kon-

[41] Tugendhat, W, S. 176.

krete Gegenstände einer individuellen Wahrnehmung ist dieser Umweg über die 'kategoriale Anschauung' nicht notwendig. Doch dies ist hinsichtlich ihrer gültigen Ausweisung kein Vorteil, denn das konstituierte Ding als transzendentes kann eben nicht originär gegeben, mithin hat hier auch adäquate Evidenz keinen Platz. Tugendhats Ziel ist der Nachweis, daß das Konstituierte einen anderen ontologischen Status als die reellen Materialien hat. Das ist allerdings selbstverständlich, denn in der Immanenz des Bewußtseins haben die reellen noetischen Gehalte der Wahrnehmung sowie die transzendenten und die immanenten Gegenstände einen jeweils verschiedenen geltungsbezogenen Status.

Reelle Gehalte sind überhaupt nicht konstituiert, sie sind das immanente Äquivalent der im Empirismus so genannten Sinnesdaten. Die Konstitution selbst gliedert sich allerdings in zwei verschiedene Arten: Denn die konkreten Gegenstände werden auf andere Weise konstituiert als die abstrakten, synthetischen und die eidetischen Gegenständen.

Die Synthesis individueller Gegenstände und die relationale Synthesis sind verschieden. Husserls Strategie ernennt die relationale Synthesis zur Veranschaulichung eines eidetischen Gegenstandes und damit ihre Reflexion zur einzig wirklich wahrheitsfähigen. Denn das synthetisierte Ding ist als unendliches Substrat von Abschattungen stets inadäquat gegeben und darum transzendent, wohingegen die relationalen Beziehungen zur originären Anschauung zu bringen sein sollen.

Man muß also zwischen der Konstitution einer transzendenten, konkreten und der Fundierung einer immanenten, abstrakten Gegenständlichkeit unterscheiden. Das Konstituierte ist eine unanschauliche Transzendenz, während das Fundierte ein unselbständiger aber adäquat faßbarer immanenter Sinn ist. Die Fundierung ist die "Nominalisierung" einer relationalen Größe, die Konstitution ist Individuierung eines unanschaulichen Gegenstandes.[42]

---

[42] Zur Bezeichnung der Veranschaulichung abstrakter Gegenstände als "Nominalisierung": Tugendhat, W, S. 36. Die Unterscheidung zwischen Konstitution und Fundierung reflektiert Robert Sokolowskis Beschränkung der Frage nach der Konstitution auf das Problem der subjektiven Erscheinung von Realität. So schreiben sich die Probleme der Konstitution zwar von der Ebene basaler Erlebnisakte in die Schicht des Kategorialen fort, aber die Konzentration auf die primordiale Erscheinungsweise der Transzendenz der Welt rechtfertigt die Differenzierung zwischen Konstitution von 'Dingen' und Fundierung von relationalen Gegenständen; vgl. Sokolowski, FHCC, S. 71ff.

Für die subjektive Immanenz heißt das nun, daß in ihr nur Allgemeinheiten - abstrakte bzw. eidetische Gegenstände, oder reelle Bestände (Abschattungen, hyletische Daten), die in EU zu letzten Substraten werden[43]- originär gegeben sind, d.h. evident in anschaulicher, gegenständlicher Gegenwart identifiziert vorliegen. Dieses Ergebnis wird wichtig werden, wenn im Rahmen der Zeittheorie das entscheidende Fundament der Husserlschen Letztbegründung, die Subjektivität selbst, sich gemessen an dieser Definition der evidenten Selbsterscheinung entzieht.

An dieser Stelle muß auf die phänomenologische Methode eingegangen werden: Die bisherige Darstellung bewegte sich auf der Ebene der von Husserl beschriebenen Subjektivität und damit im Rahmen der Analyse der theoretischen Reflexivität. Die Aporie der transzendentalen Phänomenologie tritt jedoch, wie eingangs gesagt, erst in Erscheinung, wenn die methodischen Prämissen der Phänomenologie einer methodologischen Reflexion unterzogen werden. Die geltungstheoretischen Bestimmungen, die Husserl als introspektiver Zeuge der intentionalen Leistungen der theoretischen Reflexivität rekonstruiert, gelten nun methodologisch gesehen auch für die methodische Reflexivität. Die wahrnehmungsorientierten Prämissen der Orientierung an bewußtseinsimmanenten Erlebnissen, also vor allem: Anschaulichkeit, Gegenständlichkeit, Gegenwärtigkeit, sind darum nicht nur methodische Prämissen, die die Bestimmung der theoretischen Reflexivität determinieren; sie sind zugleich methodologische Prämissen der phänomenologischen Methode selbst. Denn die Introspektion und die reine Deskription sind philosophisch professionalisierte Modifikationen der theoretischen Reflexivität selbst. Die transzendental subjektiven Geltungskriterien gelten somit selbstreferentiell auch für die Geltung der phänomenologischen Beschreibung. Eine nähere Betrachtung von Husserls eigener Kennzeichnung seiner Methode wird also einerseits die Konsistenz im Sinne der 'Konvergenz'[44] von theoretischer und methodischer Reflexivität zu prüfen ha-

[43] Husserl, EU, § 24, S. 124 und § 30, S.160f; manche Interpretation will hier eine Entsprechung zu den Sinnesdaten des Empirismus sehen, doch diese Annahme hat nur unter Ausblendung des Sinnes der Immanenz Bestand. Z.B. Wälde, HuS, S. 49; oder Frank, Zb, S. 29, der von "stofflichen Erdenresten" spricht.

[44] Siehe weiter oben die Bestimmung dieses Begriffes.

ben, andererseits aber auf dem Wege durch Husserls Zeittheorie auf die grundsätzliche Aporie einer rein bewußtseinsimmanenten 'Letzt'-ausweisung stoßen:

Die Phänomenologie nimmt erst mit der Einführung der "Epoché" eine explizite methodische Gestalt an. Die Entwicklung dieses Kunstgriffes aus dem noch ungeklärten Status, den die Konzentration auf Erlebnisse und Wissensakte in den LU hatte, macht die Phänomenologie zu einer transzendentalen Theorie. Epoché bedeutet die Einklammerung der naiven Gegenstandsauffassung der alltäglichen Einstellung. Einklammerung bedeutet nach dem Vorbild der mathematischen Notation die Umformung einer Summe von Produkten, die einen Faktor gemeinsam haben, zu dem Produkt aus nur diesem Faktor mit der Summe der restlichen Faktoren. Dieser gemeinsame Faktor der Teile der Summe der alltäglichen Auffassungen ist ihr thetischer oder Setzungscharakter, das Existenzurteil, das der Gegenstandsauffassung die Behauptung des gegenständlichen Seins hinzufügt. In den Ideen wird das subjektive Weltverhältnis, an dem diese fundamentale Einklammerung ansetzt, genau benannt: es ist die "Generalthesis der natürlichen Einstellung".[45] Dieser Titel präzisiert die phänomenologische Problemstellung. Es geht nicht um einen beliebigen Zweifel an dieser oder jener Gewißheit, sondern ausschließlich um den thetischen Charakter jeder Wahrnehmung. Denn die Epoché leugnet nichts an der Erscheinung der Welt und wird von Husserl gegen die 'skeptische' Negation, die zwar ein negatives, aber doch ein Existenzurteil fällt, abgegrenzt. Sie ist nur die "Ansetzung des Nichtseins", ein allgemeiner ontologischer Vorbehalt.[46]

Darin liegt zugleich die Kritik an Descartes`transzendentalem Realismus', der aus dem Ich, das nach dem Zweifel übrig bleibt, eine substantia cogitans, ein "Ausgangsglied für Schlüsse nach dem Kausalprinzip"[47] machen wollte. Das wäre für die Husserlsche Reduktionsmethode eine Erschleichung, da hier dem letztendlich transzendentalen Ich Eigenschaften realer, und d.h. in phänomenologischer Einstellung transzendenter, Gegenstände zugesprochen würden. Darin zeigt sich der Sinn der beiden phänomenologischen Reduktionen: nach den LU, die ex post als bloße Vorform der deskriptiven Aufnahme von Gehalten der

[45] Husserl, Ideen, § 30, S. 63.
[46] Husserl, Ideen, §§ 31-32, S. 65-8.
[47] Husserl, CM, § 10, S. 26.

transzendentalen Selbsterfahrung galten, unterscheidet Husserl zwei Reduktionen. In §15 der "Cartesianischen Meditationen" (CM) sind das die "Natürliche und transzendentale Reflexion".

Die natürliche Reflexion des Alltagslebens vergegenständlicht die 'naiv' vollzogenen Wahrnehmungen. Empirische Subjektivität wird reflexiv vergewissert in einer Form, die in den Grenzen der psychologischen Analyse bleibt. Denn diese Reflexion verharrt auf dem "Boden der als seiend vorgegebenen Welt" der von der transzendentalen Reflexion verlassen wird. Diese, die eigentlich bedeutsame, transzendentale Reflexion baut auf der natürlichen Einstellung auf. Sie etabliert einen "uninteressierten Zuschauer"[48] und, gegenständlich gesprochen, das Feld transzendentaler Gehalte. In diesem Feld als einer egologische Seinssphäre der "auf reine Vorurteilslosigkeit reduzierten Meinungen" hat man sich des "Seinsglaubens", des thetischen Charakters, zu enthalten.[49]

Diese a-thetische Enthaltsamkeit der Epoché führt in der Konzentration auf subjektive Erlebnisse zu einer eigentümlichen Unterscheidung von doxa und episteme. Das korrespondenztheoretische Kriterium der Übereinstimmung zwischen res und intellectus steht nach der Reduktion, d.h. in Husserls Worten nach der Auflösung der "apperzeptiven Anknüpfung des Bewußtseins an die materielle Realität"[50], nicht länger zur Verfügung. An die Stelle einer Korrespondenztheorie tritt darum die oben erörterte Evidenztheorie. Die Beschreibung der Epoché macht deutlich, daß die Evidenztheorie selbstreferentiell zugleich die Theorie der Geltung der phänomenologischen Methode ist.

Der Unterschied zwischen der natürlichen und der transzendentalen Reflexion, von dem in den CM die Rede ist, entstammt der Differenzierung in den Ideen zwischen "eidetischer" und "transzendentaler" Reduktion. Das Kriterium der letzteren besteht hier, entgegen der diesbezüglichen Unsicherheit in den LU, darin, daß auch den eidetischen Charakteren in transzendentaler Einstellung keine Seinsgeltung zugesprochen wird.[51] An den Idealitäten, den durch ideeie-

[48] Vgl. das reine Erkenntnisinteresse, in Husserl, EU, § 20, S. 91-93.

[49] Husserl, CM, § 15, S. 35f.

[50] Husserl, Ideen, § 81, S. 196.

[51] Hierin liegt u.a. der Grund dafür, daß die Bezeichnung "Platonismus", die in erster Linie der Husserlschen Bedeutungstheorie gilt, nur eine Metapher sein kann, denn die Nähe zur platonischen Ideenlehre ergibt sich nur funktional, nicht aber ontologisch. Vgl. Husserl,

rende Variation gewonnenen Wesensallgemeinheiten, interessiert die Phänomenologie nicht ihre ontologische Seinsweise, sondern die entsprechende Gegebenheitsweise möglicher Gegenstände in subjektiven Aktvollzügen. Damit führt die grundlegende methodische Technik der Aufhebung des thetischen Charakters zu einer Konzentration auf Möglichkeitsbedingungen, d.h. zu einem Merkmal transzendentaler Argumentationen. Husserl beschreibt die Bedingungen der Möglichkeit von Wissen und Wahrnehmung im Modus der Apriorität, wenn auch dieses Apriori sich von dem Kantischen unterscheidet[52].

Durch die a-thetische Enthaltsamkeit der Epoché wird auch deutlich, mit welchem Recht Husserl 'zwischen' Brentano und Frege plaziert werden darf. Während die Vergleichbarkeit mit Frege und damit der signifikante Unterschied zwischen Frege und Husserl bereits deutlich wurde, zeigt sich hier, daß die Einführung des Noemas Husserl ebenso von Brentano klar unterscheidet. Denn der Begriff des Noemas stellt die Antwort auf das von Brentano nicht zu lösende Problem der Existenz oder Nichtexistenz intentionaler Gegestände dar. Brentano wußte nicht zwischen dem Bezug von intentionalen Erlebnissen auf reale Gegenstände und dem etnsprechenden Bezug auf rein immanente Gegenstände zu unterscheiden, so daß in Fällen irrtümlicher oder fiktiver Gegenstandsintentionen die reale Existenz der intendierten Gegenstände paradox werden mußte. Dagegen befreit der a-thetische Charakter der phänomenologischen Beschreibungen der Immanenz das Noema von dieser Last.[53]

Die Technik der Epoché ist als reflexive Konzentration auf bewußte Erlebnisse nicht anders möglich denn als Introspektion. Der Phänomenologe 'versenkt' sich in seine eigenen Akte, um sich durch die Einklammerung des theti-

Ideen § 61, S. 147; gleichzeitig wurzelt in dieser ontologischen Zurückhaltung die Kritik Heideggers, der in ihr eine fatale Indifferenz erblickt (siehe Kapitel 2).

[52] "Kants Apriori ist zwar relativ auf das menschliche Ich, aber für dieses gilt es universal, während Huserls Apriori an sich zwar absolut gilt, aber nur relativ auf die jeweilige Sachhaltigkeit, die selbst nicht notwendig ist." schreibt Tugendhat und sieht darin einen Fortschritt, ja eine Radikalisierung des recht verstandenen Kritizismus, denn "(...) bei Husserl gilt das Apriori überhaupt nicht mehr direkt vom Seienden oder den Gegenständen unserer Erfahrung, und so ergibt sich die Möglichkeit einer offenen Pluralität der Erfahrungsweisen, jede mit ihrem eigenen Apriori." Beide Zitate aus: Tugendhat, W, S. 165. Hier wird bereits die Theorie von Teilbereichsontologien und später, bei Alfred Schütz, der Pluralität von "Sinnprovinzen" mit ihrem jeweiligen kognitiven "Stil" vorgezeichnet, vgl Schütz, SLW, Bd. 1, S. 48-61.

[53] Vgl. Dummett, UaPh, S. 52; Föllesdal, HuB, S. 35.

schen Charakters dieser Akte und durch die Konzentration auf eidetische Allgemeinheiten diese seine Akte als die Akte des allgemeinen transzendentalen Subjektes vor Augen zu führen. Damit macht die geltungstheoretische Orientierung an bewußten, evidenten Gewißheitserlebnissen die transzendentale Deutung der beschriebenen Subjektivität zur notwendigen Konsequenz des Anspruches auf universalisierbare Ausweisung.

Diese Schritte der Epoché bedeuten im Grunde nichts anderes als die technische Umsetzung der Grundprämisse der Bewußtseinsimmanenz. Die methodische Forderung der 'Konvergenz' von theoretischer und methodischer Reflexivität liegt also durch die 'Technik' der phänomenologischen Analyse auf der Hand.

Darum gehört die Ausschaltung der kommunikativen Funktion der Sprache nicht nur zur theoretischen Reflexivität. Wenn Husserl in den LU die intentionalistische Sphäre der Bedeutung durch Ausschaltung der Anzeige, der Kundnahme und der Kundgabe gewinnt, so kennzeichnen diese Ausschaltungen zugleich das Verhältnis der methodischen Reflexion zur natürlichen Sprache der 'natürlichen Einstellung', aus der die Epoché herausführen soll. Anders gesagt: die phänomenologische Reduktion soll zur reinen Anschauung bewußter Erlebnisse führen, indem sie aus der Sprache herausführt. Das spricht Husserl in den methodischen Überlegungen von EU deutlich aus:

"Schwierigkeiten macht es dabei freilich, daß die Ausdrücke unserer Sprache notwendig solche von allgemeinem, kommunikativem Sinn sind, so daß mit dem Gebrauch irgendwelcher Gegenstandsbezeichnungen immer schon wenigstens diese erste Idealisierung - diejenige des Geltens für eine Sprachgemeinschaft - nahegelegt wird, und es immer wieder neuer Anstrengung bedarf, um diesen sich aufdrängenden Sinn der Ausdrücke fernzuhalten - eine Schwierigkeit, die wesensmäßig jeder Untersuchung des im radikalsten Sinne Subjektiven anhaftet, sofern sie immer auf Ausdrücke mit mundanem Sinn und weltlich kommunikativer Bedeutung angewiesen sind."[54]

Die Revisionen, zu denen weiter oben die Aporie der Phänomenologie Veranlassung geben wird, werden also auch methodisch vor allem den Bezug zur Sprache betreffen.

---

[54] Husserl, EU, § 12, S. 58.

Zunächst muß jedoch die Parallele zwischen der theoretischen und der methodischen Reflexion ausführlicher betrachtet werden: Auch für die phänomenologische Deskription gilt (wie für die theoretische Reflexion), daß die Geltung reflexiver Identifikationen nur im Modus gegenwärtig anschaulicher Gegenständlichkeit der reflektierten Identität möglich ist. Darum stellt die Idealisierung der Sphäre ausweisbarer Gegenstände eine notwendige Bedingung der Möglichkeit gültiger phänomenologischer Ausweisung dar. Denn erstens können der Evidenztheorie zufolge nur eidetische bzw. abstrakte Gegenstände adäquat evident gegeben sein; und zweitens kann nur die postulierte ideale Identität eidetischer Gegenstände (Bedeutungen und noematische Sinne) garantieren, daß die phänomenologische, d.h. methodische, Reflexion in identifizierenden Akten das darin Identifizierte neutral, also adäquat im Sinne der Unverfälschtheit, repräsentiert. Hier gilt für die phänomenologische Deskription dasselbe, was für die Berechtigung theoretischer Reflexion der Geltung von Urteilen gilt. Schließlich erfordert es die Ausweisbarkeit der methodologischen Berechtigung der Epoché, daß der Phänomenologe in den Strukturen der beschriebenen Subjektivität die Bedingung der Möglichkeit der Epoché selbst finden kann. Es bedarf also des Nachweises, daß die Ausschaltung des thetischen Charakters zu immanenten Strukturen führt, die diesen a-thetischen Charakter vorzeichnen. Husserls nicht ganz klare Antwort stellt der Begriff der sogenannten "Neutralitätsmodifikation" dar: Sie entspricht auf der Ebene theoretischer Reflexivität genau der Modifikation des thetischen Charakters, die von der Epoché verlangt wird. Die Neutralitätsmodifikation ist diejenige, "(...) die jede doxische Modalität, auf die sie bezogen wird, in gewisser Weise völlig aufhebt, völlig entkräftet - aber in total anderem Sinne wie die Negation (..)."[55] Husserls Antwort auf die Frage nach der Ermöglichung der methodischen durch die theoretische Reflexion ist deshalb nicht ganz klar, weil Husserl selbst an keiner Stelle eindeutig auf den methodologischen Zusammenhang zwischen Epoché und Neutralitätsmodifikation eingeht.

Die Frage nach der Bedingung der Möglichkeit der Epoché, ob sie nun der immanenten Möglichkeit der Neutralitätsmodifikation entspringen mag, oder nicht, wird von großer Bedeutung für die Frage nach dem Status der Intentio-

[55] Husserl, Ideen, § 109, S. 264f.

nalität überhaupt sein, wenn sich die transzendentale Phänomenologie als aporetisch herausstellt.

Man kann also zusammenfassen: Für die methodische Reflexivität, die phänomenologische Introspektion und Beschreibung, gilt wie für die theoretische Reflexivität des beschriebenen immanenten Bewußtseins: nur eidetische oder abstrakte Gegenstände lassen sich adäquat evident ausweisen; die Geltung von Urteilen ist nur evident, wo die diese Urteile kennzeichnende Identifikation zwischen eidetischen Formen (noematische Sinne und Bedeutungen) und erfüllenden Anschauungen selbst anschaulich, gegenständlich und gegenwärtig evident ist; die legitimierende Vorurteilsfreiheit des 'uninteressierten Zuschauers', d.h. des Phänomenologen, bedeutet erstens, daß die Urteile im Sinne des athetischen Charakters der Intentionalität sich nur auf Immanentes beziehen, und daß sie unabhängig sind von der mundan kommunikativen Geltung sprachlicher Ausdrücke für eine Sprachgemeinschaft, die in der reinen Beschreibung verwendet werden. Zweitens erfordert die Konvergenz zwischen theoretischer und methodischer Reflexivität, daß in der beschriebenen Immanenz des transzendentalen Bewußtseins (in theoretischer Reflexivität) diese Bedingungen der 'Vorurteilsfreiheit' aufzufinden sind. Die in Frage kommenden Ermöglichungsbedingungen sind die Neutralitätsmodifikation und die Reduktion der sprachlichen Geltung auf die Idealität intentional anschaulicher Bedeutungen.

Durch diese methodologische Rekonstruktion der Bedingung für die Geltung phänomenologischer Beschreibungen ist die Analyse der Aporie der transzendentalen Phänomenologie nun hinreichend vorbereitet. Denn die Aporie betrifft den Status der transzendentalen Subjektivität selbst in methodologischer Hinsicht. Die Husserlsche Analyse der immanenten Zeitlichkeit führt nämlich zu einem Ergebnis, das die Phänomenologie in methodologische Widersprüche verwickelt. Das Subjekt selbst, das sich dem Anspruch der Phänomenologie zufolge als Fundament von Wahrnehmung und Urteil durch die phänomenologische Reflexion selbst einholen können muß, offenbart sich in der Analyse der Zeitlichkeit als ungegenständlich, unanschaulich und ungegenwärtig. Die zentrale Basis der letztbegründenden Ausweisung läßt sich nicht adäquat evident identifizieren.

Während also die phänomenologische Aporie erst in der methodologischen Dimension erscheint, ist das zentrale Thema der Phänomenologie, das diese methodologische Aporie bedingt, die Zeit.

Denn die Interpretation der Phänomenologie als eine exemplarische Selbstwiderlegung der Subjektphilosophie kann sich auf den Umstand berufen, daß Husserl die transzendentale Subjektivität niemals als statische dachte, auch wenn nur die späte Phänomenologie 'genetisch' genannt wird.

Methodische wie theoretische Reflexionen sind als Bewußtseinsakte, die sich auf Vergangenes richten, dynamisch. Die reflexive Intentionalität hat eine zeitliche Extension. Im Unterschied zu Kants Beschränkung der Zeit auf eine Form der Anschauung, spricht Husserl stets vom Bewußtseinsstrom. Schon in den LU diagnostiziert er zwischen den beschriebenen Bewußtseinsgehalten und ihren Beschreibungen eine zeitliche Distanz. Das Bewußtsein ist bereits durch die "Schwierigkeiten der phänomenologischen Analyse", durch die Reflexion, die als nachträglich verändernde Interpretation verdächtigt werden könnte, in Bewegung gebracht.[56] Diese Dynamisierung dramatisiert sich in den "Ideen" zu dem Geständnis des berühmten §81, daß dem letzten Fundament eines noch zugrunde läge: die Zeit.[57] Die Zeitthematik wird also signifikanterweise zunächst methodologisch auffällig. Husserl versucht, diese Zeitproblematik im Verlaufe der Präzisierung der Intentionalitätsanalyse, d.h. der Analyse der stufenweise sich vollziehenden Gegenstandskonstitution, auf die Temporalität der Synthesis konkreter Gegenstände in der theoretischen Reflexivität zu beschränken. Das Problem der Zeitlichkeit soll sich in der Identifikation von immanenten Zeitobjekten und der immanenten Konstitution der objektiven Zeit erschöpfen. Die Dynamik der 'immanenten Zeitobjekte' bringt jedoch sukzessiv Unruhe in den Fundierungsaufbau des Bewußtseins. Diese Unruhe ist der allgemeinen zeitlichen Extension der Reflexion in Gestalt des Problemes der 'Selbsterscheinung' des Bewußtseinsstromes zu verdanken. So weitet sich das theoretische zum methodischen Problem aus. Denn die immanente Zeit des Bewußtseinsstromes tritt in Widerspruch zur evidenztheoretischen Zeitlosigkeit des instantanen transzendentalen Subjektes selbst.

---

[56] Husserl, LU, II, § 3, S. 9.
[57] Husserl, Ideen, § 81.

1.2. Der zeitliche Horizont von Intention, Reflexion und Bewußtsein; Funktion und Aufbau der Gegenwartszentrierung.

Warum offenbart sich die Aporie in der Zeitthematik? Weil Husserls Versuch scheitern muß, die eindeutig zeitliche Struktur der Reflexivität (auf allen Ebenen) auf das Problem der Synthesis eines konkreten (transzendenten) Gegenstandes bzw. auf den dadurch eingegrenzten Bereich inadäquater Evidenz zu beschränken.

Für dieses Scheitern gibt es zwei Gründe:

1) Bei der Zeitfrage geht es Husserl nicht nur um die Zeitstellen immanenter Zeitobjekte, sondern auch um die Konstitution der Zeit selbst. Die Ausweisbarkeit der Gegenwärtigkeit von Erlebnissen schlechthin ist ein von der Synthesis konkreter Gegenstände unabhängiges, allgemeines Problem der Phänomenologie des Bewußtseins. Der Modus der Gegenwärtigkeit evidenter Anschauungen gehört zu den Geltungsvoraussetzungen nicht nur der theoretischen Reflexion von Urteilen, sondern auch der methodischen Reflexivität in der Introspektion. Die Theorie der Konstitution von Zeit ist damit notwendig auch relevant als Begründung der Gegenwärtigkeitsprämisse, die der Maßstab evidenter Anschaulichkeit impliziert. Mit der Ausweisung einer ursprünglichen Gegenwart, d.h. eines ursprünglichen 'Jetzt', der Intentionalität des Bewußtseins steht also immer schon auch die methodologische Legitimität der phänomenologischen Deskription auf dem Spiel.

2) Dazu kommt ein zweiter Grund: Husserl thematisiert, ohne explizit die unter 1) beschriebene Verbindung zu verfolgen, die Zeitlichkeit des Subjektes selbst (und damit die Einheit der theoretischen und der methodischen Reflexivität). Hier erscheint schließlich die augenfälligste Widersprüchlichkeit. Das Subjekt erscheint als "Strom" weder anschaulich, gegenständlich noch in evidenter Gegenwart. Es etzieht sich in die inadäquate Form der immanenten Gegebenheit, die Husserl selbst "Anonymität" nennt.

Die Aporie der Phänomenologie erscheint in der Zeittheorie also in zwei Gestalten: einmal als das Problem der Ausweisung einer ursprünglichen Gegenwart; dann als das Problem der Gegebenheitsweise des transzendentalen Subjektes selbst.

Die "einzelne Gegenständlichkeit" meint zunächst die Form eines wahrgenommenen einzelnen Objektes, an dessen Erfahrung die Phänomenologie ihr Paradigma gewinnt. Daraus ist es sehr ein besonderer Typus von Gegenständlichkeit geworden: ein transzendenter individueller Gegenstand. Die Zeitlichkeit der Konstitution dieses besonderen Typus hat aber durch die paradigmatische Bedeutung der Anschaulichkeit, die der Erfahrung des Wahrnehmungsgegenstandes enstammt, Rückwirkungen auf die methodologische Rechtfertigung der Phänomenologie. Bereits die Unterscheidung zwischen adäquater und inadäquater Evidenz, mithin der entsprechenden Gegenstandstypen, macht nur Sinn vor dem Hintergrund der Unterscheidung von zeitlich differenten Erscheinungsformen.[58] Die Gegenstände inadäquater Evidenz sind dem Wandel ausgesetzt, die adäquate Evidenz erhält dagegen Sinn durch die Unkorrigierbarkeit der gültigen Identifikation eines präsenten intentionalen Gehaltes. Das Maß der Evidenzbegrifflichkeit bildet die originäre Anschaulichkeit als die reine Gegenwart von vornehmlich idealen intentionalen Gegenständen.

Der Rechtsgrund der Anschaulichkeit macht also die Gegenwärtigkeit gegebener idealer Gegenstände zur Bedingung ihrer evidenten Identifizierbarkeit. Für die methodische Reflexion wird darum nicht allein ein gegenwärtiger Gegenstand, sondern die formale Gegenwart selbst zum Problem.

Darum trägt die formale, zeittheoretische Ausweisbarkeit eines ursprünglichen 'Jetzt' in der Phänomenologie erhebliche Beweislasten. Husserls Strategie der Ausweisung dieses 'Jetzt' besteht im wesentlichen aus der sukzessive Ausdehnung der Gegenwart der originären Anschaulichkeit aus dem engen Raum der ursprünglichen Erlebnisse, d.h. der "Urimpression", über die "Retention", dann die "Reproduktion" bis in die kategoriale Anschauung der Dauer schlechthin, schließlich der einen "Allzeit". Diese Ausdehnung der ursprünglichen Gegenwart entspricht der Vergegenständlichung von synthetischen und kategorialen Formen zu abstrakten Gegenständen bzw. Gegenständen der kate-

[58] Vgl. hier David Wood, DoT, S. 49, der an dieser Stelle mit der Verbindung von Zeitbegriff und Evidenzproblematik an den Derridaschen Argumenten gegen eine Metaphysik der Präsenz anzuknüpfen versucht.

gorialer Anschauung. Man könnte diese Ausdehnung "Vergegenwärtigung" der zeitlichen Extension nennen. Die Zeitdimension theoretischer und methodischer Reflexivität soll als zeitliche Extension in einer punktuellen Gegenwart anschaulich werden können.

Dabei stellt die phänomenologische Methode der reinen Deskription an die Theorie des immanenten Bewußtseinsprozesses starke Anforderungen: Nur wenn das Verhältnis zwischen urimpressional gegebenen Erlebnissen und ihrer retentionalen, danach adäquaten, reproduktiven Form in jedem Falle strenger Identität entspricht, ist eine reine Beschreibung möglich. Die Bedingung der Möglichkeit der methodischen Reflexion ist also bereits auf der Ebene der theoretischen Reflexivität ein Problem. Husserl gibt auf die von ihm selbst immer wieder gestellte Frage, ob die nachträgliche Reflexion das Reflektierte als es selbst repräsentiere oder etwa konstituiere,[59] nun eine zweite Antwort. Neben die erste Antwort, die Idealität des noematischen Sinnes bzw. der Bedeutung[60], tritt ein spezifisch zeittheoretischer Lösungsversuch: das Postulat der Identität zwischen urimpressionaler und retentionaler Form des angeblich selben Erlebnisses bzw. die Annahme der prinzipiell möglichen Deckung zwischen gegenwärtig gegebenen Ablaufsphänomenen und ihrer reproduzierten Form. Ließe trotz dieser Antworten der Verdacht nicht abweisen, daß die theoretische Reflexion das Reflektierte erst als Gegenstand des Bewußtseins 'erzeugt'oder auch nur 'interpretiert', stieße die phänomenologische Beschreibung auf eine unhintergehbare Nachträglichkeit der Anschaulichkeit von Erlebnissen. Denn dann ginge jedem Bewußtseinsakt, der im Modus originärer Gegebenheit vorliegt, ein vorbewußter, urimpressionaler Gehalt voraus, der sich dem Modus der Anschaulichkeit entzöge. Das muß Husserl ablehnen. Er beteuert:

"Es ist eben ein Unding, von einem 'unbewußten' Inhalt zu sprechen, der erst nachträglich bewußt würde. (...) Ist aber jeder 'Inhalt' in sich selbst und

---

[59] Husserl, LU. II, 1, § 3, S. 10, Zur Nachträglichkeit der Reflexion vgl. Brand, WIZ, S. 68; Held, LG, S. 61f, und Landgrebe, FuI, S. 43., die alle das Problem der Identität zwischen reflektiertem und fungierendem Ich thematisieren, um es auf die eine oder andere phänomenologisch orthodoxe Weise zu umgehen.

[60] Es ist der noematische "Kern", der ungeachtet des unabschließbaren Status einer res temporalis im Verlauf der Abschattungen als noematischer "Sinn" für die synthetische Leistung eines Gegenstandsbezuges sorgt. Vgl. Husserl, Ideen, § 129, S. 316ff.

notwendig 'unbewußt' so wird die Frage nach einem weiteren gegebenen Bewußtsein sinnlos."[61]

Denn dann wäre nicht die Präsentation eines unmittelbaren Erlebnisses Fundament der originären Anschaulichkeit sondern die auf ein unthematisch, unbewußt Fungierendes verweisende Repräsentation. Das aber würde an die Stelle des beanspruchten Rechtsgrundes phänomenologischer Analyse ein Vermitteltes setzen, wie Derrida formuliert: den Vorrang der Differenz oder der Spur. Ferner würde dies den Akt der theoretischen Reflexion zur 'Auslegung' im Sinne der Interpretation erklären, wobei dieser Sinn von Auslegung Husserl fernliegt: Husserl selbst problematisierte ja den Status der nachträglichen Reflexion bereits in den LU[62] und später in den CM:

"(...) insofern ist also zu sagen, die Reflexion verändere das ursprüngliche Erlebnis, es verliert ja den ursprünglichen Modus des 'geradehin' - eben dadurch, daß sie zum Gegenstand macht, was vor dem Erlebnis aber nicht gegenständlich war. Doch es ist nicht die Aufgabe der Reflexion, das ursprüngliche Erlebnis zu wiederholen, sondern es zu betrachten und auszulegen, was in ihm vorfindlich ist."[63]

Entscheidend ist dabei, daß Husserl zwar eine Veränderung durch die Reflexion zugesteht (die nur bedeutet, daß das ursprüngliche Erlebnis zum Gegenstand wird, wogegen es zuvor einen Gegenstand 'hatte'), aber darauf besteht, daß die Reflexion eine Repräsentation einer ursprünglichen Präsentation im Modus der Identität zwischen fungierendem und reflektiertem Erlebnis ist. Diesen Zug hat Antonio Aguirre gegen den durch Heidegger veränderten Sinn der 'Auslegung' zu verteidigen versucht. Die 'Selbstauslegung' der Subjektivität, so Aguirre, erfindet oder konstruiert nicht, sondern beschreibt, was vor ihr da ist.[64]

Neben die Theorie des inneren Bewußtseins (siehe weiter unten) die den drohenden infiniten Regress der Reflexionen aufhalten soll, tritt also das Prinzip der sich in der theoretischen Reflexion durchhaltenden Identität des Erlebnisin-

---

[61] Husserl, ViZ, Beilage IX, S. 429: Der Retention verdanken wir es also, daß das Bewußtsein zum Objekt gemacht werden kann. Vgl. auch Derrida, SP, S. 118.
[62] Husserl, LU, II, 1, § 3, S. 10.
[63] Husserl, CM, § 15, S. 36.
[64] Aguirre, PH, S. 75.

haltes. Und dies bestätigt wiederum , daß die Idealität von noematischen Sinnen bzw. die Idealität der Bedeutungen die mögliche Identität zeitlich getrennter Erlebnisse garantieren soll.

Die Identität, die in identifizierenden Akten festgestellt, d.h. zur originären Gegebenheit gebracht wird, erfüllt folgenden Zweck: Das Wahrheitskriterium, das offensichtlich (der zeitlichen Distanz zwischen noematischen- bzw. Bedeutungsintentionen und ihrer Erfüllung wegen) innerhalb eines 'Wahrheitsgeschehen'[65] zur Geltung kommt, soll auf den Gegenwartspunkt, den die Anschaulichkeit erzwingt, zurückzuführen sein. Die Idealität der Bedeutung und des Noemas versöhnt dann die Unabweisbarkeit des phänomenologischen Befundes der Verlaufsgestalt der Reflexion mit dem Kriterium unmittelbarer Anschaulichkeit in gegenwärtiger Evidenz.

Bezogen auf die Subjektivität selbst bedeutet dies, durch das Postulat der Zeitlosigkeit der Idealität also der fortwährenden Reaktualisierbarkeit eines noematischen Sinnes bzw. identischer Bedeutungsintentionen, die Sequenzialität des Bewußtseinsstromes mit dem Kriterium der Gegenwärtigkeit zu versöhnen.

Die Analyse der Erscheinungsweise von immanenten Zeitobjekten, also von Gegenständen in stetiger Abschattung, erhält eine doppelte Funktion: Sie liefert den Leitfaden für die Reflexion des immanenten Flusses, als der die Subjektivität sich letztendlich zeigen wird. Und sie hält die zeitliche Extension der Zeitobjekte in den Grenzen einer gegenwärtig anschaulichen Ausweisbarkeit.

Zunächst scheint die Aufgabe nur darin zu bestehen, die Synthesis des transzendenten Gegenstandes als zeitlichen Prozess zu beschreiben. Das 'Ding' erscheint in der Deskription der Leistung der Subjektivität als "res temporalis"[66]. Damit ist seine Verfassung als der flüssige, stets möglichen Veränderungen unterworfene, Einheitspunkt des Prozesses der Abschattung gemeint. Man sieht im Unterschied zum noematischen Sinn den einzelnen Gegenstand immer nur in einer Abschattungsperspektive, von denen es unendlich viele gibt. Der Gegenstand bleibt also als 'dieser' bewußtseinstranszendent.

---

[65] Nicht im Sinne des späten Heidegger, sondern im Sinne der prozeduralen Zeitextension der Wahrheitsprüfung, die für die Gegenwartszentrierung der Evidenz eine Herausforderung darstellt.
[66] Husserl, Ideen, § 149, S. 367.

Im Verlauf der Husserlschen Bestimmungen des immanenten Zeitbewußtseins läßt sich allerdings wegen der Aufnahme des Problems, wie 'die' bzw. 'eine' Zeit überhaupt immanent konstituiert wird, die Trennung des theoretischen und des methodischen Reflexionsproblems nicht durchhalten. Denn ebenso wichtig wie die Synthesis einzelner Gegenstandsintentionen ist der Nachweis, wie im primordialen 'Jetzt' die Phänomene von Zeit und Dauer überhaupt erscheinen können. Zudem gesteht Husserl von Anfang an ein, daß dem Thema der Zeitlichkeit eine fundamentale Selbstreferentialität anhaftet: In §81 der Ideen findet sich der vielzitierte Absatz:

"Es wird sich zeigen, daß unsere bisherige Darstellung gewissermaßen eine ganze Dimension verschwiegen hat und notwendig verschweigen mußte, (...) das transzendentale 'Absolute', das wir uns durch die Reduktion herauspräpariert haben, ist in Wahrheit nicht das letzte, es ist etwas das sich selbst in einem tiefliegenden und völlig eigenartigen Sinn konstituiert und seine Urquelle in einem letzten und wahrhaft Absoluten hat." [67]

Dieses 'Letzte' ist die Zeit als eine notwendige Form der Verbindung von Erlebnissen mit Erlebnissen.[68] Diese Form läßt die einzelnen Erlebnisse unselbständig werden. Denn die Einheit eines Erlebnisses ist vermittelt durch den "Hof" weiterer Erlebnisse, so daß hier bereits das in der genetischen Phänomenologie, vor allem in den CM, bedeutsame Konzept der Horizontalität ins Spiel kommt. Diese Vermittlung ist nun die Leistung der Zeit als Verbindungsform. Die Zeit ist aber, anders als in Kants Delegation des Problems an die transzendentale Ästhetik, nicht nur eine Anschauungsform, sondern sie bestimmt den Charakter der transzendentalen Subjektivität als eine selbst dynamische Größe. An der Horizontalität der Erlebnisse erscheint die Subjektivität selbst als die Einheit des Erlebnisstromes.[69] Husserl verfolgt in den "Ideen" die Zeitthematik nicht weiter, er verweist auf die "Vorlesungen zur Phänomenologie des inneren Zeitbewußtseins" (ViZ) aus dem Jahre 1904/5. Hier wird die Vielfalt der be-

---

[67] Husserl, Ideen, § 81, S. 197f.

[68] Husserl, Ideen, § 81, S. 197f. In EuU nennt Husserl das innere Zeitbewußtsein beim Namen, wo die unterste Voraussetzung der konstitutiven Synthesis angesprochen wird, Husserl, EuU, § 16, S. 75.

[69] Husserl, Ideen, § 82, S. 201. Zu der Rolle der Zeit als Form der reinen Anschauung, Kant, KdrV, § 6, S. 82.

troffenen Zeitdimensionen eingehend analysiert, die an der entsprechenden Stelle der "Ideen" als Horizont der Erlebnisse und als Horizont des Erlebnisstromes, also als noetisches und noematisches Kontinuum nur nebenbei erwähnt werden. Aber schon in den "Ideen" wird deutlich, daß Husserl sehr wohl wußte, daß sich das Zeitthema nicht auf die theoretische Reflexion der Synthesis transzendenter Gegenstände beschränken ließ, daß vielmehr der zentrale Status der Subjektivität als transzendentales Fundament und als Subjekt der methodischen Reflexion hinsichtlich der Zeit problematisch würde.

Die Ausarbeitung der ViZ gehören einer Phase an, in der die komplexe Theorie der noematisch-noetischen Intentionalität noch nicht entwickelt war. Deshalb bedient sich Husserl hier der 'hylemorphistischen' Begrifflichkeit, in der reelle Gehalte als hyletische Daten und konstituierte Gegenständlichkeiten als Formen erscheinen. Die vielfach gegen diese Terminologie vorgebrachte Kritik, Husserl habe sich nicht vom Empirismus befreit, greift allerdings fehl, da schon zur Zeit der ViZ der realistische Charakter hyletischer Daten durch die Reduktion ausgeschlossen war.[70]

Die ViZ stellen den Versuch dar, die immanente Zeitlichkeit, d.h. die Gegebenheitsweise und die Bedingung der Möglichkeit von Zeit im Bewußtsein, zu erläutern. Den Anfang der Untersuchung macht die phänomenologische Ausschaltung der objektiven Zeit. Übrig bleibt die immanente Zeit, aus der gleichwohl der Sinn der objektiven Zeit, den die Naturwissenschaften wie die natürliche Einstellung supponieren, als konstituiertes Phänomen hervorgehen soll. Bei der Vorstellung seines Themas, die im wesentlichen die Abgrenzung vom natürlichen, objektiven Zeitbegriff ist, verrät Husserl allerdings sogleich, daß die Konstitution der Zeit mit der Zeitlichkeit des Konstituens im Zusammenhang steht. Er identifiziert den Gegenstand der phänomenologischen Zeitanalyse als die "immanente Zeit des Bewußtseinsverlaufes"[71]. Es geht mithin nicht nur um

[70] Vgl die Kritik von Martin Wälde, HuS, S. 49 und S. 32; neuerdings auch Manfred Frank, ZB, S. 29, der in erstaunlicher Verkennung des Charakters der phänomenologischen Reduktion und der damit verbundenen Umformung von Wahrheitsbedingungen aus der Differenz zwischen Phantasie und Wahrnehmung ableiten zu können glaubt, daß der Ausdruck "Hyle" einen "nicht zu tilgenden stofflichen Erdenrest" bezeichne.

[71] Husserl, ViZ, § 1, S. 369. Das wahrheitstheoretische Maß der originär gegebenen Anschaulichkeit hätte erwarten lassen, daß Husserl von vornherein die immanente Zeit des Bewußtseins, nicht eines selbst dynamischen Verlaufes untersucht. Auf die Einheit des Pro-

Verlaufsformen 'im' Bewußtsein, sondern um das Bewußtsein selbst als Verlaufsform.

Das zentrale Problem ist dabei das 'Jetzt' d.h. die zeitliche Qualität der unmittelbaren Gegebenheit: die originäre Gegenwart. Problematisch wird dieses 'Jetzt' auf indirektem Wege, denn zuerst wird die Gegenwart vorausgesetzt, und dies führt zur Frage nach der zeitlichen Extension. Wenn nämlich das Bewußtsein nicht anders als in bewußter Gegenwart Bewußtsein von etwas ist (was selbst durch den allgemeinen Charakter der Zeitthematik in Frage gestellt werden wird), wird die temporale Extension eines immanenten Zeitobjektes zum Problem. Wie sieht das Bewußtsein, ständig in primordialer Gegenwärtigkeit ruhend, den konstituierten Gegenständen an, daß sie zeitlichen Charakters sind?

Husserl fragt: "Woher haben wir die Idee der Vergangenheit?"[72] Husserl diskutiert und verwirft die Brentanosche Variante einer Theorie des bewußtseinimmanenten Ursprunges der Zeit. Brentano hatte ein unmittelbares 'Jetzt' einer ursprünglichen realen Wahrnehmung gegen irreale Gedächtnisvorstellungen abgegrenzt. Die Idee der Sukzessivität sollte dabei aus einer ursprünglichen Assoziation beider resultieren.

Husserls Kritik an dieser Vorstellung ist außerordentlich signifikant für die phänomenologische Strategie: Die Verschmelzung von gegenwärtigem Inhalt und vergangenem Inhalt kann die Idee der Vergangenheit nur konstituieren, wenn der Vergangenheitscharakter des früheren Inhaltes als solcher gegenwärtig evident sein kann. Das heißt, der vergangene Inhalt muß als vergangener präsent sein in einer Weise, die das Vergangensein originär, eben nicht irreal oder (wie Brentano in Husserls Augen suggerierte) phantasiert, präsentiert. Denn Husserl fragt in Abgrenzung gegenüber Brentano: "Woher wissen wir denn, daß ein A früher gewesen, schon vor dem Dasein dieses gegenwärtigen gewesen ist?"[73] Husserl bemerkt zwar, der wesentliche Unterschied seines Vorschlages gegenüber Brentano bestünde in der Trennung zwischen Auffassungsinhalt und -charakter, also Noema und Noesis. Aber nicht nur ist diese

---

blems innerer Zeitobjekte und der Frage nach den Bedingungen der Möglichkeit von Reflektion macht auch Izchak Miller aufmerksam: Miller, HATA, S.126.

[72] Husserl, ViZ, § 6, S. 381.

[73] Husserl, ViZ, § 6, S. 381.

Abgrenzung gegenüber Brentano in Zweifel gezogen worden[74] und verweist eigentlich nur auf die Erweiterung des Intentionalitätsbegriffes um den prinzipiellen Aktcharakter, sondern wichtiger als die Kritik an der vermeintlichen Ausblendung dieser Differenz wird hier die Kritik an der Lokalisierung der Konstitution von Zeitausdehnung in der Phantasie.

Husserl zufolge muß die Konstitutionsanalyse der Zeit den Unterschied erklären können, der zwischen dem Glauben an und dem Wissen von zeitlicher Sukzession besteht. Denn an diesem Unterschied hängt das Kriterium der Wahrheit identifizierender Akte sowohl der theoretischen Reflexivität der beschriebenen Subjektivität als auch der methodischen Reflexivität der beschreibenden Subjektivität. Die temporale Differenz ist also keine noetische Variation, so daß ein 'A' einmal als anwesend, ein andermal als abwesend gegeben wäre. Die Einwände gegen Brentanos Theorie der phantasierten Vergangenheit verraten, daß Husserl den Zeitcharakter des Abwesenden an den Bereich möglicher adäquater Evidenz anschließen will. Darum kann der Vergangenheitscharakter keine bloße noetische Modalität sein.

Husserl braucht also ein Konzept, das erklärt, wie sowohl Gegenwarts- als auch Vergangenheitscharakter (und später Zukünftigkeit) gegenwärtig evident sein können. Die Lösung soll der Begriff der Retentionalität liefern. Im Zurücksinken eines Tones, dem Beispiel der Viz, hält das Bewußtsein diesen Ton fest. Der Bereich der Gegenwart des evident Anschaulichen spaltet sich in das absolute 'Jetzt' des unmittelbar gegenwärtigen Erlebnisses, des "Quellpunktes" oder auch der "Urimpression", und das ebenfalls gegenwärtige Erscheinen des gerade zurücksinkenden Erlebnisses, der Retention. Die Gegenwart fällt in Brentanos Version zu 'eng' aus, darum wird sie ausgeweitet zu einem Zeitfeld, in dem "Tonjetzt" und "Tongewesen" zugleich sind.

Auf diesem Nukleus der zeitlichen Extension, der im Modus originärer Gegenwart verbleibt, bauen sich dann sämtliche höherstufigen Gegenstände des Zeitbewußtseins auf. Auf der nächsten Stufe dieses Aufbaus erscheint zunächst die Identität eines als Einzelnes intendierten immanenten Zeitobjektes. Dann baut sich über dessen konkreter Zeitstelle und Dauer die abstrakte Ordnung

[74] Husserl, ViZ, S. 380; vgl. David Wood, DoT, S. 65; Frank, ZB, S. 23f.

von Zeitstellen und die kontinuierliche Linearität der immanenten Zeit auf. Schließlich entsteht hieraus die universale, kontinuierliche Zeit überhaupt, die das Fundament der objektiven Weltzeit (und darin der Intersubjektivität) sein soll.

Die entscheidende Rolle spielt dabei die Differenz zwischen Retention und Reproduktion. Letztere ist die dem Bewußtsein frei verfügbare aktive Wiedererinnerung eines vergangenen Erlebnisses.[75] Die Reproduktion ist damit gleichsam der Prototyp der theoretischen Reflexion. Das 'Jetzt' des Gegenstandes der Wiedererinnerung ist in der Reproduktion "..nicht 'wahrgenommen', d.h. selbst gegeben, sondern vergegenwärtigt. Es stellt ein jetzt vor, das nicht gegeben ist."[76] Insofern ist das Wiedererinnerte nicht originär gegeben; es ist repräsentiert. Wahrheitstheoretisch betrachtet ist damit die Wiedererinnerung geradezu das Gegenteil der Wahrnehmung. Denn in der Freiheit bewußter Reproduktion liegt die Möglichkeit von Täuschung und Verzerrung, so daß das Reproduzierte nicht notwendig adäquat repräsentiert ist. Gleichwohl ist die Reproduktion für die Konstitution der Dauer selbst unverzichtbar: Das "Sukzessionsbewußtsein" ist zunächst die schlichte Wahrnehmung des Nacheinander der einmal retentional, dann urimpressional gegebenen Erlebnisse[77]; erst die Wiedererinnerung baut darüber das Bewußtsein der Dauer auf:

> "Die Retention konstituiert den lebendigen Horizont des Jetzt, (...) aber originär konstituiert sich dabei (...) nur die Zurückschiebung der Jetztphase bzw. der fertig konstituierten und in dieser Fertigkeit sich nicht mehr konstituierenden und nicht mehr wahrgenommenen Dauer. In 'Deckung' mit diesem sich zurückschiebenden 'Resultat' kann ich aber eine Wiedererzeugung vornehmen. Dann ist mir die Vergangenheit der Dauer gegeben, eben als 'Wiedergegebenheit' der Dauer schlechthin."[78]

Husserl betont, daß diese vergangene (und nur vergangene) Dauer in wiederholenden Akten originär anschaulich wird, d.h. sie wird in verschiedenen

[75] Schon in den nachgelassenen Manuskripten zur Phänomenologie der Zeit von 1901 unterschied Husserl zwischen "ursprünglichem Vergangenheitsbewußtsein und Wiedererinnerung", Husserl, PZ, Nr. 10, S. 156.
[76] Husserl, ViZ, § 17, S. 400.
[77] Husserl, ViZ, § 18, S. 401.
[78] Husserl, ViZ, § 18, S. 402.

Akten als identischer Gegenstand anschaubar. Zu dieser Leistung ist die Wiedererinnerung aber nur unter einer Bedingung in der Lage, die sie an den originär anschaulichen Modus der Retentionalität zurückbindet: Nur wenn 'Dekkung' zwischen einem retentionalen und dem darauf zurückkommenden reproduktiven Verlauf vorliegt, kann sich "diese Evidenz des Zeitbewußtseins in der Reproduktion erhalten."[79] Im Falle dieser Deckung veranschaulicht die Reproduktion den zurückliegenden Prozess und im Falle einer dritten Vergegenwärtigung, die die Reproduktion selbst in den Blick nimmt zugleich den zurücklaufenden Prozeß. Die theoretische Reflexion fundiert also den abstrakten Gegenstand 'Dauer', und die methodische Reflexion bringt diese Fundierung zur Anschauung. Für beide Reflexionen gilt: Die Evidenz ihrer Veranschaulichung folgt aus der 'Deckung' zwischen dem ursprünglichen Inhalt und seiner Vergegenständlichung in der Reflexion. Die Nachträglichkeit der Reflexion wird durch die Identität von ursprünglich präsentem und repräsentiertem Inhalt als mögliche 'Fehlerquelle' neutralisiert. Wenn die reproduktive Fundierung der Dauer nun formalisierend, d.h. in Abstraktion von konkreten Zeitobjekten, geschieht, baut sich über der immer nur im Jetzt erlebten Reihe absinkender Zeitstellen ihre universalisierbare Ordnung auf. Die Reproduzierbarkeit konkreter Erlebnisse verweist auf die Zugehörigkeit aller Erlebnisse zu einer universalen Sukzession, d.h. zur Linearität der einen Zeit. Damit werden einzelne, retentional noch gegebene oder reproduzierbare, Zeitstellen einer ehemaligen Urimpression zum "Nullpunkt einer Zeitanschauung".[80] Das heißt, auf jedem Erlebnis kann das formale Koordinatensystem der einen immanenten Zeit aufgebaut werden, so daß der Bereich von "vorher" und "nachher" mit der Zeitstelle variiert, obwohl die Sukzession der Erlebnisse eine feste lineare Ordnung behält (A- und B-Reihe). Damit ist für Husserl das scheinbare Paradox einer starren, weil Zeitobjekte an starrer Zeitstelle fixierenden, und zugleich stetig fließenden Zeit durch die Homogenität der einen Zeit gelöst. Die Beziehung zwischen der

---

[79] Husserl, ViZ, § 22, S. 408.

[80] Die Homogenität der einen, objektiven Zeit, deren Sinn in der immanenten Sphäre ja vorgebildet sein soll, ensteht aus der "Überschiebung" eines Vergangenheitspunktes mit dem Zeitfeld, in dem dieser Punkt das Jetzt war, und daraus, daß, wie Husserl voraussetzt, diese Überschiebung und damit Erweiterung des aktuellen Zeitfeldes prinzipiell unabschließbar zu denken sei. So. Husserl, ViZ, § 32, S. 425.

A-Reihe und der B-Reihe der Zeit[81] zeigt sich bei Husserl als das Verhältnis zwischen der noematischen Kontinuität einer Zeitstellenordnung, in der die Erlebnisse und die Zeitobjekte ihren festen Platz behalten, und der noetischen Reihe des Immer-Weiter-Fließens der Folge von Urimpressionen. Die Einheit von noematischer Zeitstellenordnung (vorher-nachher) und noetischer Flexibilität des Werdens und Absinkens von Urimpressionen (Vergangenheit, Gegenwart, Zukunft) folgt der präsupponierten Einheit des Bewußtseins, in dem noetische und noematische Gehalte korrelieren.

Darum führt die reproduktive Abstraktion der einen Ordnung, die Zeitstellen zu identifizieren erlaubt, zu derselben Zeit, als die der Erlebnisstrom sich selbst begreifen wird. Husserl formuliert als ein apriorisches Zeitgesetz, daß "die Zeit der Wahrnehmung und des Wahrgenommenen identisch dieselbe"[82] sei. In der Beilage der ViZ zu genau diesem Problem wird deutlich, worin die 'strategische' Bedeutung dieser Gleichzeitigkeit besteht. Hier bringt Husserl zuerst das einfache Argument vor, daß die Ausschaltung von transzendenten Objekten durch die Reduktion die Frage nach der Nachträglichkeit der Erscheinung beispielsweise des Lichtes eines Sternes erübrige. Die fragliche Gleichzeitigkeit ist eine rein bewußtseinsimmanente Beziehung zwischen intentionalem Gegenstand (nicht seinem "realen" Referenten) und dem Akt des Intendierens. Danach zieht Husserl die Rolle der Reflexion in Erwägung[83]. Wenn die Wahrnehmung als gebender Akt im Sinne einer nachträglichen Reflexion zu verstehen wäre, wären in der Tat Wahrnehmung und Wahrgenommenes nicht gleichzeitig (wenn auch vielleicht innerhalb des selben Kontinuums). Reproduktion und Retention setzten, so die Antwort, allerdings die Unmittelbarkeit des "impressionalen", "inneren Bewußtseins" des betreffenden immanenten Datums und damit seine

[81] Mit der 'A-Reihe' ist das auf eine subjektive Perspektive bezogene zeitliche Ordnungsschema gemeint, daß zwischen vergangenen, gegenwärtigen und zukünftigen Zeitpunkten differenziert, wohingegen die 'B-Reihe', gleichsam perspektivenneutral, zwischen vorher und nachher unterscheidet. Diese Bezeichnungen wurden eingeführt von: McTaggart, TuT, S. 458; vgl. dazu: Bieri, ZuZ.

[82] Husserl, ViZ, § 33, S. 427.

[83] Empiristisch motivierten Kommentaren entgeht hier leicht die Bedeutung der Epoché, so zieht Miller das Beispiel des Sternlichtes als Problem der Wahrheitsbedingungen subjektiver Evidenz heran, um auf den rettenden Anker der angeblich bei Husserl implizierten Theorie direkter Referenz hinzuweisen, Miller, HATA, S.132. Dabei wird durch Husserls eigenen Hinweis auf die Epoché als Ausschaltung der Existenz eines "Lichtsignals an sich" schnell klar, daß Miller hier in der Perspektive der Phänomenologie ein Scheinproblem konstruiert.

Gleichzeitigkeit mit der Urimpression voraus. Wenn also das "innere Bewußtsein" als Wahrnehmung bezeichnet werden muß, so schließt Husserl, liegt in der Tat strenge Gleichzeitigkeit vor.[84]

Eine Reihe kritischer Einwände richtet sich gegen Husserls Versuch, das 'Jetzt' als Fundament und Rechtsgrund phänomenologischer Analyse und subjektiver Konstitution auf diese Weise ausweisen zu wollen. Rudolf Bernet hält die Ausweisung des 'Jetzt' für zirkulär, denn der Begriff der ursprünglichen Empfindung, also der Urimpression, und der Begriff des unmittelbaren Jetzt sollen sich gegenseitig definieren.[85] Dieser Kritik läßt sich die zunächst fruchtbare Spaltung der Gegenwart in Urimpression und Retention entgegenhalten. Denn Husserl würde die Retention nicht als mittelbare Gegenwart bezeichnen, so daß nicht nur die Urimpression, sondern beide Seiten der Unterscheidung zwischen Urimpression und Retention den Sinn der originären, bewußten Gegenwart bestimmen.

Manfred Frank macht auf das Problem eines drohenden infiniten Regresses aufmerksam. Dieser Regress scheint sich aus der Beziehung zwischen Retention, dem in ihr festgehaltenen urimpressionalen Inhalt und der daran ansetzenden Reflexion zu ergeben. Es scheint nämlich das oben erwähnte "innere Bewußtsein", als Garant der Gleichzeitigkeit von Wahrnehmung und Wahrgenommenem, dem Eindruck zu widersprechen, daß ein Akt als Akt nur reflexiv, durch einen zweiten Akt, bewußt wird. Denn dann müßte jeder ursprüngliche Akt "seine Retention abwarten", um sich selbst bewußt zu werden, so daß sich die Reihe der aneinandergefügten Reflexionen nicht abschließen ließe.[86] Frank macht sich dabei allerdings einer Verwechslung schuldig. Er zitiert Husserls Rede von einem "inneren Bewußtsein" und setzt dieses mit der "inneren Wahrnehmung" gleich. Unter "innerem Bewußtsein" versteht Husserl jedoch schlicht das Bewußtsein, daß die Urimpression 'ist', d.h. das ausdrücklich vorreflexive Bewußtsein des impressionalen Inhaltes. Hier wendet sich das Bewußtsein noch nicht reflexiv auf bewußte Akte. Das geschieht dagegen in der "inneren Wahr-

[84] Husserl, ViZ, Beilage V, S. 462f.
[85] Husserl, ViZ, § 31; vgl. Bernet, DuG, S. 44f; auch Wälde, HuS, S. 35.
[86] Frank, ZB, S. 65.

nehmung"[87], denn dieser Ausdruck meint nichts anderes als das reflexive Bewußtsein von bewußten Akten, d.h. theoretische Reflexion. Frank zieht auf der Basis dieser Verwechslung den Schluß, daß die Urimpression bereits Bewußtsein über sich als bewußten Akt beinhalte. Das würde bedeuten, daß Husserl der Urimpression ein vorreflexives 'Selbstbewußtsein' zuspräche. Das aber ist falsch: Husserl würde im Gegenteil darauf beharren, daß eine Urimpression erst in der Reflexion als Bewußtseinsakt bewußt wird. Man könnte dann einwenden, daß dadurch unklar wird, wie denn die theoretische Reflexion überhaupt möglich sein soll. Hier gibt jedoch für Husserl die Retention den Hinweis auf die Antwort. In der Retention ist nämlich die Urimpression als vergangene präsent, ohne daß die Retention schon ein intentionaler Akt der Reflexion wäre. Die Retention vermittelt zwischen der Gegenwärtigkeit der Urimpression und der Möglichkeit, die Urimpression zum Gegenstand zu machen. Der unwillkürliche Charakter (d.h. die Abwesenheit der Freiheiten der Reproduktion, die Verzerrungen und Täuschung ermöglichen) sichert die Identität zwischen dem urimpressional und dann retentional gegebenen 'gleichen' Inhalt. In diesem Sinne stellt die Retention die Bedingung der Möglichkeit der adäquaten theoretischen Reflexion dar.[88] Frank konzentriert sich in seiner Kritik auf den notwendig nicht-reflexiven Charakter der Urimpression, um daraus Kapital schlagen zu können für seine Argumenation zugunsten einer ursprünglichen nicht-relationalen Vertrautheit des Subjektes mit sich selbst.[89] Das aber bedeutet, den Husserlschen Skrupeln zum Trotz an der cartesianischen Evidenz des mit sich vertrauten Bewußtseins anzusetzen. Zudem bedeutet der nicht reflexive Charakter für Husserl noch lange nicht A-Relationalität, denn auch die vorreflexiven Akte bzw. Urimpressionen sind noematisch auf Gegenstände bezogen. Der basale Bewußtseinsakt hat als intentionaler Akt einen Gegenstand, aber dieser Gegenstand ist nicht der Akt selbst.

Dennoch wirft Franks Interpretation die Frage nach einem infiniten Regress auf: Führt nicht die Voraussetzung, daß bereits die Urimpression einen Bewußtseinsakt zum Gegenstand habe, zu der Unabschließbarkeit der Iteration

[87] So Husserl, Ideen, § 38, S. 89, wo er "reflektierende Zuwendung" und "innere Wahrnehmung" gleichsetzt.
[88] Vgl. Tugendhat, W, S. 210.
[89] Frank, ZB, S. 67ff, auch ders., SuS.

immer 'tiefer' liegender Bewußtseinsakte? Nun ist, wie gesagt, diese Voraussetzung bezüglich der Urimpression problematisch. Die Gefahr des infiniten Regresses der Reflexivität wird jedoch - wenn auch in anderer Form - von Husserl selbst gesehen. Der Begriff des Erlebnisses wurde von ihm bisher äquivok verwendet. Er umfasste sowohl ursprüngliche Erlebnisse als auch solche Erlebnisse, die Gegenstand einer reflexiven Zuwendung waren. Dadurch könnte der Eindruck enstehen, daß das Erlebnis der Urimpression selbst auf ein ursprünglicheres Erlebnis verweist, also nicht länger 'Quellpunkt' wäre. Dann bestünde die Gefahr, daß jede theoretische Reflexion auf eine frühere Reflexion und diese wieder auf eine frühere ad infinitum verweisen müßte. Husserl selbst entwickelt in der Beilage XII der ViZ in Reaktion auf eben diese Gefahr des unaufhaltsamen Regresses eine Korrektur der LU vor. In den LU wurden auch "Phantasmen", also Gehalte, die evidenzbezogen so unsicher wie eine 'ungedeckte' Reproduktion wären, als Erlebnisse bezeichnet. Jetzt, in den ViZ, gelten nurmehr originäre Gegebenheiten des inneren Bewußtseins als Erlebnisse, so daß der Begriff des Erlebnisses freigehalten werden kann von seiner Verwechslung mit Bewußtseinsakten überhaupt, die Gegenstand einer Reflexion sind.

Der Sinn dieser Korrektur besteht darin, dem urimpressional Gegebenen den nicht-reflexiven Status zu verleihen, d.h. der Urimpression jene Ursprünglichkeit zuzusprechen, die das fungierende Bewußtsein als Gegenstand reflexiver Zuwendung von dieser Zuwendung zu unterscheiden erlaubt. Es muß vor aller Reflexion etwas Unmittelbares, ein reines phänomenologisches Datum, geben. Nur so ist das reflexiv Beschriebene nicht erst durch die Reflexion konstituiert, bzw. nur so kann überhaupt zwischen der Reflexion und dem reflektierten Erlebnis unterschieden werden. Und nur dann kann der Phänomenologe sicher sein, daß "Wir vorher anderem zugewendet waren, dann die Zuwendung zu A vollzogen haben und daß A schon vor der Zuwendung 'da war'."[90]

Das Problem der Ausweisung eines unmittelbaren 'Jetzt' ist aber auch mit der Bereinigung des Erlebnisbegriffes noch nicht gelöst. Denn Husserls Betonung des nicht-reflexiven Charakters der Urimpression ist zwar eine Beharrung auf der Möglichkeit, ein unmittelbar gegenwärtigen Ursprung auszuweisen zu können. Es wird aber zugleich deutlich, daß diese Ausweisung der Gegenwart

---

[90] Husserl, ViZ, Beilage XII, S. 482ff.

notwendig nur durch die Reflexion, d.h. nachträglich, möglich ist. Genauso wenig, wie das urimpressionale Bewußtsein sich selbst als Bewußtsein bewußt ist, ist sich die Urimpression als gegenwärtig bewußt. Auch die zeitliche Qualifikation setzt die reflexive Zuwendung auf die Zeit voraus[91]. Die Gegenwart der Urimpression ist also bewußt nur in der Gegenwart der sie reflektierenden Intention, also wenn sie vergangen ist. Ist also die Differenz zwischen Gegenwart und Vergangenheit, d.h. zwischen Urimpression und Reflexion dieser Urimpression, ursprünglicher als die unmittelbare Gegenwart?

Zu diesem Urteil kommt Derridas in seiner Kritik an der seiner Ansicht nach metaphysischen Prämisse, überhaupt eine ursprüngliche Gegenwart voraussetzen zu können. Für Husserl bedingt der methodische Vorbehalt der Einklammerung nicht nur die Aussetzung des thetischen Charakters der Akte, sondern auch die Reduktion der Differenz von Anwesenheit und Abwesenheit auf die Gegebenheitsweise von An- und Abwesenheit. Diese Gegebenheit ist in der Perspektive des Bewußtseins immer anwesend, d.h. zeitbezogen, gegenwärtig. Wann immer etwas war oder sein wird, die zeitliche Lokalisierung muß, so Husserl, bezogen auf das Bewußtsein 'jetzt' geschehen, wenn der zukünftige oder vergangene Zeitpunkt des Geschehens im Bewußtsein sein soll.

Die für Husserl wichtige Grenze zwischen Retention und Reproduktion ist für Derrida nur eine Schlußfolgerung aus dieser methodischen Prämisse, die für Derrida rein metaphysisch ist, d.h. der Reduktion von An- bzw. Abwesenheit auf 'anwesende Gegebenheit'. Dabei bezieht sich Derrida vor allem auf die Vorstellung, mit der Husserl die Idee der Gleichzeitigkeit von Wahrgenommenem und Wahrnehmung im Kontext der LU zu veranschaulichen suchte: die Gleichzeitigkeit, in der gesprochen und das eigene Wort gehört werde[92]. Demgegenüber betont Derrida, durchaus mit dem Anspruch phänomenologisch genauerer Betrachtung, die Notwendigkeit immanenten Zeichengebrauches und damit die zeitliche Extension der Beziehung zwischen Zeichen und Bezeichnetem in der Immanenz des Bewußtseins. Die nachträgliche Reflexion wird von Derrida gedeutet als Zeichengebrauch, in dem das Bezeichnete 'erzeugt' wird. Er schlägt

---

[91] Das gilt jedenfalls, wenn das primordiale 'Jetzt' nicht eine unreflektierte Prämisse bleiben darf, was durch Husserls eigene Beschreibung der Subjektivität erzwungen ist.
[92] Vgl. Husserl, LU, II § 8, S. 35f; Dazu: Derrida, SP, S. 73ff.

vor, die Grenze zwischen Reproduktion und Retention aufzulösen und an die Stelle dieser nur vermeinten Versöhnung von Gegenwartszentrierung und Vergangenheitskonstitution die Unabweisbarkeit einer immer nachträglichen Verweisung auf eine nie angeschaute Gegenwärtigkeit zu setzten. Derrida schlägt hier den Weg einer Zeichentheorie ein, die zuletzt nicht nur einzelne phänomenologische Analysen verbessern, sondern die subjektivistische Perspektive im Ganzen aufgeben will. Darin gründet Derridas Betonung des Vorranges der Differenz (als einer zeitlichen) vor der Identität und des Vorranges der Zeichen vor dem Bewußtsein.[93]

An diesen Einwänden gegen die Annahme einer ursprünglichen Gegenwart ist das entscheidend, worauf Derridas Kritik an der phänomenologischen Form der Argumentation und Analyse hindeutet: Die Paradoxien des 'Jetzt' haben Auswirkungen auf die methodologische Legitimität der Phänomenologie.

Der konsequente Aufbau von Fundierung und Konstitution auf dem Fundament originär gegebener Erlebnisse oder Urimpressionen läßt sich also methodologisch zurückführen auf die Erfordernisse der wahrheitstheoretischen und methodischen Prämissen der Phänomenologie als einer Technik der Beschreibung. Ob Husserl sein Ziel erreicht hat, hängt nicht wenig davon ab, ob der Nachweis einer ursprünglichen Präsentation von Erlebnissen gelungen ist. Die Analyse der Husserlschen Rekonstruktion der unmittelbaren Gegenwart hat jedoch ergeben, daß diese Gegenwart nur nachträglich, in der Reflexion, ausweisbar ist. Die ursprüngliche Gegenwart ist demzufolge nicht ein phänomenologisches Datum sondern ein methodisches Postulat.

Die kritischen Einwände von Frank, Bernet, Derrida u.a. gegen die Ausweisbarkeit eines unmittelbaren 'Jetzt' als eines archimedischen Punktes letzter Evidenz gehören zunächst auf die Ebene eines Streites um die Angemessenheit einzelner phänomenologischer Beschreibungen. Die entscheidende Ebene ist jedoch die methodologische, auf der das Prinzip der phänomenologischen Beschreibung selbst zweifelhaft wird. Denn wenn es Husserl nicht gelingt, die ursprüngliche Gegenwart adäquat auszuweisen, ist die Gegenwärtigkeit gegen-

[93] Derrida, SP, S. 121. Retention und Reproduktion werden als Modusbegriffe zweier Nichtwahrnehmungen bezeichnet. Ursprünglich ist dann die "Spur" des als ehedem urimpressional Gegebenen, deren Prinzip die Differänz (mit dem abgrenzenden "ä")ist.

ständlicher Anschaulichkeit und damit die mögliche Evidenz von Urteilen selbst kein phänomenologisches Datum. Denn das Ergebnis, daß die Gegenwart selbst immer nur als vergegenwärtigte Vergangenheit bewußt wird, bedeutet, daß kein Urteil zugleich Bewußtsein des Urteilsinhaltes und der Geltung des Urteils sein kann. Das bleibt für die theoretische Reflexion unerheblich, denn es entspricht Husserls Prämissen, daß die Geltung eines Urteils erst anschaulich gegeben ist in einem sekundären Akt der Reflexion des Urteils. Jedes Urteil verweist damit auf ein nächstes, das das erste Urteil zum Gegenstand hat. Nur würde diese unabschließbare Verweisung bedeuten, daß es keine Letztbegründung als letzte selbstbewußte Evidenz geben könnte. Damit steht die phänomenologische Letztbegründung der Phänomenolgie selbst auf dem Spiel.

Methodologisch betrachtet ist -um es zu wiederholen- für die Legitimität der phänomenologischen Methode die 'Konvergenz' von theoretischer und methodischer Reflexivität erforderlich. Darum ist die phänomenologische Zeittheorie notwendig selbstreferentiell. Das wird hier deutlich, denn der Reflexionsregress muß im transzendentalen Subjekt selbst enden, oder er endet nirgendwo.

Wie die Retention als immanenter 'Nachhalleffekt' der Urimpression die theoretische Reflexion fundiert, so bildet die theoretische Reflexivität die Bedingung der Möglichkeit introspektiver, d.h. methodischer Reflexion durch den Phänomenologen. Wenn also die Zeitanalyse sich selbstreferentiell auch auf den Status und den Modus der transzendentalen Subjektivität erstreckt, wird damit zugleich die Möglichkeit und die Reichweite der Introspektion betroffen.

In Husserls Bemühungen um die Flußgestalt der Subjektivität tritt rasch ein unaufhebbarer Widerspruch zutage: In dem Versuch, die konstituierende Subjektivität selbst mit den Mitteln, die prinzipiell nur Konstituiertes erfassen können, phänomenologisch auszuweisen, zieht sich die Subjektivität in die sogenannte "Anonymität" zurück, auf die sich nur indirekt verweisen läßt.[94] Die Selbstvergewisserung des Subjektes der transzendentalen Reflexion, das sich selbst als Subjektivität zu beschreiben versucht, ist eine "strömende" Vollzugsgestalt. Das heißt, der Prozess der sukzessiven Selbstreflexion kann seine

[94] Für die Uneinholbarkeit der Subjektivität durch sich selbst, die die deutlichste Entsprechung der Husserlschen Lehre zu den zirkulären Argumentationen der idealistischen Selbsbewußtseinstheorie darstellt, hat sich dieser, von Husserl stammende, Ausdruck durchgesetzt, vgl. Meist, ZG, S. 77, Brand, WIZ, S. 64.

eigene Sukzessivität nicht in den Bereich des immanent Konstituierten, dem das Subjekt 'zugrunde' liegt, verlegen. Die Zeit ist in der Hierarchie der Konstitution (und Fundierung) nicht eindeutig zu lokalisieren. Sie soll die transzendentale Subjektivität zur Bedingung haben, aber die Reflexivität, ohne die das Bewußtsein sich nie als Bewußtsein bewußt wird, setzt die Zeit bereits voraus. Der Sinn der Bezeichnung "Bewußtseinsstrom" besteht also eindeutig darin, daß das Bewußtsein des immanenten Stromes selbst ein Strom sein muß, um sich des immanenten Zeitflusses bewußt werden zu können. Reflexion macht als zeitlich ausgedehnter Akt "von Strömen Gebrauch"[95]. Das Subjekt ist selbst der "herakliteische Fluß", den es konstituieren soll.[96]

Das führt zu der Paradoxie, daß die absolute Subjektivität gleichzeitig Konstituens und Konstitutum sein müßte. Dies ist aber nicht nur die Folge der spezifischen, mit aller Dingtypik unvergleichbaren 'Gegenständlichkeit' der Subjektivität. Die Forderung der phänomenologischen Ausweisung des subjektiven Fundamentes von Wahreit und Erkenntnis zielt ja nicht auf die Veranschaulichung der Gesamtheit aller möglichen subjektiven Erlebnisse. Die Forderung bedeutet vielmehr, die formalen Bedingungen der Möglichkeit von adäquat evidenten Bewußtseinsgegenständen zur Anschauung zu bringen. Gefordert ist also Selbstbewußtsein der fundamentalen Leistungen des Subjektes. Der infinite Regress der Voraussetzung einer unanschaulichen Zeitlichkeit, die jeder Anschauung der konstituierten Zeit vorausgehen muß, widerspricht jedoch genau dieser Forderung. Der Widerspruch besteht zwischen der notwendigen Forderung, daß Zeit selbst als konstituierte Dimension der Subjektivität entspringen soll, und dem Konstitutionsverhältnis, in dem das, was Zeit zeitigt, offensichtlich selbst als zeitlich ausgedehnt erscheint, also in einer bemerkenswerten 'vorzeitigen' Zeit prozediert.

Die nicht reduzierbare Prozeduralität des Bewußtseins entspringt ihrerseits notwendig der internen Struktur der Reflexion: Klaus Held beschreibt, wie diese das Subjekt dazu drängt, zu unternehmen, was es sich verbieten muß: sich als immanentes Objekt zu identifizieren:

---

[95] Meist, ZG, S. 77; Held, LG, S. 61.
[96] Vgl. Tugendhat, W. S. 206.

"Das Ich (..) konstituiert ursprünglich Zeitstellen, es ist selbst vorzeitlich, und doch ist seine eigene urzeitige Gegenwart in jederzeit vermöglicher Reflexion als ein gezeitigtes Zeitstellenjetzt enthüllbar."[97]

Mit anderen Worten: Das Subjekt reflektiert sich als Subjekt der Reflexion und wird dadurch in einer zeitlichen Extension lokalisierbar, die der Zeit vorausgehen muß, die subjektiv konstituiert werden soll.

Die transzendentale Subjektivität erweist sich also, soll sie ihren Status als letzter Konstituent nicht verlieren, als ein 'Phänomen', als das eidos, das sich nicht in originäre Selbstgegebenheit bringen läßt. Durch den Rückzug auf die fundamentale Differenz zwischen fungierender und reflektierender Intentionalität ließe sich dieser Befund vielleicht legitimieren. Das würde jedoch dem Vorschlag Derridas entsprechen, die Ursprünglichkeit einer anschaulichen Gegenwart aufzugeben; dann wäre der infinite Regress, den auf der Ebene der theoretischen Reflexivität das innere Bewußtsein der Urimpression stoppen sollte, nicht mehr aufzuhalten. Und der 'Anonymität' des transzendentalen Bewußtseins würde ein unbewußtes Bewußtsein entsprechen. Das transzendentale Subjekt selbst gehörte nicht mehr zu dem Bereich möglicher evidenter Ausweisung.

Darum bemüht sich Husserl, auf indirektem Wege die immanente Erscheinung des Subjektes auszuweisen. Er beruft sich dafür einerseits auf metaphorische Argumente; andererseits entfaltet er den Begriff der Intentionalität entlang der Differenz zwischen noetischem und noematischem Kontinuum zu dem Dual von Längs- und Querintentionalität.

Zunächst konzediert Husserl für die Angabe der Bedingung der Möglichkeit der Erfassung des Bewußtseinsstromes eine bemerkenswerte sprachliche Not:

"Wir können nicht anders sagen als: dieser Fluß ist etwas, das wir nach dem Konstituierten so nennen, aber es ist nichts zeitlich 'Objektives'. Es ist die absolute Subjektivität und hat die absoluten Eigenschaften eines im Bilde als 'Fluß' zu Bezeichnenden, in einem Aktualitätspunkt, Urquellpunkt, 'Jetzt' Entspringenden usw."[98]

---

[97] Held, LG, S. 94.
[98] Husserl, ViZ, § 36, S. 429.

Ein erster Versuch, diese Rückprojektion aus dem Konstituierten auf das Konstitutive zu legitimieren, besteht darin, auf die notwendige Einheit aller immanenten Ablaufphänomene hinzuweisen, d.h. auf eine verbindenden Form, die die Pluralität verschiedener Flüsse an die Gemeinsamkeit eines primordialen Jetzt und dem darin zentrierten Zeitstellenkontinuum bindet.[99] Die Notwendigkeit dieser Einheit der Ablaufphänomene folgt jedoch nur aus der vorausgesetzten Einheit des Bewußtseins, und gerade diese Einheit des Bewußtseins wird durch die prinzipielle 'Anonymität' des in der Reflexion schon beanspruchten - vorreflexiven, fungierenden und zeitlich extendierten - Bewußtseins in Frage gestellt.

Zum zweiten beruft sich Husserl auf die Einführung der Unterscheidung zwischen Längs- und Querintentionalität. Diese Unterscheidung bezieht sich auf unterscheidbare Inhalte der Retention: die Retention ist einmal die Retention einer Urimpression, dann aber auch die Retention einer vorausgehenden Retention, so daß sich im 'Jetzt' der aktuellen Retention die Schichten der vergangenen Gegenwart eines gesamten kontinuierlichen Ablaufmodus überlagern. Die Reflexion der Retention kann darum, versichert Husserl, in zwei verschiedenen 'Richtungen' die in der Retention aktualisierte zeitliche Extension verfolgen. Dadurch soll erklärt werden, wie der Fluß neben den immanenten Zeitobjekten sich selbst als Fluß konstituiert. Folgt nämlich die Aufmerksamkeit der Querintentionalität, d.h. richtet sie sich auf das Jetzt der Urimpression und der ebenfalls gegenwärtigen Retention, so kommt die konstituierte Dauer des Zeitobjektes in den Blick. Richtet sich die Aufmerksamkeit dagegen auf die Längsintentionalität, so wird der reflektierende Blick über die Retention der Retention auf die vergangene Bewußtseinsphasenreihe gerichtet, und der Fluß wird über die zeitliche Differenzierung seiner Phasen als Fluß sichtbar. Das scheint Husserl für die Lösung zu halten, so daß er resumiert:

"Die Selbsterscheinung des Flusses fordert nicht einen zweiten Fluß, sondern als Phänomen konstituiert er sich in sich selbst."[100]

Dennoch bleibt die Frage offen, wie die Einheit aus Vorzeitigkeit und "Erscheinungskontinuität"[101], die beide als Bestimmungen des Bewußt-

---

[99] Husserl, ViZ, § 38, S. 433.
[100] Husserl, ViZ, § 39, S. 436; vgl. dazu: Husserl, ViZ, Beilage IX, S. 471ff.

seinsstromes gelten, zu denken sei. Die Andeutung eines "zweiten Flusses" impliziert nicht nur, daß die Einheit aus dem 'vorzeitig' fungierenden Fluß und dem reflektierten Bewußtseinsstrom sekundär ist; aus der Andeutung folgt, daß überhaupt kein einheitlicher Fluß primär, also ursprünglich zeitkonstituierend ist. Einem zweiten Fluß müßte ein dritter zugrunde liegen, diesem ein nächster etc., denn jede Reflexion eines Flusses 'fließt' bereits. Auf der methodologischen Ebene der Selbsteinholung der Subjektivität wiederholt sich damit der infinite Regress der theoretischen Reflexivität, d.h. die Paradoxie der notwendigen Vergangenheit der ursprünglichen Gegenwart in der Reflexion der inneren Wahrnehmung.

Die Unterscheidung zwischen Längs- und Querintentionalität setzt dem Regress der Voraussetzung von Bewußtseins-'flüssen' nichts entgegen. Zwar kann die längsintentionale Reflexion der retinierten Bewußtseinsphasenreihe dazu beitragen, die Selbstreflexion des Bewußtseinsstromes zu analysieren. Aber dabei wird nur deutlich, daß die Retention die theoretische Reflexion ermöglicht und diese theoretische die methodische Reflexion bedingt. Die Möglichkeit der Reduktion jeder möglichen Form der zeitlichen Extension auf die instantane Gegenwart eines selbstbewußten Bewußtseins ist damit nicht hinreichend begründet. Denn das ausweisende Bewußtsein der bewußten Zeitkonstitution setzt als Reflexion die Zeit voraus.

Husserl selbst scheint diese Frage schließlich doch nicht für abschließend beantwortet zu halten. Letztendlich konzediert er ungeachtet aller Mühe, die er sich mit der Entfaltung der Unterscheidung zwischen Längs- und Querintentionalität gemacht hat, eine phänomenologisch beunruhigende Sprachnot: Der entscheidende, sehr kurze, § 36, "Der zeitkonstituierende Fluß als absolute Subjektivität", schließt mit dem Geständnis: "Für all das fehlen uns die Namen"[102].

Es fehlen aber nicht nur die Namen, sondern es fehlt die sachliche Lösung des Konstitutionsparadoxes bzw. der Reflexionsaporie.

Dieser Befund ist offenbar nicht allein ein Problem der theoretischen Reflexivität; sondern durch diese Neigung der fundamentalen transzendentalen Sub-

---

[101] Husserl, ViZ, § 36, S. 429.
[102] Husserl, ViZ, § 36, S. 429.

jektivität, sich der introspektiven Vergegenwärtigung stets zu entziehen, wird die phänomenologische Methode der letztbegründenden Selbstausweisung gefährdet. Der Anspruch, mit dem Husserl in den LU angetreten war, das Fundament logischer Geltung in den subjektiven Bedingungen der Möglichkeit der Evidenz, die "als unmittelbares Innewerden der Wahrheit selbst"[103] gilt, auszuweisen, muß uneingelöst bleiben, wenn das letzte Fundament sich der Form reiner Beschreibung nicht fügt.

Das Subjekt der Konstitution der Zeit wird von Husserl konsequent enthüllt als zeitliches Fundament, dessen Beschreibung die Zeitlichkeit, die es konstituieren soll, voraussetzen muß. Entweder ist also 'die Zeit selbst' (was immer das sei) das eigentliche Fundament aller Konstitution - dann hätte das transzendentale Subjekt seinen letztbegründenden Status eingebüßt. Oder die Zeitlichkeit des Subjektes wäre eine paradoxe 'Vorzeitigkeit', der die Zeit auf unerklärliche Weise entspringen müßte.

An der uneinholbaren Zeitlichkeit, d.h. an der Unmöglichkeit, die Zeit auf die Konstitution eines instantanen Bewußtseins zu reduzieren, scheitert die transzendentale Phänomenologie methodologisch. Ihre Wahrheitstheorie, ihr methodisch legitimierter Anspruch auf Letztbegründung durch Rekurs auf das Ideal der originär anschaulichen Gegebenheit, gerät trotz der Versuche, die Zeit auf die subjektive Konstitution und die Reflexion auf die adäquate Repräsentation zu reduzieren, in unauflöslichen Widerspruch mit der sich aufdrängenden, fundamentalen Zeitlichkeit. Damit wird gegen ein wesentliches Prinzip der oben genannten 'Konvergenz' zwischen theoretischer und methodischer Reflexion verstoßen: das Subjekt ist sich selbst nicht transparent, wenn es sich in die 'Anonymität' entzieht. Und das bedeutet, daß sich die Zeitlichkeit der methodischen Reflexion nicht wie die Zeitlichkeit der theoretischen Reflexion durch die Prämisse 'zeitloser' Identität idealer noematischer Sinne oder Bedeutungen 'neutralisieren' läßt. Identifizierende Akte auf der Ebene theoretischer Reflexion waren durch die Identität der Bedeutung originär, d.h. in anschaulicher Gegenwart, bewußt. Das Subjekt selbst ist jedoch nicht ein solcher eidetischer Gegenstand. Schon allein, weil es der besondere 'Gegenstand' sein müßte, der sich

---

[103] Husserl, LU, I, § 6, S. 13.

selbst als der Gegenstand 'Bewußtsein', der er ist, bewußt sein müßte.[104] Methodologisch betrachtet muß das Bewußtsein sich selbst als Bewußtsein 'einholen'. Das Selbstbewußtsein aber ist reflexiv. Und die Zeitlichkeit dieser Reflexion läßt sich nicht durch die 'Zeitlosigkeit' eines eidos 'Subjektivität' neutralisieren. Wenn das Bewußtsein also seine Zeitlichkeit nicht 'neutralisieren' kann, so bedeutet dies, daß die identifizierende Selbstreflexion nicht in den Bereich adäquater Evidenz gehört.

Man sieht jetzt, wie die beiden Probleme der Zeittheorie: 1) das unmittelbare Jetzt, 2) der Status des Subjektes, zusammenhängen: Die unmittelbare Gegenwart ist als Gegenwart nur bewußt in der nachträglichen Reflexion. Daraus folgt, daß die Gegenwart des gegenwärtigen Bewußtseins dem Bewußtsein nie gegenwärtig ist[105], bzw. daß das evidente Urteil und die adäquate Identifikation niemals zugleich Bewußtsein ihrer eigenen Adäquatheit und Evidenz sind. Das bleibt unproblematisch, solange die Reihe des daran ansetzenden Regresses der Identifikationen und Reflexionen in einer letzten Reflexivität abgeschlossen werden kann.

Dieses Ende des Regresses müßte im Programm der letztbegründenden Phänomenologie das phänomenologische Selbstbewußtsein des transzendentalen Subjektes sein. Aber, wie man sieht, ist das nicht der Fall. An der Stelle einer letzten Evidenz des Selbstbewußtseins, also dort, wo der Regress der Reflexivität enden soll, verliert sich die Spur des Subjektes in der 'Anonymität'.[106]

---

[104] An der Frage, was das Bewußtsein 'ist', ob Gegenstand oder "Seinsverhältnis", entzündet sich die ontologische Frage Heideggers (Heidegger, PGZ, GW. Bd. 20), die hier weiter unten verfolgt wird (Kap. 2).

[105] So wie daraus auch folgt, daß die Anschaulichkeit nie anschaulich ist, sondern immer nur das Anschauliche. (Die Anschaulichkeit selbst zu veranschaulichen, heißt ja, sie reflexiv zu vergegenständlichen, und damit wäre sie nicht mehr bewußtes Erlebnis, so daß eine zentrale Eigenschaft der Anschaulichkeit verloren geht, wenn sie veranschaulicht wird.) Die Anschaulichkeit bleibt wie die Gegenwart immer "im Rücken".

[106] Und es ist dieser Zusammenhang, der in der Husserlschen Phänomenologie ein Äquivalent zu der klassischen Form des Konstitutionszirkels des subjektphilosophischen Begriffes von Selbstbewußtsein darstellt.

1.3. Die Rückkehr der Sprache als innerweltlich intersubjektives Medium gültiger Reflexion in der genetischen Phänomenologie

Die methodologische Reflexion bringt ans Licht, daß die 'Neutralisierung' der Zeitlichkeit der Reflexion durch die Idealität von Bedeutungen und noematischen Sinnen auf der Ebene der theoretischen Reflexion zwar konsistent ist, sich aber nicht durchhalten läßt auf der Ebene methodischer Reflexivität. Husserls fundamentale Umstellung der Prämissen der Phänomenologie durch die Einführung der genetischen Dimension reagiert schließlich auf die methodologische Aporie. Dabei gibt Husserl allerdings das zentrale Konzept der Idealität sukzessive auf. Und dadurch mißlingt am Ende der Versuch, die bewußtseinsimmanente, introspektive Methodologie durch ihre Transformation zu bewahren.

Der große Rettungsversuch Husserls, der Aufbruch der Phänomenologie in die Theorie der Lebenswelt und in die darin liegende 'genetische' Phänomenologie, verrät dabei entgegen Husserls Absicht nur umso dringlicher, daß neben der problematischen Gegenwart die Sprachlichkeit der phänomenologischen Beschreibung zum methodologischen Problem wird.

Die Historisierung der Konstitutionsfundamente soll aus dem instantanen transzendentalen Subjekt den teleologischen Prozeß eines sich selbst erfahrenden und in dieser Erfahrung konstituierenden Subjektes machen. Die Idealität, d.h. die 'Unzeitlichkeit' eidetischer Gegenstände, das bedeutendste Konzept der Vermittlung zwischen der Zeitlichkeit der Reflexion und der Gegenwärtigkeit bewußter Evidenz, gerät dabei durch die Einführung des Begriffes der "Urstiftung" selbst in Bewegung. Von nun an sollen auch ideale Entitäten einer jeweiligen ursprünglichen Genese entspringen. Doch eine besondere Idealität genießt gezwungenermaßen Exemption von dieser Historisierung: Die Beharrung auf der Idealität sprachlicher Bedeutungen muß die Historisierung zugunsten des Transzendentalismus kompensieren. Darin wird deutlich, daß die Phänomenologie nur konsistent erscheinen kann, solange sie die Sprache im Widerspruch zur Historisierung von Subjektivität und Idealität zum zeitlosen Medium bewußtseinsimmanenter Bedeutungen erklärt.

Das Aufbäumen der Phänomenologie gegen ihr Scheitern kann dieses nicht verhindern, sondern es offenbart nur den entscheidenden blinden Fleck: die Sprache. Das wird umso deutlicher, als Husserl selbst in der sechsten CM in der entscheidenden, nämlich methodologischen Perspektive der Idealität der Bedeutung im Sprachgebrauch der phänomenologischen Deskription den Boden entzieht. Damit wird einem weiteren Prinzip der Konvergenz von theoretischer und methodischer Reflexion widersprochen: Vermittelt über die Historisierung der Idealität führt die Auflösung des Sprachbegriffes der Logischen Untersuchungen dazu, daß methodologisch betrachtet von einer neutralen, vorurteilslosen Introspektion keine Rede sein kann. Vielmehr ist die Sprache selbst - in ihrer Abhängigkeit von ihrer kommunikativen Funktion in der natürlichen Einstellung (die Husserl nun selbst einräumt) - das Vorurteil der phänomenologischen Beschreibung. Das Subjekt ist dann nicht länger zu deuten als selbständiges Fundament der Bedingung der Möglichkeit von Erkenntnis, Wahrnehmung und - selbstreferentiell gesehen - seiner eigenen Introspektion. Diese Interpretation soll nun im einzelnen begründet werden:

Husserl hat sich mit dem allzu vorläufigen und letztlich widersprüchlichen Ergebnis der ViZ nicht zufrieden gegeben. Da er die Prinzipien phänomenologischer Letztbegründung aber nicht preisgeben konnte, mußte eine überzeugendere Lösung in genau dem Feld gesucht werden, in dem das Problem der 'Anonymität' in Erscheinung trat. Die spätere Form, in die Husserl das Projekt subjektiver Selbstaufklärung schließlich gebracht hat, ist deshalb eine zeittheoretische Figur: Aus dem stationären Verhältnis zwischen dem in der Reduktion erwachsenen 'unbeteiligten Zuschauer' und seinem Gegenstand, der Subjektivität selbst, wurde in der genetischen Phänomenologie eine Teleologie.

In einer weitausholenden Rekonstruktion der Geschichte philosophischer Problemstellungen skizziert Husserl in der "Krisisschrift" das kontinuierliche Projekt der subjektiven Selbstaufklärung. Die phänomenologische Reduktion wird darin zur Station einer historisch differenzierten Rekonstruktion jenes Sinnfundamentes, das Husserl die "längst erfühlte und doch stets verborgene Dimension des 'Transzendentalen'" nennt. Phänomenologische Ausweisung wird dabei zum Ziel einer Bewegung, an deren Ende erst diese Dimension "wirklich zu Gesicht, zu direkter Erfahrung kommt"[107]. Die Reflexionsparadoxie, das Problem der Zeitlichkeit, soll also durch Verzeitlichung im Sinne der Teleologie aufgelöst werden. Das Sinnfundament, welches längst erfühlt sei, wird in dem von Husserl im Zuge der sogenannten genetischen Wende eingeführten Begriff der Lebenswelt angezeigt.[108]

Die geschichtliche Dimension dieser Teleologie erschöpft sich nicht in einer philosophiehistorischen Aufzählung, an deren Ende die Phänomenologie als das telos aller Reflexion steht. Dies ist nur die äußerliche, mundane Seite einer Geschichte, die eingeführt ist als das verborgene Fundament der Konstitution von Idealität selbst, es ist die transzendentale Erfahrung der Subjektivität, die den Bereich der ursprünglichen Konstitution, jetzt nicht mehr nur der konkreten Gegenstände, sondern auch der abstrakten Gegenstände und der Idealitäten, dynamisiert. An die Stelle der methodologisch dogmatischen Voraussetzung der "Unzeitlichkeit" der eidetischen Gegebenheiten, die, wie ausführlich rekonstruiert wurde, als Vermittlung von Reflexion und evidenter Identität unverzichtbar war, tritt jetzt also die Rekonstruktion der Genese der Idealität durch die Analyse des genetischen Sinnfundamentes. Damit wird der Bereich des Begriffes der Konstitution erweitert. Nun werden die vormals instantanen 'Bausteine' der Konstitution ihrerseits als konstituiert begriffen [109]:

---

[107] Husserl, Krisis, § 27, S. 112.

[108] Die Einführung der Lebensweltproblematik wird nach wie vor von vielen Autoren als kontingente Referenz an konkurrierende Theorien begriffen. So hält sich Hans Blumenberg an das hartnäckige Vorurteil, der späte Husserl hätte mit dem Begriff der Lebenswelt auf das Erscheinen von Heideggers "Sein und Zeit" reagiert, vgl. Blumenberg, LuW, S. 17. Rüdiger Welter, der die Geschichte des Lebensweltbegriffes rekonstruiert hat, kann Husserls genetische Wende nicht anders erklären als durch den diffusen Hinweis auf Einflüsse der Lebensphilosophie. Der Gedanke der Teleologie wird mit äußerlichem Hinweis auf Hegel erklärt; vgl. Welter, BL, S. 67. Überzeugender sind die Andeutungen von K.R.Meist, der in den Aporien der ViZ bereits Wurzeln der genetischen Phänomenologie entdeckt; vgl. Meist, ZG. Denn die transzendentale Geschichte ist die Antwort auf das Paradox der vorzeitigen Zeitlichkeit transzendentaler Subjektivität, die sich selbst einholen können müßte, dies aber als instantanes nicht kann. Vgl. auch die These Manfred Sommers, der Lebensweltbegriff Husserls werde bereits 1913/14 in den Arbeiten am zweiten Teil der Ideen entwickelt, Sommer, LWZB, S.59ff.

[109] Robert Sokolowski hat schon vor 30 Jahren gezeigt, daß die genetische Erweiterung der Konstitutionsproblematik bereits in den ViZ sich aufdrängt und in den Ideen als mühsam unterdrückt gelten kann. Die genetische Phänomenologie ist also nicht, wie oft behauptet, eine kontingente Referenz an lebensphilosophische Zeitgeister (siehe vorherige Fußnote), sondern sie ist notwendige Entwicklung aus der Einsicht Husserls in die Zeitlichkeit des Bewußtseins und damit der basalen Konstitution. Vgl. Sokolowski, FHCC, S. 165.

In den CM taucht eine ganz neue Konstitutionsfrage auf. Denn hier legt Husserl eine Theorie vor, die die Entstehung der noematischen Sinne selbst betrifft. Die idealen Wesenheiten, die die "res temporalis" immer auf einen Einheitspunkt vereinigen soll, sind in transzendentaler Genesis konstituiert. Und entsprechend der Selbsterscheinung des subjektiven Flußes durch die längsintentionale Reflexion der Erlebnisreihen hat dies Rückwirkungen auf die Subjektivität selbst. Husserl bemerkt,

"(...) daß dieses zentrierende Ich nicht ein leerer Identitätspol ist, sondern vermöge einer Gesetzmäßigkeit der 'transzendentalen Genesis' mit jedem der von ihm ausstrahlenden Akte eines neuen gegenständlichen Sinnes eine neue bleibende Eigenheit gewinnt."[110]

Einen 'neuen' noematischen Sinn konnte es in den "Ideen" nicht geben. Der gegenstandstheoretische Bedeutungsplatonismus der LU und noch der Ideen führte dazu, das alles, was intentional im Modus der Neuartigkeit begegnete, in gewissem Sinne bereits bekannt gewesen sein muß. Denn die Subjektivität als absolutes Fundament mußte alle eidetischen Wesenheiten bereits enthalten. Anders wäre die Unzeitlichkeit idealer Gegenständlichkeit nicht zu verstehen gewesen. Die von der Zeit unabhängige Identität einer idealen Bedeutung bzw. eines noematischen Sinnes ließ den Gedanken einer ersten Realisierung, die dieses eidos konstituiert, nicht zu. So war als neu zu betrachten bestenfalls die Aktualisierung des intentionalen Sinnes. Die Relation zwischen einer ersten Aktualisierung und dem subjektiven eidos folgte demnach dem Modell der platonischen Anamnesis.[111]

In den CM schlägt Husserl einen anderen Weg ein. Jetzt verweisen die Bedeutungen und noematischen Sinne auf ihre "Urstiftung". Ihre permanente Aktualisierbarkeit folgt nicht aus ihrer 'unzeitlichen' Präsenz, sondern aus einer ursprünglichen Repräsentation durch das transzendentale Subjekt. In den CM wird selbst die Form der Gegenständlichkeit überhaupt zu einer konstituierten Größe. Sie ist eine in "passiver Synthesis" begegnende "Zielgröße", d.h. sie ist zwar nicht das momentane Resultat einer aktiven Synthesis, so daß in jeder Aktualisierung die Gegenständlichkeit - oder jedes andere eidos - aktuell neu

---

[110] Husserl, CM, § 32, S. 68.
[111] Husserl, LU, II 1, § 35, S. 104.

gestiftet werden müßte; aber die Gegenstandsform, als das paradigmatische eidos, verweist in ihrer idealen Identität auf ihre Genese in einer ursprünglichen aktiven Synthesis zurück. Da diese Synthesis in der Stabilität der, jetzt als identisch aktualisierbaren, Form gleichsam aufgehoben ist, spricht Husserl von "passiver" Synthesis. Die Gegenstandsform "..weist selbst auf eine Urstiftung dieser Form zurück. Alles Bekannte verweist auf ein ursprüngliches Kennenlernen."[112] Die Aktualisierung idealer Gegenstände wird also nicht mehr nur begriffen als zeitunabhängiges Vermögen der absoluten vorzeitigen Subjektivität. Sondern die subjektive Stiftung bekommt den konkreten Sinn einer Konstitution, welcher in der transzendentalen Geschichte der Subjektivität eine Zeitstelle zugeordnet werden kann:

"Da jede ideale Gegenständlichkeit durch den Akt eines konkreten Bewußtseins (...) erzeugt wird, hat jede ideale Gegenständlichkeit eine Geschichte, die sich schon immer in ihr bekundet, auch wenn wir nichts über ihren bestimmten Inhalt wissen."[113]

Schon in den ViZ drängte die Frage nach der Erscheinung des Bewußtseinsstromes als Strom in ihm selbst zu der Verfolgung der Selbstreferentialität der 'strömenden' Zeitigung. Dieser Rückverweis von den konstituierten Gegenständen und den abstrakten Zeitformen auf den Bewußtseinstrom wird hier nun vervollständigt. Denn jetzt breitet Husserl auch das Prinzip der Horizontalität eines Erlebnisses und der immanenten Geschichtlichkeit idealer Gegenstände selbstreferentiell auf die Subjektivität aus. Die Gesamtheit der Gegenstände des Subjektes ist nicht mehr das vorzeitige Repertoire aktualisierbarer intentionaler Wesen, sondern das Subjekt reichert sich in der transzendentalen Genesis an. Die 'Sinngebung' der Intentionalität wird zu einer dynamischen Größe, das Ego wird gleichsam ein Speicher transzendentaler Erfahrungen, so daß es zu einer variablen wenn auch kontinuierlichen Habitualität wird: Solange eine den Urteilsakt betreffende Überzeugung

"..für mich geltend ist, kann ich auf sie wiederholt 'zurückkommen', finde sie immer wieder als die meine, die mir habituell eigene, bzw. ich finde mich als das

[112] Husserl, CM, § 38, S. 82.

[113] So interpretiert Derrida die Bedeutung des Terminus transzendentale Geschichte und seine Geltung für ideale Gegenständlichkeit, Derrida, HWG, S. 56.

Ich, das überzeugt ist - durch diesen bleibenden Habitus als verharrendes Ich bestimmt ist."[114]

Das besondere Beispiel Husserls für die ursprüngliche Stiftung von Idealitäten durch eine Subjektivität, die sich selbst durch diese Stiftung habitualisierend anreichert, ist die Geometrie. Hier wird nicht nur deutlich, in welches Verhältnis die genetische Phänomenologie zu den idealen Wesenheiten der Naturwissenschaften, d.h. zu der von ihnen verschuldeten Hypostase des "Ideenkleides"[115] tritt. (Hier entfaltet Husserl erstmals ideologiekritische und normative Implikationen der phänomenologischen Verpflichtung zur subjektiven Selbstaufklärung.) Zudem zeigt sich hier, woran zu denken ist, wenn alle Idealität nicht allein auf die nun dynamische absolute Subjektivität zurückzuführen ist, sondern auf ein tieferes Sinnfundament: diese Sinnfundament ist die "Lebenswelt".

Die Lebenswelt ist die Welt wirklich unmittelbarer Anschauungen, die Gesamtheit der ursprünglichen Gegenstandsintentionen vor aller Objektivierung. Durch die genetische Reflexion dieser Objektivierungen wird nun allerdings der gesamte Bereich der idealen Wesenheiten aus der eidetischen 'Unzeitigkeit' geholt; die Wesenheiten entspringen selbst einem solchen "ursprünglichen Kennenlernen". Die Lebenswelt bezeichnet gleichsam den Zustand der subjektiven Intentionalität vor aller Idealisierung durch die Urstiftungen, auf den eine reflektierte Wissenschaft ihren gesamten Bestand an abstrahierten Idealitäten beziehen muß. (Wohlgemerkt geht es hier um die Lebenswelt in der Perspektive der transzendentalen Einstellung, d.h. um den Begriff der Lebenswelt als bereits reflexiv gewonnenes Phänomen.)

"Der Geometrie der Idealitäten ging voran die praktische Feldmeßkunst, die von Idealitäten nichts wußte."[116] Diese 'lebensweltliche' Geometrie ist nun nicht zu verstehen als Zustand mangelhafter Einsicht der subjektiven Orientierung im

---

[114] Husserl, CM, § 32, S. 68. In den CM spielt die Unterscheidung zwischen verschieden Formen diese 'Ich', d.h. zwischen empirisch-personalem und transzendentalem ego eine große Rolle, auf die in 1.4. zurückzukommen ist. So könnte der Eindruck entstehen, da von dem "Ich als Substrat von Habitualitäten" in § 32 vor der thematischen Einführung der phänomenologischen Methode und des transzendentalen Ich die Rede ist, diese Habitualisierung wäre nur eine Eigenschaft des personalen Ich. Doch § 37, S. 78 zeigt, daß von einer Beschränkung der Habitualisierung des ego auf die Ebene der Personalität keine Rede sein kann.

[115] vgl. Husserl, EU, § 10, S. 43.

[116] Husserl, Krisis, § 9, S. 52.

Raum in das eidos des geometrisch zu explizierenden spatialen Kontinuums. Im Unterschied zu dem Geometer, der im Vorwort der zweiten Auflage der Kritik der reinen Vernunft erwähnt wird, und der "unter die Kategorie des Dativs" fällt, sofern er ein zuvor apriorisch Notwendiges 'entdeckt',[117] konstituiert der erste Geometer Husserls im Modus der Urstiftung ein zuvor nicht Notwendiges: die darin ein für allemal geltend gesetzte Idealität. Husserl selbst spricht hier von Erfindung. Unter "Urstiftung" könnte ja auch nicht die 'Entdeckung' einer bereits instantanen, aber unbewußten Idealität verstanden werden, da weder die Vernunft selbst noch eine 'an sich seiende', ontische 'Realität' als das Gegenüber in einer Korrespondenzrelation zu dem urgestifteten aber an sich seienden eidos in Frage kommt. Denn diese Gegenstücke einer urstiftenden Erzeugung, die die Rede von einer 'Entdeckung' begründen könnten, bleiben mit der Epoché ausgeklammert, d.h. sie bleiben der Konstitution des nun dynamischen Subjektes unterworfen. Nur dieser Gedanke der ursprünglichen Kontingenz[118] der beispielhaften geometrischen Idealität zum Zeitpunkt ihrer Urstiftung macht den Terminus des "Ideenkleides" sinnvoll. Die Unterschiebung dieses "Ideenkleides" unter die in der natürlichen Einstellung zugängliche 'eigentliche' Wahrnehmungsrealität macht Husserl der modernen Wissenschaft zum Vorwurf:

"So konnte es erscheinen, daß die Geometrie in einem eigenen unmittelbar evidenten apriorischen 'Anschauen' und damit konstituierenden Denken eine eigenständige absolute Wahrheit schaffe (...). Daß diese Selbstverständlichkeit ein Schein war (...) blieb für Galilei und die Folgezeit verdeckt..." und: "Gleich mit Galilei beginnt also die Unterschiebung der idealisierten Natur für die vorwissenschaftlich anschauliche Natur."[119]

Die Idealität der euklidischen Geometrie ist nur das Beispiel. Das Konzept transzendentaler Erfahrung und ihres Kernstückes: der Urstiftung affiziert jegli-

---

[117] Kant, KdrV, Vorwort zur zweiten Auflage, S.22. Vgl. Derrida, HWG, S. 52f.

[118] Unter Kontingenz ist dabei nicht zu verstehen, was Niklas Luhmann oder Richard Rorty damit verbinden (Rorty, KIS; Luhmann, SS), denn für Husserl transzendiert die Idee der Geltung die Kontingenz der Urstiftung; das einmal Erzeugte erhält den Status einer zeitunabhängig gültigen eidetischen Idealität, so daß Genesis und Geltung - anders als bei Rorty oder Luhmann - getrennt werden. Problematisch bleibt allerdings das Kriterium der Unterscheidung zwischen aktueller Urstiftung und passiver Synthesis, d.h. aktueller Geltung.

[119] Husserl, Krisis, S.53.

chen Sinn der Idealität, so daß der noematische Sinn ebenso wie die ideale Bedeutung und die eidetisch zu begreifenden kategorialen bzw. abstrakten Gegenstände betroffen sind. Damit ist jedoch zudem die Möglichkeit der evidenten Ausweisung von einerseits reproduktiven Synthesen und andererseits von adäquater Beschreibung im Rahmen der phänomenologischen Deskription in Gefahr.

Denn die Identität idealer Gegenstände hatte ja die Aufgabe, die Identität zwischen Reflexionen eines Aktes und dem Inhalt dieses Aktes vor der Reflexion, d.h. zwischen ursprünglicher Erscheinung des Aktes und nachträglicher, reflektierter Erscheinung, zu garantieren. Wenn jede Idealität als Resultat einer kontingenten Urstiftung zu begreifen ist, fällt jede reine Beschreibung und jede reproduktive Deckungssynthese, ja jede Synthesis von Abschattungsmannigfaltigkeiten zur Einheit der Vielheit von Ansichten desselben Gegenstandes, unter den Verdacht, daß die fragliche Identität - also schon der Sinn des Ausdrucks 'dasselbe' - aus der "Unterschiebung eines Ideenkleides" für eine in Wahrheit von Differenzen durchsetzte Vielheit gewonnen ist.

Denn schon die Möglichkeit der transzendentalen Selbsttäuschung, die Husserl in der Lebenswelt-Vergessenheit des wissenschaftlichen Weltbildes realisiert sieht, führt im Gegensatz zu der Transparenzprämisse der früheren Phänomenologie zu der Frage: "Wieweit kann das transzendentale Ich sich über sich selbst täuschen (...)?"[120] Zwar erlaubt die Trennung von Genesis und Geltung die Unterstellung der Verbindlichkeit (im Sinne stabiler Identität) einmal gestifteter Idealitäten; die faktische Möglichkeit der Selbsttäuschung bedeutet jedoch, daß das Subjekt nicht notwendig unterscheiden kann zwischen unterschobener und gültiger Identifikation von vergangenen und reflexiv vergegenwärtigten Erlebnissen. Die Möglichkeit der transzendentalen Selbsttäuschung betrifft auch die Unterscheidung zwischen passiver und aktiver Synthesis. Wird eine Idealität im Moment ihrer aktuellen Realisierung gestiftet, oder verweist sie in passiver Synthesis auf eine bereits vollzogene Urstiftung?

Bedeutungstheoretisch (und darin liegt vermittelt über die anschauliche Erfüllbarkeit von unerfüllten Bedeutungsintentionen: wahrheitstheoretisch) hieße das z.B., daß das entscheidende Kriterium für die Unterscheidung zwischen

---

[120] so wird Husserl zitiert von: Tugendhat, W, S. 207.

wirklicher und bloß vermeinter Deckung, die zwischen den an differenten Zeitstellen erscheinenden Leerintentionen und den erfüllenden Anschauungen bestehen soll, keinen Halt hätte an der Identität der eidetischen Bedeutung. Denn die zweite Aktualisierung der Bedeutung könnte eine Urstiftung sein, und ihre Identität mit der unerfüllten Bedeutungsintention könnte eine erst zum Zeitpunkt der Urstiftung konstituierte Identität sein. Die Möglichkeit der Selbsttäuschung impliziert die Möglichkeit der Unterschiebung einer nur vermeinten Identität. Die reflexive Vergegenständlichung der für die anschauliche Evidenz konstitutiven Identitätsrelation sähe sich ihrerseits darum dem Verdacht ausgesetzt, keine anschauliche Identität, sondern die Urstiftung einer idealen Identität zwischen zwei ursprünglich verschiedenen Bedeutungen zu sein. Die Urstiftung bleibt also nicht als das Prinzip einer immer schon vergangenen arché des transzendentalen Feldes für aktuelle Deckungsphänomene irrelevant. Sie bedroht vielmehr jederzeit die Tauglichkeit eines rein immanenten Kriteriums der Unterscheidung zwischen Wissen und Glauben von bzw. an evidente Identitätsrelationen. Auf diese Analyse, die zum Teil den Einwänden der Derridaschen Husserlinterpretation enspricht[121], muß Husserl nur darum nicht eingehen, da er in der genetischen Phänomenologie an einer besonderen Idealität in unhistorisierter Fom festhält: an der Idealität sprachlicher Bedeutung.

Die Theorie der Bedeutung ist in diesem Zusammenhang das entscheidende Feld. Husserl hat auch in (gegenüber den LU) späteren Auseinandersetzungen mit der Bedeutungstheorie, so in den "Vorlesungen zur Bedeutungslehre" von 1908, den eminent wichtigen Status der Bedeutung für die Gewährleistung adäquater Identifizierung nicht in Frage gestellt.[122]

---

[121] Der Unterschied der hier unternommenen Rekonstruktion zu Derridas Ansatz betrifft die allgemeine Möglichkeit identischer Bedeutungen und (mehr oder weniger indirekt) verlässlicher Geltungskriterien: Für Derrida führt der Vorrang der Differenz zur globalen Absage an ausweisbare Gegenwärtigkeit und Bedeutungsidentität überhaupt; seine Kritik besitzt jedoch ausschließlich Geltung solange sie an die Phänomenologie und damit an die Vorstellung rein bewußtseinsimmanenter Identitäts- und Geltungskriterien gerichtet ist. Die weiteren Untersuchungen werden zeigen, daß die methodische Alternative zur subjektivistischen Perspektive, eine sprachtheoretische Rekonstruktion, dieser Kritik nicht ausgesetzt ist.

[122] In: Husserl, VBL, § 8, S. 30, heißt es nach wie vor: "Die Bedeutung selbst ist eine ideale Einheit, unzeitlich, mit sich identisch wie jede Idee". Es lassen sich zwar in FTL Ansätze eines Konzeptes der Begriffsgenese, also einer auf Urstiftung zurückzuführenden Bedeutungseinheit, finden, vgl. Welton, VNVG, S. 179f und Sokolowski, FHCC, S. 183; aber die

Der Begriff der eidetischen Bedeutungsidentität, von dem bereits ausgiebig die Rede war, hat zwei unterschiedliche Bedeutungen. 1) Erstens ist zu fragen, wie die Identität der Bedeutung in unterschiedlichen Fällen ihrer Realisierung zu rechtfertigen ist. 2) Die zweite Frage betrifft die Identität, die im Moment der "Erfüllung" zwischen der Bedeutungsintention und der gegenwärtigen Anschauung besteht. Der Unterschied dieser Bedeutungen der "Identität" wird jetzt, in der historisierenden genetischen Phänomenologie wichtiger als zuvor, denn das Konzept der Urstiftung problematisiert die Genese der Idealität und damit die Identität der Bedeutung im Sinn der ersten Frage:

George Heffernan hat gezeigt, daß Husserl bereits in den LU von diesen zwei möglichen Bedeutungen der Identitätsrelation, in die Bedeutungen eintreten können, ausgeht. Doch nur eine dieser Identitätsrelationen hat Husserl explizit auf die Evidenzproblematik bezogen. Zwar geht Husserl von der ersten Frage aus. Er bezieht im folgenden jedoch die Frage nach möglicher Evidenz und ihrer Bedingung nur noch auf das Problem der Erfüllung von Bedeutungsintentionen durch aktuelle Anschauungen, d.h. auf die Identität im Sinne der zweiten Frage (die Gründe für die Konzentration auf dieses Identitätsproblem sind ausgiebig dargestellt worden in 1.1.). Die Identität der Bedeutungen in der Vielheit ihrer Anwendungsfälle wird rein definitorisch durch den Begriff der Idealität entproblematisiert, die Idealität der Bedeutung wird als Identität der Spezies begriffen und somit verschwindet das Identitätsproblem der ersten Frage.[123]

Die Vorstellung der Bedeutung als Spezies hat Husserl in der Folge, besonders in FTL scharf kritisiert. Diese Kritik meinte allerdings nur den Kurzschluß von Bedeutungsidentität und Geltung entsprechender eidetischer Sätze.[124] Husserl kritisiert also später an seiner eigenen Konzeption die Vorstellung, idealen Sätzen kämen bereits als solchen, d.h. unabhängig von entspre-

Rolle der Idealität der Bedeutungen, die weiter unten erläutert wird, erklärt, warum dieser Ansatz von Husserl nicht weiter verfolgt werden konnte.

[123] Heffernan, BuE, S. 62f. Heffernan bezieht sich noch nicht auf die später edierten VBL; aber auch dort wird die Synthesis der Identifikation im § 11 nur in bezug auf die Identifizierung von Gegenständen verschiedener Urteile bzw. Prädikationen verhandelt, nachdem bereits die Identität der Bedeutungen in eidetischer Dogmatik entschieden ist, Husserl VBL, § 11, S. 49ff.

[124] Husserl, VBL, S. 29.

chenden Anschauungen, Geltung zu; Nicht kritisiert wird hingegen die unausgewiesene Voraussetzung der Identität der Bedeutung in der Vielzahl der Fälle, in denen sie als 'dieselbe' durch verschiedene Anschauungen erfüllt wird. Hier soll die Gewißheit der eidetischen Zeitlosigkeit genügen. Signifikant für die Ausblendung der ersten Identitätsbedeutung ist die rein definitorische Lösung des Problems "vager" Bedeutungen. Husserl hat das Problem dieser Art von Identität idealer Bedeutungen selbst bereits in den LU gestreift: Die Möglichkeit "vager" oder schwankender Bedeutungen schien das allgemeine Konzept der Bedeutungsidealität zu gefährden. Die Lösung besteht dort in der Verschiebung des Problems auf die Ebene der bloßen Bedeutungsintentionen. Sie mögen schwanken, doch sie zielen auf Bedeutungen die ihrerseits ideale, invariante Einheiten bleiben.[125] Es bleibt also bei der eidetischen Version des Bedeutungsbegriffes.

In der genetischen Phänomenologie müßte jedoch die erste Identitätsfrage, die Identität der Bedeutungen mit sich selbst, neu gestellt werden. Denn es ist nicht einzusehen, warum das Konzept der Urstiftung als Relativierung der eidetischen Unzeitlichkeit nicht auch die Identität der Bedeutungen betreffen soll.

Es ist verständlich, warum Husserl genau diese Frage nicht verfolgt hat: Die Gefährdung der Geltung von evidenten Identifizierungen durch die prinzipielle Möglichkeit der transzendentalen Selbsttäuschung muß von einer eigentümlichen Konzeption der Trennbarkeit von Genesis und Geltung, d.h. von urgestifteter und gültiger Idealität, abgewehrt werden. Diese Trennung von Genesis und Geltung verdankt sich einer signifikanten Exemption von der genetischen Relativierung des Eidetischen: Die sprachliche Idealität darf nicht relativiert werden, um den möglichen Übergang von kontingenter Urstiftung zur nichtkontingenten Geltung zu sichern. Dabei kommt es genau deshalb auf die bewußtseinsimmanente Idealität der sprachlichen Bedeutung an (und nicht etwa auf eine intersubjektive Bedeutungsidentität), weil das Kriterium der Geltung nach wie vor rein bewußtseinsimmanent sein soll.[126]

---

[125] Husserl LU II, 1, § 26-29, S. 79-96; vgl. Heffernan, BuE, S.80. Diese Strategie kündigt Husserl, wie weiter unten beschrieben wird, in der sechsten CM wieder auf.

[126] Die Kritik an Husserls Strategie zweifelt darum nicht an der Möglichkeit (und Notwendigkeit) der Trennung von Genesis und Geltung, sondern ausschließlich an Husserls bewußtseinsimmanenter, bedeutungsplatonischer Strategie, diese Trennung zu legitimieren.

Dieser Zug wird wieder exemplarisch an der Geometrie erläutert. Zunächst gilt für den ersten Geometer:

"Das originale Selbstdasein in der Aktualität der ersten Erzeugung, also in der ursprünglichen 'Evidenz', ergibt überhaupt keinen verharrenden Entwurf, der objektives Dasein haben könnte. Die lebendige Evidenz geht vorüber."[127]

Dann aber versucht Husserl der drohenden Abwertung der Wissenschaft zu einer nur relativ gültigen Kulturerscheinung auszuweichen. Dazu spricht er der Wissenschaft die herausragende Eigenschaft zu, im Medium der Kulturerscheinung vermittels der Idee "universaler Wahrheitsgeltung" dieses Medium selbst zu überschreiten. Derrida spricht hier vom "Einbruch der Unendlichkeit als Revolution im Inneren empirischer Kultur"[128]. Die "unendliche Idee" beseelt die Wissenschaften im Unterschied zur bloßen, kontextrelativen Weltanschauung.

Damit ist die Form der Trennung von Genesis und Geltung als eine Art Verzweigung von mundaner und transzendentaler Geschichtlichkeit vorgezeichnet. Die konkrete Beschreibung der Möglichkeit der Trennung von Genesis und Geltung bezieht sich dann auf den Übergang von jener flüchtigen Urstiftung zur idealen, allzeitlichen Wiederholbarkeit des endgültig Gestifteten. Das fundamentale Prinzip okzidentaler Wissenschaftlichkeit, die Idee der universalen Wahrheitsgeltung, mag damit angemessen gewürdigt sein. Es bleibt aber zu fragen, ob Husserls originales Motiv "..des Rückfragens nach der letzten Quelle aller Erkenntnisbildung, des Sichbesinnens des Erkennenden auf sich selbst und sein erkennendes Leben (...)."[129], d.h. das Festhalten an der transzendentalen Perspektive sich mit der genetischen Historisierung der Idealität schlechthin verträgt. Denn die methodologisch verbindliche Idee der Geltung ist in Husserls Argumentation auf das theoretische Konzept subjektiver Bedeutungsidealität angewiesen. Es ist die unangetastete immanente Idealität der sprachlichen Bedeutung, die die Möglichkeit der Trennung von Genesis und Geltung begründen soll durch ein nach wie vor rein bewußtseinsimmanentes Kriterium der Unterscheidung zwischen Selbsttäuschung und Selbstaufklärung.

[127] Husserl, Ursprung, S. 211.
[128] Derrida, HWG, S. 78.
[129] Husserl, Krisis, § 26, S. 108.

Das originale Selbstdasein 'verströmt' in einer Weise, die Husserl getreu den Bestimmungen der Theorie des inneren Zeitbewußtseins schildert. Es tritt zunächst eine Retention der ursprünglichen Evidenz auf, die ihrerseits verschwindet, aber als mögliche Erfüllung reproduktiver Intention zur Verfügung bleibt. Die Reproduktion schafft vermittels des Maßstabes 'reiner Erfüllung' die Möglichkeit, das 'Original' festzuhalten. Bei der aktiven Reproduktion des so Vergangenen und bei der dabei auftretenden 'wirklichen Erzeugung'

"(...) entspringt in ursprünglicher 'Deckung' die Evidenz der Identität: das jetzt originär Verwirklichte ist dasselbe wie das vordem evident Gewesene."[130]

Was ist aber, wenn die Historisierung der eidetischen Gegenstände die Möglichkeit der Selbsttäuschung einräumen muß, das immanente Kriterium der Evidenz dieser Identität; wodurch ist die Ursprünglichkeit der 'Deckung' bewußtseinsimmanent begründet?

Husserls Antwort lautet: durch die Identität der Bedeutung. Auf die Frage, "Wie kommt die geometrische Idealität (...) von ihrem originären innerpersonalen Ursprung (...) zu ihrer idealen Objektivität?", antwortet Husserl: "..mittels der Sprache, in der sie sozusagen ihren Sprachleib erhält."[131]

Hatte Husserl nach den LU die identische Bedeutung zum Noema generalisiert, so scheint doch hier die sprachliche Idealität gemessen an dem Konzept der Urstiftung wieder privilegiert zu werden. Würde die sprachliche Idealität ihrerseits auf Urstiftungen zurückgehen, wäre zu ihrer Stabilität eine weitere eidetische Garantie nötig, die selbst wieder durch eine Metaidealität stabilisiert sein müßte, und so weiter ad infinitum.

Nicht nur wird darauf verzichtet, die Bedeutungsidealität genetisch zu relativieren, sondern Husserl geht so weit, die bislang durch die Reduktion beiseitegestellte kundgebende und kundnehmende Funktion aufzuwerten: Die Verallgemeinerung der urgestifteten Idealität hat mit der sprachlich fundierten Wiederholbarkeit in foro interno des ersten Geometers noch nicht volle Universalität erreicht. Die Universalität intersubjektiver Objektivität verdankt sich einem weiteren Schritt der sprachlichen Mitteilung und des entsprechenden Verstehens:

---

[130] Husserl, Ursprung, S. 211.
[131] Husserl, Ursprung, S. 209.

"Im Konnex wechselseitigen sprachlichen Verstehens wird die originäre Erzeugung und das Erzeugnis des einen Subjekts von den anderen aktiv nachverstanden werden können. Wie bei der Wiedererinnerung wird in diesem vollen Nachverstehen des von anderen Erzeugten notwendig ein eigener gegenwärtiger Mitvollzug der vergegenwärtigten Aktivitäten statthaben, zugleich aber auch das evidente Bewußtsein der Identität des geistigen Gebildes in der Erzeugung des Mitteilungsempfängers und des Mitteilenden, wie dann auch wechselseitig."[132]

Natürlich wird die Identität der Erzeugungen verschiedener Subjekte gedacht als Folge der Einheit des transzendentalen Bewußtseins, dem die Differenz der als personal gedachten Subjekte zuallererst entspringt. Die Identität der Bedeutung des einmal Erzeugten bleibt eine Leistung des einsamen Seelenlebens, auch wenn dies mit der Kompetenz der Selbstvervielfältigung in eine konstituierte Kommunikationsgemeinschaft begabt ist (dazu 1.4.). Auffällig aber bleibt die Beharrlichkeit, in der die sprachliche Idealität von der Historisierung ausgenommen ist, um so mehr, als Husserl in den LU über Akte der Klassifikation sagte, dort "(...) erscheint der Ausdruck gleichsam als dem Dinge aufgelegt und als wie sein Kleid."[133] So daß die Nähe zur Problematik des möglicherweise unterschobenen Ideenkleides schon in der Wortwahl sichtbar wird.

Die Urstiftungen bilden zusammen mit den Anreicherungen in Abschattungen, wie oben gesagt, die Grundlage für die habituelle Bildung der Subjektivität selbst. Neue Erzeugungen sind also nicht nur gegenständliche Kreationen, sondern verweisen auf das konstituierende Subjekt selbst zurück. Von Anfang an ist damit die genetische Phänomenologie ein selbstreferentielles Unternehmen; sie muß die konstituierende Subjektivität und schließlich ihre Reflexivität als phänomenologische Methode zum Thema machen.

Man hat bereits gesehen, daß diese Selbstreferenz nicht zufällig ist, d.h. nicht nur der möglicherweise 'willkürlichen' Ausdehnung des Prinzipes der Habitualität auf die Subjektivität selbst folgt. Die methodologische Reflexion zeigte, daß die Bestimmungen der theoretischen Reflexivität immer schon Bestimmungen

[132] Husserl, Ursprung, S. 212.
[133] Husserl, LU.II, 2, § 6, S. 25.

der Möglichkeit der methodischen Reflexivität, also Begründungen der phänomenologischen Methode sind. Die genetische Relativierung des immanenten Evidenzkriteriums durch die Problematisierung der Idealität ist darum nicht nur relevant für die Geltungsansprüche der wissenschaftlichen Subjektivität, die der Gegenstand der phänomenologischen Reflexion sein soll. Mit der Idealität wird der Geltungsanspruch der introspektiven, phänomenologischen Beschreibung selbst problematisch. Wenn sich also zeigen läßt, daß die Idealität der Sprache eine besondere Bedeutung für die methodische Synthese aus der transzendentalen Perspektive und dem historisierten Begriff der Subjektivität hat, so wird hier schließlich eine wesentliche Bedingung der 'Neutralität' phänomenologischer Beschreibung zum Thema. Denn die Abstraktion von der kommunikativen (eben nicht bewußtseinsimmanent rekonstruierbaren) Geltung sprachlicher Ausdrücke war, wie oben gezeigt, die Bedingung der Möglichkeit reiner Beschreibung in introspektiver Perspektive.

Am Ende seines Weges nimmt Husserl die methodologische Frage selbst auf. Doch hier wird die "Bedeutung" auf eine Weise ausgelegt, die ihrer Rolle als ideale 'unzeitlich' mit sich selbst identische Garantie bewußtseinsimmanenter Geltungskriterien widerspricht:

Unter dem Titel "Phänomenologie der Phänomenologie" legte Eugen Fink 1932 den Entwurf der sechsten CM vor, der durch Husserl ausgiebig kommentiert und schließlich autorisiert wurde.[134] Diese Phänomenologie der Phänomenologie gilt als letzte transzendentale Selbstverständigung über sich selbst, sie ist reflexiv, indem sie den transzendentalen Zuschauer, von dem in den Ideen die Rede war, als das verbliebene 'Unbegriffene' nun zum Gegenstand einer transzendentalen Methodenlehre macht.[135] Der unaufgeklärte Rest ist die "transzendentale Struktur des Phänomenologisierens"[136]. Letztlich geht es um die Frage, ob die reflexive Thematisierung der Phänomenologie als Bedingung ihrer Möglichkeit ein mundanes Fundament entdecken muß, oder ob sie den

[134] E.Fink, VICM (1932). Zur Enstehungs- und Rezeptionsgeschichte, die vor allem für die Genese der Phänomenologie der Wahrnehmung Maurice Merleau-Pontys interessant ist, vgl. van Kerckhoven, ITM, S. 93f.
[135] Fink, VICM, S. 12.
[136] Fink, VICM, S. 25.

transzendentalen Status der mittlerweile irreversibel dynamisierten Subjektivität als ihren letzten Legitimitätsgrund verteidigen kann.

Sie kann es nicht, denn schließlich zerbricht die methodologische Konstruktion an der Wiederkehr der aus der Immanenz verdrängten kommunikativen Sprache. Noch in EU wurde der reduktive Zugang zu den basalen vorprädikativen Phänomenen legitimiert durch die Abstraktion von der kommunikativen Geltung der in der Deskription verwendeten Sprache. Mit unüberhörbaren Untertönen des Unbehagens sprach Husserl dort davon, daß von dieser ersten Idealisierung der intersubjektiven Geltung und von der unabweisbar prädikativen Verfassung der Sprache der Phänomenologie "abgesehen" werden müße[137]. Diese Absehung konnte nur unter der Voraussetzung der in den LU eingeführte Konzeption der Sprache aufrechterhalten werden. Die Bedeutungtheorie der LU wurde darum bis in die Krisisschrift hinein aus methodologischen Gründen aufrechterhalten. In der Phänomenologie der Phänomenologie wird sie jedoch entwertet:

Zu Beginn des entscheidenden §10 "Das Phänomenologisieren als Prädikation" erklärt Fink und bestätigt Husserl, daß alle Artikulation erwachsen sei in der natürlichen Einstellung, die die Partizipation des Sprechenden an einer Sprachgemeinschaft voraussetze.[138] Das Sprechen in der natürlichen Einstellung sei nun gebunden an den unbefragt thetischen Charakter des Gegenstandsbezuges; alles Sprechen bezieht sich auf Gegenstände, deren Sein supponiert sei. Die Einklammerung dieser Supposition macht nun natürlich den Übergang zu der Reduktion aus, die Sprache aber soll dabei nicht verlorengehen. Eine transzendentale Sprache, die an die Stelle der natürlichen treten könnte, sobald die Reduktion vollzogen ist, gibt es nicht. Der transzendentale Zuschauer bedient sich der natürlichen Sprache. Husserl selbst erlaubt sich in der entsprechend plazierten Randbemerkung das bemerkenswerte Zugeständnis:

"Wir haben zum Beispiel in diesem Falle eine bestimmte Vorgängigkeit primär intersubjektiver Konstitution vor der egologischen Nachkonstitution der Aneignung einer tradierten Sprache."[139]

---

[137] Husserl, EuU, § 12, S. 58.
[138] Fink, VICM, § 10, S. 94.
[139] Husserl, VICM, § 10, S. 95.

Fink geht an dieser Stelle unbefangen so weit, die Funktion des transzendental verfremdeten Sprachgebrauchs mit einem Ausdruck zu erläutern, der in den LU der akzidentiellen kommunikativen Funktion zugeordet war: Die natürliche Sprache wandele sich in ihrem Gebrauch durch den transzendentalen Zuschauer nicht "vokabulär", sondern in der Weise des Bedeutens, so daß die indizierte natürliche Bedeutung als "Anzeige" fungiere. Sofort setzt Husserl die Warnung an den Rand des Textes: "Dann stände ich noch in der Welt."[140]

Es muß also die Aufgabe gelöst werden, darzustellen, wie in transzendentaler Einstellung die mundane Sprache auf extramundane Weise ihre Wirkung entfaltet. Als Lösung wird angeboten, die Wirkung der Sprache als eine quasianaloge Funktion zu verstehen, bei der die natürliche Bedeutung auf einen transzendentalen Sinn hinweist, wohingegen die transzendentale Bedeutung stets gegen ihre Ausdrucksfassung "protestiere". "Der auszudrückende Sinn ist in ständiger Rebellion gegen den Zwang der Worte."[141] Daraus resultiere eine permanente Inadäquatheit der Ausdrucksgestalten phänomenologischer Beschreibung. Sie sind nicht wörtlich zu nehmen, denn die natürliche Bedeutung der Ausdrücke führt zu Mißverständnissen. Nur der intuitive Nachvollzug der phänomenologischen Forschungen, begleitet von einer dauerhaften Aktualisierung der phänomenologischen Einstellung, macht die Sprache der Beschreibungen 'nachvollziehbar'. Hiermit wird die intersubjektive Geltung phänomenologischer Reflexionen aus dem Bereich identischer Bedeutungen und der durch sie gewährleisteten Adäquatheit reflexiver Identifikationen verschoben in das ungreifbare und letzten Endes kriterienlose Reich intuitiver Gewißheitserlebnisse vorprädikativer Art. Zwar war die wahrheitstheoretische Reduktion des Kriteriums der Geltung auf das bewußte Erlebnis der Evidenz immer schon eine Art intuitionistischer Subjektivismus. Aber in der unproblematischen Geltung der Identität der eidetischen Gegenstände war ein rein immanentes Kriterium der Geltung der Evidenz der "Erfüllung" gegeben. Dieses Kriterium geht nun verloren.

---

[140] VICM, S. 96.

[141] VICM, S. 98. Der quasianaloge Charakter ist bedingt durch die Unvergleichbarkeit zwischen ontisch und nichtontisch vermeinter Bedeutung. Darum ist die Analogie zwischen transzendentalem und natürlichen Bedeuten selbst im Sinne einer transzendentalen Analogie zur Analogie in natürlicher Einstellung zu verstehen.

Denn in der Methodologie der sechsten CM wird die Identität der Bedeutungen der phänomenologischen Sprache selbst preisgegeben. Aus der Inadäquatheit jeglichen Ausdruckes, die der phänomenologische 'Kundnehmer' intuitiv nachvollziehen soll, folgt, daß es unmöglich sei, phänomenologische Grundbegriffe und Bedeutungen festlegen und definieren zu wollen. Alle Begriffe seien "seltsam" offen und fließend.[142]

Hier nun tritt der eklatante Widerspruch zwischen der Unmöglichkeit der 'transzendentalen Sprache' und der Rolle identischer und identifizierbarer Bedeutungen für die Stabilisierung urgestifteter Erzeugungen offen zutage. Der erste Geometer durfte ja nicht mißverstanden werden als empirische Person, sondern er fungierte als selbstlimitierte Form der transzendentalen Subjektivität; anderenfalls bedeutete der Zwang zur Mitteilung urgestifteter Erzeugung zugunsten ihrer Universalisierbarkeit einen Vorrang der mundanen sprachlichen Intersubjektivität. Diese Mitteilung war in der Krisis als transzendentalsubjektiver Vorgang foro interno gedacht. So konnten die Urstiftung und ihre Universalisierung (damit: die Trennung von Genesis und Geltung) als Momente des einen teleologischen Prozesses der Selbstverwirklichung und -erkenntnis der transzendentalen Subjektivität begriffen werden. Also muß der transzendentale Zuschauer vermittels der Identität des konstituierenden Subjektes und des sich als solches reflektierenden Subjektes den ersten Geometer als ein Moment seiner selbst entdecken. Darum gilt für die Bedeutungsintention dieses ersten Geometers all das, was im §10 der sechsten CM über die Bedeutung im transzendentalen Sprachgebrauch gesagt wurde. Dies umsomehr, als gerade für die Urstiftung von verbindlichen Idealitäten die Differenz zum thetischen Charakter der natürlichen Einstellung gelten soll; anderenfalls läge der zu beklagende Fall einer 'Unterschiebung des Ideenkleides' für die natürliche Welt vor. Darum also widerlegen sich die verflüssigten Bedeutungsidentitäten der sechsten CM und die Rolle der sprachlichen Idealität in der genetischen Subjektteleologie der Krisis gegenseitig. Das heißt, auf der methodologischen Ebene stellt der Unterschied zwischen der theoretischen Reflexivität, in der die Bedeutungen bewußtseinsimmanente Idealitäten sind, und der methodischen Reflexivität, in der Be-

[142] VICM, S. 102.

deutungen keine immanent stabilisierte Identität haben können, einen Widerspruch dar.

Die genetische Wende verdankte sich der Paradoxie des zugleich zeitlichen und vorzeitigen Subjektes. Im Unterschied zu Kant, dem die Zeit als die Anschauungsform einer instantanen Subjektivität galt, beharrte Husserl von Anfang an darauf, das transzendentale Subjekt als einen Prozeß zu denken, den die Metapher des Strömens veranschaulichen sollte. In der Phänomenologie der Lebenswelt wurde aus dieser eigentümlichen extramundanen Zeitlichkeit des Subjektes, das die Zeit eigens erst schaffen sollte, die transzendentale Geschichte. Jetzt in der aporetischen Auflösung der Bedeutungsidealität droht das absolute Subjekt allerdings nur umso mehr in jener Anonymität zu versinken, die sich die Phänomenologie nicht leisten konnte, und die sie in der Lehre von der Teleologie zu entschärfen hoffte. Die Untauglichkeit der Metapher des 'Strömens' macht sich entsprechend in der sechsten CM wieder bemerkbar: Der transzendentale Zuschauer darf das vorgefundene Strömen des Bewußtseins nicht nach dem Vorbild mundaner Zeitstrukturen auffassen. Streng genommen, so schlägt Fink vor und bestätigt Husserl, kann er das Strömen gar nicht als ein solches bezeichnen.[143] Die Frage kann angesichts der 'Rebellion' der transzendentalen Bedeutung gegen jeden Ausdruck nicht sein, wie der Phänomenologe das 'Strömen' denn sonst bezeichnen könnte. Eher drängt sich der Schluß auf, daß es überhaupt keine adäquate, und schon gar keine dauerhafte, Bezeichnung geben kann. Wenn Husserl 1905 in den ViZ noch konzedierte, daß für all das die Namen fehlten, so steht es jetzt fest, daß es nicht nur an einem Namen gebricht, sondern daß der fundamentale Begriff des Subjektes subjektiv unzugänglich bleiben muß.

Wenn die Form des transzendentalen Bewußtseins und ihr extramundan zeitlicher Charakter nur in intuitiven Akten gegeben sein können, denen kein sprachlicher Ausdruck adäquat ist, dann ist die genetische Phänomenologie keine Lösung des Reflexionsproblemes (das in 1.2. beschrieben wurde). Denn dann wird ebenfalls die Beschreibung der phänomenologischen Teleologie der subjektiven Selbstaufklärung und die Rede von der transzendentalen Geschichte zu einem rein metaphorischen Substitut für eine Ausweisung des phänomeno-

---

[143] VICM, S. 103.

logischen Geltungsanspruches. Abgesehen von der Forderung an die Rezipienten phänomenologischer Beschreibungen, sich in phänomenologischer Einstellung bereit zu halten für das Lesen zwischen den Zeilen, bleibt demgegenüber schließlich auch die Phänomenologie verpflichtet auf prädikative Darstellung:

Husserl besteht darauf, daß der Phänomenologe sich mit der rein intuitiven Übung der Reduktion im einsamen Seelenleben nicht begnügen kann: Die Reduktion bliebe endgültig im einsamen Seelenleben eines rein meditativen Phänomenologen verhaftet. Das Subjekt der Epoché ist zuerst sprachlos und verwendet dann die mundanen Bedeutungen. Darauf hin bemerkt es sukzessive deren Untauglichkeit und tritt in den ständigen Kampf der 'Rebellion' gegen die mundanen Bedeutungen und ihre Verführungen ein.[144] Aber er bleibt auf die Sprache verwiesen, da die Phänomenologie als Wissenschaft - motiviert durch ihre "Universaltendenz" zur "Verweltlichung" - auf die Rückkehr in die natürliche Einstellung drängt. Die Phänomenologie bleibt nicht in der Sprachlosigkeit, zu der die Reduktion führen muß, da die "kommunikative Tendenz aller Philosophie" das 'Wofür' des Philosophierens bezeichnet, d.h. die Phänomenologie ist reflexive Funktionärin der natürlichen Einstellung. Schließlich wird die Unterscheidung zwischen natürlicher und transzendentaler Einstellung nur noch zu einer Hierarchie der Stufen der Reflektiertheit. Die natürliche Einstellung, so heißt es jetzt, ist selbst transzendental, sie ist dies aber nur an sich, nicht für sich; sie ist das "Außer sich Sein der transzendentale Subjektivität". Darum ist die phänomenologische Reflexion der Weg der mundan orientierten Einstellung zu sich selbst[145]. Diese Funktion aber verpflichtet die Phänomenologie auf das Potential identischer Bedeutungen, auf klare Kriterien für die Unterscheidung zwischen evidenten und nur vermeinten Gewißheiten, d.h. für evidente Dekkungs- Erfüllungs- und Identifikationsakte, die ohne die Identität der Bedeutungen nicht zu haben sind. Denn unter der Voraussetzung der Theorie der Urstiftung ist die Bedeutungsidentität das einzige Mittel der Gewährleistung der

[144] VICM, S. 104f.

[145] VICM, S.109. Der Gedanke der Anwaltschaft der Phänomenologie für die Welt der natürlichen Einstellung berührt sich an dieser Stelle mit dem normativen Selbstverständnis Husserls in der Krisisschrift. Dort betrifft das Telos der subjektiven Selbstaufklärung nicht allein den epistemischen Sinn sondern auch die normativen Bedeutung der Verantwortlichkeit. Vgl. Husserl, Krisis und Tugendhat, W.

adäquaten Deckung zwischen dem ursprünglich erzeugten und dem nachträglich reproduzierten intentionalen Inhalt.

Die konsequente Analyse der transzendentalen Sprache, die sie endweder unmöglich oder aber mundan erscheinen läßt, stellt die transzendentale Phänomenologie vor eine problematische Alternative: entweder sie beschränkt ihre intersubjektive Geltung auf den rein intuitiven Nachvollzug, dem nun kein immantes Kriterium der Geltung mehr zur Verfügung steht, oder sie begreift die Intersubjektivität der Sprache, die die Beschreibung und die Vermittlung der phänomenologischen Relexion ermöglicht, als mundane.

Die erste Möglichkeit ist durch die Selbstverpflichtung auf Verweltlichung der phänomenologischen Reflexion ausgeschlossen. Phänomenologie ist keine solipsistische Meditation, sondern eine 'verantwortliche Selbstbesinnung'. Darum bleibt der phänomenologischen Methodologie nur die Möglichkeit, Husserls Randnotiz von der Vorgängigkeit der intersubjektiven Konstitution der Sprache ernst zu nehmen und das letzte Fundament der Reduktion, das die Phänomenologie der Phänomenologie entdeckt, im Mundanen zu suchen.

Die methodologische Reflexion offenbart also in letzter Konsequenz, daß die methodische Reflexion mit dem Gebrauch der Sprache, in der sie das Immanente beschreibt, die subjektive Immanenz immer schon verlassen haben muß. Die Sprache wird zu einem Medium der gültigen Identifikationen und der Urteile, die nicht länger auf die Gewißheitserlebnisse der Erfüllung zwischen eidos und Anschauung reduziert werden können.

In der Intersubjektivität der Sprache meldet sich damit eine Intersubjektivität, die mit der Konzeption der fünften CM nicht angemessen rekonstruiert werden kann (siehe 1.4.). Die Verpflichtung der Phänomenologie auf die intersubjektiv konstituierte Identität der sprachlichen Bedeutung sowie auf entsprechend intersubjektive Geltungskriterien und die Notwendigkeit, diese Intersubjektivität als mundane zu denken, wird zu dem zentralen Argument einer Kritik, die die reduktive Ausschaltung der kommunikativen Funktion zum falschen Bewußtsein des Phänomenologen erklärt. S. Cunningham hat sich auf das Wittgensteinsche Argument gegen die Möglichkeit einer Privatsprache berufen, um zu belegen, daß durch die Epoché hindurch nicht nur die Verständlichkeit, sondern auch die kriterienbezogene Geltung von Aussagen nur durch Rekurs auf eine natürliche, und d.h. mundane, Sprache erklärt werden kann.[146]

Schließlich zerbricht an der bedeutungstheoretischen Öffnung der Immanenz für die kommunikative Intersubjektivität die methodologische Legitimität des subjektiven Transzendentalismus im Ganzen.

Man kann nun zusammenfassen: Die methodologische Aporie der früheren Phänomenologie bestand in dem Widerspruch zwischen der geforderten Gegenwart subjektiver Evidenz und der durch die zeitliche Extension jeder Reflexion notwendigen Unmöglichkeit eines letztbegründenden gegenwärtigen Selbstbewußtseins. Die Teleologisierung der Subjektivität versprach diese Paradoxie zu lösen, doch sie konnte diese Leistung nur auf Kosten des bewußtseinsimmanenten Geltungskriteriums, d.h. der eidetischen Identität erbringen. Das Konzept der Urstiftung bringt das Problem der Möglichkeit der Selbsttäuschung des transzendentalen Subjektes mit sich, so daß die methodologisch allgemeine Frage auftritt, woher das Subjekt weiß, wann es etwas weiß und nicht nur glaubt zu wissen. Und zudem zweifelt Husserl selbst schließlich an der immanenten Konstitution der Bedeutungsidentität. Mit der konsequenten, methodologischen Verabschiedung des Konzeptes bewußtseinsimmanenter Bedeutungsidealität geht in letzter Konsequenz die Begründung der methodologischen Immanenzprämisse verloren. Phänomenologische Deskription und theoretische Reflexion offenbaren sich in ihrer Abhängigkeit von einer kommunikativ, d.h. mundan, konstituierten Sprache. (Im Folgenden, besonders in der Auseinandersetzung mit Heidegger, wird sich zeigen, daß dieser Vorrang der innerweltlichen Intersubjektivität auch mit Bezug auf die Zeit gilt.)

Am Ende der Vollendung der phänomenologischen Reflexion der Phänomenologie, der transzendentalen Methodenlehre, steht die Entdeckung, das jenes letzte Fundament des §81 der Ideen zwar die Zeit sein mag, daß darunter aber nicht die eigenartige Zeitlichkeit des vorzeitigen transzendentalen Subjektes zu verstehen ist; die Paradoxie einer Zeit, die nicht als 'Strömen' bezeichnet werden durfte, da dies der mundanen Vorstellung abgewonnen war, wohingegen anders die Zeitigung sich als Basis aller synthetische Leistungen nicht denken ließ, war schließlich nicht aufzulösen. Damit führt die Reduktion zwar zurück

[146] S. Cunningham, LPR, S. 16ff.

in eine Subjektivität, die Zeit und Welthorizonte konstituiert, die aber gleichwohl selbst ein mundanes Bewußtsein bleibt in Abhängigkeit von Lebenswelt und Sprache, denen die Fähigkeit zur Reflexion allererst zu verdanken ist. Die Phänomenologie stößt in der Aufdringlichkeit der Probleme der Sprache und der Zeit auf die Unselbständigkeit des Bewußtseins, d.h. theoretisch auf die Unselbständigkeit des konstitutiven Subjektes und methodisch auf die Unselbständigkeit von Epoché und Introspektion.

1.4. Detranszendentalisierung als Schritt in die Richtung eines Begriffes individueller, personaler Selbstverhältnisse

Damit ist die Analyse der transzendentalen Phänomenologie an den Punkt gekommen, wo eine methodologische Kritik an der subjektphilosophischen Aporie den Zusammenhang zwischen dem transzendentalen Selbstbewußtsein und dem bewußten Selbstverhältnis einer individuellen Person herstellen kann. Husserls konsequente Introspektion führte zunächst zu dem Ergebnis, das jede rationale (also geltungsbezogene und kritisierbare) Form von Selbstbewußtsein auf die Sprache und die Zeit als Bedingungen ihrer Möglichkeit verweist. Die ausführlich beschriebene Aporie macht zudem deutlich, daß sich eine Rekonstruktion dieser Bedingungen der Möglichkeit nicht als Introspektion, d.h. nicht aus der Innenperspektive eines Selbstbewußteins durchführen läßt. Das bedeutet nicht weniger, als daß 1) das analysierte Selbstbewußtsein nicht als ein transzendentales begriffen werden kann, sondern zunächst als Selbstverhältnis eines empirischen Bewußtseins, und schließlich (unter dem Aspekt der personalen Differenzierung) als das Selbstverhältnis einer Person, und daß 2) die Analyse der Bedingungen der Möglichkeit gegenüber der transzendentalen Phänomenologie einen Perspektivenwechsel erfordert. Kurz gesagt: die methodologische Inkonsistenz der transzendentalen Phänomenologie führt notwendig zu einer detranszendentalisierenden Lesart der Bewußtseinsimmanenz:

Doch zunächst muß eine Bemerkung zu den sprachtheoretischen Konsequenzen erfolgen:

Die immanenten Gewißheitserlebnisse lassen sich nicht widerspruchsfrei als hinreichendes Kriterium der Geltung von Urteilen, der Wahrheit von Aussagen und der Identität sprachlicher Bedeutung entwickeln. Die Rekonstruktion der Geltungskriterien und der Bedingungen der Bedeutungsidentität ist damit nur möglich als Rekonstruktion einer mundan intersubjektiven Sprache. Mit der Privilegierung einer intersubjektiven Sprache wird allerdings nicht nur die bewußtseinsimmanente, intentionalistische Variante einer Theorie sprachlicher Referenz, die durch ideale Bedeutungen vermittelt sein soll, problematisch. Es stellt sich auch für eine von der Konzentration auf das Bewußtsein unabhängige - sprachanalytische - Theorie die Frage, ob die sprachliche Individuierung von Bezugsgegenständen, d.h. extensionalistisch gedacht: die Referentialität sprachlicher Ausdrücke, über allgemeine Bedeutungen und definite Beschreibungen oder über eine kausale Beziehung zu den Gegenständen selbst vermittelt ist. Das Problem der Referenz taucht natürlich auf, sobald mit dem transzendentalen Charakter der Epoché auch die Neutralisierung des thetischen Charakters der Intentionalität rückgängig gemacht wird. Analytische Philosophen haben in der Husserlschen Theorie der Demonstrativa, in der Rolle der Anschauung für wahre Urteile und für Bedeutungserfüllungen sowie im Begriff des noematischen Sinnes eine Unterstützung der Theorie der direkten bzw. kausalen Referenz vermutet.[147] Doch schon Husserls eigene Verbindung von Objektivität und einer kommunikativ konstituierten Intersubjektivität (auf die sogleich eingegangen wird) erhebt hier Einspruch. Die Referenz eines Begriffes und die Bezugnahme von Eigennamen und Sätzen ließe sich hier also nicht umstandslos klären über die Voraussetzung der sprachunabhängigen Existenz individuierter Bezugsgegenstände die in kausaler Beziehung zu sprachlichen Ausdrücken steht. 'Dazwischen' tritt die intersubjektive Konstitution einer objektiven Welt. Das allerdings gehört in den Bereich des Problemes intersubjektiver Geltung (also noch nicht hierher). Es läßt sich also festhalten, daß aus der Revision der Husserlschen Theorie der Idealität der Bedeutung noch keine positive Bedeutungstheorie folgt. Die Bedeutungstheorie bleibt ein eigenes

---

[147] Föllesdal, HuB, S. 40; McIntyre, IaR, S. 214; auch Smith, HDRP, S. 198, der Husserls implizite Absage an die Theorie direkter Referenz auf den a-thetischen Charakter bezieht und damit ebenso suggeriert, daß die Aufhebung der Einklammerung Husserl zu einem Verfechter der Theorie der direkten Referenz Raum machte.

Problem; über sie steht an dieser Stelle jedoch fest: 1) daß sie für die Theorie personaler Individualität wegen der Rolle der Sprache für die Introspektion und für die theoretische Reflexion von Bedeutung ist, und 2) daß die Rekonstruktion der phänomenologischen Perspektive nicht mehr für die Bedeutungstheorie leisten kann als eine Angabe gewisser Leistungen, die die Bedeutungstheorie bei der Rekonstruktion personaler Individualität erbringen muß. Diese phänomenologischen Forderungen an die Leistungen der Bedeutungstheorie werden klar, wenn sich angeben läßt, was die Phänomenologie trotz ihrer methodologischen Aporie zur Aufklärung des Begriffes der personalen Identität als Individualität beizutragen hat:

Die Inkonsistenz der introspektiven Methode bedeutet: Unselbständigkeit der Introspektion; denn zur methodologischen Ausweisung der Berechtigung der Introspektion gehört die Rekonstruktion der Sprache der phänomenologischen Beschreibung. Die Deskription wird "Interpretation", da die phänomenologischen Analysen abhängig sind von sprachlich konstituierten Vorstrukturen. Darum wird zur Analyse der "Neutralität" phänomenologischer Sprache eine Analyse der Beziehung zwischen intersubjektiver Sprache und Bewußtseinsinhalten notwendig. Denn die sprachliche Konstituion der Gegenstände ist[148], solange sie unreflektiert bleibt, das Vorurteil des 'uninteressierten Zuschauers' schlechthin. (Das wird bei der Interpretation des Heideggerschen Begriffes der Auslegung eine Rolle spielen.)

Die 'Unselbständigkeit' der phänomenologischen Introspektion bedeutet damit jedoch nicht, daß sie als Methode bewußtseinstheoretischer Analyse vollständig durch eine Sprachtheorie ersetzbar wäre. Die Introspektion kommt zu Ergebnissen, die relativ zu der Sprache, die sie gebraucht (bzw. zu der Pragmatik des introspektiven Sprachgebrauches) gültig sind. Der bei Husserl implizierte Begriff einer 'kommunikativen Personalität' macht deutlich, daß die Alternative zu einem phänomenologischen, d.h. bewußtseinstheoretischen Personalitätsbegriff nicht notwendig in der Außenperspektive einer Verhaltensbeobachtung besteht. Denn es bleibt etwas erhalten von der egologischen Perspektive: Der Rekurs auf die Sprache kann nicht Bewußtsein überhaupt erklä-

[148] Zur Unmöglichkeit des sprachunabhängigen Zugangs zu Bezugsgegenständen, Putnam, WVG.

ren.[149] Personalität kann nicht vollkommen ohne eine Bezugnahme auf die Intentionalität des Bewußtseins rekonstruiert werden. Dabei muß freilich unterschieden werden zwischen fungierender und reflektierter Intentionalität, denn es hat sich gezeigt, daß jede Form von Reflexivität nicht anders als sprachlich bedingt vorstellbar ist, während als Gegenstand dieser Reflexivität die fungierende Intentionalität aktueller Bewußtseinserlebnisse übrig bleibt. Das exklusive Spezifikum der bewußten Zugänglichkeit bleibt auf das Moment der unreflektierten fungierenden Intentionalität beschränkt, da jede Reflexivität und damit auch jedes bestimmte Selbstbewußtsein offenbar ohne Sprache nicht möglich ist. Darum muß in den folgenden Analysen untersucht werden, wie (fungierendes) Bewußtsein und (sprachliche) Reflexivität -bzw. (methodisch betrachtet) wie Introspektion und Sprachrekonstruktion- ineinandergreifen. (Das wird vor allem im dritten Kapitel geschehen.)

Die (bezogen auf die Hintergrundfunktion der Sprache) relative Geltung der introspektiv gewonnenen Bewußtseinsanalyse bedeutet, daß die Phänomenolgie im Zusammenhang mit sprachtheoretischen Rekonstruktionen einen eigenen (methodologisch abhängigen) Beitrag zur Bewußtseinstheorie leisten kann. Die Allgemeinheit des in diesem Beitrag beschriebenen Bewußtseins kann dann allerdings nicht länger gedeutet werden als die Universalität des transzendentalen Bewußtseins; die phänomenologische Beschreibung des Bewußtseins gilt nurmehr in derjenigen empirischen Allgemeinheit von Bewußtseinsstrukturen, deren Begriff relativ zur empirischen Allgemeinheit der konkreten Sprache der phänomenologischen Deskription bleibt.[150]

Das bedeutet methodologisch, daß die Introspektion einer sprachtheoretischen Rekonstruktion untergeordnet sein muß. Darüber hinaus hat es jedoch Konsequenzen für den möglichen Begriff der Bewußtseinsimmanenz selbst. Die methodische 'Unselbständigkeit' der Phänomenologie drückt sich konsequent in der theoretischen Unselbständigkeit ihres Gegenstandes aus, d.h. die Immanenz

---

149 Wie Manfred Frank unermüdlich unter Verwendung des Argumentes unabweisbarer Konstitutionszirkularitäten in einer rein intersubjektivistisch orientierten Selbstbewußtseinstheorie beteuert, Frank, SuS.

150 Vgl. zum Verhältnis von Kontextrelativität und Kontexttranszendenz von Sprachrekonstruktionen K. O Apel, für den nur die transzendentale Deutung des Sprachgebrauches selbst, nicht der sprachliche Gegenstand: 'Bewußtsein' kontexttranszendierende Kraft haben kann: Apel, TPh.

des beschriebenen Bewußtseins kann nicht länger umstandslos als unreflektierte methodische Prämisse in Kraft bleiben. Vielmehr wird die Immanenz selbst zu deuten sein als Resultat einer Genese, die ihrerseits in Abhängigkeit von der Sprache bzw. von besonderen Formen des Sprachgebrauches rekonstruiert werden müßte. Das wird erstens deutlich durch die Reflexivität des immanenten Bewußtseins, die auf sprachliche Bedeutungen angewiesen ist, ohne daß sie selbst die Identität sprachlicher Bedeutungen konstituiert. Zweitens zeigt sich die Abhängigkeit der Immanenz darin, daß unter der Bedingung einer detranszendentalisierenden Lesart die Immanenz nicht länger als transzendentale Primordialität zu deuten ist. Immanenz kann dann nur noch heißen: Differenzierung des 'Innen' eines Bewußtseins gegenüber dem 'Außen' der intersubjektiven Welt. Diese Differenzierung bezieht sich auf empirisches Bewußtseins. Und sie bedeutet schließlich in einem gewissen Sinne (den es hier aufzuklären gilt) in den Worten Heideggers "Jemeinigkeit".

Allerdings wird die Heideggersche Variante der Detranszendentalisierung nicht in die Richtung der intersubjektiven Sprache führen. Darum lohnt es sich, einen letzten Blick 'zurück' auf Husserl zu richten.

Denn die methodologisch begründete Detranszendentalisierung der Phänomenologie erschließt nun in Husserls Theorie 1) der Intersubjektivität und 2) der Personalität solche Potentiale einer kommunikationstheoretischen Deutung von Personalität, die durch die egologische Perspektive verborgen bleiben. Die weitausholende methodologische Vorbereitung führt die Untersuchung also erst jetzt zu einer Einschätzung von Husserls expliziter Theorie der Personalität. Dabei werden die Vorbehalte gegen die bewußtseinsphilosophische Perspektive die weitere Analyse leiten, so daß im wesentlichen keine Husserlsche Theorie der Personalität rekonstruiert wird, sondern Ansprüche formuliert werden, die mit Bezug auf Husserls begründete Einsichten an einen möglichen Begriff der personalen Identität als individuellem Selbstverhältnis zu stellen sind:

1) Die Intersubjektivitätstheorie Husserls blieb der Versuch, die - nun: intersubjektive - Objektivität der Welt und das sozialphilosophische Problem der Erscheinung des Anderen aus der egologischen Perspektive transzendentaler Subjekttheorie zu rekonstruieren. Noch die fünfte CM, die die ausführlichen, in

der "Phämomenologie der Intersubjektivität"[151] gesammelten, Notizen Husserls abrundet, kennt den Anderen nur als einen 'Trabanten' der primordialen Subjektivität. Die Möglichkeit der Erscheinung eines anderen ist über das Prinzip der 'Appräsentation' subjektiver Qualität bei der Auffassung des Anderen, der zunächst als Körperding erscheint, gegeben. Appräsentation ist eine analogisierende Auffassung, die allerdings nicht mit einer Schlußform zu verwechseln ist. Denn appräsentiert wird der andere im Modus unmittelbarer Gegenwärtigkeit. Das entscheidende Problem der Intersubjektivität ist nun, daß der Andere als eigenes Ego ebenso wie das Ich der Reduktion die Welt transzendieren muß, d.h. für den Phänomenologen transzendiert das andere Ego meine Transzendenz. Wenn man diese Transzendenz des anderen Ego auf die oben beschriebene Kontingenz der Urstiftung bezieht, läßt sich das Problem des Anderen auf den - auf Talcott Parsons und Niklas Luhmann zurückgehenden - kommunikationstheoretischen Begriff der doppelten Kontingenz beziehen: Die Objektivität egologisch konstituierter Welt wird zum Problem doppelter Kontingenz von transzendenten Perspektiven.[152] Dieses Problem hat auch einen zeittheoretischen Sinn. Denn die doppelte Kontingenz verschiedener Transzendenzen bedeutet auch das Gegenüberstehen von zwei autonomen immanenten Zeitlichkeiten. Beiden immanenten Zeitreihen müßte unabhängig voneinander die Konstitution der objektiven Zeit zugesprochen werden, so daß das Problem der Objektivität zu einem Problem der Synchronisation würde. Husserl aber reduziert die Transzendenz des Anderen zur 'immanenten Transzendenz',[153] d.h. die Transzendenz des Anderen ist selbst konstituiert durch die Transzendenz des primordialen Ego, indem der Andere zunächst als Leib konstituiert wird, dem dann die Qualität, mit Bewußtsein belebt zu sein, appräsentiert wird.[154] So wird

---

[151] Vgl. Husserl, PhI, Band 1-3.

[152] Vgl. zum Begriff der doppelten Kontingenz: Niklas Luhmann, SS, S. 148-191. Michael Theunissen hat das Problem der "doppelten Kontingenz" auf das Problem der Identifizierung von Gegenstandsauffassungen zweier Subjekte bezogen. Wie soll überhaupt unter der Bedingung methodisch induzierten Weltverlustes gewährleistet sein, daß im gemeinsamen Gerichtetsein von ego und alter ego ein Ding tatsächlich als ein identisches Ding Gegenstand divergenter Perspektiven ist? Vgl, Theunissen, A, S.74.

[153] Husserl, CM V, § 48, S. 108.

[154] vgl. Husserl, PhI, Band 1, Husserliana XIII, Beilage XXXII, S.246; diese Appräsentation des Bewußtseins in das gegenüberstehende "Körperding" heißt in zweiten Teil der Ideen "Introjektion"; vgl. Husserl, KdgW, S.6f; vgl. Sommer, LWZB, S.68.

durch die Deutung der Transzendenz des Anderen als ein Produkt der egologischen Konstitution des transzendentalen Subjektes die doppelte Kontingenz zum Verschwinden gebracht. In der Tat wird der Andere in der Immanenz des primordialen Ego auf eine Weise mit diesem Ego gleichgesetzt, daß er nurmehr ein "(...) mitdaseiendes Ego im Modus des Dort ('wie wenn ich dort wäre') (...)" ist.[155] Das Ego und der Andere verschmelzen so stark, daß ihre Differenz nur noch kinästhetisch rekonstruiert werden kann.[156] Zusammen mit der mundanen doppelten Kontingenz verschiedener Subjekte bzw. unterschiedlicher, aufeinander nicht reduzierbarer, Perspektiven verschwindet dann das Problem der Einheit der Welt, d.h. der Intersubjektivität, durch welche die Objektivität gegenüber dem Solipsismusverdacht introspektiver Rekonstruktion gewährleistet sein sollte.[157] Zugleich wird das Problem der Synchronisation von immanenten Zeiten zu der einen Zeit der einen Welt eskamotiert. Denn nicht nur ist der Andere als alter Ego identisch mit dem konstituierenden Ego im Dort, so daß sie an der gleichen primordialen Zeitlichkeit Anteil haben, sondern die Erscheinung des Anderen ist zudem 'gleichzeitig', da die Appräsentation nicht ein nachträglicher reflexiver Schluß sein soll, sondern gleichursprüngliche Assoziation. Wenn Husserl also beteuert, daß der "Seinssinn der Welt (...) das Für-jedermann-da"[158] sei, verbirgt sich darin keine Relativierung der egologischen Perspektive, sondern nur ihre Erweiterung um den Strohmann einer alternativen subjektiven Transzendenz innerhalb der Immanenz des Primordialen.

Mit der doppelten Kontingenz zweier innerweltlich gegenüber stehender Subjekte verschwindet zugleich der Spielraum für einen Begriff empirischer Personalität. Denn die Subjektivität, die die Phänomenologie beschreibt, ist die eine, universale, die die Differenzen zwischen empirischen, und mit Bezug auf den Mechanismus der Differenzierung dann: individuellen, Subjekten überhaupt erst konstituieren soll.

---

[155] Husserl, CM, § 54, S. 122.

[156] Husserl, CM, § 55, S. 126: "Er (der Körper des anderen Ich) appräsentiert dabei zunächst dessen Walten in diesem Körper dort und mittelbar dessen Walten in der ihm wahrnehmungsmäßig erscheinenden Natur - derselben, der dieser Körper dort angehört, derselben, die reine primordiale Natur ist. Es ist dieselbe, nur in der Erscheinungsweise, 'wie wenn ich dort anstelle des fremden Leibkörpers stünde'."

[157] Husserl adressiert in den CM explizit den Solipsismusverdacht; vgl. Husserl, CM, §42, S.91.

[158] Husserl, CM, § 43, S. 94.

2) Darum erscheint das Konzept einer personalen Einstellung, das sich später im zweiten Band der Ideen finden läßt, zunächst nicht als eine befriedigende Theorie personaler Individualität. Die personale Einstellung ist ein derivativer Modus der transzendentalen, den das primordiale Subjekt durch Selbstlimitation erreicht[159]. Das allgemeine Subjekt bleibt im Vordergrund und fungiert als Basis aller Geltung, während die Personalität, die nur u.a. zu den Begabungen des Subjektes zählt, marginal als allgemeines Vermögen zur Selbstlimitation der allgemeinen Intentionalität vorgestellt wird.

Wie die Theorie der Intersubjektivität erscheinen also auch die Husserlschen Ausführungen zur Personalität auf den ersten Blick bloß als eine Nachbesserung der egologischen Dogmatik, die den Vorrang konstitutiver Subjektivität versöhnen soll mit der unabweisbaren Evidenz der Abhängigkeit empirischer Subjektivität von sozialen Einflüssen. Im zweiten Teil der "Ideen" ist von der "kommunikativen Umwelt" die Rede, die dem "Personenverband" als eine geteilte, über Einverständnis und Kommunikation errichtete, gemeinsame Umwelt gegenüber steht. Aber auch diese Erscheinung bleibt konstitutionslogisch zurückgebunden an die egologisch konzipierten, sogenannten "kommunikativen" Akte, deren Bestimmtheiten einer durch Adressierung modifizierten subjektiven, d.h. egologisch zu analysierenden, Subjektivität entspringen.[160] Die perso-

---

[159] vgl. Husserl, PhI, Bd.1, Beilage 2 und 3, S. 4ff; Nr.7 Beilage XXXI, S. 241, S. 244: Im Unterschied zur Dingobjektivation "(...) besondert sich, individuiert sich das Ich durch Unterscheidung von Ich und Nicht-Ich, durch Vervielfältigung des Bewußtseins im Zusammenhang mit der Vervielfältigung des Leibes." Beilage XXXII, S. 474: "(...) wie jeder Gegenstand so ist auch das Ich als Person noematisch konstituiert." Beilage LIV: "Insoweit ist jede Seele eine Monade. Nichts kann sie motivieren als was ihr bewußt ist. Also muß das fremde Ich mir bewußt, es muß mir in einem Bewußthaben gegenständlich sein und da gilt freilich das Wesensgesetz: kein Bewußthaben, kein immanentes Datum und Erleben, das das meine ist , kann das eines anderen sein. Aber dieses Bewußthaben ist eben das Fenster, durch das ich auch zum anderen vordringen und ihn mit meiner Motivation erreichen kann." Die Monaden in Husserls "Monadologie" haben also erklärtermaßen Fenster, nur befindet sich das Drinnen und das Draußen, zwischen denen das Fenster Durchlässigkeit anzeigt, gleichermaßen im Drinnen des primordialen Ego. Vgl auch Husserl, PhI, Bd. 2, S. 23, 43 und Nr. 4, S. 91-105, wo die Frage, "Kann es getrennte Subjekte bezogen auf getrennte Welten geben?" unter Hinweis auf die ursprüngliche Einheit des alle diese Differenzen stiftenden Ego verneint wird. Ebenso: PhI, Bd. 3, Nr. 19/20, S. 331ff zur Frage nach der intermonadischen Zeit.

[160] Husserl, KdgW (ein Abdruck des zweiten Teiles der Ideen II), S. 25: "Die Sozialität konstituiert sich durch die spezifisch sozialen, kommunikativen Akte, Akte in denen sich das Ich an andere wendet." Husserl bemüht den Lippsschen Begriff der "Einfühlung" um auf die Frage der Möglichkeit begegnender, alternativer Ichzentren zu reagieren. Schließlich findet

nale Einstellung bleibt also wie die Erscheinung des Anderen als transzendental-subjektives Vermögen ausschließlich an die konstitutive Leistung des einen universalen Subjektes gebunden.

Die phänomenologische Kritik an Husserls Begriff der Intersubjektivität hat sich in erster Linie auf die sozialphilosophische Dimension der Rekonstruktion der Fremderfahrung beschränkt.[161] Wegen der Verbindung zwischen der Intersubjektivität und der Objektivität ist für Husserl allerdings die wahrheitstheoretische Dimension wichtiger. Denn Husserls eigentliches Problem ist hier weniger die Konstitution der Sozialität als vielmehr das Problem der Geltung. Darum ist für die Entbindung des genuin personalitätstheoretischen Potentials der Husserlschen Analysen nicht eine alternative Beschreibung der Erscheinung des Anderen im Rahmen einer methodisch unangetasteten Perspektive der Phänomenologie zu suchen. Im Gegenteil: Die methodologisch begründete Detranszendentalisierung der Husserlschen Methode führt mit Notwendigkeit zu einer

---

sich sogar ein an Mead erinnernder Gedanke der Unzugänglichkeit des Bildes, das andere von mir haben, durch bloße Introspektion: "Mich selbst kann ich 'direkt' erfahren, und nur meine intersubjektive Realitätsform kann ich prinzipiell nicht erfahren, ich bedarf dazu der Medien der Einfühlung", Husserl, KdgW, S.31. Aber alle diese 'Zugeständnisse' affizieren nicht das egologische Primat, denn sie bleiben für Husserl Strukturen einer "niedrigeren" Subjektivitätsstufe, der personalen Einstellung, die konstitutiv abhängig von der transzendentalen Subjektivität bleibt und somit im Rahmen der introspektiven Analyse erschlossen werden kann. Vgl. zu den Schwierigkeiten, die das Beharren auf einer klar am transzendentalen Subjekt orientierten Vorstellung des Aufbaues der "Ideen" für Husserl bedeutete: Manfred Sommer, Einleitung im selben Band. Sommer weist zudem darauf hin, daß der Versuch Husserls in der Phänomenologie der Lebenswelt die Beziehung zwischen dem reinen und dem personalen Ich durch die Einführung der Lebenswelt als sozialem Fundament aufzuklären, gescheitert ist; vgl. Sommer, LWZB, S.85.

[161] Maurice Merleau-Ponty zielt mit dem quasitranszendentalen Konzept der vorreflexiven Leiblichkeit u.a. auf die Analyse eines ebenso vorreflexiven also dem Bereich der Geltung vorausgehenden Fundament der sozialen Gemeinsamkeit. Vgl. Merleau-Ponty PhdW, IV, Die Anderen und die menschliche Welt, S. 397-419. Bei Sartre finden sich Korrekturen der Husserlschen Intersubjektivität ebenso im präkognitiven Bereich des Affektiven. Im dritten Teil von "Das Sein und das Nichts", der das "Für andere" beschreibt, führt die Kritik an der Husserlschen Theorie der Fremderfahrung in die explizit vom Erkennen abgegrenzten Bereiche, die die Phänomene der Scham, des Blickes, später der Liebe und Sexualität eröffnen; vgl. Sartre, DSN, S. 299-552. Selbst in der eher soziologisch orientierten Philosophie Aaron Gurvitschs findet sich die Frage der die Gemeinschaft verbürgenden Lebenswelt, die hier als Alltagswelt verstanden wird, abgetrennt von der Geltungsdimension, die in die Rationalität der Wissenschaft gehört; vgl. Richard Gratthoff, PIGS, S. 101. Eine Analyse der Trennung zwischen dem Reich des "Mitseins" und dem Bereich der Wahrheit bei Heidegger, sowie die grundsätzliche Frage, ob das "Mitsein" überhaupt etwas mit Intersubjektivität zu tun hat, gehören an andere Stelle (Teil 2).

Umdeutung von Husserls Personalitätsbegriff. Die methodologisch erzwungene Detranszendentalisierung befreit Husserls Beschreibungen der personalen Einstellung von ihrer Reduktion auf die transzendental egologische Konstitution:

Wenn Husserl 1920 notiert:

"Der Mensch ist eben eine Einheit äußerer Erfahrung und ein Mensch kann sich selbst nicht in äußerer Erfahrung erfahren, sondern sich als innerlich erfahrener nur identifizieren mit einer äußeren Erfahrung von ihm, die ein Anderer konstituiert hat, und die er diesem Anderen durch Appräsentation einlegt",[162]

dann tilgt die Einsicht in die Abhängigkeit des Subjektes von mundaner Intersubjektivität genau den letzten Relativsatz, der die Konstitution der eigenen Identifizierbarkeit durch mundane Intersubjektivität wieder zurückbinden soll an das übergreifende Ego in transzendentaler Primordialität. Wenn die 'äußere Erfahrung', die alter ego von ego hat, nicht durch Ego (das nur als transzendentales groß geschrieben werden kann) konstituiert ist, bedeutet die Konstitution der äußeren Erfahrung einer Person durch eine andere, daß das personale Selbstbewußtsein auf der Internalisierung der Perspektive des alter ego aufbauen muß. Dann ist wörtlich zu nehmen, was Husserl bereits 1914 nebenbei bemerkt hat:

"Und das Ich konstituiert sich erst im Kontrast zum Du, das für sich selbst ich ist (...)", wohingegen die unmittelbare Fortsetzung dieses Satzes: "(...) und im Kontrast zu einem Du, das es selbst setzt, sich als Ich findet (...)",[163] gemeinsam mit der transzendentalen Prämisse, daß das Ego ursprünglich das 'Du' setzt, aufgegeben werden muß.

Die Rolle der mundanen Kommunikation in Husserls Theorie der Personalisierung verliert ihre Neutralisierung durch den transzendentalen Subjektivismus und öffnet sich einer Deutung, die den Figuren der Sozialpsychologie G. H. Meads nicht mehr all zu fremd ist. Denn der Kontrast zum "Du" kann dann nicht länger als durch das Ego gesetzt gelten. Personalität verweist vielmehr auf die sprachliche Konstituion der Differenz von Perspektiven. Die Person ist auf

---

[162] Husserl, PhI, Bd.1, Nr. 16, Beilage LI, S. 466.

[163] Husserl, PhI, Beilage XXXIII, S. 247. Vgl. auch Husserl, PhI, Bd.3, Nr.9, § 4, S. 170: wo Husserl über die "Genesis personalen Selbstbewußtseins" bemerkt, daß Subjekt "..wird zum Ich und damit zu personalem `Selbstbewußtsein`, in der Ich-Du Beziehung, in der durch Mitteilung ermöglichten Strebensgemeinschaft und Willensgemeinschaft."

der einen Seite angewiesen auf die soziale Gemeinschaft, da sie a) sich in der Sprache der kommunikativ konstituierten Intersubjetivität reflektieren muß und b) zur Konkretisierung des reflexiven Selbstbewußtseins nur durch die Internalisierung der Perspektive des Anderen kommen kann. Unter der Bedingung der notwendig detranszendentalisierenden Deutung des Bewußtseins ist weder die Sprache noch die Perspektive des Anderen durch das transzendentale Ego konstituiert.

Andererseits ist die auf diese Weise interpretierte Person noch kein Individuum. Husserls Personalitätstheorie bleibt die Voranzeige einer ausstehenden Analyse individueller Personalität, denn die personale (von sprachlicher Intersubjektivität abhängige) Bewußtseinsimmanenz ist zunächst nur die formale Struktur von Personalität schlechthin. Die Aufgabe der Angabe der Bedingungen der Individualisierung ist damit noch nicht erfüllt.

Allerdings können Husserls Bestimmungen der 'personalen Einstellung' den spezifischen Beitrag der Phänomenologie zur Theorie der individuellen Personalität auch in dieser Richtung (der Individualisierung) mindestens eingrenzen. Dabei wird deutlich, daß zu den wesentlichen Leistungen, die die Phänomenologie erbringen kann, die Bestimmung der spezifisch personalen Intentionalität und der personalen oder "subjektiven Welt"[164] zu zählen sind. Zu den diesbezüglichen Spezifika gehört zum einen die besondere Zeitlichkeit eines nun personalen Bewußtseins, deren Analyse durch den Begriff der Horizontalität vorbereitet ist (und mit Rekurs auf Heidegger aufgegriffen werden wird), zum anderen ist dazu zu zählen die Genese einer Welt rein subjektiver, d.h. in ihrem thetischen Charakter nicht fraglos intersubjektiv gültigen, Erlebnisse. Die Detranszendentalisierung macht aus der introspektiven Technik der transzendentalen Reduktion die intersubjektiv ermöglichte reflexive Zuwendung einer Person zu ihrer "eigenen" Welt. Unter dieser Bedingung ist die Introspektion erstens ein intersubjektiv ermöglichtes Vermögen und zweitens nicht die Selbstbesinnung des transzendentalen Egos, sondern ein Element der Genese individueller personaler Selbstverhältnisse.

Zu Husserls Begriff der Personalität gehört schließlich eine Spezifikation der Beziehung zwischen dem Subjekt und seinem Gegenstand, d.h. eine konkrete

---

[164] Vgl. J. Habermas, TkH, Bd. 2, S. 193.

Bestimmung der personalen Form der Intentionalität. An die Stelle des rein erkennenden Vorstellens tritt ein Verhältnis der Person zu den Gegenständen seines Interesses, das Husserl ein "praktisches" Verhältnis nennt[165]. Darunter versteht er - in unausdrücklichem und ungewolltem Vorgriff auf Heideggers Daseins- und besonders Zeuganalyse - das pragmatische Verhältnis, das Personen zu Gegenständen haben, an denen sie ein spezifisches Interesse haben. Nicht nur ist also auf personaler Ebene von der methodologischen Uninteressiertheit des phänomenologischen Zuschauers nicht mehr die Rede, sondern Husserl deutet die personale Intentionalität als pragmatisches, d.h. nicht rein erkennendes Verhältnis: die Dinge, an denen die Person interessiert ist, sind in Husserls Worten "dienlich"; die Intentionalität wird zur "Motivation".[166] Von hier aus würde es möglich, das Verhältnis zwischen Personen bzw. das Verhältnis von Personen zu sich selbst nicht länger nach dem Modell der Wahrnehmung von Gegenständen zu deuten. Die motivationale Intentionalität stellt das Konzept dar, durch das die Intersubjektivität als Verschränkung von personalen Perspektiven unterschieden werden kann von der gegenseitigen Beobachtung monadischer Ich-Subjekte.[167]

Zugleich wird auf der Stufe der Personalität die Gesamtheit der 'dienlichen' Dinge zu einer Welt, die sich von der objektiven, intersubjektiven und damit universalen und einheitlichen Welt unterscheidet. Husserl führt den Begriff der "Umwelt" ein:

"Als Person bin ich, was ich bin (und jede andere Person, was sie ist) als Subjekt einer Umwelt. (...) Dabei gehört zu jeder Person ihre Umwelt, während zugleich mehrere miteinander kommunizierende Personen eine gemeinsame Umwelt haben. Die Umwelt ist die von der Person in ihren Akten wahrgenommene, erinnerte, denkmäßig gefasste, nach dem und jenem vermutete oder erschlossene Welt, die Welt, deren dieses personale Ich bewußt ist, die für es da ist, zu der es sich so oder so verhält (...)."[168]

---

[165] Husserl, KdgW, § 51, S. 21.
[166] Husserl, KdgW, § 51, S. 17f. Vgl. zur weitgehenden Gleichsetzung von Intentionalität und Motivation durch Husserl, wie auch zur Beziehung zwischen Motivation und Intersubjektivität: Sommer, LWZB, S. 81.
[167] Sommer, LWZB, S. 81.
[168] Husserl, KdgW, § 51, S. 16.

Aus der Unterscheidbarkeit verschiedener Personen folgt notwendig die Unterscheidbarkeit personaler Welten:

"Also nicht schlechthin und überhaupt ist die physische Wirklichkeit die aktuelle Umwelt irgendeiner Person, sondern nur soweit sie von ihr 'weiß' (...). Ganz allgemein gesprochen ist die Umwelt keine Welt 'an sich', sondern Welt 'für mich', eben Umwelt ihres Ichsubjektes, von ihm erfahrene, oder sonstwie bewußte, in seinen intentionalen Erlebnissen mit einem jeweiligen Sinngehalt gesetzte Welt."[169]

Husserl geht hier noch immer davon aus, daß das intentionale Verhältnis einer Person zu ihrer Umwelt ein Wissen ist. Die Umwelt 'ist', indem die Person 'von ihr weiß'. Andererseits relativiert erstens die Einführung des Begriffes der Motivation und der 'Dienlichkeit' der Gegenstände den reinen Erkenntischarakter dieses 'Wissens', und zweitens wird in der detranszendentalisierenden Lesart das intentionale 'Wissen' als reflektiertes Bewußtsein in seiner Abhängigkeit von der kommunikativ intersubjektiven Sprache enthüllt. Dann fällt es schwer, zu unterscheiden zwischen dem kommunikativ konstituierten Wissen eines intersubjektiven 'Personenverbandes', d.h. einer von Husserl so genannten kommunikativen Umwelt und einer im engeren Sinne personalen Umwelt, solange die personale Umwelt diejenige ist, 'von der die Person weiß'. Was die Person 'weiß', gehört bereits in den Bereich der Intersubjektivität, denn Reflexion und reflexiv konstituiertes Wissen sind durch eine kommunikative Sprache, d.h. durch intersubjektives Wissen konstituiert. Eine individuelle personale Umwelt kann jedoch, wenn Individualität bezogen auf Personen qualitative Identität meint, nicht einfach ein 'Ausschnitt' aus der kommunikativen Umwelt sein. Die Umwelt der spezifisch personalen Intentionalität differenziert sich dann aber nicht durch das personale 'Wissen' von der kommunikativen Umwelt bzw. von der intersubjektiven Welt. Mindestens muß erklärt werden, wodurch personales und intersubjektives Wissen voneinander abweichen können.

Der spezifisch phänomenologische Hinweis auf die intrapersonalen Bedingungen der Individualisierung bezieht sich auf den Teil der Intentionalität, der vorreflexiv und damit vorsprachlich ist. Husserl begibt sich auf diese Ebene (die in der Beschäftigung mit Heidegger eine große Rolle spielen wird), indem

[169] Husserl, KdgW, S. 17.

er problematisiert, was vor jeder Reflexion als personale Einheit, die reflektiert werden kann, fungiert.

Unter der Bedingung, daß die Reflexion durch die kommunikative Sprache ermöglicht bzw. die Bestimmtheit des Reflektierten durch die Sprache konstituiert wird, wird die Frage, was eigentlich Gegenstand der Reflexion ist, was also 'vor ihr da war', dringlich. Husserl folgerte aus der Voraussetzung der konstitutiven Einheit des transzendentalen Bewußtseins, daß schon vor der Reflexion ein ursprünglich personales Ich gegeben sein muß, damit es überhaupt reflexiv in Erscheinug treten kann. Der Gedanke der habitualisierenden Genese führt allerdings auch hier dazu, daß nicht immer schon ein "Selbst" gegeben ist: "Ursprünglich bin ich eigentlich nicht eine Einheit aus assoziativer und aktiver Erfahrung (...). Ich bin das Subjekt meines Lebens, und lebend entwickelt sich das Subjekt; es erfährt primär nicht sich, sondern es konstituiert Naturgegenstände, Wertsachen, Werkzeuge etc. Es bildet, gestaltet als aktives primär nicht sich, sondern Sachen zu Werken." Und: "Im Anfang der Erfahrung ist noch kein konstituiertes 'Selbst' als Gegenstand vorgegeben, vorhanden. Es ist völlig verborgen für sich und für Andere (...)."[170]

Damit verweist die Reflexion einer Person zum einen auf das sprachliche Medium der Reflexion und zum anderen auf den 'Gegenstand' der Reflexion in Gestalt eines sich selbst verborgenen personalen Zusammenhanges der sich kontinuierlich in Habitualisierungen anreichernden, fungierenden Intentionalität.

Unter 'fungierender Intentionalität' ist deshalb schließlich nicht mehr nur die sich selbst als diese unbewußte, gegenwärtige Bewußtseinsaktivität zu verstehen, das 'Haben von Erlebnissen'. Die fungierende Intentionalität als Gegenstand der Reflexion konkretisiert sich zu der Kontinuität einer praktischen, motivationalen Beziehung zu Dingen einer 'dienlichen' Umwelt. Die spezifisch personale Umwelt ist dann die reflektierte Fassung dieser vorreflexiven Kontinuität des fungierend intentionalen und präreflexiv-motivationalen Gegenstandsbezuges. Wie diese Unterscheidung zwischen fungierender und reflexiver Intentionalität zur Erklärung der personalen Individuierung beitragen kann, wird die Beschäftigung mit Heidegger zeigen.

[170] Husserl, KdgW, § 58, S. 83,84.

Eine weitere wesentliche Dimension einer Theorie der individuellen Personalität ist die Zeitlichkeit. Schließlich war die methodologische Aporie in erster Linie die Folge der unabweisbar zeitlichen Extension der Reflexivität und des Bewußtseins selbst. Die detranszendentalisierende Deutung des Bewußtseins verzichtet auf die Reduktion immanenter Leistungen auf eine ursprüngliche Gegenwart. Statt dessen knüpft sie an den Ergebnissen der Phänomenologie der Zeit an.

Zu unterscheiden sind dabei a) die zeitliche Synthesis, b) die Zeit der Reflexion, c) die Zeit des fungierenden Bewußtseins und d) die intersubjektive Zeit.

a) Ein intentionaler Gegenstand (als konkreter) baut sich im Laufe eines Prozesses auf und nimmt eine Zeitstelle ein, d.h. er hat in diesem doppelten Sinne eine zeitliche Extension. Durch Husserls Wende zur genetischen Phänomenologie gilt dies auch für allgemeine bzw. ideale Gegenstände mindestens bezogen auf die basale zeitliche Extension, die sich zwischen dem 'Vorher' und dem 'Nachher' der Urstiftung aufspannt. Die zeitliche Lokalisierbarkeit und die Genese von intentionalen Gegenständen verweisen auf die Zeitlichkeit der Synthesis.

b) Das Paradox des vermeintlich gegenwärtigen Selbstbewußtseins bildet bezogen auf das personale Bewußtsein die erste Stufe der notwendigen Verweisung auf die zeitliche Extension des reflexiven Bewußtseins. Es ist sich selbst immer nachträglich Gegenstand (bzw. sekundär als Gegenstand von auf Zukunft oder auf vergangene Eigenschaften und Zustände gerichteten Absichten: vorhergehend oder nachträglich).

c) Die Extension der Reflexion ist jedoch nur die erste Stufe der Verweisung auf die Zeitlichkeit des Bewußtseins. Die genetischen Prinzipien der Habitualisierung und der passiven Synthesis verweisen als der zeitliche Horizont von intentionalen Gegenständen über die in ihnen appräsentierten Erfahrungen (des personalen Bewußtseins) auf die zeitliche Extension der Einheit des personalen Bewußtseins. Die Person erfährt sich als in der Zeit identisches Kontinuum vermittelt über den zeitlichen Horizont einzelner intentionaler Gegenstände.

d) Die offene Frage nach einer angemessenen Bedeutungstheorie und die Delegation der Konstitution der Bedeutungsidentität und der Geltungskriterien an die kommunikative, intersubjektive Sprache lassen sich an dieser Stelle zur

Frage nach dem Zusammenhang von Zeit und Sprache verbinden. Der Abhängigkeit des personalen Bewußtseins von einer kommunikativen Sprache muß die Abhängigkeit der Zeitlichkeit des Bewußtseins (als Zeithorizont und als Prozess des Fungierens) von der intersubjektiven, d.h. sprachlichen Repräsentation von Zeitlichkeit entsprechen. Was das aber bedeuten kann, muß hier noch vollständig ungeklärt bleiben. (Diese Frage wird mit Bezug auf Heideggers Interpretation der Zeitlichkeit von Selbstverhältnissen und auf Ricoeurs Alternativvorschläge im Folgenden diskutiert werden.)

Für die spezifisch individuelle Personalität wird die entscheidende Frage sein, wodurch sich die subjektive Zeit, die die quasi-extramundane Zeitlichkeit einer individuellen Person ist, genetisch erklären läßt. Mit anderen Worten: wie differenziert sich Personalität von Intersubjektivität, nicht zuletzt um sich als individuelle Personalität zu entdecken, wenn die sprachlich konstituierten innerweltlichen Zeithorizonte (wie die kommunikativen 'Umwelten') primär sind? Und wie kann sich die als Individualität verstandene Personalität als derart differenzierte 'begreifen', d.h. mit den sprachlichen Mitteln präsumptiv identischer Bedeutungen und Regeln einer intersubjektiv geteilten Sprache in einer rationalen und damit gültigen Weise 'verstehen' und gleichzeitig die Differenz, die die Ausdifferenzierung personal individueller Zeit konstituiert, als solche in intersubjektive Begriffe fassen? Die Ausdifferenzierung einer personal immanenten Welt und Zeit verdankt sich als Form der Reflexion genetisch und sprachlich der intersubjektiven Kommunikation; sie führt zu einer gültig identifizierbaren Individualität jedoch nur dann, wenn diese sich als diese Differenz sowohl subjektiv-individuell artikulieren als auch intersubjektiv gültig identifizieren kann. Denn nur wenn die immanente Reflexion der fungierenden Intentionalität bzw. der personale Zeithorizont nicht auf die öffentliche Zeit 'abgerichtet'[171] wird, bildet die Ausdifferenzierung einer personalen Immanenz die Grundlage einer individuellen Differenz. Die Anknüpfung an die Phänomenologie einer so verstandenen Immanenz erfordert es demnach zugleich, die Sprache, die an die Stelle der transzendentalsubjektiven Konstitution tritt, als eine solche zu begreifen, die diese Dialektik von Identität und Differenz ermöglicht. Die mundan intersubjektive Sprache muß zugleich das Phänomen der Geltung begründen

[171] Im Sinne von Wittgenstein, PhU.

und den Raum öffnen können für individualisierende Differenzierungen. Das wird für die Theorie der Bedeutung Konsequenzen haben müßen, so daß an die Stelle der Annahme einer strengen Identität von intersubjektiv geteilten Bedeutungen vielleicht die Vorstellung einer pragmatischen Bestimmung von Bedeutungen treten müßte, die wegen der Genese individualisierender Differenzen selbst eine spezifische Zeitlichkeit haben muß. Die Logik einer solchen Bewegung zwischen Identität der Bedeutung und differenzierender intersubjektiver Reflexion, welche die Individualität einer Person zugleich denkbar werden läßt und an den Bereich der Geltung wieder anschließen kann, wird die Aufgabe einer Theorie der Zeitstruktur der Kommunikation sein. (Darauf werde ich allerdings nach erhebliche Vorbereitungen erst am Ende des dritten Kapitels zu sprechen kommen.)

Der Zusammenhang von personaler Individualität und Geltung verdient zudem in einer weiteren Hinsicht besondere Aufmerksamkeit. Denn man wird fragen müssen, ob die individuelle Personalität jeden Anschluß an die Geltungsdimension verlieren muß, wenn diese in die Zuständigkeit sprachlich intersubjektiver Objektivität fällt. Denn die empirische 'Reduktion' auf eine Welt subjektiver Erlebnisse führt ja unter der Bedingung der Detranszendentalisierung definitionsgemäß zu nicht objektivierbaren intentionalen Gehalten.

Aber zum einen vermag eine Theorie der zeitlichen Struktur des intersubjektiven Sprachgebrauches, diesen Anschluß vielleicht wieder herzustellen. Und zum anderen erschöpft sich der Bereich der Geltung nicht in der Dimension der möglichen Wahrheitswerte von deskriptiven Aussagen.

Schon in Husserls Konzept der 'Verantwortlichkeit' subjektiver Selbstaufklärung steckt die praktische Dimension der Geltung, in der sich das Thema 'personale Individualität' aus der Verengung rein theoretisch vorstellender Intentionalität zu dem Problem der 'Selbstbestimmung' erweitert. Personale Selbstverhältnisse haben nicht nur den deskriptiven Sinn des Sich-selbst-Begreifens, sondern auch den normativen Sinn des Sich-selbst-als-diesen-Wählens.

Aus diesem Grund wird Heideggers Begriff der Authentizität für den Begriff der Personalität von Bedeutung sein.

Es kann nun zusammengefasst werden, welchen Beitrag die Rekonstruktion der Husserlschen Aporie und ihrer Konsequenz für die phänomenologische Bewußtseinstheorie als Theorie der Personalität leistet:

- Die methodologische Aporie zeigt, daß eine intersubjektiv-mundane Sprache als Bedingung der Möglichkeit sowohl der methodischen Introspektion als auch der bewußtseinsimmanenten Reflexivität angesehen werden muß.
- Eine detranszendentalisierte Introspektion hat nicht das transzendentale Bewußtsein zum Gegenstand, sondern die empirisch allgemeinen Strukturen der Personalität (bzw. als Modell personaler Reflexion die individuelle Personalität).
- Intentionalität, Zeitlichkeit und Immanenz werden zu Konstituenten personaler Individualität, aber sie müssen auf ihre Abhängigkeit von einer intersubjektiven Sprache und zugleich auf - noch unklare - Bedingungen der Möglichkeit personaler Individualisierung bezogen werden.
- Diese Voraussetzungen machen deutlich, unter welchen Gesichtspunkten anschließend der Übergang vollzogen wird zu der Husserlkritik Heideggers und der Daseinsanalyse von "Sein und Zeit": Eine entfaltete Theorie der individuellen Personalität als Theorie der Verschränkung von intersubjektiver und personaler Zeitlichkeit und Sprache ist bei Husserl nicht ausdrücklich zu finden. Die detranszendentalisierende Lesart der Husserlschen Analysen legt nur die notwendigen Dimensionen einer solchen Theorie frei. Heideggers Hermeneutik der Faktizität versucht im Zuge einer (methodologisch ambivalenten) Detranszendentalisierung, die aus dem transzendentalen Subjekt das einzelne menschliche Dasein macht, die Phänomenologie in die hier gesuchte Richtung einer Theorie der Personalität zu führen. Die Zeitlichkeit und die normative Seite personaler Selbstverhältnisse sind dabei zentral. Heideggers Daseinsanalyse wird dabei sowohl den Faden der Untersuchung zeitlicher Horizontalität aufnehmen als auch unter dem Titel der "Unvertretbarkeit" bzw. der "Jemeinigkeit" besonderen Wert auf das Moment der Differenzierung legen, durch das eine Person sich selbst als eine individuelle versteht.

Allerdings (so wird sich herausstellen) unterschlägt Heideggers existentialistische Radikalisierung des Momentes der Differenz in seiner Deutung der 'Unselbständigkeit' der egologischen Perspektive (auf theoretischer wie methodischer Ebene) Husserls Andeutungen zur Rolle einer kommunikativen, intersubjektiven Sprache. Und dadurch zerschneidet Heidegger das Band zwischen der personalen Individualität und der intersubjektiven Geltung. Damit wird deutlich, auf welche Weise, in diesem und dem nächsten Kapitel versucht wird, Heidegger und Husserl in ein Verhältnis produktiver, gegenseitiger Kritik zu bringen.

Die Daseinsanalyse stellt einen fruchtbaren Versuch dar, den Bedingungen der Möglichkeit und der begrifflichen Bestimmung individueller Personalität auf die Spur zu kommen. Der hier formulierte Einspruch gegen das methodologische Selbstverständnis der transzendentalen Phänomenologie wird bei Heidegger beantwortet durch eine hermeneutische Transformation der Phänomenologie. Die Herkunft der Husserlschen Phänomenologie aus dem Horizont des Problems der objektiven Geltung bildet hierbei jedoch das notwendige Gegengewicht gegen Heideggers Abqualifizierung des Sozialen. Darum wird das dritte Kapitel zwar nicht zu Husserl zurückkehren, aber in gewissen Sinne in Husserls Namen zu dem Vorschlag einer weiteren, dann: sprachphilosophischen, Transformation kommen.

2. Teil: Heidegger - die existentielle Zeit

2.1. Fundamentalontologie als Horizont der Zeitproblematik und der Daseinsanalyse

Die hermeneutische Transformation der Phänomenologie stellt die Grundlagen für eine Rekonstruktion personaler Individualität konstruktiv um. Diese Grundlagen sind im wesentlichen der Begriff der Intentionalität, das Modell der Beziehung zwischen Ich und Welt und die Bestimmung der 'Seinsweise' der menschlichen Existenz als 'Freiheit'. Der Begriff der Person wird nicht länger durch das epistemologische Modell der Erkenntnis eines bewußtseinsimmanenten Gegenstandes geformt, sondern wird auf das Problem der Authentizität 'jemeiniger' Individualität bezogen.

Konstruktiv ist diese begriffliche Umstellung, da sie dort ansetzt, wo der Kern der Aporie von Husserls Phänomenologie identifiziert wurde: im Modell der Zeitlichkeit. Aus dem Widerspruch zwischen einer Subjektivität, die alle Zeitlichkeit konstituieren sollte, und der durch das Motiv der subjektiven Selbstaufklärung geforderten Bestimmung dieser Subjektivität in zeitlichen Kategorien, die nur auf konstituierte Gegenstände anwendbar sind, führt ein Begriff 'ursprünglicher' Zeit heraus. Denn Heideggers Philosophie 'der Zeit' siedelt diese ursprüngliche Zeit auf einer fundamentalen Ebene an, welche der Unterscheidung und der Konfrontation von Subjekt und Objekt, von Ich und Welt vorausliegen soll. Damit kann die Analyse der Zeitlichkeit zur Analyse der Bedingungen der Möglichkeit subjektiver Selbstverhältnisse sowie der Genese personaler Individualität werden. Für den Begriff personaler Individualität ist diese Strategie interessant, da Heidegger in "Sein und Zeit" (infolge "SuZ") das ontologische Motiv der Rekonstruktion des zeitlichen Sinnes von Sein mit der daseinsanalytischen Bestimmung der Seinsweise individueller authentischer Existenz verschränkt. Das ist jedoch, wie sich zeigen wird, eine zweischneidige Verfahrensweise; denn diese Verschränkung von Ontologie und existentialistischer Daseinsanalyse führt zu einer ontologischen Überlastung der Theorie der Person. Heidegger fordert dem individuellen Dasein zuviel ab und nötigt dadurch die Bestimmung des Daseins systematisch dazu, die intersubjektive Dimension der Genese authentischer personaler Individualität zu unterdrücken. Das wird sich zeigen in der problematischen Sprachtheorie, in der Verdrängung des "Mitseins", in der Abwertung jeglicher Form von Öffentlichkeit und schließlich in der durch problematische Prämissen erzwungenen Verengung jener 'ursprünglichen' Zeitlichkeit auf den ekstatischen Zeithorizont eines vereinzelten Daseins.

Die Kritik an einer ontologischen 'Überlastung' der Daseinsanalyse macht jedoch die ontologische Problematik selbst nicht überflüssig, so als könne man von der 'Seinsfrage' absehen und SuZ auf eine Anthropologie des konkreten Einzelmenschen reduzieren. Die zeitliche Bestimmung personaler Individualität ist angewiesen auf den Nachweis, daß die Bedingung ihrer Möglichkeit in öffentlichen Formen der Zeit einen Rückhalt hat. Heideggers Ontologie behält demzufolge mindestens die Berechtigung, auf die Unangemessenheit einer Reduktion der öffentlichen Zugangsweise zu und Konstitution von personaler Individualität nach dem Modell eines in Raum und Zeit lokalisierten Gegenstandes hinzuweisen. Auch wenn der Entwurf des 'Sinns von Sein' nicht einem existentiellen Individuum abverlangt werden darf, muß die an seiner Stelle betrachtete Öffentlichkeit für das spezifische 'Sein' der Person empfänglich sein können.

Die folgende Interpretation hat sich also eine komplexe Aufgabe gestellt: Der Begriff einer 'eigentlichen Zeit' soll ernstgenommen werden, aber aus der ursprungsphilosophischen Architektur des Heideggerschen 'Denkweges' herausgelöst werden. Das Grundprinzip einer solchen Herauslösung ist die Entschränkung von Ontologie und Daseinsanalyse, der eine Transformation der ontologischen Fragestellung beigestellt werden muß. Diese Transformation folgt der Kritik an Heideggers Unterschätzung der Leistungen einer intersubjektiven Sprache und eines alltäglichen Sprachgebrauches, um somit den Grundriß einer anderen, intersubjektiven 'ursprünglichen Zeit' vorzubereiten, dessen Vervollständigung an die weiteren Kapitel übergeben werden wird. Wenn die ersten Schritte dieses Vorhabens gelingen, kann die im Zuge der Entschränkung von Ontologie und Daseinsanalyse freigelegte Bestimmung der Seinsweise menschlicher Existenz als Teil einer Theorie personaler Individualität gelesen werden.

Die schnelle Popularität von SuZ, vorbereitet durch eine erwartungsvolle Aura aus Gerüchten und Berichten[1] verdankt sich der Radikalität, mit der Heidegger den Schritt aus der 'lebensfernen' Schulphilosophie vollzieht, der in den Jahren nach dem ersten Weltkrieg in der Luft zu liegen schien. Diese Popularität wuchs auf dem Boden eines Milieus, das - vorbereitet durch Diltheys Kantkritik, d.h. durch die Betonung der Rolle der Geschichte, durch Nietzsches Metaphysikkritik, durch Kierkegaards Existentialismus und die Husserlsche Phänomenologie - seine Einheit in der Verdrossenheit gegenüber jener Schulphilosophie fand, die vor allem durch den Neukantianismus der Marburger und der südwestdeutschen Schule repräsentiert war.

Heidegger nimmt die sogenannte Lebensphilosophie auf, welche das an den Naturwissenschaften orientierte Konzept der Vernunftkritik um das breite Spektrum des 'wollenden und fühlenden' Lebens, um die breite Wirklichkeit lebendiger menschlicher Existenz erweitern wollte. Aber er behält durch den methodischen Anschluß an der Husserlschen Phänomenologie ein begriffliches Niveau bei, das zu der Komplexität und dem Fundierungsanspruch der vornehmlich transzendentalen Schulphilosophie in Konkurrenz treten kann[2]. Damit ist eine methodische Differenz zur 'Lebensphilosophie' bezeichnet, die neben die von Heidegger explizit ausgesprochene theoretische Differenz tritt: Dilthey, Bergson und Simmel hatten zwar die kognitive Restriktion der Synthesis des transzendentalen Bewußtseins durch die Breite des Lebens ersetzen wollen. Dabei aber hatten sie nach wie vor das Modell einer subjektiven Entäußerung und Wiederaneignung der dergestalt objektivierten Subjektivität vorausgesetzt.[3] Dies hieß letztlich die Subjekt-Objekt-Dichotomie inkraft zu lassen, was Heidegger noch seinen scheinbaren Weggefährten Jaspers und Scheler zum Vorwurf macht: Barbara Merker unterscheidet in der Perspektive Heideggers zwei-

---

1 Hans Georg Gadamer, PL.

2 Die über Husserl laufende Vermittlung von Heideggers Fundamentalontologie mit der transzendentalen Fragestellung verhindert es laut Jürgen Habermas, daß "...die artikulierte Fülle der Strukturen im entdifferenzierenden Sog des lebensphilosphischen Begriffsbreis (versackt).", Habermas, PhdM, S. 171. Das methodenbewußte Avancement der Lebensphilosophie in Heideggers Wendung ihres Rüstzeuges betonte zuvor auch schon: Ernst Tugendhat in: Tugendhat, WHH, S. 265. Vgl. zu Heideggers Kritik der Lebensphilosophie auch, Pöggeler, HudhP, S. 87 und Löwith, Existentialismus, in ders., HDdZ, S. 8ff.

3 Habermas, PhdM, S. 170.

erlei Lebensphilosophie, wobei die eine einer objektivierenden Aufsicht auf die menschliche Existenz verpflichtet bleibt und, wie im Falle von Jaspers und Bergson, die Gewißheit des 'Ich bin' einer von innen erfahrenen Existenz zum Erlebnisstrom verobjektiviert. Dagegen stellt Heidegger die 'wirkliche' Lebensphilosophie, die durch eine konsequentere Bindung an jene Innenperspektive prinzipiell in eine Existenzphilosophie mündet, die sich vom Entwurf z.B. Jaspers' durch die radikale Auflösung der Subjekt-Objekt-Dichotomie unterscheiden soll.[4] Heideggers Diltheykritik spezifiziert diese Vorstellung einer 'wirklichen' Lebensphilosophie. Dilthey war in seiner Korrektur des transzendentalen Subjektes des Kantischen Kritizismus von der Erfahrung der historischen Geisteswissenschaften ausgegangen. Der frühe programmatische Titel "Kritik der historischen Vernunft" bezeichnet den Versuch, die Konstitution historischen Wissens auf der Grundlage einer deskriptiven Psychologie und einer durch diese objektivierten inneren Wahrnehmung zu begründen. Der 'Vitalismus' Diltheys blieb damit eine cartesianisch orientierte Wissenschaftstheorie, die gegen Kant im Zuge der Betonung des Sinnverstehens mit dem Begriff der Bedeutsamkeit nur die Differenz zwischen Sinnkonstitution und Geltungsrechtfertigung ins Felde führte.[5]

Durch den Verzicht auf eine offensivere Hierarchisierung zwischen der hermeneutischen Grundlage der Sinnkonstitution und unterschiedenen Vernunftvermögen findet Dilthey nicht aus dem Widerspruch zwischen einer cartesianisch gebildeten Wissenschaftstheorie und dem 'Vitalismus' der Vernunftkritik heraus[6].

Heidegger erweitert das Thema der Geschichtlichkeit, um an der Einführung der hermeneutischen Dimension des Verstehens anzuknüpfen, indem er die an der einzelnen menschlichen Existenz aufscheinende Geschichtlichkeit zu einem tieferen Fundament als die objektivierte Subjektivität in Gestalt der hi-

---

[4] Barbara Merker, KsR, S. 222f.

[5] Karl Otto Apel situiert hier die Rechtfertigung und die Begrenzung der hermeneutischen Kritik am Kantschen Kritizismus, vgl. ders, SuG, S. 157ff. Vgl. zu Diltheys Wissenschaftstheorie auch: Joachim Renn, DBG, S. 297-339.

[6] Gadamer, WuM, Kapitel: Diltheys Verstrickung in die Aporien des Historismus, S. 205-229, und: Habermas, EuI, S. 189ff.

storischen Wissenschaften erklärt.[7] Die Ernennung der Geschichtlichkeit zum Gegenstandsbereich einer philosophischen Fundamentaldisziplin erklärt, warum Heidegger glaubte, den 'Sinn von Sein' vor dem Hintergrund einer Theorie ursprünglicher Zeitlichkeit entschlüsseln zu können. Denn die mannigfaltigen Bedeutungen des Ausdruckes 'Sein', so argumentiert Heidegger, bleiben nur solange unvermittelbar, wie die platonische Abstraktion des Seins zu einer zeitentrückten Vorhandenheit der Ideen, Substanzen und der Wahrheitsgeltung von Aussagen unreflektiert bleibt. Das Vehikel einer solchen Reflexion der paradigmatischen Vorhandenheit wird dann der Versuch sein, die Bedingung der Möglichkeit aller Vernunftvermögen, das hermeneutische Apriori, als 'ursprüngliche' Zeit zu denken. Dieser Bezug auf eine 'ursprüngliche' Zeit bleibt jedoch bei Heidegger von Beginn an an die Zeitdimension individueller Selbstverhältnisse gebunden. Das erklärt sich u.a. durch die tiefe Verwurzelung Heideggers in der theologischen Tradition, die ja bereits für Dilthey biographisch wie methodisch Heimstätte der philosophischen Hermeneutik war. Dabei handelt es sich nicht nur um die Aufnahme von Motiven der Kierkegaardschen Existenzphilosophie. Wie Otto Pöggeler mitteilt, macht Heideggers frühe Vorlesung von 1920/21 über "Phänomenologie der Religion" deutlich, daß die große Bedeutung der Ausdrücke "Ereignis" und "Faktizität" des menschlichen Existierens, vielleicht sogar das zentrale Motiv eines gegenüber der Tradition (wie Heidegger sie verstand) alternativen Verständnisses menschlicher Zeitlichkeit, Heideggers Interesse an der 'urchristlichen Erfahrung' des faktischen, temporal gerichteten Lebens entstammt.[8] Heideggers Beschäftigung mit Paulus

---

[7] Heidegger ,PGZ. Dennoch ist wegen der prädichotomischen Ebene des In-der-Welt-Seins die Geschichtlichkeits des Daseins nicht als nahtlose Fortsetzung einer Geschichte der Selbstaufklärung der Subjektivität zu lesen, wie dies Dieter Thomä vorschlägt in: Thomä, ZSZD. Das diametrale Kontrastprogramm stellt die Deutung der Historizität als seinsgeschichtliche Etappe dar, die Rudolf Brandner in retrospektiver Verlängerung des späten Heidegger vornimmt in: Brandner, HBG.

[8] Vgl. Otto Pöggeler, SAE, S.85: "Die faktische Lebenserfahrung denkt historisch, d.h. nach unserem heutigen Sprachgebrauch: geschichtlich. Sie lebt nicht 'in' der Zeit, sondern lebt 'die' Zeit. Durch die Explikation der urchristlichen Religiosität gewinnt Heidegger die leitenden Gesichtspunkte für seinen Grundbegriff der 'Faktizität' (später der faktischen 'Existenz')." Vgl. auch zu diesem Punkt die gründliche Untersuchung zur theoretischen Vorgeschichte von SuZ von Zheodore Kisiel, GH, S. 229 und S. 365ff. Die Parallele der Bultmannschen und der Heideggerschen Kritik an der ontologischen Tradition aus einem theologischen Horizont beschreibt Gadamer in: ders., DMT; vgl. auch Löwith, der Heideggers theologische Erbe in Konfrontation zu Rosenzweig wegen der zweifelhaften wahrheitstheoretisch

und Luther erklärt die Verbindung zwischen lebensphilosophischen Motiven, der Hermeneutik als sinnkritischer Ursprungslehre und der ontologisch zugespitzten transzendentalen Fragestellung. Diese theologische Vorgeschichte kann zugleich einen Hinweis auf die Genese von Heideggers Vorstellungen einer 'ursprünglichen' Zeit geben: Gegen die unreflektierte Orientierung an der 'Innerzeitigkeit', an Zeitverhältnissen des linearen innerweltlichen Nacheinander von Ereignissen und an dem Beharrungsvermögen von Gegenständen, d.h. gegen das Modell der Beziehung von Dauer und Bewegung in einem Kontinuum aus Jetztpunkten, spielt Heidegger die 'kairologische' Zeit aus. In ihr werden in herausragenden (und auch das heißt dann 'ursprünglichen') Momenten Vergangenheit und Zukunft entworfen oder gleichsam hergestellt, und zugleich geben diese Zeithorizonte dem Augenblick, der kairologischen Gegenwart, erst ihre Bedeutung oder volle Bestimmtheit.[9] Hier klingt nicht umsonst das christologische Motiv einer Zeitenwende an, als die Christi Geburt im Ereignis der Fleischwerdung Vor- und Nachgeschichte 'ursprünglich' entstehen läßt. Die Abbildung dieser Version von Geschichtlichkeit auf einer transzendentalen Vernunftkritik wird schließlich ermöglicht durch die Projektion der 'kairologischen' Zeit auf die Zeiterfahrung des menschlichen Individuums. Diesem Moment der Egologisierung der Zeitbegrifflichkeit spielt der theologische Hintergrund seinerseits in die Hände: Denn der Rückgriff auf das theologische Modell einer 'ursprünglichen' Zeitlichkeit ist in Heideggers Interpretation durch die Perspektive Luthers vermittelt, und darum trägt die phänomenologische Anknüpfung an einer egologischen Rekonstruktion ursprünglicher Zeit von vornherein Züge der protestantischen Innerlichkeit.

In der Vorlesung von 1923 über "Ontologie oder Hermeneutik der Faktizität" bündelt sich Heideggers Auseinandersetzung mit den zeitgenössischen Denkgewohnheiten zu dem für Heidegger maßgeblichen Programm, das Otto Pöggeler als eine "Radikalisierung des Historismus zu einem Existentialismus",

---

bedeutsamen "Entleerung" des Offenbarungsbegriffes in Zweifel zieht, dazu: Löwith, HuR, S. 77; und andererseits Barbara Merker, die das an der Offenbarungsreligiosität orientierte Konzept der Konversion in SuZ an die Stelle subjektiver Reflexivität getreten sieht, Merker, KsR, S. 231.

[9] Pöggeler, SAE.

jedoch als ein ontologisch 'gespanntes' "Einlenken in die Transzendentalphilosophie" beschrieben hat[10].

Die Kritik an der Subjekt-Objekt-Dichotomie und die Entmachtung der kritizistisch-kognitiv gedachten Subjektivität sind die wesentlichen Elemente der Heideggerschen Rebellion und reihen den Aufbruch von Suz ein in die nachcartesianische Wende der Philosophie des zwanzigsten Jahrhunderts[11]. Heideggers Absicht bleibt dabei auf eine philosophische Fundierung im Sinne einer Hierarchie zwischen der metaphysischen Fragestellung und den davon abgeleiteten Regionalontologien bezogen. Das Projekt einer Ontologie als Fundamentaltheorie, die allen Wissenschaften vorausgehen soll und diesen quasitranszendental über die Bedingung der Möglichkeit der Konstitution von Gegenstandsbereichen überhaupt Rechtfertigung und Grenzen geben soll, rückt Heidegger ein in die Kontinuität eines hierarchischen Philosophieverständnisses: Zuerst kommt die Ontologie, laut Heidegger das leitende Interesse der gesamten okzidentalen Philosophie, dann erst erscheinen die Regionalontologien, die die Möglichkeitsbedingungen der Wissenschaften bestimmen und deren derivative Gegenstandsbereiche, d.h. Weltausschnitte, die Wissenschaften zu verwalten haben. Das ontologische Fundament wird dabei so 'tief' lokalisiert, daß noch die in den Kantischen Kritiken institutionalisierte Unterscheidung zwischen den Regionen praktischer und theoretischer Vernunft als derivativ erscheint.

Heidegger entwickelte die Seinsfrage an Aristoteles' Rede von den mannigfaltigen Bedeutungen des Seins, und er läßt sich in der Suche nach der Einheit dieser Bedeutungen von der Hermeneutik leiten. Nicht der Vorrang einer der bei Aristoteles aufgelisteten Bedeutungen ist entscheidend, also nicht etwa die, wie Heidegger betont, traditionelle Dominanz der Wahrheitsfunktion der prädikativen Aussage, die Sachverhalte und Dinge in Übereinstimmung mit

---

[10] Pöggeler, SAE, S. 94.

[11] Zur Versammlung der durch Frege und Wittgenstein eingeleiteten sprachphilosophischen Wende und der Heideggerschen Kritik an der Subjektphilosophie unter dem Dach der 'Sinnkritik' als dem beherrschenden philosophischen Paradigma des zwanzigsten Jahrhunderts: Apel, TdPh., Bd.1, S. 225-229; die Parallele zwischen dem späten Wittgenstein und Heideggers Weg durch die Kehre betont auch Rorty in: ders, WHL, S.51 und S.60. Rorty sieht die Einheit der heterogenen Projekte Heideggers und Deweys in der Verabschiedung der Idee apriorischer Möglichkeitsbedingungen.

diesen repräsentiert, sondern das Verständnis, das allen Bedeutungen des Ausdrucks "Sein" zugrunde liegen soll, wird zum Ziel einer fundamentalen ontologischen Reflexion. Darum tritt in Heideggers Verständnis die ontologische Frage notwendig an die Stelle der epistemologischen. Und darum kann die Zeit als Horizont des Sinnes von Sein, entgegen ihrer Einschränkung auf die reine Form der Sinnlichkeit durch Kant, zur eigentlichen Dimension des Apriori erklärt werden.[12] Denn die hermeneutische Radikalisierung der Sinnfrage lebt von dem phänomenologischen 'Intuitionismus', der Heidegger davon ausgehen läßt, daß alles Denken und Erkennen im Grunde Anschauung sein muß. Nur dann kann die Zeit als Form der Anschauung, verwaltet von der produktiven Einbildungskraft, zu einem Vermögen ernannt werden, das der Verzweigung in die Stämme der Vernunft, d.h. in Verstand und Sinnlichkeit, vorausgeht.[13]

Die hermeneutische Dimension der Sinnkonstitution und - korrelativ - des Verstehens war bislang als gleichwertig neben die an den erfolgreichen Naturwissenschaften orientierte, Kant beerbende Vernunftlehre als Erkenntnistheorie gestellt worden. Das wird noch an der Ambivalenz Diltheys deutlich, der zwar den Kantischen Kritizismus durch die Kritik der historischen Vernunft erweitern wollte, dazu jedoch in einer 'beschreibenden und zergliedernden Psychologie' ein quasitranszendentales, objektivierendes Instrument suchte. So konnten im Neukantianismus, in der Windelbandschen Unterscheidung von nomothetischen und ideographischen Wissenschaften, Natur- und Geisteswissenschaften als aufeinander irreduzible Dimensionen menschlicher Erkenntnis scheinbar friedlich koexistieren[14].

Heideggers Schritt, die tiefste Ursprungsdimension im Bereich der Zuständigkeit einer hermeneutischen Theorie zu lokalisieren, kündigt diesen Kompromiß des ausgehenden neunzehnten Jahrhunderts auf. Die Hermeneutik wird radikalisiert zur privilegierten Theorie des 'grundsätzlichsten Grundes'.

---

[12] Heidegger, KPM.

[13] Zu Heideggers Kantinterpretation: Heidegger, KPM; vgl. die Kritik an dieser 'intuitionistischen' Voraussetzung von Klaus Düsing, SM, S. 102ff, und K. O. Apel, SuG..

[14] Eine Koexistenz, die teilweise umstritten, teilweise in der Funktion einer beruhigenden Rückzugsbastion, noch heute in der Debatte um Erklären und Verstehen ihre Auswirkungen hat.

Gleichzeitig aber schließt Heidegger die hermeneutische Grundlagenreflexion an die Tradition und an das Prestige der transzendentalen Fragestellung an: Die Phänomenologie Husserls gilt für SuZ noch als verbindlicher methodischer Vorläufer, dessen transzendentale Perspektive das Feld der Fundamentalontologie erst freigelegt hat.[15]

Die Hermeneutik der Faktizität ist keine abstrakte Negation der Transzendentalphilosophie, sondern versteht sich als ihre Radikalisierung in ontologischer Richtung. Das wird nirgends so deutlich wie in dem von Heidegger zwischen der Veröffentlichung von SuZ und der "Kehre" verfaßten Buch über Kant. Hier wird die an dem Problem der synthetischen Urteile apriori eingeführte Frage nach apriorischen Bedingungen der Möglichkeit von Erkenntnis kurzerhand mit der ontologischen Frage nach dem Sinn von Sein identifiziert.[16] In Heideggers Interpretation der produktiven Einbildungskraft als Grundlage der zwei Vernunftstämme Sinnlichkeit und Verstand wird der Bezug auf die 'ursprüngliche' Zeit manifest.[17] Wenn die erkenntniskritische Problematisierung sich übersetzen läßt in die ontologische Frage, wie der Sinn von Sein vorentworfen werde, dann tritt die 'ursprüngliche' Zeit als Bedingung der Möglichkeit solchen Vorentwerfens in Erscheinung. Die Übersetzung der transzendentalen Perspektive in die Sprache einer temporalisierten Ontologie verändert allerdings die Bestimmung des Apriori in einem wesentlichen Punkt: Die Frage nach dem Sinn von Sein kündigt die ontologische Neutralität der Husserlschen Introspektion auf. Heidegger kann sich mit Husserls 'Außerkraftsetzung der Seinsgeltung' nicht zufrieden geben und muß deshalb die ontologische Absicht zu der Reflexion der Seinsweise des transzendentalen Subjektes zuspitzen. So fragt

[15] So interpretiert Tugendhat die methodische Referenz Heideggers an Husserl sowie die persönliche Widmung von SuZ an diesen, so daß Husserls Epoché erst den theoretischen Raum des Heideggerschen In-der-Welt-Seins eröffnet habe. Heidegger hat sich der Epoché als Methode verweigert, diese Verweigerung stellt allerdings keinen Rückfall sondern eine Radikalisierung dar, so: Tugendhat, W, S. 263; vgl. Aguirre PH, S. 84f.

[16] Heidegger, KPM, S. 14 und S. 15: "Die ontologische Erkenntnis, d.h. die apriorische Synthesis ist es 'um deren willen eigentlich die ganze Kritik da ist (Kant, KdrV, A 14, B 28)'".

[17] Zur 'Gewaltsamkeit' dieser Interpretation zwischen Einbildungskraft, die nach Kant eigentlich nur durch die Produktion von Schemata als Regeln der Applikation von Begriffen auf Anschauliches zwischen Begriffen und Anschauung vermitteln sollte, die vor allem in der Ignorierung der von Kant selbst in der zweiten Auflage der KdrV korrigierten Rolle der Einbildungskraft aufscheint, vgl. Düsing, SM, S. 99, und Apel, SuG, S. 145ff.

Heidegger in der Vorlesung von 1925 "Prolegomena zur Geschichte des Zeitbegriffes" nach der Bedeutung des Seins, auf die Husserls Begriff der transzendentalen Subjektivität festgelegt werden kann.

Heidegger listet dafür vier Bestimmungen des reinen Bewußtseins bei Husserl auf und problematisiert die Bedeutung des 'Seins' der Region der Intentionalität. Als erstes wird die Immanenz des Bewußtseins als bloße Beziehung zwischen Erlebnis und Reflexion für zu leer befunden, um die Frage nach dem Sein des Bewußtseins beantworten zu können. Dann wird der Begriff des absoluten Seins befragt, um zu dem Ergebnis zu gelangen, daß hier nur die Art des Gegenstandseins und keine originäre Bestimmung des Seins des Bewußtseins zu finden ist. Danach bezeichnet Heidegger die nur formale Bestimmung des Bewußtseins als etwas, daß nicht nach dem gegenständlichen Sein der konstituierten Dinge gedacht werden dürfe, als idealistisch. Und er erklärt diese Bestimmung zu einer weiteren Verweigerung der Antwort auf die Frage nach dem Sein des Bewußtseins. Schließlich führt er die Bestimmung des Bewußtseins als reines Sein auf die für Husserl leitende Idee absoluter Wissenschaft und damit auf eine rein traditionelle Idee der Philosophie zurück. Dieser traditionellen Idee hält er den phänomenologischen Anspruch entgegen, auch das spezifische Sein des reinen Bewußtseins im Rückgang auf die Sache selbst zu gewinnen.[18]

Die Skizze der daraus resultierenden Aufgabe, die im Anschluß von Heidegger formuliert wird, liest sich wie eine Ankündigung von SuZ. Gegen Husserl wird vorgebracht, daß die phänomenologische Rekonstruktion an dem Punkt der Problematisierung des Seins des Bewußtseins wieder von der natürlichen Einstellung auszugehen habe, vom Seienden, "wie es sich zunächst gibt", und damit ist der Mensch als faktisch existierender Einzelner gemeint, so daß hier schon die aus SuZ bekannte Formulierung anklingt, daß nur das Dasein das Sein sei, dem es in seinem Sein um sein Sein gehe.

Heidegger situiert von vornherein die Dimension, in der die Antwort, die Husserl schuldig bleibt, zu suchen ist, im Zuständigkeitsbereich der Hermeneutik. Denn auf die Frage nach dem Sein des reinen Bewußtseins gibt es nur eine Antwort, die dieses Sein als Sinn begreifen läßt: Das Sein des Bewußtseins,

---

[18] Heidegger, PGZ.

später des an seine Stelle tretenden situierten Daseins, ist sein aktives, d.h. in Akten vollzogenes Verständnis von diesem Sein.

Die Verknüpfung von Ontologie, modifizierter Transzendentalphilosophie und Existenzphilosophie hat darum zwei Wurzeln: Erstens setzt Heideggers Fundamentalontologie bei der Frage nach dem ontologischen Status des transzendentalen Subjektes an, um die Weltlichkeit, d.h. später das "In-der-Welt-Sein" und die Faktizität, gegen das reine Sein der res cogitans und das Verstehen gegen das Erkennen auszuspielen. Zweitens führt die Mobilisierung der von Kierkegaard - für Heidegger vor allem auch von Paulus und Luther - nachgelassenen Reflexion des vereinzelt gedachten menschlichen Wesens, die ontologische Frage auf die Spur des Existentialismus.

Der Zugang zu dem Seienden, "wie es sich in der natürlichen Einstellung zunächst gibt", ist die Weise, in der dem sich in der Welt vorfindenden faktischen Einzelnen das Seiende gegeben ist; Zunächst wird das heißen: "Zuhandenheit". Dieser Befund, die Situiertheit des zugleich rezeptiven und aktiven Menschen in der Welt, die ihm voraus schon da ist, wird gemeint, wenn Heidegger von Faktizität spricht. Die Umdeutung der primären Gegebenheit von Dasein und Welt, die als erstes phänomenologisches Datum gelten soll, ist eine Transformation des Begriffes der Intentionalität.

Heideggers Husserlkritik ist immer wieder auf sein Verhältnis zur phänomenologisch verstandenen Intentionalität bezogen worden. Eugen Fink hat 1951 als autorisierter immanenter Kritiker Husserls, in dessen Intentionalitätsbegriff eine von der transzendentalen Phänomenologie ungedachte, metaphysische oder spekulative Voraussetzung am Werk gesehen. Der Sinn der Ausdrücke "Erscheinung", "Sein" und "Gegenstand" ist in einer nicht selbst von der Phänomenologie methodisch legitimierten Weise vorentschieden zugunsten der vergegenständlichenden Perspektive der zugrundegelegten Subjekt-Objekt-Dichotomie. Intentionalität in Husserls Verständnis ist Richtung auf distinkte, paradigmatisch der Wahrnehmung nachempfundene Gegenständlichkeit, das Subjekt ist Ursprung dieser Beziehung und selbst als transzendentales nicht ein seiender Gegenstand in der Welt.[19]

---

[19] Das entstammt dem Referat Eugen Finks auf dem Brüsseler phänomenologischen Kolloquium, wie es mitgeteilt wird von: Max Müller, PhO, S. 78.

Es ist offensichtlich, daß diese Bemerkung Eugen Finks ebenso wie die gleichartigen Kommentare Alphonse de Waelhens, Maurice Merleau-Pontys und Ludwig Landgrebes, durch Heideggers Hermeneutik der Faktizität angeregt wurde.[20]

Entscheidend ist dabei, daß in der Sichtweise, die diese Kommentatoren verbindet, Heideggers Begriff der Sorge[21], der gleichsam den Oberbegriff der Struktur des Daseins darstellt, das Husserlsche Konzept der Intentionalität im doppelten Sinne aufhebt. Überwunden werden soll, wie gesagt, die abstrakte Kontrastierung von Subjektivität und Gegenständlichkeit, das cartesianische Modell der Erkenntnistheorie; bewahrt wird allerdings die Zentrierung der Ursprungsphilosophie im Thema der Beziehung zwischen singulärer menschlicher Seinsweise und Welt. Denn die Kehrseite der kritischen Transformation der Transzendentalphilosophie in Heideggers Ontologie bleibt bis zu der 'Kehre' das Axiom, daß das Apriori, wenn auch hermeneutisch interpretiert, aus einer egologischen Perspektive rekonstruiert werden muß.

Die methodische Anknüpfung an die Transzendentalphilosophie wird also zu einem systematischen Motiv der Singularisierung des Daseins, dessen Seinsweise der Schlüssel zur Ontologie sein soll. Die existentialistische Dimension, vorbereitet durch Kierkegaard und die Theologie, fügt sich in den Husserlschen Zuschnitt der Transzendentalphilosphie als Rekonstruktion des Verhältnisses zwischen dem Ego und dem Phänomen der Welt. Das Dasein ist zwar nicht mehr als Subjekt gedacht, aber es steht genauso als notwendig einzelnes in der Welt wie das Subjekt als einzelnes ihr gegenübersteht. Das sieht Ernst Tugendhat bereits in der eigentümlichen grammatischen Form des Ausdruckes

[20] vgl. zur Kontinuität dieser Argumentation Aldo Masullo, SHVHI, S. 234ff.

[21] Die Tugendhatsche Interpretation setzt sogleich die "Erschlossenheit" an die Stelle, die bei Husserl die Intentionalität einnimmt; diese Spezifikation engt allerdings die Frage der Intentionalität von vornherein auf die Wahrheitsproblematik ein, was bei Tugendhats Interesse an der Heideggerschen Wahrheitstheorie auch nicht überrascht. Die Sorge setzt allerdings tiefer an, so daß auch die nicht veritativen Gehalte der Husserlschen Intentionalität abgedeckt sind. Darum ist der hier zunächst dargestellten Interpretation der Vorzug zu geben. Vgl. Tugendhat W, S. 259; Vgl. zur 'Übersetzung' der Husserlschen Intentionalität in die Sorge auch die Unterscheidung zwischen Husserls kognitiv-theoretischer und Heideggers praktischer Intentionalität, dazu: Mark Okrent, HP, S. 123, und Richard Rorty, HCP, S.32, die sowohl die pragmatistische Interpretation von SuZ als auch die Deutung des In-der-Welt-Seins als fungierende Intentionalität anzeigt.

"Dasein", der sich nicht gewaltlos in den Plural setzten läßt, dokumentiert.[22] Der Kierkegaardsche Existentialismus ist in diesem Zusammenhang nicht so sehr Ursache dieser Singularisierung als ein Konzept zur Spezifikation der Faktizität, das sich geschmeidig einfügt in die Architektur der an Husserl Maß nehmenden Ursprungsphilosophie. Denn zuerst übernahm Heidegger in seiner Promotions- und in seiner Habilitationsschrift das Husserlsche Motiv der Psychologismuskritik, die den subjektivistischen Zuschnitt der Grundlagenreflexion mit einem nicht auf das Psychische reduzierbaren eidetischen Begriff des Logos verband.[23]

Die Verwurzelung der Fundamentalontologie in der transzendentalen Subjektphilosophie erklärt also die Resonanz der hermeneutischen Korrektur der Intentionalität auf den Existentialismus. Darum hat Heidegger Ontologie und Daseinsanalyse verknüpft und seine weitausholende Metaphysikkritik an die Theorie der Vollzugsweise vereinzelter menschlicher Existenz angeschlossen. Und darum ist SuZ von Beginn an mit einer eigentümlichen Blindheit gegenüber dem Phänomen der Sozialität geschlagen, denn zu den Prämissen der egologischen Perspektive gehört die Überzeugung, daß das Problem der Intersubjektivität der Bestimmung eines primordalen Ich nachgeordnet und seine Lösung aus dieser Bestimmung ableitbar sein muß. Heidegger kehrt diese Hierarchie zwischen dem Ich und der Intersubjektivität zwar in der Kennzeichnung der Alltäglichkeit der Faktizität zunächst um, doch die daraufhin propagierte Feindschaft zwischen den öffentlichen Bestimmungen des Daseins und seiner eigentlichen Existenz richtet die Hierarchie in gewohnter Weise wieder auf.

So ist es nicht verwunderlich, daß Heidegger trotz der Wendung zur Hermeneutik die Sprache 'vergessen' hat. Zumindest erscheint sie in SuZ nicht als mundane intersubjektive Dimension, zu der sie bereits, wie oben erläutert, in Husserls sechster CM und darin rückwirkend in der Phänomenologie der Inter-

---

[22] Tugendhat, SuS, S.170.

[23] Pöggeler teilt mit, daß Heidegger noch in seiner Habilitationsschrift "Die Kategorien- und Bedeutungslehre des Duns Scotus" von 1916 versuchte, der Husserlschen Idee aus dessen LU einer "reinen Gramatik" Geltung zu verschaffen. Erst später trieb Heideggers Bemühung um eine Integration der Dimension der Geschichte in die Phänomenologie seine Arbeiten aus dem Kreis transzendentaler Erkenntnistheorie, für die neben Husserl Heinrich Rickert, Heideggers Lehrer, und Emil Lask stehen. Vgl. Pöggeler, DW, S. 20ff.Vgl. dazu auch: Jiro Watanabe, CI, S. 110f, der Heideggers frühe enthusiastische Anknüpfung an Husserls LU am Beispiel der Rolle der kategorialen Anschauung beschreibt.

subjektivität wurde. Die Welt der Sorge ist noch nicht die intersubjektive Öffentlichkeit, in der eine propositonal ausdifferenzierte Sprache gesprochen wird. Diese Öffentlichkeit findet sich in SuZ eher geschmäht, sie ist nicht nur als ursprüngliche Stätte des "Verfallens" bloß der Pol, von dem die Eigentlichkeit sich abstoßen muß, sondern sie spielt auch keine grundsätzliche Rolle für den von Heidegger umgedeuteten Begriff der Wahrheit. Mit Heideggers Daseinsanalyse und ihrer Wahrheitstheorie muß man darum personale Individualität zunächst vom Phänomen intersubjektiver Geltung getrennt denken.

Individualität als Jemeinigkeit entsteht bei Heidegger aus der entschlossenen Bewegung des Daseins, die es aus der alltäglichen, an die Welt verfallene Sorge in die diametral der Öffentlichkeit entgegengesetzte Richtung treibt. Daß hier, jenseits der Öffentlichkeit, ein Selbstverhältnis als konkretes überhaupt möglich sein soll, ist nur denkbar, wenn man wie Heidegger annimmt, das Medium des Verstehens von intersubjektiven Regeln und dem Bezug zur öffentlichen Geltung eines intersubjektiven Sprachgebrauches abkoppeln zu können. Daß Heidegger meinte, Wahrheit, Geltung, Verstehen und eine gehaltvolle Individualität qua konkreter Möglichkeiten eigener Wahl von der Öffentlichkeit trennen zu können, ist allerdings nicht das Ergebnis einer zufällig falsch getroffenen Wahl zwischen sprachphilosophischen Modellen, sondern es erfüllt eine notwendige systematische Funktion und kann darum nur mit Rücksicht auf diese Funktion korrigiert werden. Diese systematische Funktion ist die Ermöglichung der Strategie, welche das fundamentalontologische Projekt ausschließlich im Zuge der Analyse des eigentlichen Daseins verfolgen will. Damit reiht sich Heideggers Analyse der menschlichen Individualität ungeachtet aller Originalität ein in die traditionelle, abstrakte Gegenüberstellung von Allgemeinem und Besonderem. Nur wenn man zeigen kann, daß die Genese personaler Individualität nicht entweder unauthentisch oder a-sozial verlaufen muß, kann es eine 'vernünftige', d.h. nach intersubjektiven Geltungskriterien zu beurteilende Authentizität individueller Selbstverhältnisse geben. Hermeneutische Ontologie und hermeneutische Daseinsanalyse gilt es also zu entkoppeln, wenn Geltung auf den intersubjektiven Sprachgebrauch bezogen sein soll, und wenn die Authentizität personaler Individualität an die Geltungsdimension anschließbar sein soll.

Unter der Bedingung einer solchen Entkoppelung wird in SuZ eine fruchtbare Theorie personaler Individualität sichtbar:

Zum einen gewinnt das individuelle Selbstverhältnis durch Heideggers Betonung der Authentizität an Bestimmtheit in der normativen Dimension. Denn die existentialistische Verkürzung der praktischen Vernunft auf den radikalen Dezisionismus[24] des entschlossenen und vor allem autonom sich vereinzelnden Daseins läßt sich unter gewissen Umständen durch eine Wiedereinführung der intersubjektiven Anerkennungsdimension in den Kreis authentischer Wahl korrigieren. Einen entscheidenden Ansatz dazu hat Ernst Tugendhat mit dem Versuch der Übersetzung des Heideggerschen Begriffes des Selbstverhältnisses in die propositional vermittelte Selbstbestimmung unternommen[25]. Dabei bleibt es Heideggers Verdienst, der personalen Individualität vor allem einen praktischen Sinn gegeben zu haben. Es ist jedenfalls kein Zufall, daß Heidegger sich in seiner Auseinandersetzung mit Kant auf dessen Unterscheidung zwischen der moralischen Person, die Zweck an sich selbst ist, und einer Sache, die zum Mittel gemacht werden darf, beruft, um der ontologischen Differenz einen Rückhalt zu verschaffen.[26] Die Freiheit des Willens, die sich auf das Sitten- im Unterschied zum Naturgesetz bezieht, wird zum Synonym für die "ontologische Auszeichnung" des Daseins in der methodischen Exposition von SuZ. Das Seinsverständnis wird also als Freiheit bestimmt, und die Seinsweise des Daseins wird begriffen als authentischer oder unauthentischer Gebrauch, den die individuelle Person von dieser Freiheit macht. Wenn also Ontologie und Daseinsanalyse entschränkt werden können, bleibt für den Begriff der Person seine Bestimmung als Freiheit, d.h. der Bezug zur normativen Dimension der Authentizität erhalten.[27]

Zum anderen nimmt SuZ die Thematik der Zeitlichkeit wieder auf, bzw. führt sie überhaupt erst grundsätzlich ein. Das Sein des Daseins ist wesentlich

---

[24] Karl Löwith kolportiert den signifikanten Scherz der Freiburger Studenten: "Ich bin entschlossen, nur weiß ich nicht wozu." Löwith, MD, S. 29.

[25] Tugendhat, SuS, S. 225ff.

[26] Heidegger, GPP, S. 195ff.

[27] Wenn auch Heideggers Existentialismus die Authentizität um den Bezug zur Intersubjektivität beraubt, den der Begriff der Autonomie bei Kant durch den Aspekt der Pflicht gegenüber der allgemeinen Form des Gesetzes impliziert. Doch auch diese Engführung gehört zu den Zielen einer in diesem Punkt durch Tugendhat angeregten Korrektur.

zeitlich, denn gerade diese Zeitlichkeit macht die Daseinsanalyse scheinbar zum funktionalen Äquivalent einer Ontologie, die den Sinn von Sein auf eine ursprüngliche Zeitlichkeit bezieht. Das bedeutet, der Husserlsche Horizontcharakter des Zeitbewußtseins wird hermeneutisch konkretisiert und im Begriff der ekstatischen Zeitlichkeit auf die Problematik der Individualisierung bezogen. Die Bestimmung der Seinsweise des Daseins profitiert dabei von der Verbindung zwischen einer alternativen (kairologischen) Zeit und der normativen Dimension der Freiheit. Das 'Sein' der Person wird entdeckt als praktisches Selbstverhältnis in einer spezifischen Zeitlichkeit. Auch hier erzwingt es natürlich die Verbindung von Ontologie und Daseinsanalyse, die Vermittlung der so verstandenen subjektiven Zeitlichkeit mit der Intersubjektivität von Sprache und öffentlicher Zeit erst herstellen zu müssen. Bei Heidegger ist die zeitliche Ursprungsdimension des Sinnes von Sein mit der eigentlichen Zeit des Daseins kurzgeschlossen. Die öffentlichen Modi der Zeitigung verfallen dem Verdikt des derivativen Status und sie sind als Temporaldimension sprachlicher Intersubjektivität immer 'vulgäre' Zeit.

Das Ziel der hier versuchten Rekonstruktion ist also, die fruchtbaren daseinsanalytischen Motive aufzunehmen, indem sie von der Verschlingung mit den ontologisch motivierten Verzerrungen des Bereiches der Intersubjektivität befreit werden.

Vordergründig betrachtet spielt die sogenannte Kehre Heideggers dieser Entkopplung von Daseinsanalyse und existentialistischer Ontologie in die Hände. Denn SuZ war ja ursprünglich gedacht als Durchgang durch die Existentialanalytik des daseinsförmigen Seinsverständnisses zu der eigentlich ontologischen Frage nach dem alles fundierenden Sinn von Sein, blieb dann aber ein um die letzten beiden Teile gebrachter Torso.

Es sind viele Gründe erwogen worden, warum dieser fundamentalontologische Gesamtplan nicht durchgeführt wurde und Heidegger stattdessen, nach einer Zwischenphase der versuchten Fortsetzung des Programms aus SuZ in der Auseinandersetzung mit Kant und in der Schrift "Vom Wesen des Grundes"[28], die zentrale Rolle des Daseins preisgab.

---

[28] Heideggers Einleitung in das 1929 erschienene Buch "Kant und das Problem der Metaphysik" stellt klar, daß die Analyse der Kantischen Tranzendentalphilosophie die Fortsetzung

Zu den wichtigsten dieser Gründe gehört zweifellos der Zusammenhang zwischen der "Kehre" und Heideggers Engagement von 1933. Neben den bis heute nicht befriedigend aufgeklärten Status der Philosophie von SuZ als wirklich notwendige Bedingung für Heideggers Führerschaftsambitionen[29] treten freilich inhaltliche Überlegungen zur Motivation der Abkehr von SuZ:

Entscheidend ist hier die theoriearchitektonische Verpflichtung, die sich Heidegger durch die Kontinuität zu Husserls Transzendentalphilosophie auferlegt hatte, und auf die er für den ersten Schritt aus Plausibilitätsgründen auch nicht hätte verzichten können. So macht Gadamer darauf aufmerksam, "(...) daß mit der Preisgabe der transzendentalen Selbstauffassung und des Horizontes der Verstehbarkeit Heideggers Denken die appellative Eindringlichkeit verlor, die es den Zeitgenossen mit der sogenannten Existenzphilosophie so ähnlich erscheinen ließ."[30]

Das ontologische Vorhaben, das auf hermeneutischem Terrain endgültig die Subjekt-Objekt-Dichotomie überwinden sollte, ließ sich nicht konsequent in einem Rahmen verfolgen, der methodisch an der Rekonstruktion der invarianten, und damit quasi-transzendentalen Strukturen des Daseins ansetzte. Die kryptodialektische Subjektlosigkeit einer Weltkonstitution, die zugleich subjektiver Stiftung in Form daseinsförmiger Welterschließung unterliegen sollte[31],

---

der Problematik von Sein und Zeit darstellt. Die spezifisch ontologische Frage nach der Zeitlichkeit des Seins knüpft an die daseinsanalytische Perspektivierung an, vgl. Heidegger, KPM, Einleitung, S. 1f.

[29] Hierbei bildet der Bourdieusche Versuch, Heideggers Philosophie schematisch aus dem biographischen Aufstieg eines Deklassierten zu deduzieren und Rortys lakonische Bemerkung, Bücher und Taten von Autoren verhielten sich kontingent, so daß zufällig der originellste Denker einen "üblen Charakter" gehabt hätte, sicherlich die extremsten Gegensätze, von denen keiner überzeugen kann; Vgl. Bourdieu, POH; Rorty, CIS, S. 111, Fußnote 11. Eine bemerkenswerte Darstellung bildet dagegen die Überlegung von Rüdiger Safranski, zwischen die theorieimmanente und die politische Dimension das Bemühen um eine Verteidigung von Deutungskompetenz zu schalten, in: Safranski, HMD, S. 275ff. Eine weitere Variante stellt das Buch von Domenico Losurdo dar, der die Semantik der Existentialontologie schlicht als Variante eines deutschen, kriegsideologischen Diskurses betrachtet, in: Losurdo, GTA.

[30] Gadamer, WiK, S.278. In der Beschreibung Richard Rortys ist das methodische Problem eines antimetaphysischen Transzendentalismus gleichzusetzen mit der Inkonsequenz eines "ironistischen" Denkens, daß mit der metaphysischen Prätention nicht zugleich die Verliebtheit in das Erhabene, d.h. in einen universalistischen Geltungsanspruch, aufzugeben bereit ist. So: Rorty, CIS, S.117.

[31] Vgl.: Renn, KESW, S. 544ff.

trieb über die fundamentalaletheiologische[32] Offenbarkeit des Seins in die Region "pseudosakraler Ursprungsmächte"[33]. Denn gerade "die konkreten Analysen der Erschlossenheit in SuZ" führten Heidegger zu der Erkenntnis, "(...) daß das Dasein die Begründungsfunktion, die ihm hier noch transzendentalphilosophisch zugemutet wurde, nicht mehr tragen kann."[34]

Die Abkehr vom Privileg des Daseins ist keine Zuwendung zur Intersubjektivität. Dagegen standen Heideggers Wahrheitstheorie und seine Kurzsichtigkeit gegenüber jeglicher Öffentlichkeit, in der Heidegger noch im Humanismusbrief nur eine diktatorische Generalisierung des Willens zur Macht einer cartesianisch gedachten Subjektivität erkennen will[35].

SuZ ist also vordergründig getrennt von dem eigentlich ontologisch-metaphysikkritischen Plan und bloße Daseinsanalyse geblieben. Daran haben sich viele rein anthropologische Lesarten von SuZ entzündet[36]. Das scheint berechtigt zu sein, wenn von vornherein die ganze ontologische Prätention nicht geteilt wird und dennoch der luziden Beschreibung menschlichen Existierens etwas soll abgewonnen werden können.

An dem übergreifenden Projekt der Ontologie scheiden sich darum die Geister. So sprechen z.B. sowohl Otto Pöggeler als auch Jürgen Habermas davon, daß das Dasein in Suz schließlich die Stelle der transzendentalen Subjektivität einnimmt, aber sie meinen damit etwas sehr unterschiedliches: Während für Habermas hierin ein Rückfall in die von Husserl stammenden subjektphilosophischen Begriffszwänge angezeigt ist, betont Pöggeler die Ambivalenz des Daseins als geworfenen Entwurf, die nicht die Konstitution des transzendentalen

[32] Dieser Titel für Heideggers Konzept von Wahrheit und dem ontologischen Programm, den Bereich der Ermöglichung des Phänomens der Geltung, des "Wortgötzen" Geltung, wie Heidegger formulierte, als Offenbarkeit des Seins selbst zu erläutern, stammt von Emil Kettering, FuF, S. 201-215.

[33] Habermas, PhdM, S. 168.

[34] Tugendhat, W, S. 273.

[35] Heidegger, ÜdH, S. 9.

[36] Zu nennen wären Oskar Beckers Gegenentwurf der "Para-existenz" und die darin enthaltene Deutung von SuZ als unvollständige philosophische Anthropologie. Vgl. Becker, PMDD, S. 271ff, oder Erich Rothackers kritische Anmerkungen zu Heideggers Kunstwerkaufsatz, in denen er Heideggers "Vorstoß zur Erkenntnis des konkreten Lebens" auf die Erhellung der Daseinsstrukturen beschränkt: "Damit trieb er das, was ich 'philosophische Anthropologie' zu nennen wage, ob er diese Formulierung liebt oder nicht." Rothacker, GMH, S.27. Dahin gehört auch die Neigung J. Habermas', die Geltung von SuZ (bzw. von Heideggers Philosophie überhaupt) auf das Anthropologische zu beschränken, Habermas PhdM.

Ichs wiederaufrichtet, sondern die Differenz zwischen Welterschließung und -konstitution modifizierend an die Stelle der konstitutiven Intentionalität setzt.[37]

In der Tat könnte die Beschränkung der Rekonstruktion von Heideggers Beitrag zu einer Theorie personalen Individualität auf die anthropologische Seite der Daseinsanalyse den Verlust bedeutender metaphysikkritischer Motive der ontologischen Dimension in SuZ bedeuten. Anders gesagt: Eine Entkoppelung von Daseinsanalyse und Fundamentalontologie muß nicht bedeuten, aus der Daseinsanalyse eine Anthropologie zu machen und die Ontologie restlos zu verwerfen. Eine Korrektur der intersubjekivitätstheoretischen Fahrlässigkeiten der Daseinsanalyse kann auch dem ontologischen Motiv einen verwandelten Sinn geben, so daß sich von der Verknüpfung zwischen Ontologie und Zeitproblematik für die Rekonstruktion des Sprachgebrauches als Bedingung der Möglichkeit individueller Zeithorizonte etwas lernen läßt. D.h. die Verbindung eines Begriffes personaler Individualität mit der Dimension der Geltung im Sinne sprachlicher Intersubjektivität schließt nicht aus, daß Heideggers Ontologie zum Begriff intersubjektiver Sprache, wenn man Heidegger gegen Heidegger liest, etwas hinzufügen kann. Dieser Beitrag wäre die Sensibilität für die Zeitlichkeit.

SuZ ist darum nicht ausschließlich interessant zur Spezifikation eines bestimmten Sinnes der normativen bzw. praktischen und temporalen Dimension subjektiver Selbstverhältnisse, der praktisch relevanten Authentizität, oder der hermeneutischen Form subjektiver Zeithorizonte.

Verloren gehen könnte nämlich in einer globalen Verwerfung der Heideggerschen Metaphysikkritik die Aufmerksamkeit für die zeittheoretischen Prämissen okzidentaler Metaphysik sowohl in ihrer ontologischen, in ihrer subjektivistischen, als auch in ihrer sprachanalytischen Spielart. Ob positiv von seiten Diltheys oder Gadamers die Geschichtlichkeit betont wird, oder ob negativ durch Derrida und durch Richard Rorty der Präsentismus verworfen wird - 'nachmetaphysisches' Denken muß sich auch auf die Zeit verstehen und mindestens die Restituierung der Ansprüche eines mechanistischen Zeitbegriffes in seiner begrenzten Geltung ausweisen können. Denn neben der philosophischen Wendung zur Sprachtheorie ist die zeitbezogene Deutung der klassischen,

[37] Habermas , PhdM, S. 179; Pöggeler, DMH, S. 73.

apriorischen Funktion von Bedingungen der Möglichkeit ein wirksamer Stamm nachmetaphysischen Denkens. Mit Heidegger läßt sich das Selbstverständnis der Metaphysik u.a. als 'Flucht vor der Zeit' im Sinne der Suche nach überzeitlichen Möglichkeitsbedingungen deuten[38]. So gesehen trägt die hermeneutische Zeittheorie nicht nur zur Aufklärung des praktischen Sinnes der Geltung in Form der Authentizität bei, sondern sie kann darüber hinaus die Bestimmung des intersubjekiven Sprachgebrauches, der hier bislang in einem forschen Vorgriff und ohne jede Bestimmtheit als positives Gegenmodell genannt wurde, inspirieren. Denn die spezifische Zeitlichkeit personaler Individualität kann nur dann etwas sein, 'von dem' wir anders als über raum-zeitlich lokalisierte Gegenstände sprechen, wenn sie einen Rückhalt in der temporalen Form des Sprachgebrauches selbst hat. Wenn das authentische 'Ich' der Person 'ist', indem es sich selbst 'vorweg' ist, muß diese Form, 'zu sein', auch ausgesprochen und angesprochen werden können.[39] Eine Sprachpragmatik z.B., welche die Referenten sprachlicher Ausdrücke ausschließlich als beharrliche Gegenstände oder zeitlose Sachverhalte vorstellt, kann dabei nicht genügen. Desgleichen kann ein Begriff des Sprachgebrauches, der kompetente Sprecher als personale Individuen immer schon voraussetzt, nicht hinreichen. Vielmehr muß eine Rekonstruktion 'ursprünglicher' Zeit als Bestimmung des intersubjektiven Sprachgebrauches zeigen, aufgrund welcher temporalen Strukturen des 'Miteinandersprechens' der Sprachgebrauch überhaupt zur Bedingung der Möglichkeit der Genese individueller Zeithorizonte werden kann. Diese Andeutung ist jedoch in Anbetracht der komplexen Aufgabe, zunächst eine Übersicht über Heideggers Daseinsanalyse und ihre Fallstricke zu geben, ein Vorgriff.

---

[38] so spricht etwa Rorty, in: Rorty, WHL, S. 52.

[39] Daß die Interpretation der Daseinsanalyse als eine Theorie personaler Individualität diesen transformierenden Umweg durch die Aufnahme ontologischer Motive voraussetzt, veranschaulicht die problematische Unbefangenheit, in der J. Haugeland gegen den Widerstand des Existentialismus von SuZ von Personen als von "cases of Dasein" spricht: Haugeland, HoBP, S. 20, und ders., DD, S. 62f: "To say that we are dasein is to say that each of us is his or her own personal living way of life: we are what we do. For convenience and euphony, I prefer to call idio-daseins cases of dasein; so, people are cases of dasein." Haugelands Interpretation der Genese personaler Individualität als "adjustment of various "public" ways of life as idiosyncratically adopted" ist offenkundig als eine Aufnahme Heideggerscher Motive ungeeignet.

Es gilt also sowohl für die daseinsanalytische Seite als auch für die metaphysikkritischen Motive der Heideggerschen Hermeneutik Übergänge zu finden zur mundanen und intersubjektiven Dimension von Zeitigung. Das erfordert neben einer Bestandsaufnahme der Erträge der Daseinsanalyse nun eine genauere Analyse des Sprachbegriffes, der Funktion von "Ausgelegtheit", "Geworfenheit" sowie der Bedingungen der Möglichkeiten konkreter existentieller Wahl und der Abdrängung der Öffentlichkeit, die in SuZ vorzufinden sind. Besonders steht natürlich die Suche nach öffentlichen, nicht derivativen Formen der Zeitigung im Vordergrund, d.h. nach dem Verhältnis von ursprünglicher zu eigentlicher Zeit und nach dem bemerkenswerten Status der Innerzeitigkeit.

2.2. Die Seinsweise des Daseins und ihre Reduktion auf die isolierte Existentialität.

Schon die methodische Exposition von SuZ macht die Verklammerung von Fundamentalontologie und Daseinsanalyse notwendig: Die erste formale Abgrenzung zu Husserl besteht in der Absage an die Möglichkeit der Voraussetzungslosigkeit, die Husserl im Erkenntnisinteresse des uninteressierten Zuschauers am Werke sah. An die Stelle des kathartisch-cartesianischen Zweifels tritt die hermeneutische Figur des Zirkels. Denn Heidegger beantwortet den kritischen Einwand, daß die Frage nach dem Sein bereits ein Vorverständnis voraussetze, offensiv. In dieser Frage bestand sein eigener Einwand gegen Husserls Phänomenologie[40], so daß es nicht überrascht, daß das Prinzip des hermeneutischen Zirkels zur Tugend erklärt wird, welche die Funktion selbstreferentieller Legitimation der Fundamentalontologie übernehmen soll.

Heidegger führt die Komplementarität von Frage und Gefragtem an, die unter der Hand das Vorverständnis, das die Frage nach dem Sein leitet, durch einen Vorgriff auf die Struktur des In-der-Welt-Seins mit einem fundamentum in re ausstattet:

---

[40] siehe weiter oben, und: Heidegger, PGZ.

"Die wesenhafte Betroffenheit des Fragens von seinem Gefragten gehört zum eigensten Sinn der Seinsfrage."[41]

Das, so fährt er hier noch im Modus der Möglichkeit fort, bedeute nur, daß das Dasein einen vielleicht ausgezeichneten Bezug zur Seinsfrage habe. Die Unterstellung alternativer Möglichkeiten durch dieses "vielleicht" wird umgehend getilgt, indem der Vorrang der Frage nach der Seinsweise des Daseins jedem Zweifel entzogen wird.

Sogleich nämlich gibt Heidegger der Dringlichkeit der ontologischen Frage eine wissenschaftstheoretische Gestalt[42] und schließt Ontologie und Daseinsanalyse zusammen mit der Begründung:

"Wissenschaften sind Seinsweisen des Daseins (...). Daher muß die Fundamentalontologie, aus der alle anderen erst entspringen können, in der existentialen Analytik des Daseins gesucht werden."[43]

Das Sein des Daseins, um das es diesem in ausgezeichnetem und auszeichnendem Gegensatz zu allem übrigen Seienden in seinem Seinsverhältnis geht, nennt Heidegger "Existenz". Daß das Dasein überhaupt ein Seinsverhältnis hat, zeichnet es zuerst ontisch aus; daß dieses Verhältnis ein Verständnis ist, macht aus der ontischen schließlich eine ontologische Auszeichnung. Zwar ist dieses Verständnis "zunächst und zumeist", wie Heidegger es formuliert, selbst noch keine explizite Ontologie, aber als "vorontologische" Weise des Daseins ontologisch ausgezeichnet zu sein, bildet es als verstehendes Sein die Quelle jeder Möglichkeit der Ontologie. Der Vorrang des Daseins ist also ontisch, da es Existenz ist, ontologisch, da die Bestimmung der Existenz bedeutet, daß das Dasein als verstehendes an ihm selbst ontologisch ist, schließlich aber vorontologisch, da diese Selbstbekümmerung des Seins, das an seinem Sein interessiert ist, nicht explizit theoretisch zu sein braucht.

Die Begründung des Rechtes der ontologischen Daseinsanalyse bedient sich also des Zirkels, indem in die Verfassung des Analysandum bereits die Bedingung der Möglichkeit der Analyse projiziert wird:

---

[41] Heidegger, SuZ, S. 8.
[42] Heidegger, SuZ, §3.
[43] Heidegger, SuZ, S.14.

"Die existentiale Analytik ihrerseits aber ist letztlich existentiell d.h. ontisch verursacht. Nur wenn das philosophisch forschende Fragen selbst als Seinsmöglichkeit des je existierenden Daseins existentiell ergriffen ist, besteht die Möglichkeit einer Erschließung der Existentialität der Existenz(...)."[44]

Gleichwohl hebt die Differenz von existentiellem Verständnis und existentialer Analyse die Perspektive von SuZ aus dem faktischen Vollzug alltäglichen Existierens heraus und strafft die philosophische Analyse zur methodisch disziplinierten "formalen Anzeige". Die Existenz, als vorontologische, bedarf nicht der theoretischen Durchsichtigkeit. Diese Durchsichtigkeit baut zwar auf der vortheoretischen Existenz auf, sie ist aber als Analyse der 'Konstitution von Existenz' eine theoretische Analyse der Existentialität.

Existentialanalyse ist also wie das Existieren eine Form des Verstehens, ja sie gründet im alltäglichen Verständnis der Existenz, aber als Analyse distanziert sie sich von der alltäglichen Undurchdringlichkeit des pragmatisch gebundenen Existierens.

Diese Distanz führt das existentiale Verstehen wieder eng an die transzendentale Reflexion heran. Die Existentialien, als formale Strukturen der Existentialität, können mit den Kategorien der Verstandestätigkeit des transzendentalen Subjektes verglichen werden[45]. Aber die Verstehenszirkularität bedeu-

---

[44] Heidegger, SuZ, S.13. Paul Ricoeur analysiert das Verhältnis von existentieller und existentialer Ebene als folgenreiche "Interferenz", da die existentielle Basis der philosophischen Reflexion letztere schließlich auf die Eigentlichkeit des Denkens festlegt und damit die Begründungsdimension auch metatheoretisch personalisiert. Vgl. Ricoeur, ZuE, III, S.65; zur Zirkelgestalt von SuZ, deren Ausdehnung in einer Folge 'normaler' Argumentationsschritte sich in der Spätphilosophie zur tautologischen Form einzelner Sätze verdichtet: Schöfer, HLMG, S.283. Daß Heidegger gleichwohl für seine Analyse genau jene Geltung beansprucht, die in seiner Rekonstruktion des erkennenden Modus des Weltverhältnisses defizient genannt werden wird, betont zurecht: Ulfig, LuR, S.30.

[45] Dieser Vergleich wird in Suz natürlich sogleich zu einer Unterscheidung, denn, wie Otto Pöggeler bemerkt, reserviert Heidegger den Ausdruck 'Kategorien' für "Seinsbestimmungen nur des nicht daseinsmäßigen Seienden", so daß umso deutlicher wird, daß die Existentialien primär Strukturen des fundamentalen Selbstbezuges sind, aus dem jeder Gegenstandsbezug abzuleiten sein soll. Das Gemeinsame des in diesem Vergleich Unterschiedenen bleibt dabei der formale Charakter der Explikate der Daseinsanalyse als Bedingung der Möglichkeit. Vgl. Pöggeler, DW, S. 49 und Heidegger SuZ, S. 44. Der Unterschied zwischen einer kategorial vorentworfenen Gegebenheitsweise, d.h. der Form der Erscheinung, die den reinen Verstandesbegriffen folgt, und der existential vorentworfenen Gegebenheitsweise, die auf den vortheoretischen Weltbezug des pragmatisch besorgenden Daseins zurückgeht, wird später zur Hierarchie zwischen der daseinsförmigen Freiheit, die den Spielraum der ontologischen Dif-

tet zugleich eine Nähe zwischen Existentialanalyse und Existenz, welche die formale Anzeige wieder von der Transzendentaltheorie entfernt. Denn die 'wesenhaften Strukturen', die die Daseinsanalyse anvisiert, sind die formalen Bestimmungen der "Alltäglichkeit".[46] Konträr zu Husserls Epoché führt das daseinsanalytische Verstehen nicht aus der 'natürlichen Einstellung' heraus, sondern begreift gerade diese als den Raum, in dem sich das fragliche Sein des Daseins "an ihm selbst und von ihm selbst her zeigen kann"[47].

Die Suche von SuZ beginnt nicht mit dem von Vormeinungen gesäuberten reinen Bewußtsein, sondern in der Faktizität, die sich in diesen Vormeinungen als Vorverständis bekundet. Hierin drückt sich die methodische Konsequenz von Heideggers Einspruch gegen die Husserlsche Epoché aus.

Darüber hinaus wird jedoch deutlich, daß Heidegger in der hermeneutisch inspirierten Verwandlung der Husserlschen Perspektive keinen 'Verrat' an der Idee der Phänomenologie, sondern ihre Radikalisierung sieht. Denn die Konzentration auf die Faktizität bedeutet für Heidegger die ontologisch aufgeklärte Fortsetzung des Husserlschen Zentralthemas der Gegebenheit überhaupt[48]. Die Verschränkung von hermeneutisch verstandener Phänomenologie und formaler Analyse verdeutlicht sich in Heideggers Beschreibung der beiden Seiten des Begriffes der Phänomenologie: Phänomen und Logos.

Hier kündigt sich bereits implizit die Spur der Heideggerschen Wahrheitstheorie an, denn Phänomen und Logos repräsentieren die Komplementarität von 'Sich Zeigen' und 'Sehen Lassen', gleichsam die aktive und passive Seite der 'Offenbarkeit' des Seins, als die Heidegger später die Wahrheit interpretiert, und in deren "Lichtung" das Sehen des Daseins und die Sichtbarkeit von Seiendem und Sein konvergieren.

Heidegger beruft sich ausdrücklich auf Husserls Wahlspruch "Zu den Sachen selbst"[49]. Aber er versteht unter Phänomenalität eben nicht die Erscheinungs-

---

ferenz erst eröffnet und der kategorialen Prägung des "Gegenstehen-lassens", deren Möglichkeit der Freiheit entspringen soll. Dazu: Heidegger, KPM, S. 72ff.

[46] Auch wenn im folgenden die nicht alltägliche Eigentlichkeit einen Vorrang genießt, setzt die Analyse doch in der Alltäglichkeit an und beläßt dieser den existentialen Seinscharakter. Heidegger, SuZ, S. 16.

[47] Heidegger, SuZ, ebda.

[48] Vgl: Tugendhat, WHH, S.259.

[49] Heidegger, SuZ, S. 27 und S. 34.

weise von noematischen Gegenständen in der Immanenz des reinen Bewußtseins, das durch die Epoché von den natürlichen Dingen wie von seiner eigenen Faktizität gespalten ist, sondern die Funktion des Logos ist das 'schlichte Sehenlassen' des Phänomens, und d.h. von Seiendem, das sich als es selbst zeigt, 'hinter' dem kein wirkliches aber verborgenes Sein mehr steht, wie das Ding an sich oder die unaufgeklärte 'Realität' des in Husserls Primordialität transzendenten Dinges. Die Unterscheidung von Wesen und (möglicherweise trügerischer) Erscheinung, bzw. zwischen res und intellectus, der dieser wenn möglich adäquat sein soll, wird ersetzt durch die Unterscheidung zwischen der aletheia, der Unverborgenheit eines sich als es selbst zeigenden Seienden und der Verborgenheit, deren Quelle in SuZ im Wesentlichen das Verfallen an die ontologisch undurchsichtige Alltäglichkeit ist.[50]

Darum kann Heidegger unter Berufung auf die Verankerung der Daseinsanalyse in der Faktizität des Daseins und in der Unvermitteltheit der Welt im In-der-Welt-Sein, sagen: "Phänomenologie ist Zugangsart zu dem und die ausweisende Bestimmungsart dessen, was Thema der Ontologie werden soll."[51]

Phänomenologie in Heideggers Sinn ist also weniger Distanznahme von ungeprüften Vormeinungen wie die Epoché, es ist hermeneutisches Verstehen, dessen zirkulärer Charakter durch die zugleich mit der Daseinsanalyse gelieferte Begründung ihrer Möglichkeit in diesem Dasein und durch die Theorie der Wahrheit als Unverborgenheit gerechtfertigt wird.

Der Schwerpunkt der fundamentalontologischen Untersuchung liegt also auf der Umgrenzung des Seins des Daseins, seiner Existenz. Dabei gelten die ersten Bestimmungen dem spezifischen Weltbezug des Daseins: der Faktizität als einer prädichotomischen Einheit von Dasein und Welt und der eigentümlichen Modalität der Existenz: dem Vorrang der Möglichkeit.

Heidegger nennt das Dasein einen geworfenen Entwurf und verschränkt damit Existenz und Welt zu einer Komplementarität, die dem abstrakten Dualismus aus beiden Teilen vorausgehen soll. Das Dasein steht nicht als rationale

---

[50] Vgl. zum Begriff der Wahrheit: Heidegger, SuZ, § 44, "Dasein, Erschlossenheit und Wahrheit, S. 212-231, und zur Problematisierung der "Erscheinung": Heidegger, EiM, S. 75-88. Vgl. auch die präzise Fortsetzung der Tugendhatschen Analyse des Heideggerschen Wahrheitsbegriffes bei Christina Lafont, SuW, S. 148-228.

[51] Heidegger, SuZ, S. 35.

res cogitans einer Welt gegenüber oder stiftet sie sogar, sondern als Existenz ist es in die Welt, die vor ihr da ist, geworfen: Sie findet die Welt (und sich selbst) vor als immer schon ausgelegt. Ek-sistenz meint dabei sowohl 'Ausstand' im Sinne der Verweisung des Daseins auf seine Zukunft als auch 'Heraussstehen' als Primat des "In-Seins" in der Welt vor dem dichotomischen Gegenüberstehen von Welt und Subjekt.

Neben der Geworfenheit kennzeichnet jedoch die existentielle Freiheit als Möglichkeit, und später: als Verpflichtung, zum Entwurf die Seinsweise des Daseins. In dieser existentiellen Freiheit lokalisiert Heidegger später in "Das Wesen des Grundes" die Bedingung der Möglichkeit der ontologischen Differenz.[52] Die ontologische "Auszeichnung" des Daseins wird also zur Freiheit des Entwurfs spezifiziert, und diese Spezifikation läßt die ontologischen Frage in die existentiale Analytik des entwerfenden Daseins einmünden. Entworfen wird dabei vom Dasein vor allem es selbst; die Realität des Daseins ist faktische Möglichkeit, es kann so oder so sein, und die Realisierung ist ihm selbst überantwortet: Das Dasein ist 'Zu-Sein'. Es hat zu sein, hat sich zu entwerfen als solches oder anderes und damit als Entwurf im Horizont der Möglichkeiten seiner Geworfenheit zu realisieren. Das "Zu-Sein" bedeutet aber auch, daß kein Entwerfen endgültigen Charakter haben kann (abgesehen von der äußersten Möglichkeit: der Sterblichkeit, deren thanatologische Rolle in SuZ noch zu beschreiben sein wird), denn die stillstellende Realisierung würde den modalen Charakter der Existenz, Möglichkeit 'zu sein', aufheben.

Der Raum, in den die Geworfenheit das Dasein hält, ist die Welt, so daß Heidegger die Eigenart des Daseins, faktisch zu existieren vor aller theoretischen Distanz zu Gegenständen des Erkennens und vor einem objektivierenden kognitiven Selbstbezug, zu dem Existential des "In-der-Welt-Sein" verdichtet.

Der Entwurf ist, obwohl vortheoretisches Vermögen, eine höhere Kunst, denn die hermeneutische und ontologische Betonung der Möglichkeit stellt

---

[52] Heidegger, WG, S. 29. Ebenso verbindet Heidegger in seiner Kantinterpretation die Möglichkeit der ontologischen Differenz als dem hermeneutischen Apriori mit der Freiheit des menschlichen Daseins, vgl. Heidegger, KPM. Das wird explizit auf Kants Begriff der Willensfreiheit der moralischen Person bezogen in: Heidegger, GPP, S. 190ff. Vgl. zur zeitlichen Lokalisierung des Auftauchens des Terminus "ontologische Differenz": Kockelmanns, ODHG, S. 206, und zu den Differenzen zwischen dem Heideggerschen und dem Kantischen bzw. dem Aristotelischen Freiheitsbegriff: Figal, HPF, S. 98-133.

vermittels der Differenz zwischen Eigentlichkeit und Uneigentlichkeit das alltägliche Verfallen des Daseins an die durchschnittliche Ausgelegtheit der Welt in den Vordergrund. Bevor die Öffentlichkeit dieser daseinsförmigen Vorstufe zum eigentlichen Existieren eigens Thema wird, expliziert Heidegger diese selbst existentiale Verfallenheit[53], in der Dasein 'zunächst und zumeist' ist, als Hingabe an das Nächstliegende in der eigentümlich interpretierten Dingwelt.

Das Dasein soll zuallererst bei den Dingen sein, dies allerdings in einer Weise, deren Beschreibung vorbereitet wird durch die ontologische Unterscheidung von Vorhandenheit und Zuhandenheit. Die Dinge sind im alltäglichen Umgang nicht distinkte Dinge sondern "Zeug". Heideggers Zeuganalyse legt den Grund für seinen Verstehensbegriff und seine Zeichnung des primären Weltbezuges, der zunehmend mit Motiven des Pragmatismus verglichen wird.

"Ein Zeug 'ist' strenggenommen nie"[54]. Damit grenzt Heidegger den Status des 'Zeuges' plakativ von der Vorhandenheit ab. Der traditionelle Begriff der Gegebenheit, den Heidegger der okzidentalen Metaphysik in großzügiger Allgemeinheit und Husserl in concreto unterstellt und vorwirft, bedeutet SuZ zufolge Anwesenheit und Vorhandenheit unter Absehung von zeitlichen Horizonten der Gegebenheit. Diese Gegebenheit ist die Form präsenter Gegenstände eines distanzierenden Sehens. Im traditionellerweise übersprungenen Phänomen der alltäglichen Welt hat das dem Dasein Gegenüberstehende jedoch zuerst den Charakter des "Zuhandenen."[55]

Die Zuhandenheit und der dazugehörige daseinsförmige Modus der Aufmerksamkeit, die vortheoretische pragmatische "Umsicht" sind die quasisubjektive und die quasiobjektive Seite der "Sorge", d.h. des praktisch besorgenden Umgangs.[56]

---

[53] Der existentiale Charakter des "Verfallens" und damit seine Beziehung zu "Befindlichkeit", "Verstehen" und "Rede" wird später, mit Bezug auf das Problem eigentlicher Gegenwart von besonderer Rolle sein. Es wird sich zeigen, daß das "Verfallen" in Heideggers Untersuchung seinen Status ändern muß, wenn eine eigentliche Gegenwart aufzuzeigen sein soll. (siehe dazu 2.3.).

[54] Heidegger, SuZ, S. 68.

[55] Heidegger, SuZ, S. 71.

[56] Heidegger definiert die gesamte Struktur der "Sorge" im Rückblick auf die hier vorgestellte Analyse der Weltlichkeit im § 64: "Die Sorge-struktur wurde auf die existentiale Formel gebracht: Sich-vorweg-schon-sein-in (einer Welt) als Sein-bei (innerweltlich begegnendem Seienden)." SuZ, S.317.

Die Zeuganalyse ist zurecht eine Pragmatisierung des vorstellend erkennenden Gegenstandsbezuges genannt worden,[57] denn schon äußerlich ist diese Deutung gedeckt durch Heideggers Berufung auf das griechische Konzept der pragmata zur Kennzeichnung des Status des Zeuges[58]. Sie ist sogar mit dem Pragmatismus Meads explizit verglichen worden,[59] wenn auch die Identifizierung von Pragmatismus und Daseinsanalyse in der Beziehung zwischen Zeuganalyse und Existentialismus schnell an ihre Grenzen gerät. Für den Begriff der Alltäglichkeit, d.h. für die vorbereitende Analyse des Weltphänomens, ist das Interpretament eines Primates der Praxis jedoch zweifellos berechtigt.

Die Dinge sind zuerst Zeug, sie stehen in einem 'Wozu'-Zusammenhang. Die entsprechende Form der Existenz, also die zeugbezogene Qualität des In-der-Welt-Seins, nennt Heidegger "Umgang". Dieser Umgang ist als Form des praktischen Verstehens geleitet von einer eigenen Form der Übersicht. Die 'Sicht' des Umgangs grenzt Heidegger allerdings deutlich ab von einer erkenntnismäßigen Einstellung. So ist die Umsicht "(...) nicht das nur noch vernehmende Erkennen, sondern das hantierende, gebrauchende Besorgen, das seine eigene 'Erkenntnis' hat."[60]

Auf diese Weise wird deutlich, in welchem Sinne das Weltverhältnis des Daseins primär praktischer Natur ist, ohne bereits normativ gekennzeichnet werden zu müssen. Da das Weltverhältnis des Daseins in erster Linie praktisch ist, erhält Heideggers Version eines bewußten Selbstverhältnisses der Person eine normative Qualität, denn die Frage, 'wer ich bin', ist durch die Verankerung des

---

57 Vgl. Carl Friedrich Gethmann, HKH, S.143f, sowie: ders., DEH, S. 281-323, und, wie dieser selbst bemerkt, wohl zuerst: K.O Apel, TPH, Bd.1 S. 225ff. Vgl. auch Pöggelers Anmerkung zur Vergleichbarkeit von Umgang mit Zeug und dem Begriff der Praxis: Pöggeler, DW, S.54. Eine umfassende auf dem Pragmatismusverdacht gründende Studie legte Mark Okrent in HP vor. Die Nähe zum Pragmatismus legt auch Richard Rorty in OT nahe, wo er Heideggers Distanznahme von der metaphysischen Tradition in der Bedeutung der pragmatischen Dimension als Fundament der derivativen Trennung von praxis und theoria mit der Philosophie John Deweys vergleicht. Der Unterschied ist dabei bezeichnend, denn Deweys Einspruch reflektiert die Trennung von Freien und Unfreien in der griechische Gesellschaft, denen Kontemplation und Arbeit zuzuordnen sind, während Heidegger hier das Schicksal des Seins mobilisiert sehen will: Rorty, OT, S. 44. Vgl.auch die breite Darstellung zu diesem Vergleich: M. Okrent, HP, und in: Rorty, HCP.

58 Heidegger, SuZ, S. 68.

59 W. Bergmann und G. Hofmann, MTP, S. 93-131.

60 Heidegger, SuZ, S. 66f. J. Kockelmanns erinnert hierbei an den Merleau-Pontyschen Ausdruck der "practognosie": Kockelmanns, LME, S.12.

Weltbezuges in der Praxis auf die Frage, 'was ich tun soll und wie ich es tun soll', festgelegt. Der Vergleich mit dem amerikanischen Pragmatismus ist hier vollkommen angebracht. Nicht nur 'ist' das Dasein zunächst als tätiges, sondern diese Tätigkeit wird so begriffen, daß Subjekt und Objekt, Ich und Welt zunächst nicht getrennt sind. Darum trifft die Unterscheidung Gilbert Ryles zwischen dem "to know that" und dem "to know how" nur in Grenzen, das mit der 'Umsicht' Gemeinte, denn für Ryle bedeutet das 'to know how' immer noch die bewußte Fähigkeit zur Anwendung von expliziten Kriterien: "To be intelligent is not merely to satisfy criteria, but to apply them."[61] Dagegen geht der Pragmatismus John Deweys und George H. Meads von einer vortheoretischen Ungetrenntheit von Handelndem und Umwelt aus, so daß die Scheidung in Subjekt und Objekt erst mit der sozialen Institutionalisierung der Immanenz eines bewußten Selbstverhältnisses entpringt.[62]

Die Gethmannsche Identifikation des umfassenden Fundamentes, das SuZ bestimmen will, mit der "Sphäre des Handelns in Mittel-Zweck-Zusammenhängen", ist dagegen mindestens dann zweifelhaft bzw. zu ausgedehnt, wenn mit der instrumentalistischen Mittel-Zweck Orientierung die Vorstellung eines rational wählenden Subjektes verbunden bleibt.[63]

Die Umsicht als 'Sicht' des Umgangs mit Zeug "(...) unterstellt sich der Verweisungsmannigfaltigkeit des 'Um-Zu'"[64], so daß vor aller rationalen Wahl von Mitteln und/oder Zwecken die Unterordnung des Umgangs unter die selbständige Verweisungsstruktur der bereits ausgelegten Welt steht. Die Umsicht unterscheidet das Besorgen jedoch zugleich von einer beispielsweise rein instinkthaften Vertrautheit des subhumanen 'know-how' einer Kreatur in einer Umwelt. Zwar spricht Heidegger von der zur Zuhandenheit gehörigen Vorstufe des Weltbezuges, der die "Umwelthaftigkeit" der Welt zuzuordnen ist[65], die Um-

---

[61] Gilbert Ryle, CoM, S. 28.

[62] John Dewey, EaN, Kapitel 6, Nature, Mind and the Subject, S.177ff, und: Mead, MSS, Part III, The Self, S. 125ff. Siehe dazu: den abschließenden Teil 4 dieser Arbeit.

[63] Gethmann, HKH, S. 145. In: Gethmann, DEW, S. 309, zählt er Heidegger zu den 'handlungstheoretischen Intentionalisten'.

[64] Heidegger, SuZ, S. 69.

[65] Die 'Umwelt' wird so genannt, um durch die Aufnahme des Präfixes "Um-" ihre Zugehörigkeit zu Umsicht und Umgang zu kennzeichnen. Damit ist die Fundierung des gegenständlich verfassten Weltphänomens in der pragmatischen Weltbeziehung parallel zur Abhängigkeit der Vorhandenheit von der Zuhandenheit angesprochen. Dazu: Heidegger, SuZ,

sicht ist jedoch als 'Sicht' das Fundament der vorontologischen Auszeichnung des Daseins. Als Seinsverhältnis ist der Bezug des Daseins zur Welt eben bereits im Kontext der Zuhandenheit eine Form des Verstehens. Der Zeugzusammenhang ist eine Bewandtnisganzheit, die Bewandtnis als Sein des Zuhandenen ruht auf der Vorentdecktheit des Bewandtniszusammenhanges[66]. Diese Vorentdecktheit nennt Heidegger am Leitfaden des "Je-schon-habenbewenden-lassen" ein apriorisches Perfekt. Sie ist im Rahmen der Vertrautheit mit dem Zeug die bereits vorauszusetzende "Freigabe des Seienden auf seine innerweltliche Zuhandenheit"[67].

Neben die dem Dasein in seiner Passivität vorgesetzte Ausgelegtheit tritt dadurch als Existential sein aktives Verstandenhaben der Bedeutsamkeit des Zeughorizontes: Bezogen auf das vortheoretische Verstehen nennt Heidegger die erste formale Bestimmung des Weltphänomens in dieser aktiven, aber immer in einer ersten Form bereits vollzogenen Welterschließung "Erschlossenheit"[68]. In ihr werden die "Lichtung" und die "Aletheia", die zentralen Elemente von Heideggers Wahrheitsbegriff, ihren Ansatzpunkt finden.[69]

Welt ist als erschlossene also nicht intentionales Gegenüber der verstehenden Erschließung, sondern zugleich 'Objekt' der Umsicht, des Besorgens, der Erschließung und Bedingung der Möglichkeit der Erschließung[70]. Die Umsicht ist also die erste Instanz der Heideggerschen Korrektur an Husserls Intentionalitätsbegriff.

Die identifizierende Bestimmung von Dingen, deren pragmatische Urform das Zeug ist, d.h. die Synthesis gegenständlicher Erkenntnis wird durch die vorgängige Verweisungsstruktur der Welt und durch die eigentümliche Genese

---

S.66. Zu dem Unterschied zu einem Umweltbegriff, der die Bezugsgröße der Gleichgewichtsbeziehung eines organischen Systems meint, vgl. Gadamer, WuM, S. 420, der den (allerdings sprachlichen) Weltbezug des Menschen gerade auf seine "Umweltfreiheit" bezieht.

66 Heidegger, SuZ, S.84.

67 Heidegger, SuZ, S.85.

68 Heidegger, SuZ, S.87.

69 Tugendhat betont seinerseits die Verbindung von Umsicht und Erschlossenheit, um schließlich die Erschlossenheit als Grundlage des Wahrheitsbegriffes von SuZ zu interpretieren. Vgl. dazu Tugendhat, W, S. 286.

70 Vgl. Tugendhat, W, S.257 und S. 290: "Die Welt ist nicht nur Bedingung des Erschließunsgeschehens sondern gehört in dieses selbst."

eines erkenntnisförmigen Gegenstandsbezuges auf doppelte Weise dem Subjekt (das das Dasein deshalb eben nicht ist) entzogen:

Einmal 'ist' Zeug darum strenggenommen nie, da der Vereinzelung des Zeuges die Gesamtheit des Zeugzusammenhanges genetisch vorausgeht. Das besorgende Dasein achtet nicht der konkreten Vorhandenheit des Hammers, mit dem Heidegger das Zeug zu veranschaulichen beliebt, sondern geht im Besorgen auf in der 'Um-Zu' Gesamtheit des "Werkes"[71], in die sich die Gebräuchlichkeit des Werkzeuges, Heidegger nennt sie die "Dienlichkeit", unauffällig fügt. Und an diesem Werk wird nicht zuerst die Einzelheit des Zeuges, sondern die Welt als entsprechende "Umweltnatur" entdeckt. Dieser Vorrang der Verweisungsstruktur vor der Identifikation eines einzelnen Zeuges rechtfertigt es, Heideggers Beschreibung des Weltverhältnisses des Daseins einen praktischen Holismus zu nennen[72].

Zum anderen geht der Übergang zur theoretischen Betrachtung des Zeuges als gegenständliches Einzelnes nicht zurück auf die autonom-spontanen Übernahme einer erkennende Einstellung durch das Daseins , sondern auf das pragmatische Mißlingen des Besorgens. In der "Aufdringlichkeit" von fehlendem oder 'unpraktischem' Zeug wird das Zeug zu nur noch Vorhandenem, es "meldet" sich die Welt, die von diesem Übergang an nicht nur pragmatisch appräsentierte Umwelt ist, sondern sich über die Vereinzelung des innerweltlich Seienden zum Phänomen der Welt verdichtet.[73]

Zu den interessantesten Elementen des Husserlschen Lebensweltbegriff zählt zweifellos die Verschiebung von der Lückenlosigkeit subjektiver Konstitution zur Unverfügbarkeit des Reflexionsanstoßes im Krisismotiv. In der Husserlschen Vorstellung von einer Krisis kam allerdings eine ganze Welt zum Vorschein; für das Konkrete blieb die passive Synthesis zuständig. Bei Heidegger dagegen, so könnte man sagen, diffundiert diese Logik des Krisismotives bis in den Bereich des Allerkonkretesten.

---

[71] Heidegger, SuZ, S.69: "Das, wobei der alltägliche Umgang sich zunächst aufhält, sind auch nicht die Werkzeuge selbst, sondern das Werk, das jeweilig Herzustellende, ist das primär Besorgte und daher auch Zuhandene."

[72] Vgl. M. Okrent, HP, S. 130, These 4: "Understanding is always holistic". Die weitere Analyse des Verhältnisses zwischen Verstehen und Sprache in Heideggers Untersuchung wird zeigen, daß daraus allerdings kein "sprachlicher Holismus" wird.

[73] Heidegger, SuZ, S. 73.

Den Zuschnitt der Gegenständlichkeit, d.h. hier der Vorhandenheit, erreicht das Zeug erst im Moment dieser 'Aufdringlichkeit'. Der buchstäbliche Pragmatismus, z.B. derjenige Meads, sprach von Desintegration, um die Entstehung des Psychischen zu erklären[74]; Heidegger lokalisiert hier den nicht auf Subjektivität, sondern auf das In-der-Welt-Sein zurückzuführenden Übergang zur theoretischen Auffassung einzelner Gegenständlichkeit: Die begegnende Unverwendbarkeit läßt das Einzelne aus dem Horizont von Gebrauchswissen und Zuhandenheit heraustreten.

In nahezu ironischem Kontrast zu Husserl konstituiert sich das primäre Thema der Phänomenologie, die 'Sache' selbst, als Einzelheit für Heidegger also gleichsam von 'außen'. Die Synthesis wird aus der subjektiven Konstitution in die Komplementarität von Dasein und Welt verlagert. Und diese Exteriorität des Reflexionsanstoßes ist dann nicht diejenige des Empirismus, da die Differenz von innen und außen, Subjekt und Welt, genetisch der Differenzlosigkeit und Komplementarität im In-der-Welt-sein erst entspringt.

Der Kunstgriff von SuZ besteht an dieser Stelle also darin, daß der phänomenologische Einwand gegen eine realistisch oder empiristisch verstandene Objektivität aufrechterhalten wird, zugleich aber die Immanenz des Primordialen, die nur eine Fortsetzung des Dualismus in ontologischer Zurückhaltung (oder, laut Heidegger: Indifferenz) darstellt, in der Komplementarität von Dasein und Welt aufgebrochen wird.

Die Derivation der Vorhandenheit aus der Zuhandenheit bereitet das theoretisch umfassendere Thema der Wahrheits- und Erkenntnisfrage vor. Denn der Vorrang des Fundamentes der Zuhandenheit und des alltäglichen Besorgens vor der Vorhandenheit der res extensa wird von Heidegger generalisiert zum Primat des Verstehens vor der Erkenntnis. Nachdem die Existenz als grundsätzlich affektiv gestimmte beschrieben worden ist, so daß die "Befindlichkeit", d.h. das Gestimmtsein zum Existential ernannt wurde[75], wird neben diese formale Bedingung des Weltbezuges das gleichrangige Verstehen gestellt: "Befindlichkeit hat je ihr Verständnis (...). Verstehen ist immer gestimmt."[76]

---

[74] George Herbert Mead, DOP, S. 25-60, besonders: S. 49ff.

[75] Heidegger, SuZ, S. 134, Befindlichkeit meint zugleich: Sich "in" der Welt befinden (also allgemein Geworfenheit), und affektive Gestimmtheit.

[76] Heidegger, SuZ, S. 142.

Die Ausführungen zum Verstehen liefern erhebliche Bestandteile der Bestimmung des dem Dasein überantworteten Entwurfes nach. Auf den ersten Blick überrascht, daß es sich hierbei gar nicht um einen Anwärter auf eine hermeneutische Sprachtheorie handelt. Vielmehr steht hier die im Begriff des Verstehens gebündelte Modalität des Daseins, das 'Zu-sein' (dazu weiter unten), im Vordergrund. Trotzdem wird das Verstehen, das in der Umsicht immer schon am Werke ist, über die Zwischenstufe der ausdrücklichen Auslegung zur Grundlegung der hermeneutischen Genealogie der Aussageform:

Auslegung ist "Ausbildung des Verstehens"; in ihr wird das Verstehen "(...) nicht etwas anderes, sondern es selbst"; sie ist "Ausarbeitung der im Verstehen entworfenen Möglichkeiten".[77] Hier sollen das Zuhandene und der Inbegriff des Zweckes, das "Worumwillen", dessen hervorragendster Gegenstand das Dasein selbst sein wird, in einer eigenen 'Ausdrücklichkeit' in die 'Sicht' des Daseins gehoben werden. Das Zuhandene wird als "Auseinandergelegtes" explizit verstanden. Diese Explikation behält allerdings die vortheoretische Form bei, die Heidegger der Bestimmung von "Etwas als Etwas" zuspricht. Die Antwort auf die Frage nach dem Sein des fraglichen Zuhandenen wird dabei im Umkreis der pragmatischen Dienlichkeit zurückgehalten: "(...) es ist zum..(...). Die Artikulation des Verstandenen in der auslegenden Näherung des Seienden am Leitfaden des 'Etwas als Etwas' liegt vor der thematischen Aussage darüber."[78]

Es wird deutlich, daß für Heidegger Verstehen und Auslegung in Affinität zu Husserls Bedeutungslehre in den fragwürdigen Bereich des Vorprädikativen gehören. Dieser Bereich wird verlassen, wenn sich die 'Sicht' zur theoretischen Distanz objektivierender Betrachtung abstrahiert. Hier endet das Verstehen, denn "(...) das Nur-noch-vor-sich-Haben von etwas liegt vor im reinen Anstarren als nicht-mehr-verstehen"[79]. Die Sprachlichkeit der traditionellen Theorie ist von vornherein nicht nur genetisch zurückgeführt auf das vorprädikative Fundament der ursprünglichen Auslegung und darüber hinaus auf das der Auslegung noch zugrundeliegende 'umsichtige' Verstehen, sondern zugleich gebrandmarkt als eine ontologisch zweifelhafte Verstiegenheit.

---

[77] Heidegger, SuZ, S. 148.
[78] Heidegger, SuZ, S. 149.
[79] Heidegger, SuZ, S. 149.

Denn Heidegger bildet aus den Elementen: Verstehen, Auslegung, Aussage eine Hierarchie der Derivation, so daß das "apophantische Als" der prädikativen Aussage aus dem tieferen "existential-hermeneutischen Als" der vorprädikativen Auslegung entspringen soll[80], und er verschränkt in existentialistischer Emphase die Bestimmung des prädikativen Urteils und der von dem hermeneutischen Fundament der Auslegung absehenden traditionellen Urteils- und Erkenntnistheorie mit der Abwertung der Öffentlichkeit: Erst mit der Aussage wird die Auslegung zur "Mitteilung"[81]. Die darin liegende intersubjektive Zugänglichkeit trägt aber sogleich den Makel der Einschränkung der 'Sicht' auf die abstrakte, die Bewandtnis sowie die Befindlichkeit und das Verstehen überspringende Vergegenständlichung.

In der intersubjekiven (praktisch hinreichenden) Identität der sprachlichen Bedeutung in einer propositional ausdifferenzierten Sprache sieht Heidegger nur das Abschneiden der Bedeutung von der tieferen Bedeutsamkeit sowie die Verdinglichung des Zeuges (und entsprechend höherstufig der Möglichkeiten des Daseins) zur 'bloßen' Vorhandenheit des 'Angestarrten'.

Entsprechend wird der möglicherweise zentralen Dimension der Intersubjektivität, dem Phänomen der Geltung, schlicht die Relevanz abgesprochen: Geltung wird in Heideggers Diktion zum vielzitierten "Wortgötzen"[82], und die gesamte Problematik intersubjektiver Objektivität wird mit der Intensität existentieller Selbstkritik Heideggers an seiner früheren eigenen Treue zu den LU Husserls als "ontologisch undurchsichtig" verworfen, um seiner eigenen, später dargelegten, Wahrheitstheorie Platz zu machen.[83]

Verstehen und Auslegung werden also explizit von der sprachlichen Intersubjektivität, die Heidegger hier wie anderenorts auf den verdinglichenden

---

[80] Heidegger, SuZ, S. 158; siehe zur Analyse dieses Derivationsaufbaues: George Römpp, TaI, S. 435, und zu Heideggers Prämisse eines vorsprachlichen Verstehens: R. Stewart, HIL, S. 154. Schließlich zu der Engführung von "Sprache" auf die rein kognitive Dimension der deskriptiven Aussage: U. Tietz, DMS, S.1153.

[81] Heidegger, SuZ, S.155; vgl. dazu den Status der Mitteilung im Phänomen des Mitseins, weiter unten.

[82] Siehe Pöggeler, DW, S. 57; Heidegger, SuZ, S.156. Zur kritischen Beleuchtung der Beziehung zwischen 'Geltung', die in der Erschlossenheit fundiert und darum derivativ sein soll, und der Geltung, die diese Analyse des Fundierungszusammenhanges selbst beansprucht: A. Ulfig, LuR, S.28ff.

[83] Heidegger, SuZ, S. 155, 156; Zu dieser frühgeschichtlichen Treue siehe Dieter Thomä, ZSZD, S. 52ff.

Modus des deskriptiven prädikativen Urteils verengt[84], abgetrennt und zur ausschließlichen Angelegenheit des praktischen Weltbezuges eines - wie sich zeigen wird - singulären Daseins erklärt.

Diese Trennung von Verstehen und intersubjektiver Sprache ist in den Kapiteln von SuZ, die jenen eben diskutierten Stellen vorausliegen, vorbereitet worden. Die Abspaltung von Bedeutsamkeit, Auslegung, Verweisung und Verstehen von einem intersubjektivittätstheoretischen Begriff der Sprache als semantisch-pragmatisches Medium der Verständigung vollzieht sich bereits in den §§ 17 und 18. Hier verhandelt Heidegger zuerst "Verweisung und Zeichen", danach "Bewandtnis und Bedeutsamkeit", auf eine Weise, die die Zeichenfunktion gewaltsam an das der methodischen Perspektive geschuldete Primat des vereinzelten Daseins anpassen soll.

Der zweite Schritt besteht schließlich in der endgültigen Verzweigung von Dasein und Öffentlichkeit. Damit wird eine konstruktiven Bestandsaufnahme des Beitrages (sprachlicher) Öffentlichkeit bei der zentralen Analyse von Struktur und Genese der eigentlichen Existenz verhindert. Die vermeintlich produktive Korrektur der unhaltbaren Intersubjektivitäts-Vorstellung Husserls in Heideggers Konzept des Mitseins entpuppt sich als die lippenbekenntnishafte Vorstufe der Eliminierung jedes positiven Sinnes der Intersubjektivität:

Der erste Schritt betrifft also den Status des Zeichens: Heidegger rückt das Zeichen in den Blick, da es als besonderes Zeug, als solches, dessen zuhandene Dienlichkeit im "Zeigen" besteht, den grundlegenden Charakter der Verweisung erhellen kann. Verweisung gilt dabei mit Blick auf die Vorgängigkeit des Zeugzusammenhanges vor dem einzelnen Zeug als diesbezügliche "Zeugverfassung" des Zuhandenen[85].

Christina Lafont hat in jüngster Zeit darauf aufmerksam gemacht, daß Heidegger in dieser Spezifikation der Verweisung den zeichenspezifischen Sinn der Signifikation mit dem Modus einer rein pragmatischen Verknüpftheit in den Zeugzusammenhängen vorschnell identifiziert. Dagegen ist jedoch geltend zu

---

[84] Habermas deutet diese Verkürzung der intersubjektiven Sphäre auf die Darstellungsfunktion (im Sinne Bühlers) der Sprache folgerichtig als Rückfall in den Fehler der klassischen Erkenntnistheorie, das kognitive Weltverhältnis und die Tatsachen konstatierende Rede als einzige eigentlich erklärungsbedürftige Materie zu begreifen. Vgl. Habermas, PhdM, S. 179f.
[85] Heidegger, SuZ, S. 83.

machen, daß die pragmatische Verweisung in Heideggers Verständnis als Phänomen der Vorprädikativität die Rolle einnimmt, die bei Husserl die Appräsentation hatte. Die Auslegung gründet auf der Verweisung, wie die Reflexion auf der unthematischen Erfahrung vortheoretischer Ausdrucksstrukturen.[86] Die Unterscheidung zwischen pragmatischer Verweisung und zeichenförmiger Verweisung kann also nur dann auf Heidegger bezogen werden, wenn der vorprädikative Sinn pragmatischer Bedeutsamkeit berücksichtigt wird. Zutreffend bleibt an der Analyse Lafonts, daß das Zeichen selbst, sogar in Heideggers eigener Beschreibung, zunächst aus dieser vorprädikativen Verweisung herausragt. Lafont geht davon aus, daß diese ungenaue Generalisierung des Zeichenphänomens zwar für die Erklärung der Welthaftigkeit der Welt als Bedingung der Möglichkeit der Auslegung notwendig ist, daß dabei aber der Sprache in Gestalt der semiotischen Struktur eine Rolle zuwächst, die Heidegger wegen der Privilegierung des Daseins wieder unterdrücken muß: Diese Rolle ist die ontologische Auszeichnung eines Fundament der Welterschließung.

Das Zeichen nämlich erscheint in § 17 als dasjenige Zeug, das den Zeugzusammenhang der Orientierung des Umgangs zugänglich macht: "Zeichen ist nicht ein Ding (...), sondern ein Zeug, das ein Zeugganzes ausdrücklich in die Umsicht hebt, so daß sich in eins damit die Weltmäßigkeit des Zuhandenen meldet."[87]

Der oben erwähnte Übergang des besorgenden Umganges in die Ausdrücklichkeit der Auslegung, und damit die Erscheinung der Weltlichkeit in Abhebung von der bloßen Umwelthaftigkeit, scheint hier also fundiert zu sein in der besonderen, nämlich zeichenhaften Verweisung: "Zeichen ist ein ontisch Zuhandenes (...), was die ontologische Struktur der Zuhandenheit, Verweisungsganzheit und Weltlichkeit anzeigt. Darin ist der Vorzug dieses Zuhandenen innerhalb der umsichtig besorgten Umwelt verwurzelt."[88]

Bedeutet dieser Vorzug also, daß das Zeichen wie das Dasein als ontisches eine ontologische Potenz hat? Denn die Verweisung des semiotischen Systems,

---

[86] Theodore Kisiel, ZFH, S. 206f.

[87] Heidegger, SuZ, S. 79f; Vgl. dazu: Lafont, WuR und dies., SuW, S. 57ff.

[88] Heidegger, SuZ, S.82; die Aufmerksamkeit für die exzeptionelle Bedeutung des Zeichens betonte bereits: J. Aler, der eine Analogie zwischen Dasein und Zeichen ausdrückt: Vgl. Aler, HCL, S.51: "indication unfolds itself."

der Signifikation, scheint sich nach Heideggers Worten durch ihre eigene gleichsam ontologische Auszeichnung, ein Seinsverhältnis zu sein, von der Verweisung bloß pragmatischer Verknüpfung von Zuhandenem zu unterscheiden.

Wenn Heidegger später die scheinbar herausragende Funktion des Zeichens wieder einrücken lassen will in die Zuhandenheit des Zeuges, zu dem nur das Dasein selbst ein ontologisches Verhältnis haben kann, kommt dies einer Unterdrückung der daseinsunabhängigen Funktion der Sprache gleich. Für jene Einrückung sorgt indessen bereits der §18 "Bewandtnis und Bedeutsamkeit; die Weltlichkeit der Welt": Hier wird das Zeigen des Zeichens mit dem Hämmern des Hammers gleichgesetzt, also zurückgeführt auf die Sorge des Hämmernden und des Zeigenden. Damit wandelt sich die Zeichenvariante der Verweisung zu nurmehr einer Spezies der Verweisung im Ganzen. Auf der 'Welt-Seite' der Komplementarität des In-der-Welt-Seins wird die Verweisung zur Bewandtnis; auf der Daseins-Seite wird sie zum leicht intentionalistisch mißzuverstehende Bedeuten bzw. zum schon erwähnten "Bewenden lassen bei".[89]

Darin allein drückt sich jedoch noch kein Rückfall in die Subjekt-Objekt-Dichotomie aus[90], so daß man sagen könnte, Heidegger würde gewaltsam alle Welterschließung in die Zuständigkeit daseinsförmiger Konstitution bringen. Denn die Komplementarität von Dasein und Welt, das nichtdichotomische Dual der Faktizität, bleibt in Kraft.

Die Pointe von Heideggers Argumentation liegt an dieser Stelle vielmehr in der Abkoppelung von Sprache und Intersubjektivität vom Phänomen des ursprünglichen Verstehens, die, wie oben gezeigt, in den §§ 31 und 32 zu Verstehen und Auslegung, vollendet wird.

Darum ist auch Heideggers eigene Korrektur an der Sprachvorstellung von SuZ, die rückblickend der späteren Philosophie folgt, zwar eine Korrektur an

[89] Heidegger, SuZ, S.83f. Dadurch wird, sobald von der prädichotomischen Bestimmung des In-der-Welt-Seins abstrahiert wird, die intentionalistische Deutung von Heideggers Begriff der Derivation der Sprache aus der Artikulation des Daseins nahegelegt. Vgl. Kockelmanns, LME, S.16; vgl. dagegen Anm. 80.

[90] wie C. Lafont unterstellt, womit sich in ihre Analyse eine vorschnelle Verkennung des Komplementaritätscharakters des In-der-Welt-Sein einschleicht. Wenn auch richtig sein mag, daß Heidegger an dieser Stelle implizit das intentionalistische Sprachmodell sanktioniert, so bleibt ebenso wichtig, daß er dieses Modell zusammen mit der Intentionalität im Husserlschen Sinne überhaupt verwirft; vgl. Lafont, SuW, S. 29, S. 39, S. 44, S. 78.

der Aufgestuftheit von Sprache, d.h. an dem Fundierungsaufbau von Bedeutsamkeit über Bedeutungen zu Sprache, aber sie setzt nicht an als Analyse einer nun intersubjektiven sprachlichen Auslegung. Statt dessen hypostasiert diese Korrektur die Sprache selbst als das "Haus des Seins" zu einer subjekt- und intersubjektivitäts-unabhängigen Ursprungsinstanz.[91]

Darum wäre es falsch, Heidegger vorhalten zu wollen, Bedeutsamkeit könne nicht allein auf die Leistung des Daseins zurückgeführt werden[92]; denn das bleibt für Heidegger eine Selbstverständlichkeit, da die Bedeutsamkeit und die Ausgelegtheit der Welt nicht Objekt intentionaler Konstitution, sondern Strukturmoment der Faktizität, also das, 'wohinein' Dasein geworfen ist, darstellen.

Die Reduktion von Sprache auf die intentionale Bedeutungskonstitution ist darum ein Problem, das mit dem Problem der Trennung von Verstehen und Sprache nicht identifiziert werden darf. Die Frage nach dem erstgenannten Problem gehört an die Heideggersche Spätphilosophie adressiert, in der die welterschließende Kraft der Sprache in abstrakter Negation eines intentionalistischen Sprachbegriffes auf Kosten einer Rekonstruktion ihrer intersubjektiven Funktion und Konstitution in den Vordergrund gerückt wird. Es ist die zweite Frage, die an die Daseinsanalyse gerichtet werden muß, denn hier wird das für die Struktur individuellen Daseins emminent wichtige Verstehen von der Sprachlichkeit abgekoppelt, während der Sprache selbst eine Beziehung zur Öf-

---

[91] Zu dieser Aufgestuftheit siehe Heidegger, SuZ, S.87: "Die Bedeutsamkeit selbst aber, mit der das Dasein je schon vertraut ist, birgt in sich die ontologische Bedingung der Möglichkeit dafür, daß das verstehende Dasein als auslegendes so etwas wie 'Bedeutungen' erschließen kann, die ihrerseits wieder das mögliche Sein von Wort und Sprache fundieren." Und zu der entsprechenden Korrektur vgl. Heideggers spätere Anmerkung: "Unwahr, Sprache ist nicht aufgestockt, sondern ist das ursprüngliche Wesen der Wahrheit als Da", Heidegger, SuZ, 442; zur Sprache als Substitut transzendentaler Bedeutungsstiftung: Heidegger US, S. 166: "Die Sprache ist das Haus des Seins" etc. Es ist diese Hypostasierung, die bei aller Revision der Stellung des Daseins doch die Trennung von mundaner Intersubjektivität und einer als autonomen Macht gedachten Sprache, die in SuZ ins Werk gesetzt wird, aufrecht erhält. U.a. daraus speist sich die poststrukturalistische Vorstellung einer in jeglichem Sinne (eben auch intersubjektivitätstheoretisch) subjekt-unabhängigen Semiose; vgl. zur Deutung der Sprache in Heideggers Spätphilosophie als quasi-sakrale Ursprungsmacht Habermas, PhdM und Stewart, HIL, S. 154; zu eher positiven Einschätzungen der späten Sprachphilosophie Heideggers dagegen: Rorty, WHL, S. 52, und Jean Pierre Cometti, HPL, S. 60ff.

[92] Was Christina Lafont in SuW Heidegger bezüglich SuZ unterstellt, wenn sie hier ein Zusammenwirken des Intensionalismus, der Welterschließungsdogmatik und des Subjekt-Objekt Schemas unterstellt.

fentlichkeit (d.h. zum verallgemeinerungsfähigen commercium der Sprecher und Hörer) zugestanden wird.

Diese Zugeständnis tritt allerdings als ein Vorwurf auf, denn, wie das Verdikt des Humanismusbriefes über die Diktatur der Öffentlichkeit nachträglich manifestiert, die Öffentlichkeit wird hier, und das ist allerdings ein Rückfall in die Subjekt-Objekt-Dichotomie, begriffen als Generalisierung der defizienten cartesianischen Subjektivität und ihres Willens zur Macht. Und dieser Rückfall äußert sich in Heideggers Engführung der intersubjektiven Sprache auf die deskriptive Funktion von Aussagen, die in seiner Analyse der Aussagenform deutlich wird.

Der zweite Schritt der Beschränkung des Verstehens und des ontologisch relevanten Erschließungsgeschehens auf den Fokus des daseinsförmigen In-der-Welt-Seins besteht, wie angedeutet, in der endgültigen Verzweigung von der Analyse der Jemeinigkeit und der Öffentlichkeitsdiffamierung. Dieser Schritt liegt im Aufbau von SuZ der Analyse der Sprache im engeren und expliziten Sinne voraus.

Wenn Heidegger in §34 die Sprache erneut zum Thema macht, ist es schon zu spät. Die Funktion der zeichenförmigen Verweisung ist in die Existentialität eingeebnet; die Sprache wird als "Rede", die ein gleichursprüngliches Existential neben der Befindlichkeit und dem Verstehen ist, zum monologisch zugeschnittenen "Aussprechen" der "befindlichen Verständlichkeit des In-der-Welt-Seins"[93]. Zwar taucht im Phänomen der "Mitteilung" das "Mitsein" auf, und Heidegger bietet eine scheinbare Privilegierung der zweiten Person an: "Das Hören konstituiert sogar die primäre und eigentliche Offenheit des Daseins für sein eigenstes Seinkönnen, als Hörer der Stimme des Freundes, den jedes Dasein bei sich trägt."[94] Dieser andere, der Freund, ist aber in die daseinszentrierte Verständlichkeit bereits vor aller Kontingenz eines mundan begegnenden alter ego eingebaut wie der Trabant des appräsentierten anderen 'Ich' in Husserls primordialer Intersubjektivität. Denn "(...) nur wer schon versteht, kann hören",[95] so daß das, was die Stimme des Gegenübers mitzuteilen hat, so neu ist,

---

[93] Heidegger, SuZ, S.161. Daß die "Rede" zur Rekonstruktion der Sprache nicht hinreicht, betont schon: J.Aler, HCL, S.56.
[94] Heidegger, SuZ, S. 163.
[95] Heidegger, SuZ, S. 164.

wie seine Vorkonstitution im monologischen Verstehen des Mitseins es zuläßt; und die eigentliche Funktion der intersubjektiven Sprache, die Ermöglichung der Bezugnahme auf Identisches, wird der Verurteilung verfallener Durchschnittlichkeit unterworfen. Diese Funktion gehört zum Bereich des "Geredes"[96].

Noch bevor Heidegger den Faden der Auslegung der Sprache hier selbst wieder aufnimmt, hat sich also die Spur des Mitseins bereits verloren in der Kritik des "man" und in der endgültigen Isolierung des Daseins.

Zunächst betritt das 'Mitsein' den Schauplatz, wie ein Ansatz zur konzeptuellen Verschränkung von Solidarität und Existenz. Es ist für das In-der-Welt-Sein existential konstitutiv, d.h. seine Verfassung unterscheidet sich von Husserls immanenter Transzendenz des anderen cogito durch seine Zugehörigkeit zur Sphäre der prädichotomischen Komplementarität von Dasein und ausgelegter, jetzt belebter Welt. Die Sorge wird im Lichte der Erscheinung des Mitseins zum gemeinsamen Besorgen. Der andere "steht in der Fürsorge."[97] Wieder ist es die Region pragmatischer Verweisung, in der das Werk, das finale 'Worum willen' des Umgangs zum gemeinsamen 'Werk' wird. Die Abgrenzung zu Husserl wird zunächst deutlich markiert: "Die Anderen begegnen nicht in vorgängig unterscheidendem Erfassen des zunächst vorhandenen eigenen Subjektes von den übrigen auch vorhandenen Subjekten, nicht in einem primären Hinsehen auf sich selbst, darin erst das Wogegen eines Unterschiedes festgestellt wird."[98]

Mit der Differenz zwischen der "einspringenden" (man könnte mit Bezug auf die existentielle Freiheit sagen: der 'entmündigenden') und der "vorspringenden" Fürsorge wird zudem das Besorgen des daseinsförmigen Gegebenen als ursprüngliche Intersubjektivität interpretiert. Denn zu der Authentizität des eigentlichen Daseins tritt das Moment der Verantwortung und der Pflicht (,die die Authentizität als Eigentlichkeit schließlich der Kantischen Autonomie gegenüber vermissen läßt,) hinzu: Als "einspringende" Fürsorge ist das Besorgen

[96] Heidegger, SuZ, S. 168: "(...) man meint dasselbe, weil man das Gesagte gemeinsam in derselben Durchschnittlichkeit versteht."
[97] Heidegger, SuZ, S. 121.
[98] Heidegger, SuZ, S. 191.

verantwortlich für die Freiheit des anderen Daseins[99]. Im folgenden Paragraphen wird allerdings das intersubjektive Potential der Fürsorge beseitigt, indem das gesamte Mitsein dem Modus der Alltäglichkeit zugeschlagen und mit dieser in die Region der Uneigentlichkeit abgeschoben wird.

Schnell wird deutlich, daß der primäre Zustand des Daseins, die Alltäglichkeit, in der das Mitsein immer schon fungierend ist, zusammen mit der cartesianischen Form der Subjektivität als uneigentliche Auslegung des 'Ich' begriffen wird: Das Dasein in seiner Faktizität ist "zunächst und zumeist nicht es selbst."[100] Das bedeutet, die derivative Form der transzendentalen Selbstgewißheit des Ego ist genauso wie das Selbst in der Alltäglichkeit von dem eigentlichen Selbst des existentiellen Daseins zu unterscheiden. Heidegger entwirft eine Triade möglicher Bedeutungen des 'Ich': In der Mitte liegt das 'Ich' der alltäglichen Durchschnittlichkeit, das als Komplement zu den Anderen und der Welt verstanden werden muß. Es ist deshalb nur mit der Berechtigung einer heuristischen Abstraktion überhaupt als einzelnes Ich anzusehen: "Das 'Ich' darf nur verstanden werden im Sinne einer unverbindlichen formalen Anzeige von etwas, das im jeweiligen phänomenalen Seinszusammenhang vielleicht sich als sein 'Gegenteil' enthüllt. Dabei besagt dann 'Nicht-Ich' keineswegs so viel wie Seiendes, das wesenhaft der 'Ichheit' entbehrt, sondern meint (...) zum Beispiel die Selbstverlorenheit."[101]

Umgehend wird der Spielraum der Möglichkeiten alltäglicher 'Ichheit', den die Formulierung "zum Beispiel" impliziert, verengt. Und die hier von Heidegger aufgeworfene Frage nach dem "Wer" des Daseins führt den Begriff der Genese eines eigentlichen Selbstbezuges aus der Region jeglichen interaktiven Einflusses der Anderen heraus.

So werden die diametral entgegenstehenden Formen des 'Ich', das transzendentale Ego und das eigentliche Selbst als die beiden Seiten der Triade, deren Achse das alltägliche Selbstsein des Daseins ist, zu schroff entgegengesetzten Antagonisten: In der Eigentlichkeit ist der existentielle Selbstbezug

---

[99] Heidegger, SuZ, S. 122: "Diese (die vorspringende, J.R.) Fürsorge, die wesentlich (...) die Existenz des Anderen betrifft, (...) verhilft dem Anderen dazu, in seiner Sorge sich durchsichtig und für sie frei zu werden."

[100] Heidegger, SuZ, S. 116.

[101] Heidegger, SuZ, ebda.

monologische Ekstase, in der derivativen Vorhandenheit einer sprachlichen Selbst-'erkenntnis' wird das 'Ich' zum cartesianischen Subjekt mit seinem seinsvergessenen Willen zur Macht.

Heidegger kritisiert die Vorstellung einer analogisierenden Projektion eines vorgängig bekannten 'Ich' in den Anderen: "Dieses Verhältnis (das Seinsverhältnis von Dasein zu Dasein, J.R.), möchte man sagen, ist aber doch schon konstitutiv für das je eigene Dasein, das von ihm selbst ein Seinsverhältnis hat und so sich zu Dasein verhält. Das Seinsverhältnis zu Anderen wird dann zur Projektion des eigenen Seins zu sich selbst 'in ein Anderes'. Der Andere ist eine Dublette des Selbst. Aber es ist leicht zu sehen, daß diese scheinbar selbstverständliche Überlegung auf schwachem Boden steht. Die in Anspruch genommene Voraussetzung dieser Argumentation, daß das Sein des Daseins zu ihm selbst das Sein zu einem Anderen sei, trifft nicht zu."[102]

Aber Heidegger zieht daraus nicht den Schluß, daß die Perspektive der Anderen vor dem Selbstbezug kommt und diesen als personales Selbstverhältnis bedingt oder gar ermöglicht. Statt dessen wird die Möglichkeit der Eigentlichkeit als Ausbruch aus der Alltäglichkeit und damit als Abkehr vom existentialen Mitsein entworfen:

Während also § 26 noch erwägt, daß das Dasein in alltäglicher Faktizität "vielleicht" nicht es selbst sei, wird dieser Spielraum, der ja ein authentisches Selbstverhältnis in einem wie auch immer gearteten Zusammenhang mit den Anderen scheinbar für möglich erklärt, in der Analyse des "man" endgültig negiert.

Das Dasein wird als alltägliches auf die Selbstverlorenheit beschränkt, indem die konstitutive Differenz zwischen ego und alter ego auf den pejorativen Begriff der "Abständigkeit"[103] gebracht wird. Diese Abständigkeit terminiert als 'Kampf auf Leben und Tod' nicht in der Dialektik gegenseitiger Anerkennung, sondern bringt das "Man-Selbst" der Alltäglichkeit zur abstrakten Differenz gegenüber dem eigentlichen Selbst. Die Differenzierung, die ego als Individuum gegenüber alter ego aufgetragen bekommt, gerät zudem in abstrakten Ge-

---

[102] Heidegger, SuZ, S. 124.

[103] Heidegger, SuZ, S. 126: "Im Besorgen (...) ruht ständig die Sorge um einen Unterschied gegen die anderen."

gensatz zu jeder Identität zwischen alter und ego. In der Alltäglichkeit ist die soziale Qualität des Daseins, das Mitsein, damit nur der negative Modus der Nivellierung, der Selbstverlorenheit anzeigt: "In der Benutzung öffentlicher Verkehrsmittel, in der Verwendung des Nachrichtenwesens (Zeitung) ist jeder Andere wie der Andere. Dieses Miteinandersein löst das Dasein völlig in der Seinsart der 'Anderen' auf. (...) In dieser Unauffälligkeit und Nichtfeststellbarkeit enfaltet das Man seine eigentliche Diktatur."[104]

Unauffällig werden die in § 26 noch implizierten Alternativen einer nichtdiktatorischen Öffentlichkeit ausgeschieden, und die Nivellierung wird zum Existential des "Man" verabsolutiert: "Abständigkeit, Durchschnittlichkeit, Einebnung konstituieren als Seinsweisen des Man das, was wir als 'die Öffentlichkeit' kennen. (...) Die Öffentlichkeit verdunkelt alles und gibt das so Verdeckte als das Bekannte und jedem Zugängliche aus."[105]

So bilden schließlich Öffentlichkeit und authentischer Selbstbezug eine unversöhnliche Antithese: "Jeder ist der Andere und keiner er selbst."[106] Das Mittelstück der oben genannten Triade der Formen des 'Ich' verengt sich auf das "Man-selbst", und der Variationsspielraum alltäglicher Formen des Selbstbezuges schmilzt auf den Punkt dieses uneigentlichen Modus des Daseins zusammen.

"Zunächst ist das faktische Dasein in der durchschnittlich entdeckten Mitwelt. Zunächst 'bin' nicht 'ich' im Sinne des eigenen Selbst, sondern die Anderen in der Weise des Man. Und zumeist bleibt es so."[107]

---

[104] Heidegger, SuZ, S.126.

[105] Heidegger, SuZ, S.127.

[106] Heidegger, SuZ, S.128. An dieser Abwertung der Öffentlichkeit läßt sich auch nichts reparieren, wenn man wie Günter Figal die intersubjektivitätstheoretische Leerstelle der Analyse der Alltäglichkeit verteidigen will mit der Bemerkung: "(...) daß Diskussionspartner eines Philosophen (...) Antworten auf Fragen erwarten, die der Autor sich gar nicht stellt und in seinem Gedankenzusammenhang auch gar nicht stellen muß." So: Figal, HPF, S. 135. Schließlich geht mit der Abwertung des alltäglichen Mitseins in der "einspringenden Fürsorge" ein Motiv verloren, bei dem es um die Freiheit, damit die ontologische Auszeichnung und die Genese der eigentlichen Möglichkeit, diese Freiheit zu ergreifen, ging. Wenn Heidegger also hier eine intersubjektive Dimension der Genese des freien Vollzuges von Dasein angedeutet hatte, verträgt sich die Verschiebung dieser Andeutung in die Region des alltäglichen Man nicht damit, daß, wie Figal selbst vertritt, die Analyse der Alltäglichkeit als Analyse der Bedingungen von Unfreiheit zu verstehen ist.

[107] Heidegger, SuZ, S. 129.

In der Beschreibung der Durchschnittlichkeit liegt allerdings keine Aufkündigung des besonderen komplementären Weltverhältnisses, das mit dem In-der-Welt-Sein gemeint ist. Es ist das Verfallen an die Welt, gleichsam der Zustand des pragmatisch befangenen Daseins, dem das Licht seiner ontologischen Auszeichnung noch nicht aufgegangen ist.[108] Hier existiert das Dasein als noch uneigentliches. Der falsche, traditionelle, Weg aus dieser Befangenheit ist Heidegger zufolge in der Verführung zur Reflexion zu sehen, die durch die Auslegung von Zeug als Vorhandenem dem Daseins allerdings nahegelegt wird:

Das Dasein, das sich zuerst als faktisch geworfenes in der Alltäglichkeit findet, neigt selbst zu der Überspringung der Faktizität als phänomenalem Grund in der Weise der Reflexions- und Erkenntnistheorie. Dies ist die Wurzel der Uneigentlichkeit. Das Dasein, in der Alltäglichkeit mit dem Mitsein pragmatisch verknüpft, verfehlt und verdeckt seine ontologische Verfassung auf der Ebene der Artikulation des Verstehens. Es neigt zur Verdinglichung des Selbstbezuges nach dem Muster vorhandener, vermeintlich substantieller Subjektivität.[109] Und das geschieht mit Notwendigkeit, solange neben der Aufdringlichkeit des Zeuges und dem darin liegenden Übergang in die Vorhandenheit eines zum Einzelnen verdinglichten Zeuges kein artikulierender Ausgang aus dem pragmatischen Umgang zur Verfügung steht. Die defiziente Selbsterschlossenheit ist damit eine Wiederaufnahme der methodischen Kritik an der Reflexion; denn

[108] In Gerede, Neugier und Zweideutigkeit (Unkenntnis des eigentlichen oder uneigentlichen Status des Existierens) enthüllt sich die Alltäglichkeit als Ort des Verfallens, so: Heidegger, SuZ, § 38, S. 175ff.

[109] Barbara Merker hat in ihrer Analyse der Genese der Uneigentlichkeit die Husserlsche und die Kantische Reflexion ihrerseits auf die daseinsförmige Dimension der 'narzistischen' Projektion theoretischer Aktivität in die Theorie subjektiver Selbstverhältnisse bezogen, um damit Heideggers Selbstverständnis seiner Kritik am Transzendentalismus zum Ausdruck zu bringen. Vgl. Merker, SuS, S. 153ff. Ihre Untersuchung der nur impliziten, oder gar abwesenden, Theorie Heideggers zur Erklärung des Ursprungs der Eigentlichkeit vergleicht das Verfallen mit Kants Versuch der Erklärung unmoralischen Handels bzw. des "Bösen". Dabei macht sie allerdings an keiner Stelle wirklich deutlich, inwieweit die normativen Implikationen des Heideggerschen Begriffes der Authentizität diesen Vergleich legitimieren. Vgl. dagegen Tugendhat SuS, S. 176ff, der die Modalität des für seine Realisierung verantwortlichen Daseins nutzt, um darin eine "praktische Modifikation des veritativen Seins" zu rekonstruieren, worauf Merker nicht eingeht.

diese wird auf die Form der "Reluzenz" von den vorhandenen Dingen und auf das Ergebnis der "Selbstbegaffung" beschränkt.[110]

In der Vorlesung vom Sommersemester 1927 "Grundprobleme der Phänomenologie" macht Heidegger mit Bezug auf Kant deutlich, daß der Vorhandenheits-Modus des reflektierten 'Ich' für das gesamte Spektrum der personalen Modalitäten der Transzendentalphilosophie gelten soll. Hier analysiert Heidegger die Kantische Unterscheidung zwischen der personalitas transcendentalis, der personalitas psychologica und der personalitas moralis, also sowohl die transzendentale, die empirische als auch die praktische Erscheinung der Subjektivität mit Bezug auf die bereits an Husserl adressierte Frage nach dem Sein der Subjektivität. Und er kommt zu dem Schluß, daß ungeachtet der Unterschiede zwischen diesen Personalitätserscheinungen die transzendentale Subjektvorstellung den ontologischen Grund verfehlen muß.[111]

Der eine Ausgang aus der durchschnittlichen Form des Selbstbezuges im "Man-selbst" ist somit die Reflexion, die das 'Ich' verdeckend als cartesianische res cogitans ergreifen und damit substantialisieren will. Das Dasein artikuliert hier seine Umsicht mit Bezug auf sich selbst in Richtung der Reflexionsseite der Ich-Bedeutungs-Triade.

Der zweite Ausgang ist für Heidegger der entscheidende. Nicht die Reflexion führt zum eigentlichen Selbstbezug, und das Ziel ist nicht das die Welt erkennende, kontrastierte Subjekt. Sondern die Entschlossenheit, die eigentliche Wahl, ist der Weg, und die Authentizität der eigentlichen Existenz ist das Ziel.

Zum eigentlichen Seinkönnen dringt das Dasein jedoch nicht durch einen autonomen Akt freier Entschließung vor. Die Autonomie einer freien Wahl seiner selbst muß in Heideggers Argumentation der defizienten Reflexivität vorbehalten bleiben.[112] An die Stelle eines subjektiven Wollens tritt darum eine

---

[110] Vgl. Merker, SuS, S.93 und Merker, KsR, S.228, wo sie deutlich macht, daß ein durch Einsicht vermittelte Selbstverhältnis, also die autonome Reflexion, bei Heidegger sowohl methodisch gegenüber der transzendentalen Reflexion wie theoretisch gegenüber alltäglicher Reflexivität des Individuums auf das Phänomen der verfallenen "Reluzenz", dem Wiederschein aus den Dingen beschränkt wird.

[111] Heidegger, GP, S. 177-219, besonders S. 209, wo Heidegger die ganze Breite der Kantischen Personalitätsbegriff auf die Form der Verdinglichung festlegen will.

[112] Aus diesem Grund bezweifelt Merker die Tugendhatsche Interpretation der Erschlossenheit als Freiheitsspielraum. Vgl. Merker, SuS, S.209. Allerdings ist erstens der Spielraum der

der Weltlichkeit ähnliche Komplementarität von freier Wahl und Gehorsam: Der Übergang zur eigentlichen Existenz wurzelt in einer Empfänglichkeit für die Aufforderung der emminenten Befindlichkeitsphänomene Angst und Gewissen.

In der Angst begegnet das Dasein seinem eigenen In-der-Welt-Sein durch die plötzliche Bedeutungslosigkeit, d.h. durch die plötzliche Deutlichkeit der Kontingenz der Welt und des Daseins, das nicht notwendig sein muß. Das "Wovor" der Angst ist im Unterschied zur konkreten Furcht kein innerweltlich Seiendes; es "(...) ist das In-der-Welt-Sein als solches."[113] Die Funktion der Angst, des Statthalters der Eigentlichkeit in der Alltäglichkeit, ist die Evokation des aktiven Ganges in die Eigentlichkeit. Hier manifestiert sich für das Dasein sein Freisein: "Die Angst bringt das Dasein vor sein Freisein für die Eigentlichkeit seines Seins als Möglichkeit, (...)."[114]

Die 'passive' Seite der Bedingung der Möglichkeit des Überganges in die Eigentlichkeit, angedeutet bereits in der Unverfügbarkeit der "unheimlichen" Befindlichkeit der Angst, die nicht "zu steuern" ist, wird im Ruf des Gewissens deutlich:

Heidegger betont die Ambivalenz, daß einerseits das Dasein selbst sich hier im Gewissen ruft, andererseits ruft "'Es' (...), wider Erwarten und gar wider Willen."[115]

Dies ist allerdings nur scheinbar eine Paradoxie. Denn hier ist der Gegensatz von Alltäglichkeit und Eigentlichkeit ins Spiel. Fremd ist der 'Rufende' nur dem

---

Freiheit auch schon in SuZ ein notwendiges Komplement zur Befolgung des Rufes, und zweitens ist Tugendhats Versuch als eine sprachanalytisch transformierende Rekonstruktion fruchtbarer Potentiale von SuZ zu lesen und nicht als eine reine Deskription von Heideggers Selbstverständnis. Vgl. Tugendhat, SuS, S. 232. Entscheidend für die Kritik Merkers ist, daß sie Heideggers Begriff der Freiheit mit den Augen der Kritik der praktischen Vernunft liest. Für Kant jedoch bleibt die Freiheit des Willens als Bestimmung der allgemeinen praktischen Subjektivität gebunden an die Pflicht und die Unterwerfung gegenüber dem durch seine Form legitimierten allgemeinen Sittengesetz. Heideggers Begriff der Eigentlichkeit schaltet diesen Bezug zur (intersubjektiven) Pflicht jedoch durch die Abwertung der Alltäglichkeit und des Mitseins (der befreienden Fürsorge) aus. Vgl. zur "Freiheit" bei Kant und bei Heidegger wieder: Figal, HPF, S. 99-130 und Gethmann, DEH, S. 313ff.

[113] Heidegger, SuZ, S.186. Zu der Konvention der Unterscheidung von Angst und Furcht in Ansehung der "Objektlosigkeit" der Angst, die den sich Ängstigenden auf sich selbst zurückwirft, siehe: Theunissen, MZPA, S.334-345.

[114] Heidegger, SuZ, S.188.

[115] Heidegger, SuZ, S.275.

verfallenen Dasein, wohingegen der Aufruf zur Ergreifung der eigentlichen Seinsweise in der Aufforderung an das Dasein besteht, sich als eigentliches als dieser Rufer selbst zu verstehen. Aktivität und Passivität sind also zum einen Vertreter der Komplementarität des In-der-Welt-Seins, zum anderen repräsentieren sie Stufen des Selbstbezuges.[116] Hierin liegt bereits der Verdacht begründet, daß die Genese des eigentlichen Daseins den prädichotomischen Weltbezug zugunsten des extramundanen Status des authentischen Existierens revoziert.

Zentral ist also die Idee der Unverfügbarkeit des Überganges in die Eigentlichkeit, die den Schritt aus der Verfallenheit von der Reflexion unterscheiden soll. Darum hat Barbara Merker zur Bezeichnung dieser Bewegung des Daseins den Begriff der 'Konversion' herangezogen.[117] Für Heidegger liegt in der Idee der Unverfügbarkeit des Läuterungsanstoßes das wesentliche Motiv der Kritik an der neuzeitlichen Subjektivität: die Ablehnung des Geistes der Herstellbarkeit und der "Selbstvergöttlichung"[118], die sich in der späten Technikphilosophie, im Begriff des "Gestells" und vorher bereits in der Rede von einem metaphysisch bestimmten planetarischen Schicksal verselbständigen wird.

Der scharfe Schnitt zwischen Reflexion und Konversion bestätigt das Ergebnis der Rekonstruktion des Verstehensbegriffes und der Öffentlichkeitskonzeption: Heideggers Kritik an der cartesianisch gedachten Subjektivität kennt keine intersubjektivitätstheoretische Alternative. Sprache und Öffentlichkeit, Sozialität sowie Geltung stehen der Existentialität im Wege. Der Ruf des Gewissens erfolgt im "unheimlichen" Modus des "Schweigens", "(...) weil der Ruf den Angerufenen nicht in das öffentliche Gerede des Man hinein-, sondern aus diesem zurückruft in die Verschwiegenheit des existentiellen Seinkönnens."[119]

---

116 Wenn Barbara Merker die Zirkularität von "Gewissenhabenwollen" und der Befolgung des Rufes, die sich gegenseitig voraussetzen, kritisch anmerkt, muß ihr genau diese Komplementarität des In-der-Welt-Sein, das 'Zwischen' zwischen Subjekt und Welt, das das Dasein selbst ist, entgegengehalten werden. Vgl. Merker, KsR, S. 232.

117 In Merkers SuS geschieht dies vorerst metaphorisch. So taucht der Begriff nur zweimal und jederzeit in Anführung auf: Merker, SuS, S.8 und S.166. Dabei wird nicht ganz deutlich, ob der Vergleich von Heideggers Vorstellung mit der neuplatonisch-gnostischen Tradition ein heuristisches Interpretament liefern oder eine Hypothese über die tatsächlichen Wurzeln von Heideggers Konzeption darstellen soll. Vgl. Merker, SuS, S.191ff.

118 Merker, SuS, S.191ff.

119 Heidegger, SuZ, S.277. Darum kann auch Rortys Deutung, die Schuld des Daseins bestünde darin, daß es die Sprache eines anderen spricht, nicht ganz überzeugen. Dem Dasein

Die Konversion kappt alle Bezüge zur Öffentlichkeit des Alltags. Da dieser zur Diktatur stilisiert wird, ist der Auszug in das existentielle Selbst ein "Wegräumen" und "Zerbrechen"[120].

Die (durchaus immanente) Fragwürdigkeit dieser begrifflichen Festlegungen wird in Heideggers Kritik der Durchschnittlichkeit sichtbar. Denn diese Kritik kann sich im Grunde nicht auf den 'Skandal' der Nivellierung berufen, da jenes, das nivelliert wird, genetisch erst aus der Alltäglichkeit erwächst: Das eigentliche Existieren muß Resultat einer existentiellen (existentialisierenden) Genese sein. Zuerst 'ist' die Faktizität, d.h. die Seinsweise des Daseins ist an erster Stelle durch die entsubstantialisierende Deutung des pragmatischen Weltbezuges gekennzeichnet. Die Innerlichkeit des Daseins kann demzufolge nicht schon dort als Kriterium einer Öffentlichkeitsdenunziation herhalten, wo das faktische In-der-Welt-Sein zunächst die Geworfenheit bedeutet. Die existentielle Innerlichkeit ist selbst Derivat einer Innen-Außen-Differenz, die in der Sphäre der Faktizität Heideggers eigener Überzeugung zufolge noch nicht besteht.

Heidegger präjudiziert den Öffentlichkeitsbegriff vom Ende der Analyse existentieller Genese aus, indem er das, was als ontologisch Primäres gilt, die Faktizität, mit der normativ aufgeladenen Innerlichkeit des Daseins imprägniert. Hier besteht im Widerspruch zu den methodischen Absichten von SuZ ein schlechter Zirkel. Die Identifikation dieses schlechten Zirkels belegt, daß die Kritik an der existentialistischen, d.h. alltagsfeindlichen Einseitigkeit der Daseinsanalyse nicht von außen an SuZ herangetragen wird. Das Motiv, Heideggers Feldzug gegen die Intersubjektivität und Alltäglichkeit der Möglichkeitsbedingungen der existentiellen Genese zu korrigieren, kann als immanente Kritik aufgefaßt werden.

Die systematische Abwertung der Funktion der Öffentlichkeit ist nur ein Ausdruck der Gesamtstrategie, das existentielle Dasein als singuläres, vorsprachliches und dennoch verstehendes Weltverhältnis auszuweisen. Denn das Sein des einzelnen Daseins soll den Sinn von Sein überhaupt erhellen. Die Sy-

---

wäre nach Heidegger vorzuwerfen, daß es überhaupt in einer Sprache spricht. Vgl. Rorty, CIS, S. 114f; Darum fällt auch der Ruf als einzige Andeutung eigentlicher Sprache als hinreichende Andeutung der Beziehung zwischen eigentlichem Dasein und Sprache aus. Vgl. J. Aler, HCL, S. 58.

[120] Heidegger, SuZ, S. 129.

stematische Unterbelichtung der Alltäglichkeit findet in der Theorie der Zeitlichkeit in SuZ, wie im folgenden gezeigt wird, ihre Wiederholung bzw. Bestätigung. In der Explikation der Zeitlichkeit des Daseins wird die ursprüngliche Zeit durch die systematisch notwendige Abwertung der Alltäglichkeit nurmehr durch das Nadelöhr des eigentlichen Daseins zugänglich. Diese verengte Zugänglichkeit hebt sich selbst auf, weil in der eigentlichen Existenz eigentliche und ursprüngliche Zeit zusammenfallen, so daß die ursprüngliche Zeit kein von ihrem Vollzug durch ein eigentliches Daseins unabhängiger Horizont mehr sein kann:

Das Dasein wird nur als radikal vereinzeltes zum Agens des ursprünglichen Verstehens, das das 'Sein' aus der ursprünglichen Zeit heraus versteht. Dieses Resultat ist jedoch nicht einfach eine Folge zeittheoretischer 'Ungenauigkeiten', sondern gründet in der systematischen Verklammerung von Ontologie und Existentialanalyse. Der zwingende Charakter dieser systematischen Verbindung wird von Heideggers Anspruch, die gesamte Tradition der Metaphysik aus den Angeln heben zu können, noch verstärkt: Der metaphysikkritische Befund des überwältigenden Erfolges der verdinglichenden und entfremdeten Tradition muß von Heidegger durch eine Genealogie der Verfallenheit an die Vorhandenheit als einem allgegenwärtigen Modus der öffentlichen Auslegung von Welt plausibel gemacht werden. D.h. die Außerordentlichkeit eines ursprünglichen Seinsverständnisses stellt sich einer Analyse des alltäglich und öffentlich zugänglichen ursprünglichen Zeit in den Weg. Darum ist es (für die Beanspruchung einer derart außergewöhnlichen philosophischen Position) unumgänglich, den eigentlichen Vollzug des zeitsensiblen Seinsverständnisses für eine extravagante existentielle Eigentlichkeit zu reservieren. Heidegger mußte die soziale und politische und wissenschaftliche Öffentlichkeit einer dramatischen (und extrem überzeichnenden) Abwertung unterziehen. Ihr Wirken stellt sich als Verfallenheit dem freien Entwurf entgegen. Die Begründungsnot einer Philosophie, die ihre gesamte Vorgeschichte durchschauen will, erzwingt es also, das fundamentale Verstehen von dem öffentlichen Gebrauch der Sprache freizuhalten.

Die hier unternommenen Interpretation, in der es um die Freilegung einer konstruktiven Theorie personaler Individualität im Zuge einer Entschränkung von Ontologie und Daseinsanalyse geht, hat nun einige Ansatzpunkte dieser Korrektur identifizieren können.

Der problematische Begriff des vorsprachlichen Verstehens verengt das hermeneutische Apriori auf die Entschlossenheit eines eigentlichen Daseins. Und die Bestimmung der Eigentlichkeit verhindert jeden konstruktiven Bezug zu intersubjektiven, sprachlichen Möglichkeitsbedingungen der existentiellen Genese.

2.3. Die Wiederholung der Engführung in der erweiterten Zeitbegrifflichkeit: Eigentliche und ursprüngliche Zeit

Erst im zweiten Teil von SuZ gelangt Heidegger zu seinem zentralen Thema: die daseinsförmige Zeitlichkeit als Pforte zur Ontologie.[121]

Der Zugang zum zeitlichen Horizont der ontologischen Frage ist also erst auf die verschwiegene Eigentlichkeit des Daseins eingeengt worden. In 2.2. sind bereits kritische Einwände gegen diese Einengung vorgelegt worden. Sie werden aufzunehmen sein, gerade um Heideggers Theorie der Zeitlichkeit für den Begriff der Individuation sowie für die Bestimmung der Zeitlichkeit der intersubjektiven Voraussetzungen der Individuation fruchtbar machen zu können.

In der Entfaltung der Zeitlichkeit des Daseins wird nach allen Vorbereitungen der Eingrenzung der Authentizität auf den abstrakten Gegensatz zur Öffentlichkeit diese Authentizität des eigentlichen Existierens temporal- und modaltheoretisch bestimmt:

[121] Paul Ricoeur deutet die große Verzögerung der Erscheinung der doch so zentralen Zeitproblematik als Ausdruck der allzu engen Verklammerung von eigentlicher und ursprünglicher Zeitigung, ihre Identität wird im ersten Teil von SuZ vorbereitet durch die Ausscheidung aller Alternativen zum singulären Dasein als Grundlage der ontologischen Untersuchung. Vgl. Ricoeur, ZuE III, S. 66.

Das Dasein wurde schon zu Beginn von SuZ als 'Zu-sein' bestimmt, d.h. es 'ist' ein notwendiges 'Seinkönnen', es existiert unter dem Primat der Möglichkeit. Heidegger schreibt: "Die Möglichkeit als Existential (...) ist die ursprünglichste und letzte positive ontologische Bestimmtheit des Daseins."[122] In der Angst wird das Dasein als "Sich vorweg Sein" entdeckt.[123] Das Seinkönnen ist zeitlich zu interpretieren, so wie auch die Antwort auf die Frage nach dem 'Wer' des Daseins: die "Ständigkeit". Die Identität des Selbst in der Zeit ist nicht Vorhandenheit in der Zeit, sondern "beständige Standfestigkeit" der Existenz, die sich von der Öffentlichkeit befreit hat und Zeit selbst 'ist'. Zeit 'zu sein', bedeutet für das Daseins, daß es nicht 'in' der Zeit ist, zumal diese Zeitdimension, 'in' der Gegenstände zeitlich lokalisiert werden und in der die traditionellen Bestimmungen von Dauer und Bewegung bzw. Veränderung ihren Platz haben, als "Innerzeitigkeit" der ursprünglichen Zeit erst entspringen sollen. Diese ursprüngliche Zeit wird nun nach einem weiteren vorbereitenden Gang durch die Alltäglichkeit und ihre Zeit nicht als ein Modell für die eigentlichen Zeit des Daseins, sondern als diese selbst beschrieben werden.

Heidegger beschreibt die Zeitlichkeit des Daseins als Einheit dreier Ekstasen, in der die Zeitdimensionen Vergangenheit, Gegenwart und Zukunft repräsentiert sind. Die Analyse des Todes als besonderes Phänomen des Aufrufes zur Übernahme der eigenen Verantwortlichkeit und Endlichkeit bedingt jedoch, daß die Zukunft einen Vorrang erhält. Das Dasein ist sich vorweg; das soll heißen, das 'Zu-Sein' hat den normativen und ebenso deskriptiven Sinn, daß das Dasein sich mit Blick auf die in den gegenwärtigen Vollzug hereinscheinende Zukunft zu entwerfen hat. Als eigenste Möglichkeit wird nun der Tod genannt, denn im Tode wird das Dasein an sein Ende gebracht, d.h. im Vorlaufen an die ständige Kontingenz seines Seins erinnert, und zwar so, daß aus dieser Möglichkeit das "Ganzseinkönnen" des Daseins folgt. Die durch den Tod vermittelte Zukunftsbindung hat einen zweifachen Bezug zu Heideggers Begriff individueller Identität. Das 'Ganzseinkönnen' des Daseins wird begriffen als abschließende Erweiterung des zeitlichen Horizontes zu der gewählten Totalität der endlichen Ganzheit der Existenz, die das Dasein zu entwerfen hat. Außerdem ist der Tod

[122] Heidegger, SuZ, S. 143f.
[123] Heidegger, SuZ, S. 192.

die Chiffre der existentiellen Unvertretbarkeit: "Indes scheitert (die) Vertretungsmöglichkeit völlig, wenn es um die Vertretung der Seinsmöglichkeit geht, die das Zu-Ende-kommen des Daseins ausmacht und ihm als solches seine Gänze gibt. Keiner kann dem anderen sein Sterben abnehmen."[124] Der im Vorlauf akzeptierte Tod zählt also als limitierendes und singularisierendes principium individuationis.

Die Zeitanalyse ist das Kernstück der ontologischen Interpretation der Freiheit als Bedingung der Möglichkeit des Seinsverständnisses. Diese Aufgabe erfüllt die Zeittheorie von SuZ dadurch, daß sie den modalen Charakter des paradigmatischen Daseins, d.h. die Auszeichnung der Möglichkeit konkretisiert. Aus diesem Grund muß der Einstieg in die eingehende Interpretation der Zeitlichkeit noch einmal auf das Problem der Modalität zurückkommen, denn die Basis der Kritik an der Vorhandenheit ist die dem Dasein in der Angst ursprünglich zugängliche Kontingenz, also die besondere Rolle der Möglichkeit, an der die Freiheit des Daseins als Spielraum des ontologischen Seinsverständnisses für das Dasein selbst sichtbar wird.

Man könnte sagen, das Dasein sei ausgetragene, d.h. existierte Kontingenz. Das allerdings wäre nicht präzise genug, denn der Sinn der einzelnen modalen Kategorien wird in SuZ wie der Sinn der Vorhandenheit verwandelt: Die Auszeichnung der Möglichkeit bedeutet keine Auswahl innerhalb der unangetasteten Tafel der modalen Kategorien, sondern eine Auswechslung der modalen Ordnung selbst zugunsten einer Uminterpretation ihrer Struktur in der Faktizität.

Heidegger grenzt das Möglichsein des Daseins von der "(...) leeren, logischen Möglichkeit, wie von der Kontingenz eines Vorhandenen, sofern mit diesem das oder jenes passieren kann(...),"[125] deutlich ab. Das sogenannte nur Mögliche, eine laut Heidegger ontologisch niedrigere Art als das Wirkliche, erschöpft den Sinn der existierten Möglichkeit nicht. Die modalen Alternativen verschränken sich in Heideggers Beschreibung der Existenz zu einem Kompositum, dessen Einheit ursprünglicher als die Differenzierung zwischen Möglichkeit, Notwendigkeit, Kontigenz und Realität ist. Die Seinsweise des Daseins ist

---

[124] Heidegger, SuZ. S.240. Vgl. Dolf Sternberger, ÜT, S. 78f und weiter unten.
[125] Heidegger, SuZ, S.143.

dabei als zu ergreifende Wirklichkeit ebensowenig wie als Möglichkeit eine leere Kategorie, aber sie ist fundamental komponiert als Notwendigkeit verwirklichter Möglichkeit. Die Kontingenz des Daseins ist von der bloßen Möglichkeit unterschieden, indem sie als verwirklichte aus der leeren Potentialität herauszutreten hat, als eine Verwirklichung von Dasein, das sich wählen und entwerfen soll. Diese Verwirklichung muß den Hof der Möglichkeiten präsent halten im Sinne des unaufhebbaren 'Seinkönnen' des 'Sich vorweg' und des wesentlichen "Ausstandes"[126]. Dasein ist sich vorweg, ist immer noch nicht, darf also nicht endgültig so oder so sein, solange es nicht in verdinglichendem Verfallen an eine bloß 'reale' Alltäglichkeit sein 'Seinkönnen' als 'Können' aufheben will.

Wirklichkeit und Möglichkeit halten sich also gleichsam die Waage, wobei ihre Verwiesenheit aufeinander wiederum die Form der Notwendigkeit annimmt: Denn die normative Auszeichnung der Eigentlichkeit macht die Entschlossenheit zu einem Grund der Realisierung von Möglichkeit, d.h. der Ergreifung eigentlicher Möglichkeiten, also einer authentischen Selbstverwirklichung[127], in der die Notwendigkeit dieser Realisierung einen vor allem normativen Sinn bekommt. Denn die authentische Verfassung des Daseins bedeutet die Übernahme der durch den Ruf des Gewissens in Erinnerung gebrachten Verantwortlichkeit "für sich selbst und sich selbst gegenüber". Aus dem modalen Sinn des 'Zu sein' wird ein normativer, sobald diese Verantwortung zu erkennen gibt, daß das Dasein 'sein soll'. Wollte man Heideggers Notation auf die Spitze treiben, machte der Aufruf des Gewissens die authentische Form der Existenz zu einem 'Sein-können-müssen'.

Dieses 'Müssen' hat in Fortsetzung der Kritik an der vorstellend erkennenden Subjektivität und der Geltung theoretisch konstatierender Sätze nicht den universalistischen Charakter einer moralischen Forderung. Die hier unter 2.2. untersuchte Verdrängung der "einspringenden" Fürsorge - und damit einer Andeutung der Verantwortung des Daseins für die Freiheit eines anderen Daseins - tilgt an Heideggers Begriff der personalen Authentizität das Moment der Pflicht, das im Kantischen Begriff der Autonomie von der Freiheit des Willens

---

[126] Heidegger, SuZ, S.242.
[127] Michael Theunissen, SV.

nicht zu trennen ist. Die Verantwortung des eigentlichen Daseins impliziert also nicht die freiwillige Unterordnung unter das vernünftige, allgemeine Gesetz als reine Form der Gewährleistung gerechter Ordnung, sondern die ontologische Freiheit des als eigentliches Dasein individualisierten Daseins ist in erster Linie 'Befreiung' von der formalen Allgemeinheit öffentlicher Normen. Durch die einseitige Kritik an der 'Nivellierung' wird jede intersubjektive Norm zu einem Ausdruck der Heteronomie. Diese Einseitigkeit des Verantwortungsbegriffes speist sich zum einen aus der Existentialisierung des Daseins, zum anderen entspricht sie jedoch scheinbar selbstverständlich der ontologischen Strategie, für die die Bestimmung der moralischen Person bei Kant ontologisch unaufgeklärt und die Verbindlichkeit moralischer Normen eine bloß 'ontische' Institution im Bereich des Verfallens ist.[128] Hier hat die normative Notwendigkeit also von vornherein eine 'nur' ethische (d.h. nicht notwendig verallgemeinerungsfähige) Bedeutung. Die extremistische Individualisierung der ethischen Frage nach dem richtigen Leben des Daseins trifft dabei auf die fundamentalontologische Absage Heideggers an 'ewige' Wahrheiten und an jede Form universalistischer Geltung, die in SuZ allerdings nur mit Bezug auf die Wahrheitsgeltung deskriptiver Aussagen explizit gemacht worden ist. Auch diese Absage ist eine Folge der Identifizierung von Existentialismus und Ontologie, so daß die Alternative zwischen individueller Ethik und universalistischer Moral ebenso verschüttet wird wie die Unterscheidbarkeit von theoretischen und praktischen Fragen. So wird die Frage nach der impliziten (moralisch) praktischen Philosophie von SuZ darauf verwiesen, die 'Ethik Heideggers nicht 'neben' einer hermeneutisch transformierten Erkenntnistheorie zu suchen, sondern stattdessen die hermeneutische Ursprungsoffensive auch als eine Verdrängung der klassischen Unterscheidung von theoretischer und praktischer Philosophie zugunsten einer normativen Deutung der Ursprungsdimension zu sehen.[129] Nicht neben die not-

[128] Zur ontologischen Umdeutung der Rolle der moralischen Person und der "Verantwortung", die den Bezug zu konkreten und allgemeinen Anderen abschneidet: Heidegger, GPP, S. 192-194.

[129] Das wird ohne jeden Zweifel deutlich in Heideggers Kantinterpretation: Heidegger, KPM, sowie in: Heidegger., GPP. Zu Heideggers impliziter praktischer Philosophie siehe Tugendhats Suche nach einer praktischen Erweiterung des veritativen Seins in Tugendhat, SuS, S.182ff.

wendige Allgemeinheit theoretischer oder praktischer Geltung sondern an ihre Stelle tritt die existentielle Authentizität.

Die normative Notwendigkeit von Sein und Können hat dabei einen doppelten Bezug. Dasein muß sowohl 'sein', d.h. seine Möglichkeiten ergreifen, als auch 'möglich bleiben', d.h. seinen Spielraum der Möglichkeiten offenhalten.

Der Schlüssel der Verschränkung der modalen Formen liegt in ihrer 'Gleichzeitigkeit'. Denn die modalen Differenzen folgen den Differenzen des Zeitbezuges: Der 'Ausstand', das 'noch nicht', verweist das Dasein auf die Zukunft, während die konkreten Möglichkeiten als ein Arsenal von Alternativen aus der Geworfenheit stammen und auf Vergangengheit zu beziehen sind. Das Ereignis des Ergreifens dieser Möglichkeiten deutet schließlich auf Gegenwärtigkeit hin. Darum wird die Modalität der ontologischen Freiheit des Daseins, die 'reale Notwendigkeit der Möglichkeit' verständlich, sobald die ihr zugrunde liegende Zeitlichkeit bestimmt wird.

Die Transformation des Husserlschen Begriffes der Zeithorizontalität findet statt in der Explikation der Zeitlichkeit des Daseins, die Heidegger "ekstatisch-horizontale Einheit" nennt. Diese Einheit formt die Trias der Zeitdimensionen Zukunft, Gegenwart und Vergangenheit um wie die modalen Arten: "Die Begriffe der 'Zukunft', 'Vergangenheit' und 'Gegenwart' sind zunächst aus dem uneigentlichen Zeitverstehen entwachsen."[130] Im Unterschied zu Husserls Zeitfeld, das die Urimpression als Nukleus der Gegenwärtigkeit ins Zentrum rückt, verfällt die auf solche Weise "auf den Punkt gebrachte" Gegenwart in SuZ dem Verdikt, das die bloße Vorhandenheit trifft.

Ursprünglicher als die unbemerkt abstrakte Idee reiner Gegenwart ist die Einheit der drei zeitlichen Ekstasen. Die drei Dimensionen der vulgär gedachten Zeit werden mit den basalen Existentialien, den Strukturmomente, der Sorge, mit Verstehen, Befindlichkeit und Verfallen, parallelisiert: Das Verstehen als Korrelat des Entwerfens und als das Medium des Vorlaufens bringt die Ekstase der Zukunft ins Spiel;[131] die Befindlichkeit als in der Geworfenheit gründende, ist damit in der Gewesenheit fundiert, d.h. "(...) der existentiale Grundcharakter

[130] Heidegger, SuZ, S. 326.
[131] Heidegger, SuZ, S.336.

der Stimmung ist ein 'Zurückbringen auf..' (...)";[132] das Verfallen schließlich hat seine zeitlichen Bezug in der Gegenwart.[133]

Diese Analyse der ekstatischen Dimensionen soll nicht eine Rekonstruktion autonomer Zeitmodi sein, deren Synthese eine nachträgliche wäre. Die formale Anzeige abstrahiert zunächst aus Darstellungsgründen das, was mindestens im Modus der Eigentlichkeit eine Ursprungseinheit ist: "Die Zeitlichkeit zeitigt sich in jeder Ekstase ganz, daß heißt in der ekstatischen Einheit der jeweiligen vollen Zeitigung der Zeitlichkeit gründet die Ganzheit des Strukturganzen von Existenz, Faktizität und Verfallen, das ist die Einheit der Sorgestruktur."[134]

Eine signifikante Fragwürdigkeit entsteht jedoch dadurch, daß einerseits die Ekstase der Gegenwart auf das Existential der Verfallenheit bezogen ist, andererseits aber der Differenz zwischen Eigentlichkeit und uneigentlicher Alltäglichkeit auch eine Differenz zwischen eigentlichem und uneigentlichem Zeitverständnis entsprechen soll. Das Vorlaufen ist eigentliche Zukunft, während das uneigentliche Verstehen des "man-selbst" die Zukunft 'reluzent' von dem Besorgten her entwirft: als "Gewärtigen" -d.h. als bloßes Erwarten von zeitlich Distanziertem anstelle des vorlaufenden "inne-sein" der ausstehenden Möglichkeit.[135] Die uneigentliche Vergangenheit entspringt der uneigentlichen Befindlichkeit, vornehmlich der Furcht, ebenfalls als ein "Gewärtigen" - allerdings in der Form des "Vergessens".[136]

Das Verfallen selbst ist jedoch als Existential der Sorge in der Kritik an der Alltäglichkeit schon ein Synonym für die Uneigentlichkeit geworden.[137] Ge-

---

[132] Heidegger, SuZ, S.340.

[133] Heidegger, SuZ, S.346. Auf die besondere und für unsere Kritik signifikante Rolle der "Rede" wird später einzugehen sein.

[134] Heidegger, SuZ, S.350.

[135] Heidegger, SuZ, S.337.

[136] Heidegger, SuZ, S.341. Die Analyse der Furcht trägt reichlich künstliche Züge, so daß die Zuordnung von Zeitmodi zu den Differenzen der Ekstasen und der Unterscheidung von Eigentlichkeit und Uneigentlichkeit etwas schematisch erscheint. Furcht ist offenkundig, wie Heidegger unter Hinweis auf die traditionelle Vorstellung des futurum malum gesteht, auf Zukünftiges bezogen; als Instanz uneigentlicher Vergangenheit wird sie stilisiert, indem sie als Verschüttung der ekstatischen Offenheit im Verfallen an das 'Wovor' gedeutet wird, und d.h. als implizite Vergessenheit des vergangenen faktisch erschlossenen Seinkönnens.

[137] Dieter Thomä sieht in dem problematischen Status der zuvor auf die Uneigentlichkeit verpflichteten Verfallenheit den Zwang begründet, entweder, inkonsistenter Weise zwischen einer eigentlichen und einer uneigentlichen Uneigentlichkeit des Verfallens zu unterschei-

genwart scheint als Achse der verworfenen, traditionellen Zeitbegrifflichkeit für die ekstatische Einheit der Zeitlichkeit ein Problem der Zuordnung zu schaffen. Heidegger analysiert anläßlich der Gegenwartszentrierung des Verfallens überwiegend die uneigentliche Erscheinung der Neugierde und darin der entfremdenden Verdrängung des fundamentalen Horizontcharakters der Gegenwart und des gegenwärtigen Selbst. Die Neugierde ist als 'Wirklichkeitsgier' die strukturell nicht zu befriedigende Sehnsucht nach der Tilgung von Abwesenheit und Möglichkeitscharakter.

Nur in einem Satz wird der 'Augenblick' als Modus einer eigentlichen Gegenwärtigkeit erwähnt: "Dieser bringt die Existenz in die Situation und erschließt das eigentliche 'Da'".[138] Darin kündigt sich schon an, daß der 'Augenblick' die eigentliche Zeitlichkeit des Daseins mit der ursprünglichen Zeitigung überhaupt identifizieren wird.

Eine einfache und Heidegger-konforme Erklärung des problematischen Status der Gegenwart könnte in der Erinnerung an die hermeneutische Kritik der Vorhandenheit bestehen, welche die Gegenwart zu einem Punkt abstrahiert, so daß sich für diese Kritik die Privilegierung einer eigentlichen Gegenwart als die Privilegierung der Horizontstruktur selbst darstellt. Unter dieser Voraussetzung ist klar, daß der 'Augenblick' als eigentliche Gegenwart im Grunde den Horizont selbst meint, der sich zwischen Zukunft und Vergangenheit erstreckt. Die eigentliche Gegenwart des Daseins ist dann die existentielle Selbstauffassung des Daseins im 'Augenblick' als das Einrücken in den Horizont ekstatischer Zeit im Ganzen. Denn das Dasein 'ist' ja nie in dem Sinne gegenwärtig, daß die eigentliche Präsenz von der Bedeutung der Horizonte der Vergangenheit und der Zukunft abgezogen werden könnte. Die Kritik an der traditionell verkürzten Gegenwart wird für die Konsistenz der Schematisierung eigentlicher bzw. uneigentlicher Ekstasen zur Falle. Während sich z.B. eigentliche und uneigentliche Zukunft unterscheiden lassen als gegenwärtige Zukunft (Gewärtigen) und gegenwärtig zukünftige Gegenwart (Vorlaufen), fügt die Modalisierung "gegenwärtige Gegenwart" der bloßen "Gegenwart" nichts Erkennbares hinzu.

---

den, oder aber auf die Ausweisung einer eigentlichen Gegenwart zu verzichten. Vgl. Thomä, ZSZD, S. 293. Vgl. zur Gegenwartsproblemaik auch: Pöggeler, NWH.

[138] Heidegger, SuZ, S. 347, vgl. Pöggeler, SaE. Der Augenblick taucht näher bestimmt wieder auf in § 79, dazu weiter unten.

Der Status der Gegenwart wird zur Belastung der ontologischen Strategie, denn in der Abwesenheit einer Differenz zwischen eigentlicher und uneigentlicher Gegenwart im strengeren Sinne taucht das grundlegende methodische Problem auf: Die Assimilierung von eigentlicher Gegenwart und dem Zeithorizont der Situation verpflichtet die ursprüngliche Gegenwart im Unterschied zu den beiden anderen Ekstasen der Zeit auf den verstehenden Vollzug des Daseins. Die Form der Erstreckung des zeitlichen Horizontes zwischen Zukunft und Vergangenheit ließe sich mit Rücksicht auf das Verstehen und die Befindlichkeit 'perspektivenneutral' von der jemeinigen Realisierung durch ein konkretes Dasein unterscheiden. Das ist auch nötig, wenn gemäß der prädichotomischen Weltbeziehung die Welt ebenso wie das Dasein das Potential ursprünglicher Zeit zur Verfügung stellen sollen. So wie die Verweisung der Zeugzusammenhänge nicht Sache subjektiver Konstitution sein kann, darf auch die Horizontalität der Zeit nicht der Husserlschen Intentionalität bzw. nur dem Entwurf des Daseins entspringen. Anderenfalls könnte Heidegger nicht davon sprechen, daß die Zeit als ursprüngliche sich eben selbst zeitigt, also das quasiapriorische Fundament der Synthesis ist ohne Zutun eines transzendentalen intentionalen Daseins. Heidegger assimiliert jedoch durch die in der Asymmetrie der Gegenwart aufscheinende Identifikation von Zeithorizont und eigentlicher Gegenwart, die quasitranszendentale Zeitigung mit dem existentiellen Vollzug des Daseins. Dadurch werden zwei Instanzen der Zeitigung neutralisiert: einmal die Welt, die die Struktur der Einheit der drei Ekstasen vor der Erschließung des Daseins aufweisen müßte, zum zweiten: die durch die Differenzierbarkeit von ursprünglicher und eigentlicher Zeit zeitlich interessante Alltäglichkeit. Wenn nämlich ursprüngliche und eigentliche Zeit gleichgeschaltet werden, bleibt als Instanz des ontologischen Vorentwurfes des Seinsverständnisses nach der Kritik der Alltäglichkeit nur das jemeinige, isolierte Dasein übrig. Damit werden zugleich die ontologische Frage existentialistisch verengt und die daseinsanalytische Frage ontologisch überlastet. Ließe sich dagegen die eigentliche Zeit als jeweiliger (individuell personaler) Vollzug der Form ursprünglicher Zeit von dieser unterscheiden, wäre es möglich, das Problem der Genese individueller Existenz von der ontologischen Erschließung des umfassenden Sinnes von Sein zu trennen. Damit würde es zudem möglich, die existentielle Genese durch die Bestimmung einer vom Dasein unterschiedenen ursprünglichen Zeit als Möglichkeitsbedingung dieser Genese zu erklären.

Will man also die Unterscheidbarkeit von ontologischer und existentieller Frage aufrechterhalten, empfiehlt es sich, die ekstatisch-horizontale Zeitlichkeit als Untergattung eines umfassenderen Begriffes aufzufassen. Dieser Begriff zielte auf die vom Dasein unabhängige Dimension ursprünglicher Zeitlichkeit, die, sobald Ontologie und Daseinsanalyse entschränkt sowie die Abwertung der Alltäglichkeit korrigiert werden, als eine intersubjektive Instanz begriffen werden kann.[139]

Die Interpretation der Heideggerschen Zeittheorie von Margot Fleischer bestätigt, daß die Unterscheidung von ursprünglicher und existentieller Zeit, derzufolge dem Dasein der Vollzug einer von ihm unabhängig zu denkenden ursprünglichen Zeitlichkeit aufgetragen ist, in der Analyse der Gegenwart aufgehoben wird. Es gibt im Unterschied zu den übrigen Ekstasen keine von der eigentlichen, d.h. existentiellen Gegenwart unterscheidbare ursprüngliche Gegenwart. "Verschwindet der Unterschied, verschließt sich die Ursprungsdimension"[140]. Allerdings kann dem entgegengehalten werden, daß sich hier die Ursprungsdimension gerade nicht verschließt, sondern mit der Existentialität individuierten Daseins kurzgeschlossen wird. Genau in diesem Zusammenhang drückt sich die transzendentale Form von SuZ aus. Die Verklammerung von Ontolgie und Existentialanalyse rächt sich im Problem der Zeitigung, denn die Exklusivität der daseinsförmigen Ursprünglichkeit des Zeithorizontes führt, wie die 'Kehre' deutlich macht, in eine transzendentalistische Sackgasse.

Dabei ist gerade das Problem der Zeit für Heideggers Ontologie zentral, denn der Sinn von Sein soll dem Horizont der Zeit zu entnehmen sein. Und in seiner Auseinandersetzung mit Kant, die ein transzendentales Moratorium vor der 'Kehre' ist, identifiziert Heidegger die Wurzel der transzendentalen Synthe-

[139] Daß Heidegger selbst auf diese Unterscheidung wegen der Architektur der ontologischen Unternehmung, für die die Daseinsanalyse eine Vorstufe sein soll, besteht, belegt die Trennung zwischen ursprünglicher Zeit und eigentlicher Zeit, die Heidegger stärker als in SuZ in "Die Grundprobleme der Phänomenologie", der Vorlesung vom SS 1927 betont: Hier unterscheidet Heidegger die Frage nach der "Temporalität" als der ontologischen Bedingung eines Seinsverständnisses überhaupt von der "Zeitlichkeit", die die daseinsförmige Zeit meint. Dazu: Heidegger GP, S.323f.

[140] Margot Fleischer, ZAH, S.25.

sis mit der als Seinsverstehen gedeuteten Einbildungskraft, die nichts anderes sein soll als die Zeit selbst.[141]

Dem endgültigen Urteil, daß die als Zeitlichkeit verstandene Synthesis nichts anderes sein kann als die Form des eigentlichen Vollzuges der Existenz, könnte nur das In-der-Welt-Sein noch widersprechen. Denn die Weltlichkeit der Welt vertritt ja in der Faktizität die Geworfenheit und damit den pragmatistischen Einspruch gegen die cartesianische Subjektivität. Soll also die Existentialanalyse die Ontologie wirklich nur vorbereiten und nicht mit ihr identisch sein, so muß sich in der Zeitlichkeit der Welt, die dem Dasein begegnet, eine eigene ursprüngliche Zeitlichkeit nachweisen lassen. Die Analyse dieses Zusammenhanges wird jedoch ergeben, daß dies erstens in SuZ nicht der Fall ist, und daß zweitens der Grund für dieses Ergebnis in der bereits beschriebenen Ausgrenzung der intersubjektiven Öffentlichkeit und der Engführung von Individuierung auf eine abstrakte Differenz zu suchen ist:

Nachdem Heidegger die ekstatische Einheit der eigentlichen Zeit eingeführt hat, begibt er sich an die genauere Rekonstruktion der Zeitlichkeit des Daseins. Wie im vorbereitenden ersten Teil ist es die Zeuganalyse, das Besorgen im engeren Sinne, an dem die Weltlichkeit, nun in temporaler Hinsicht, erschlossen wird.

So wie der Vorhandenheit der Dinge die Zuhandenheit vorausgeht, gibt es ein elementares Rechnen des Daseins mit der Zeit, das sich einem theoretischen Begriff der Meßbareit der Zeit entzieht bzw. ihm vorausliegt. Dieser phänomenale Bestand wird von Heidegger eingeführt unter Rekurs auf alltagssprachliche Wendungen wie "sich Zeit nehmen", "Zeit verlieren" etc.[142]. "Das umsichtig verständige Besorgen gründet in der Zeitlichkeit und zwar im Modus des gewärtigend behaltenden Gewärtigens."[143] Das soll heißen, im Besorgen fungiert bereits ein Horizont, der sich zwischen Befindlichkeit als Vergangenheit und Verstehen als Zukunft ausdehnt. Und so wird die ekstatisch horizontale Zeitlichkeit zu einer Ausgedehntheit konkretisiert, die an das pragmatistische "specious present" von William James erinnert. Durch die "Datierbarkeit" der

[141] Heidegger, KPM, §§ 33, 34, S.167-187, vgl. Apel, SuG, S. 145.
[142] Heidegger, SuZ, S. 404.
[143] Heidegger, SuZ, S. 406.

Ziele der berechnenden Sorge ist das "Jetzt" aufgespannt: "Nicht nur das 'während' ist gespannt, sondern jedes 'jetzt', 'dann', 'damals' hat mit der Struktur der Datierbarkeit je eine Gespanntheit von wechselnder Spannweite: 'Jetzt': in der Pause, beim Essen, am Abend, im Sommer".[144] Der verstandene Horizont repräsentiert also die hermeneutisch transformierte Erlebnis-Horizontalität Husserls. In der Transformation der Appräsentation zur Verweisung des zu Verstehenden liegt dann jedoch die Korrektur der Subjekt-Objekt-Dichotomie,[145] so daß nicht allein das Dasein in diesem ontologischen 'Jetzt' die Zeit zerspannt:

Denn Anlaß wie Schauplatz der Gespanntheit und damit der Datierbarkeit ist eben die Sorgestruktur, das 'Sich-vorweg' der Vorhabe. Und in dieser Funktion der Sorge ist es das Besorgte selbst, die Zeitlichkeit der pragmata, worin die Zeitigung des Daseins ein 'äußeres' Korrektiv findet. Für die faktische Sorge gilt, daß das Besorgte einen temporalen Eigensinn, also auch in zeitlicher Dimension eine autonome Verweisungsstruktur, in die das Dasein geworfen ist, hat: "Hierbei datiert sich die Zeit im jeweiligen Modus des sich besorgenden Sich-Zeit-Lassens aus dem je gerade umweltlich Besorgten und im befindlichen Verstehen Erschlossenen, aus dem, was man den Tag über treibt."[146] Der selbständige Charakter, der in der Erschließung des in der Geworfenheit als Ausgelegtes Vorgefundenen aufscheint, drückt sich zeittheoretisch in den Begriffen "Weltzeit" und "Innerzeitigkeit" aus. Sie sind die temporalen Horizonte des Besorgten.[147] Die Innerzeitigkeit und die Weltzeit sind jedoch Charaktere der Alltäglichkeit, der durch Verfallen gekennzeichneten Faktizität.[148] Und nur darum ist die zeitliche Ausdehnung des Innerzeitigen "autonom" gegenüber dem Dasein, d.h. nur darum läßt sie sich nicht auf eine Konstitution durch den Entwurf des Daseins reduzieren, da dieses sich in der Verfallenheit an das dergestalt Besorgte "verliert": "An das Besorgte sich verlierend, verliert der Unentschlossene an es seine Zeit."[149] Dieser Verlust ist natürlich nicht quantitativ, sondern er ist das Vergessen der eigentlichen Horizontalität existentieller Zeit.

[144] Heidegger, SuZ, S. 409.
[145] vgl. oben zur Verweisung als Erbe der "Appräsentation".
[146] Heidegger, SuZ, S. 409.
[147] Heidegger, SuZ, S. 412, S. 414.
[148] vgl. Margort Fleischer, ZAH. Sie betont, daß die bedeutende Weltzeit der Sorge entspringt und entsprechend notwendig ein Modus der Uneigentlichkeit ist.
[149] Heidegger, SuZ, S. 410.

Autonom ist die zeitliche Horizontalität des Besorgten also nur in pragmatischer Ungeklärtheit der Existenz bzw. in der verfallenen Durchschnittlichkeit öffentlicher Ausgelegtheit, darum datiert sich die Zeit hier aus dem, was "man" den Tag über treibt.

Der öffentliche Charakter der Welt dokumentiert sich an dieser Stelle im Sinne der Husserlschen Objektivität, denn es ist zuerst die zur Natur verdichtete Universalität der gemeinsamen Welt, die in der Weltzeit des Besorgens erscheint: "Mit der faktischen Erschlossenheit seiner Welt ist für das Dasein die Natur entdeckt. In seiner Geworfenheit ist es dem Wechsel von Tag und Nacht ausgeliefert."[150] Abkürzend läßt sich formulieren: Das telos der Sorge ist in der Alltäglichkeit die Synchronisation von Dasein und Zeug. Die hier erscheinende transsubjektive Instanz, von der möglicherweise eine ursprüngliche Zeit getragen werden könnte, ist aber nicht nur ein bloß derivativer Modus, sondern diese Instanz wird sogleich verdichtet zur Natur. Nicht arbeitsteilige Sozialität, nicht polis und oikos, bestimmen hier - etwa im Rahmen des Mitseins - jenen zeitlichen Horizont, den das Dasein erschließt und nicht stiftet. In der Demut einer bäuerlich stilisierten Empathie für die aristotelische Entelechie des Besorgten, für Acker und Frucht, wird die Hybris Husserlscher Subjektivität korrigiert durch die kosmische Souveränität der Natur, deren Zeit das Dasein entdeckt, anstatt sie zu erzeugen.

Diese Weltlichkeit ist wohlgemerkt eine vortheoretische, und erst auf der Ebene der Artikulation, der Auslegung, verzweigen sich Natur und Geschichtlichkeit in die innerzeitigen Möglichkeiten der vulgären Zeit bzw. der Geschichtlichkeit im engeren Sinne.

Die Ebene der menschlich vermittelten Öffentlichkeit, der polis als eines 'daseinsförmigen' Bereiches des Kosmos, teilt sich nun in zwei Teile. Die beiden weiteren Kandidaten für die hier gesuchte Zeitlichkeit sind in der 'vulgären' Zeit und in der Geschichtlichkeit anzutreffen.

Die vulgäre Zeit ist die Verfallsform der ohnehin durchschnittlichen elementaren Datierung und des Rechnens des Daseins in die Richtung des vorstellenden Denkens, der Theorie und der 'reluzenten' Neigung der Deutung der Welt zur Orientierung an der Vorhandenheit. "Der vulgäre Zeitbegriff verdankt seine

---

[150] Heidegger, SuZ, S. 412.

Herkunft einer Nivellierung der ursprünglichen Zeit."[151] Hier findet sich Heidegger zufolge der Ursprung jener verdächtigen Idealisierung, die aus dem Jetzt einen Punkt in der Weise der Vorhandenheit machen will,[152] und darin hat zeittheoretisch die abendländische Tradition, die von der ersten Metaphysik der Vorhandenheit über den Cartesianismus zur mechanistischen Technik führt, wie Heidegger versichert, ihren Ursprung. Dieser Zusammenhang, der zugleich Fundierung und Verfallen meint, bekundet sich für Heidegger anschaulich im Phänomen des Uhrengebrauches. Die Einheit von öffentlicher Auslegung des Zeithorizontes und dem Verfallen an die nivellierende Durchschnittlichkeit wird hier deutlich: "In der zum geworfen-verfallenen Dasein gehörenden Erschlossenheit der natürlichen Uhr liegt zugleich eine ausgezeichnete, vom faktischen Dasein je schon vollzogene Veröffentlichung der besorgten Zeit, die sich in der Vervollkommnung der Zeitrechnung und in der Verfeinerung des Uhrengebrauchs noch steigert und verfestigt."[153]

Deskriptiv bezogen auf die alltäglichen, gesellschaftlichen Formen des uneigentlichen Existierens wird bei Heidegger daraus die zeittheoretische Variante der Kritik des "Man": "Man kennt die öffentliche Zeit, die nivelliert, jedermann und das heißt niemandem gehört."[154] Auf diese Weise fällt dieser Modus für die Suche nach einer ursprünglichen Zeit, die unabhängig von der individuierten eigentlichen Existenz zu denken wäre, aus. Die öffentliche Zeit der als Vorhandenheit gedachten Universalität des natürlichen Zeitkontinuums ist für das an seiner Eigentlichkeit interessierte Dasein nur Stein des An- und damit des Abstoßes. Eine Synchronisation zwischen öffentlicher Zeit und dem ekstatischen Horizont eigentlichen Daseins ist nicht denkbar, da hier ein unaufhebbarer Antagonismus zwischen der jemeinigen Zeit und der vermeintlichen Nivellierung aller Differenzen in einer öffentlichen Zeit behauptet wird.

Einen anderen Charakter scheint die Geschichtlichkeit zu haben. Sie ist schließlich eines der primären Anliegen der hermeneutischen Ontologie und bezeichnet die Stelle, an der die Diltheysche Vorstellung der 'historischen Vernunft' gegen den Transzendentalismus aufgeboten werden soll. Allerdings setzt

---

[151] Heidegger, SuZ, S. 405.
[152] Heidegger, SuZ, S. 420.
[153] Heidegger, SuZ, S. 415.
[154] Heidegger, Suz, S. 425.

sich Heidegger von Dilthey zugunsten der Yorck von Wartenburgschen Kritik an ersterem ab. Mit diesem Votum für Yorck ist, wie bereits erörtert, im wesentlichen die Verschiebung der hermeneutischen Frage nach der Geschichtlichkeit von der historischen Wissenschaft auf die existentielle Zeithorizontalität gemeint.[155]

Denoch knüpft die Heideggersche Ontologie an dem Diltheyschen oder Yorkschen Einspruch gegen die geschichtsvergessene Ontologie an. Dabei tritt eine bemerkenswerte Ambivalenz zutage. Denn einerseits führt das Historische, der Umstand, daß Dasein "lebt" und nicht "ist", in der Existentialontologie zu der Privilegierung der Geschichtlichkeit in Gestalt eigentlicher Zeitlichkeit; andererseits spricht Heidegger von einer "generischen" Differenzierung des 'Bezirkes des Seienden': "Die Idee des Seins umgreift 'Ontisches' und 'Historisches'. Sie ist es, die sich muß 'generisch differenzieren' lassen"[156].

Die Geschichtlichkeit wäre also zugleich ontologisches Fundament, als Seinsverständnis eigentlicher Existenz in ihrer zeitlichen Horizontalität, und Gattung innerhalb des ontologisch Vorentworfenen neben dem als Vorhandenheit ausgelegten Ontischen.

Es ist offensichtlich, daß sich Heidegger zugunsten der ersten Alternative entscheidet und versucht, "Zeit als Horizont des Seins" überhaupt auszuweisen[157]. Gleichwohl scheint hier kurz die Möglichkeit auf, prinzipiell zwischen einem Bezirk der historischen und einem der 'objektiven' Belange in jeweils unterschiedlicher Bezogenheit auf zeitliche Kontextualität zu unterscheiden[158].

---

[155] Das wird deutlich ausgesprochen, in Wiederholung des SuZ einleitenden Motivs der Reduktion von Wissenschaftstheorie auf Existentialanalyse auf S. 393, SuZ: "Ihn (den existentialen Ursprung der Historie) aufhellen, bedeutet methodisch: die Idee der Historie aus der Geschichtlichkeit des Daseins ontologisch entwerfen." Vgl. auch Heideggers Bemerkung auf S. 401, SuZ, daß Yorck den "Grundcharakter der Geschichte als 'Virtualität' (...) aus der Erkenntnis des Seinscharakters der menschlichen Existenz selbst (gewinnt)", wobei 'Virtualität' darauf anspiele, daß, wie Heidegger Yorck zitiert, die "psychophysische Gegebenheit nicht ist, sondern lebt". Wieviel diese Grundlagenreflexion der Geschichtsschreibung unerledigt läßt, und daß sie allein dadurch unplausibel ist, bemerkt: Ricoeur, ZuE, III, S.78f.

[156] Heidegger, SuZ, S. 403.

[157] So lautet die rethorische Frage, mit der SuZ schließt. Vgl. Heidegger, SuZ, S.437.

[158] Vgl. Apel,SuG, S.139, der mit der klassischer Trennung der Natur- von den historischen Wissenschaften die Geltung der Kantischen Fragestellung für den naturwisseschaftlichen Bereich ins Recht setzen und damit die Problematisierung der Sinnkonstitutionsfrage auf den Bereich der hermeneutischen Zuständigkeit begrenzen will.

Diese Einteilung in Regionalontologien wird allerdings nur am Rande berührt. Gerade dann aber, wenn der 'geschichtliche' Bereich nicht neben den 'ontischen' treten, sondern auf der Ebene des ontologischen Fundamentes bleiben soll, verspricht die Geschichtlichkeit einiges für die Suche nach einer daseinsunabhängigen ursprünglichen Zeit. Denn die Geschichtlichkeit konkretisiert zum einen den Begriff der Wahl von Möglichkeiten,[159] und zum anderen stellt sie wegen der ausdrücklichen Öffentlichkeit der existentiell relevanten Möglichkeiten eine Unabhängigkeit von Zeitlichkeit und Dasein in Aussicht. Die Geschichtlichkeit enthält ein kollektives Moment, und sie führt im Status der Möglichkeiten, in die Dasein geworfen ist, die Nichtreduzierbarkeit des zeitlichen Möglichkeitshorizontes auf eine Konstitution durch das Dasein vor. Wenn hier also ein eigentlicher Modus vorliegt, erscheint dieser Modus weder privatistisch noch als eine Aufkündigung der Geworfenheit.

Die Bedingung der Möglichkeit der Geschichte entspringt der ekstatisch-horizontalen Zeitlichkeit des Daseins. Aber hier ist, wie sonst scheinbar nur in der Alltäglichkeit, die Welterschließung nicht eine Weltkonstitution. Die Wahl in der Entschlossenheit ergreift zwar ihre Möglichkeiten in formaler, wenn auch -wie oben beschrieben- notwendiger, Kontingenz, doch das Ergriffene ist kraft der vorgängigen Ausgelegtheit von Welt, in die das Dasein geworfen ist, nicht selbst als ein Kontingentes der Freiheit des Daseins im Sinne der Willkür ausgesetzt.

Heidegger findet für die kontingente Übernahme des Nichtkontingenten den Ausdruck: "Erbe".[160] Die existentielle Genese des Daseins entdramatisiert sich scheinbar an dieser Stelle gegenüber dem Extremismus der Besonderung zu dem formal angezeigten Moment einer Bewegung des Einrückens in eine überindividuelle Größe: "Das eigentlich existentielle Verstehen entzieht sich der überkommenen Ausgelegtheit so wenig, daß es je aus ihr und gegen sie und doch wieder für sie die gewählte Möglichkeit im Entschluß greift."[161] Die Wahl ist also gleichzeitig eine Bewegung aus der, für und gegen die alltägliche Ausgelegtheit. In der Wahl sind folglich die Momente der Geworfenheit wie des

[159] Heidegger selbst bemerkt, daß die konkreten Möglichkeiten selbst dem Vorlaufen zum Tode noch nicht zu entnehmen sind. Vgl. Heidegger, SuZ, S. 383.
[160] Heidegger, SuZ, S. 383.
[161] Heidegger, SuZ, S. 383.

Entwurfes, der von der altäglichen Konvention Abstand nimmt, verbunden; aber in der Wahl liegt überdies eine eigene Verbindlichkeit der Auslegung, die dem Dasein den Austritt aus der 'Verschwiegenheit' 'für' die Auslegung nahelegen soll.

Die präpositional angezeigte Dreiteilung der Relation zwischen der Wahl und der Auslegung verdichtet laut Heidegger, was bereits Nietzsche in der zweiten "unzeitgemäßen Betrachtung" über den "Nutzen und Nachteil der Historie" erkannt habe: Das "antiquarische" Bewahren der verehrten "Monumente" des Vergangenen muß in eigentlicher Wahl auch "kritisch" sein.[162] Das klingt zunächst gar nicht mehr nach einem 'Zerbrechen' der alltäglichen Konvention, sondern eher danach, daß man sich 'die Alten' zum Vorbild nehmen sollte, ohne sie jedoch unkritisch zu plagiieren. Dieses kritische Moment der Übernahme ist nun aber der Index der existentiellen Genese und nicht das Anzeichen eines geltungsorientierten Widerspruchs gegen die Tradition mit universalistischem Anspruch. Die "Wiederholung" bezeichnet das durch das im Tode vermittelte Bekenntnis zur Endlichkeit ingang gesetzte "(...) ursprüngliche Geschehen des Daseins, in dem es sich frei für den Tod ihm selbst in einer ererbten, aber gleichwohl gewählten Möglichkeit überliefert."[163]

Die 'Wiederholung' ist dabei nicht als eine Kopie des Gewesenen gedacht, sondern als 'Erwiderung' der Möglichkeit im Entschluß. Die existentielle Genese setzt den Akzent also schließlich teleologisch auf das 'Gegen' der Beziehung des Entwurfes zur Auslegung.

Das 'Für' dieser Beziehung vertritt schließlich nicht, wie das Interesse an einer konstruktiven Rekonstruktion des Beitrages der Öffentlichkeit vermuten und hoffen ließe, eine 'eigentliche' Interaktion zwischen einer Pluralität von existentiellen Individuen. Hinter der Metapher eines 'Entwurfes 'für' die Ausgelegtheit' könnte sich ja das Bild einer in der Kommunikation von einzelnen Entwürfen realisierten 'ontologischen' Arbeitsteilung individuierter Personen verbergen. Der individualistische Balast der Theorie der Eigentlichkeit ist in SuZ jedoch mittlerweile derart groß, daß die einzige explizit eigentliche Form der Öffentlichkeit in Gestalt des Mitseins nur ein monolithisch generalisiertes

[162] Heidegger, SuZ. S. 397.
[163] Heidegger, SuZ, S. 384.

'Superdasein' ist: "Wenn aber das schicksalhafte Dasein als In-der-Welt-Sein wesenhaft im Mitsein mit Anderen existiert, ist sein Geschehen ein Mitgeschehen und bestimmt als Geschick. Damit bezeichnen wir das Geschehen der Gemeinschaft, des Volkes. Das Geschick setzt sich nicht aus einzelnen Schicksalen zusammen, sowenig als das Miteinandersein als ein Zusammenvorkommen mehrerer Subjekte begriffen werden kann. Im Miteinandersein in derselben Welt und in der Entschlossenheit für bestimmte Möglichkeiten sind die Schicksale im vorhinein schon geleitet."[164]

Damit ist der Kreis geschlossen, der die ontologische Frage nach der ursprünglichen Zeit mit der existentialanalytischen Frage nach der eigentlichen Zeit identifiziert. Es gibt keine vom individuierten Dasein unabhängig zu denkende ursprüngliche Zeitigung, und die öffentliche Zeit ist entweder als Geschick eine aufgeblähte eigentliche Zeit der zu einem individuellen Dasein umgeschminkten, zweifelhaften Kategorie des Volkes, oder sie ist vulgär. Mit diesem Ergebnis war Heidegger bekanntlich selbst nicht zufrieden, so daß die Frage der ursprünglichen Zeitigung nach der 'Kehre' im Motiv der Seinsgeschichte auf andere Weise aufgegriffen werden sollte. Doch diese Korrektur hat nichts geändert an der in SuZ festzustellenden Verdrängung der alltäglichen Öffentlichkeit und der öffentlichen Sprache, und d.h. der sprachlichen Intersubjektivität, aus dem Bereich einer fruchtbaren Rekonstruktion der Vorstruktur des Verstehens. Denn der Einstieg in die Suche nach einer öffentlichen Form der ursprünglichen Zeit - als Möglichkeitsbedingung zugleich der ontologischen Grundleistung und der existentiellen Genese - durch eine Untersuchung des öffentlichen Sprachgebrauches ist durch die Engführung der Sprache auf die Form der deskriptiven Aussage und auf die Untugend der 'Nivellierung' bereits versperrt worden.

Die Geschichtlichkeit als die 'Wiederholung', mit der das existentielle Antreten des Erbes der Überlieferung gemeint ist, trägt somit auch nichts zu einer zeitlichen Vermittlung zwischen Intersubjektivität und Jemeinigkeit bei. Eine Analyse des sprachlich und zeitlich vermittelten Verhältnisses zwischen Individualität und sprachlicher Intersubjektivität, auf die anders als Heideggers Zeitanalysen bereits die Husserlsche Theorie verwiesen hat, muß darum be-

[164] Heidegger, SuZ, S. 384.

stimmte Korrekturen an den begrifflichen Entscheidungen Heideggers vornehmen. Diese Korrekturen sind nicht äußerlich motiviert, sobald den maßgeblichen begrifflichen Schnitten Heideggers Gewaltsamkeit oder Inkonsistenz nachgewiesen werden kann, wie es hier vor allem mit Bezug auf den Begriff einer eigentlichen Gegenwart geschehen ist.

Die weitere Strategie dieser Untersuchung besteht also in der bereits angekündigten Entkoppelung von Daseinsanalyse und Ontologie, so daß beide Anliegen durch Einschaltung eines konstruktiven Begriffes der Öffentlichkeit fruchtbar gemacht werden können. Bezogen auf die Zeit heißt dies, daß die ekstatische, eigentliche Zeitlichkeit als Horizont eines personalen Selbstverhältnisses und die ursprüngliche Zeit als öffentlicher Modus des Verstehenshorizontes, und d.h. als alltägliche und vor allem sprachliche Erscheinung, voneinander getrennt werden müssen. Zudem zeigten sich, daß die Trennung von Sprache und Verstehen, sowie der trotz aller Betonung der Alltäglichkeit extramundane Status eigentlicher Existenz auf dem Wege zu einem Begriff personaler Individualität hinderlich sind. Der Ansatz bei der pragmatischen Umsicht verführte Heidegger dazu, den Begriff des Verstehens von der Öffentlichkeit der Sprache abzutrennen. Bereits die artikulierende Auslegung ist jedoch nur dann notwendigerweise eine vorsprachliche Erscheinung, wenn der Begriff der öffentlichen Sprache auf die Form der deskriptiven und distanzierenden Aussage verengt wird. Die pragmatische bzw. praktische Qualität des daseinsförmigen Welt- und Selbstverhältnisses und eine öffentliche Sprache schließen einander indessen nicht aus. (Darum wird später die Sprach-'Pragmatik' besonders wichtig sein.) Durch eine solche Umdeutung der Rolle der intersubjektiven Sprache wird es zudem nicht länger notwendig sein, die existentielle Genese als Ausbruch aus einer nur konventionellen Alltäglichkeit zu begreifen. Die Alltäglichkeit bzw. das 'Verfallen' sind dann nicht identisch mit der Uneigentlichkeit, und d.h. das eigentliche Dasein muß nicht länger als 'extramundanes' bzw. als außeralltägliches Individuum gedacht werden. Der fruchtbare Gehalt der Daseinsanalyse läßt sich also erst durch entsprechende Korrekturen dieser Argumentationschritte von SuZ gewinnen.

2.4. Aufnahme der Motive: Vorbereitung eines Begriffes öffentlicher ursprünglicher Zeit

Was ist mit der Daseinsanalyse von SuZ für den Begriff der personalen Individualität also gewonnen?

Heideggers Ansatz bei der alltäglichen Faktizität erlaubt zunächst eine konsequent mundane Deutung der Person. Die erste "Seinsweise" des Daseins als eine 'Vorstufe' der Person ist unter dem Zeichen des 'Umgangs' als pragmatisches Weltverhältnis vor dem Übergang in ein explizites Selbstbewußtsein und damit vor der Dichotomie von Ich und Welt zu beschreiben. Gleichzeitig wird das Weltverhältnis, d.h. das In-der-Welt-Sein, an die Stelle des 'Der-Welt-gegenüber-Seins' gesetzt und als ein rudimentärer Verstehens- und Zeithorizont beschrieben.[165] Das in gewisser Weise 'vorbewußte' Sein des potentiellen Individuums ist damit mehr als die Umweltbeziehung eines instinktgesteuerten Organismus, aber auch weniger als ein propositional ausdifferenziertes und selbstreferentiell gewendetes Selbstbewußtsein. Die treibende Kraft, d.h. die pragmatische Initiative des Daseins, die als das Motiv für das 'Besorgen' wirksam ist, kann an den Husserlschen Begriff der fungierenden, d.h. unreflektierten, Intentionalität angeschlossen werden. Das spezifische Verstehen der fungierenden Intentionalität, die nun nicht der reinen Bewußtseinsimmanenz, sondern einem innerweltlichen, pragmatischen Umgang zuzuordnen ist, ist zu begreifen als pragmatische Vertrautheit mit 'Zuhandenem' und Anderen, also als ein impliziter Zeithorizont mit sachlicher und sozialer Dimension.

Das ausdrückliche individuelle Selbstverhältnis einer Person läßt sich sodann als Existenz beschreiben. Zu dieser ausdrücklichen Existenz führt die Ausbildung eines expliziten Zeit und Verstehenshorizontes, d.h. die personale Individuierung ist modal, normativ, zeitlich und (entgegen der Heideggerschen Strategie) sprachlich zu konkretisieren:

Die Modalität der personalen Individualität ist durch den Vorrang der Möglichkeit zu kennzeichnen. Personale Individualität ist kein Bestand ideosynkrati-

[165] Günther Dux spricht hier in synkretistischer Mischung aus Systemtheorie, Anthropologie und Entwicklungspsychologie von der Strukturlogik der Handlungszeit in der Zeitlichkeit des organischen Systems. Vgl. Günter Dux, ZiG, S. 49-58.

scher und zeitunabhängiger Eigenschaften (wie Dispositionen, Wertorientierungen, Charaktermerkmale etc.), sondern, wie Heidegger formuliert, notwendiger 'Ausstand' der Selbstrealisierung. Individualisierung ist Ausbildung der Authentizität im Sinne der zukünftigen, aufgetragenen, selbstverantwortlichen Selbstverwirklichung. Ein individuelles Selbst ist nur dort, wo der Spielraum der Möglichkeiten subjektiv entworfen, verstanden, ausgefüllt, sozial ermöglicht (dazu weiter unten) und als solcher offen gehalten wird. In diesem Sinne ist Heidegger zuzustimmen, wenn er betont, daß das individuelle Selbst nicht Möglichkeiten 'hat', sondern diese 'ist'. Die wesentliche Konsequenz dieser Bestimmung ist, daß das personale Selbstverhältnis nicht in der kognitiv-theoretischen Dimension der 'Selbsterkenntnis' zu suchen ist. Als 'Selbstverwirklichungs-Auftrag' gehört der Selbstbezug der Person in die praktischen Dimension des Handelns. Diese praktische Qualifizierung wurzelt bereits in der Kennzeichnung des primären Weltbezuges als pragmatischer Umgang, und sie führt mit der Bestimmung eines expliziten Selbstverhältnisses der Person als artikuliertes Selbst-verstehen in die praktische Dimension im engeren Sinne: Das personale Individuum realisiert sich in Handlungen, und darum hat die personale Identität eine normative Seite, die als Authentizität und Selbstverantwortlichkeit in Erscheinung tritt.

Die Selbstverantwortlichkeit (als personale und noch nicht notwendig moralische) bedeutet, daß die Wahl der Möglichkeiten der Selbstverwirklichung im Sinne der Selbstverantwortung frei zu denken ist. Wenn der Begriff der Existenz, anders als bei Heidegger, als ein alltäglicher bzw. innerweltlicher Modus personaler 'Seinsweise' begriffen werden kann, muß die existentielle Freiheit der Selbstrealisierung nicht mehr nur als Befreiung von der auf eine rigide Konventionalität beschränkten Intersubjektivität des alltäglichen 'Mitseins' vorgestellt werden. Dadurch wird es möglich, die personale Authentizität nicht ohne die intersubjektive Anerkennung zu denken (auch dazu weiter unten). Das bedeutet, daß die existentialistische Trennung der Authentizität von einer Autonomie, die eine moralisch motivierte Einschränkung der volitionalen Egozentrik beinhaltet, aufgehoben werden kann. Das Wertvolle, aber Verdeckte in Heideggers Entwurf der Existentialität ist also u.a. die Verlagerung der Rekonstruktion individueller Selbstheit aus der rein theoretischen Dimension der Identitätsfrage in den normativen und pragmatisch gedeuteten Bereich der Authentizität.[166]

Personale Individualität als Existenz muß - schon formal auf der Ebene der basalen Unterscheidung zwischen Ich, Anderen und der Welt - das implizit pragmatische Verstehen zu einem expliziten, entgegen Heidegger jedoch: sprachlichen, d.h. propositional strukturierten, Verstehen erweitern. Schon die Inkonsistenzen der Husserlschen Phänomenologie haben ergeben, daß ein gehaltvolles Verstehen nicht ohne die Leistung einer Sprache möglich ist, über die das Verstehen schließlich an intersubjektive Kriterien der Geltung Anschluß findet. Gleichwohl verlangt der Begriff der existentiellen Genese bzw. der Individualisierung nach der Bestimmung der Möglichkeit der Ausdifferenzierung eines individuellen und d.h. 'jemeinigen' Verstehenshorizontes. Der Gesichtspunkt der Differenzierung betont dabei neben der intersubjektiven Sprache die 'Jemeinigkeit' des entsprechenden sprachlich vermittelten Horizontes von Selbst- und Weltverstehen. Die Dimension der Referentialität, der Kriterien gültiger (mitteilbarer) Identifikation und Verständlichkeit verweist indessen entgegen der Heideggerschen Unterscheidung zwischen Verstehen und angeblich rein konventioneller Sprache auf die Intersubjektivität der Sprache (auch dazu weiter unten). Die Ausdifferenzierung eines individuellen Horizontes geschieht in der zeitlichen und in der pragmatischen Dimension. Darum erzwingt die Verbindung von 'Jemeinigkeit' und Sprachlichkeit des Verstehens nicht die Annahme einer in jeder Individualisierung entstehenden personenrelativen Privatsprache. Existentielle Besonderung ist keine Frage semantischer Abweichung, sondern eine Frage des zeitlich relativen Gebrauches, den das personale Individuum von einer intersubjektiv verständlichen Sprache macht.

Der personale Horizont des Verstehens ist als normativ relevante Region existierter Kontingenz zuallererst wegen der prinzipiell unabschließbaren teleologischen Struktur der "Selbstverwirklichung" ein Zeithorizont. Diese 'Teleologie' gründet in der pragmatischen Zeitlichkeit und der zeitlichen Horizontalität von subjektiver Identität wie aber auch in der Sprache.

---

[166] Quasitranszendental sind dann nurmehr die empirischen Ermöglichungsbedingungen, deren Status weder in der Foucaultschen Begrenzung der Subjektivität auf die Selbsttäuschung spezifischer epochaler Strukturierungen noch in der Rortyschen Voraussetzung einer freien Selbsterschaffung ironistischer Interpreten aufgeht.

Heidegger macht klar, daß das Diltheysche Konzept der Integration der Vergangenheit in die Kontinuität einer Lebensgeschichte[167], das "Greisenideal der Kontemplation" (Gadamer), den Sinn der zeitlichen Horizontalität auf die finale Rückwendung eines vom Ende her limitierten 'historischen Bewußtseins' beschränkt. Demgegenüber rückt die normative, modale Verfassung der Existenz die Zukünftigkeit der ausstehenden Selbstverwirklichung in den Vordergrund. Die Genese einer bestimmten Differenz, die das personale Individuum von anderen unterscheidet, erfordert die Ausbildung eines individuellen 'ekstatischen' Zeithorizontes. D.h. die Identität der Person kann nicht rein numerisch bestimmt werden, denn das pragmatische Projekt der Selbstverwirklichung fällt nicht 'in' die äußere Zeit, sondern die Person gibt sich selbst und ihren Handlungen Sinn, indem sie einen pragmatischen Horizontes der Selbstverwirklichung ausbildet. Ein solcher Horizont des zeitlich ausdifferenzierten Verstehens und Selbst-verstehens muß allerdings, da alles Verstehen nur auf der Basis intersubjektiver Sprache möglich ist, einen Rückhalt in der Zeitlichkeit des öffentlichen Sprachgebrauchs haben. Daraus ergibt sich die Aufgabe, ein sprachtheoretisches Äquivalent für die ursprüngliche Zeitlichkeit, an der das personale Individuum Maß nehmen kann, hervorzuheben (dies wird im dritten Kapitel versucht).

Heidegger indessen stilisiert die im Tode repräsentierte Endlichkeit der Existenz zum leeren und gleichwohl verbindlichsten Zukunftshorizont, in den die Möglichkeiten der Vergangenheit 'kritisch' eingetragen werden. Dagegen muß die öffentlich vorbereitete Zeithorizontalität als faktische, d.h. konkrete Bedingung der Determination individueller Zeitlichkeit begriffen und 'in kleinerer Münze' auf den Nahbereich faktischer Handlungsmöglichkeiten bezogen werden. Nicht die eine Tat des heroischen Einzuges in den Vorlauf zum Tode, dessen wahnhafte, totale Mobilmachung der Nationalsozialismus veranschaulicht, stellt die konkrete Form der Zukünftigkeit der Existenz dar, sondern die alltägliche Dialektik von "Erfahrungsraum" und "Erwartungshorizont"[168].

---

[167] Hieran knüpft u.a. die Habermassche Vorstellung der "kritischen Aneignung der eigenen Lebensgeschichte" an, z.B.: Habermas, NMD, S. 203.
[168] Reinhart Koselleck, VZ.

Heideggers Daseinsanalyse lenkt also den Begriff der Husserlschen Personalität durch die Einschaltung von Hermeneutik und Existentialismus aus dem Bannkreis eines erkenntnistheoretischen Begriffes der Person als ein beobachtbares, logisch einzelnes und numerisch identifizierbares Bündel von Eigenschaften, mentalen Zuständen und Präferenzen. Personale Individualität ist Existenz, und das heißt: sie ist eine modal, zeitlich, normativ und sprachlich zu bestimmende Innenperspektive auf die Differenz, die sie selbst zu sein bzw. zu werden und zu bleiben hat.

Dieses 'konstruktive' Ergebnis der Daseinsanalyse wird jedoch durch Heideggers existentialistische Abstraktion der Differenz zwischen eigentlichem Dasein und Öffentlichkeit verstellt. So sehr die Faktizität, und d.h. die Alltäglichkeit, die personale Individualität zur mundanen und über das Mitsein zur sozialen Größe macht, so stark führt die 'Konversion' der existentialistischen Genese in die monologische Perspektive der Transzendentalphilosophie zurück. Die Eigentlichkeit ist danach nichts als der Antagonist der angeblich nivellierenden Öffentlichkeit. Die ohnehin spärlichen, evokativen und appelativen Ausführungen zur eigentlichen Existenz bringen nicht zur Klarheit, ob mit der Alltäglichkeit zugleich der prädichotomische Weltbezug des In-der-Welt-Seins durch die Konversion aufgehoben wird. Zwar legen die wahrheitstheoretischen Bemerkungen nahe, daß nur eigentliche Existenz 'in der Wahrheit' Seiendes begegnen lassen kann, 'wie es sich an ihm selbst zeigt', so daß der Ausdruck "Begegnung" die prädichotomische Exteriorität anzeigt. Welterschließung ist nicht Weltkonstitution; dennoch wird das faktische In-der-Welt-Sein im Phänomen der Alltäglichkeit entwickelt, und aus dieser muß ein eigentliches Dasein ausscheren, um den danach extramundan gedeuteten Status der Authentizität zu erreichen.

Gerade unter dem Aspekt des Wahrheitsbezuges, da verfallenes Dasein stets 'in der Unwahrheit' ist, liegt darum der Vergleich, den Barbara Merker zwischen der Husserlschen Epoché und der Heideggerschen Konversion zieht, nahe: Sie gleichen sich formal (und durch die Selbstlegitimation der Existentialanalyse im hermeneutischen Zirkel auch methodisch) in der Ausschaltung der 'natürlichen Einstellung' zugunsten eines Überganges in das Feld der Möglichkeitsbedingungen.[169] Heidegger hat also durch die Präferierung der solipsistischen Eigentlichkeit den hermeneutischen Ansatz bei der Faktizität am Ende widerrufen. Die authentische Existenz wird gerade nicht als innerweltliche Individualität beschrieben, sondern sie ist eine der öffentlichen Weltlichkeit entrückte und wegen der ontologischen Überlastung ihrer methodischen Bedeutung: transzendentale Instanz. Darin liegt ungeachtet des Ausgangs von der Faktizität die subjektphilosophische Befangenheit von SuZ, so daß Heidegger später nur folgerichtig die in der eigentlichen Existenz entdeckte Zeitlichkeit auf die transzendentale Einbildungskraft zu projizieren versucht.

Die individuelle Identität der Person wird in SuZ ausschließlich in Begriffen einer emergenten Sui-suffizienz in abstrakter Differenz zu sozialen Bedingungen der Möglichkeit der Genese dieser ausdifferenzierten Identität gefaßt. Das 'Ganzseinkönnen' und die 'Selbst-ständigkeit' sind als Produkte des Vorlaufes zum Tode und der Verschwiegenheit monologisch verfaßt. So ist zwar das eigentliche Dasein keine Substanz, dennoch aber ist das Resultat der Konversion eine emergente Substantialität der Identität des entschlossenen Daseins. Damit wird der Bogen der Kritik an der Reduktion von personaler Individualität auf eine numerische und eine generische Identität zugunsten einer qualitativen Identität überspannt, so daß die mögliche Einheit von Individualisierung und Sozialisation, d.h. die Identität von Identität und Differenz strukturell ausgeschlossen wird.[170] Die Eigentlichkeit hebt die Innerweltlichkeit auf.

Nur diese Aufhebung legitimiert Heideggers Analyse des Todes. Zunächst ist selbst in Heideggers Horizont immanent nicht zu sehen, warum gerade die Gewißheit des Todes neben der Bedingung der Möglichkeit des 'Ganzseinkönnens' noch das ausgezeichnete Phänomen der Erinnerung an die Unvertretbarkeit sein soll. Es gibt neben der dramatisierbaren Sterblichkeit zahllose soziale (!) Rollen im Modus der Intimität[171] wie die leibliche Vaterschaft, deren soziale Konkretion das jeweilige Individuum im Medium sozialer Interaktion auf seine Jemeinigkeit und Unvertretbarkeit stößt. Der scheinbar naheliegende Einwand, daß die Verbindlichkeiten faktischer Intimität in statu nascendi Zustän-

---

[169] Merker, SuS, S. 173.

[170] Zu verschiedenen Identitätsbegriffen vgl. Erikson, IuLZ; Habermas, NMD, S. 192.

[171] Zur totalen Ausblendung der Intimität als potentieller Ort eigentlicher Interaktion in SuZ vgl. Löwith, DIRM, und Dolf Sternberger, ÜdT, S. 136ff

digkeiten kontingent verteilen, verweist dabei nur auf die methodisch regressive Deutung der in der Aneignung der Sterblichkeit gewonnenen 'Ständigkeit' des Daseins als ein Substitut für eine transzendentale Substantialitätsvorstellung.

Die jemeinige Sterblichkeit muß angeeignet werden. Nicht nur läßt sich die präreflexive fungierende Intentionalität des 'Umgangs' jedoch als Optimismus der Unsterblichkeit deuten[172], sondern auch mit Heideggers eigenen Mitteln einer hermeneutischen Rekonstruktion wurde z.B. durch Dolf Sternberger oder durch Paul Ludwig Landsberg die innerweltliche Erfahrung des Todes gegenüber der vermeintlichen, existentiellen Todesgewißheit in den Vordergrund gerückt. Dabei wird nicht so sehr geleugnet, daß die, wie Heidegger sagt, 'bloß empirische Gewißheit', die das erfahrbare Versterben anderer gibt, keine wirkliche Erfahrung des Todes darstelle.[173] Vielmehr richtet sich hier die Einsicht in die Unerfahrbarkeit des Todes selbst gegen Heideggers Annahme, in existentieller Begegnung mit der Sterblichkeit würde eine höhere, apodiktische und unmittelbare Gewißheit des Todes zugänglich. Sternberger forciert wie Landsberg den Vorrang der Faktizität in der Dimension des Mitseins, und sie streichen die existentielle Todesgewißheit durch zugunsten des hervorragenden Phänomens des erfahrbaren Sterbens konkreter, d.h. geliebter, Anderer im Medium der Intimität, und d.h. in faktischer Intersubjektivität.[174]

Der Tod fungiert also als limitierendes principium individuationis nur im Medium des Mitseins, d.h. in der als Faktizität zu deutenden Intersubjektivität, in Gestalt empirisch vermittelter Selbstbezüglichkeit der interaktiven Erfahrung

[172] statt Heideggers Präjudizierung dieser Gewißheit des verfallenden Daseins als Verdrängung: Freud, der miteilt, daß das Unbewußte von seiner Unsterblichkeit überzeugt ist, vgl. vor der Einführung des Todestriebes in JdL, 1920, ZüKuT, S. 49ff, wo selbst die platonische und christliche Seelenbegrifflichkeit forsch generalisierend auf das unbewußte Motiv zur Unsterblichkeit bezogen wird.

[173] SuZ, S. 257.

[174] Sternberger, ÜT, S. 77ff; Sternberger kommentiert im später zugefügten Vorwort seine Bemerkung am Rande seines Exemplares von SuZ, wo das Sterben anderer ein "Ersatzthema" genannt wird: "'Nach der Erfahrung(...), daß ein geliebter Mensch stirbt' werde hier gar nicht gefragt, alles sei schon 'solipsistisch' verbaut. Es war die Lieblosigkeit die mich zum philosophischen Widerspruch reizte", ebda S.7. Vgl. den Unterschied zu Heidegger bei Paul Ludwig Landsberg, DET, S.21: "Wir wählen als Ausgangspunkt die Erfahrung vom Tode des Mitmenschen." und Anmerkung 9, S.21, die sich direkt gegen Heidegger abgrenzt. Paul Ricoeur nennt entsprechend die Sartresche Deutung des Todes als Unterbrechung der Offenheit des möglichen Daseins mindestens ebenso berechtigt wie die Heideggersche Beschreibung der Rolle des Todes. Vgl. Ricoeur, ZuE, III, S.67.

der Sterblichkeit. Als singularisierendes principium individuationis ist er nicht notwendig das einzige oder hervorragende Phänomen. Also auch mit Blick auf die Funktion des Vorlaufens zum Tode kann gegenüber SuZ die Rolle der alltäglichen Öffentlicheit als Bedingung der Möglichkeit eines personalen Selbstverhältnisses betont werden. An die Stelle einer transformierten religiösen Individuation, in der Sünden- und Schuldbewußtsein mit der Verurteilung zur Sterblichkeit einhergehen, tritt die Suche nach öffentlichen Quellen der Individuation.

Schließlich ist das, woran jeder Einspruch gegen die Daseisanalyse von SuZ hängt, die Sprache.

Heidegger unterscheidet auch das explizite Verstehen von Selbst und Welt, die Auslegung, von der Form der prädikativen Aussage. Durch die Identifikation der Alltäglichkeit mit dem 'Gerede' in der Durchschnittlichkeit sowie mit einer propositional ausdifferenzierten Sprache überhaupt wird die eigentliche Auslegung auf Vorprädikativität festgelegt.

Dabei wird erstens unterstellt, daß ein nichtpropositionales vorprädikatives Verstehen zur Ausbildung eines konkreten, also unterscheidenden und identifizierenden Selbstbezuges hinreicht.[175]

Die Analyse der Geschichtlichkeit, die einzige Stelle, welche die Möglichkeiten des Daseins in ihrer Konkretion beschreiben soll, legt im Unterschied zu Gadamers Ontologie "am Leitfaden der Sprache"[176] nirgendwo den Akzent auf die Sprachlichkeit der "Wiederholung". Das entspricht der Kennzeichnung des authentischen Entwurfes als Verschwiegenheit des Daseins, welche auf die Sprache als Bedingung der Möglichkeit von Verstehen und Entwurf verzichten können soll. Wie die Behandlung der Zeichenfunktion gezeigt hat, wird die Verweisung mit der Verknüpftheit des Zuhandenen auf der Stufe der unexpliziten, pragmatischen Faktizität kurzgeschlossen. Die Verweisung soll also nicht begriffen werden müssen als genuin sprachliche (und d.h. öffentliche) Katego-

---

[175] Wenn man absieht von der späten Prätention auf 'elementare Worte', die ihre existentielle Bedeutung gegen jede Konventionalisierung verteidigen können sollen. Diese Andeutung findet sich in: Heidegger, SuZ, S. 220. Mit Bezug auf diese 'elementaren' Worte deutet Rorty die spätere Wendung Heideggers zur Sprache bzw. die Funktion der Identifikation von strengem Denken und Dichtung und die Umkreisung von vermeintlichen Schlüsselworten der metaphysischen Tradition: Rorty, KIS, S. 194.

[176] Gadamer, WuM, S. 361ff.

rie. Hier schreibt SuZ die Husserlsche Theorie vorprädikativer und doch klar unterscheidender Unmittelbarkeit von Erlebnissen und sachlicher wie temporaler Horizontalität fort, auch wenn das hermeneutische Als den Horizont umgreifender Verweisung gegenüber der individuellen Gegenstandsauffassung vorzieht. Die Voraussetzung einer präzisen Identifizierbarkeit vorsprachlich ausgelegter Möglichkeiten wiederholt damit die Husserlsche Strategie, vor die Sphäre von Ausdruck und Bedeutung die Schicht konkreter noematischer Sinne zu legen.[177]

Zweitens wird die Sprache auf eine rigide, verdinglichende Konventionalität eines begrifflichen Werkzeuges, d.h. auf eine objektive Allgemeinheit, die keine Individualität kennt, beschränkt. Darin liegt die Verdrängung von Alternativen zum bloß konstatierenden Gebrauch propositionaler Sprache, also die Ausblendung der Unterscheidung performativer Modi und der Unterscheidung zwischen performativ-pragmatischer und propositionaler Dimension selbst. Die Möglichkeit eines nicht-verdinglichenden Sprachgebrauches wird grundsätzlich geleugnet. Zwar unterscheidet Heidegger das hermeneutische und das apophantische Als, so daß die Abkünftigkeit der Aussage aus der Auslegung kein Votum für die unmittelbare Gegebenheit von Gegenständlichkeit ist, sondern eben für die Ausdifferenziertheit des vorprädikativen Verstehens.[178] Aber es ist Heidegger selbst, hier geheimer Verbündeter der formalen Semantik, der die Sprache auf den konstativen Modus festlegt und sie gemeinsam mit der Öffentlichkeit zum Antagonisten der Eigentlichkeit erklärt. Entsprechend kritisiert Tugendhat zurecht, daß die Vorstellung einer vorprädikativen Auslegung "aus der Sprache herausführt".[179] Nur ist es nicht der Charakter der Zuhandenheit selbst, der aus der Sprache führt; denn die Faktizität ist im Modus der durchschnittlichen Ausgelegtheit zwar kritisch aber positiv durch Sprachlichkeit be-

---

[177] Vgl. Derridas Analyse der Beziehung von Sinn und Bedeutung bei Husserl, die dem Husserlschen Begriff des Sinnes unter dem Titel "weißer Schrift" die Prämisse ablauscht, die der vorprädikativen Erlebnisschicht ohne Sprache das gleiche Differenzierungniveau, das in der Sprache ermöglicht ist, unterstellt. Dazu: Derrida, FB, S. 167.

[178] Wie C. Lafont gegen Tugendhats Einspruch gegen Heidegger aufgrund der Beharrung auf die propositionale Strukturiertheit der Wahrnehmung einwendet, die dieser formalsemantisch auf die Form der Aussage einengt, Lafont, MS, S. 46. Vgl. Tugendhats Überzeugung, der bestimmte Charakter eines Zuhandenen müsse nicht nur propositional sondern auch in Form von deskriptiven Aussagen konstatierbar sein, SuS, S. 187.

[179] Tugendhat, SuS, ebda.

stimmt, wenn diese auch zum Gerede verfälscht erscheint. Es ist die personale Individualität als eigentliche und ontologisch bestimmende Existenz, die sich - von Heidegger dazu berufen - von der Sprache im Ganzen, und nicht nur von ihrer prädikativen Form, befreien soll.

Der 'Holismus' von SuZ ist somit im Unterschied zu Gadamers Konzeption in WuM eigentlich gar nicht ein sprachlicher, sondern ein rein pragmatischer im Sinne vorprädikativer Weltvertrautheit, zumal die sprachlich differenzierte Artikulation des verstehenden Erschließens entweder existentiell aufgehoben wird oder als verfallene auf die cartesianisch verformte Sorge, die zur bedeutungsverleihenden Intentionalität wird, zurückgeführt wird.

Auf die symptomatische Behandlung des Zeichens, die die Trennung zwischen dem Sinn als Substrat der Auslegung und der auf die Zeichenstruktur angewiesenen Signifikation vollzog, ist bereits eingegangen worden. Bedeutsamkeit und Bewenden-lassen sind die Daseins- und Weltpole des verstehenden In-der-Welt-Seins im Bereich vorprädikativer Auslegung.

Scheinbar ragt bei dieser ganzen problematischen Sprachtheorie von SuZ als ein Lichtblick das in SuZ en passent gestreifte Phänomen der "Rede" heraus. Ist nicht hier ein eigentlicher Modus des Sprachgebrauches auszumachen?

Wie sich aus dem Zusammenhang des Zeuges einzelnes Zeug sekundär löst, so läßt sich laut Heidegger das in der Artikulation Gegliederte, d.h. das "Bedeutungsganze" zu einzelnen Bedeutungen auflösen. Hier hat die 'Rede' ihren systematischen Platz: "Rede ist die Artikulation der Verständlichkeit. (...) Die befindliche Verständlichkeit des In-der-Welt-Seins spricht sich als Rede aus. Das Bedeutungsganze der Verständlichkeit kommt zu Wort. Den Bedeutungen wachsen Worte zu."[180]

Die Rede scheint folglich nichts anderes zu sein als nur eine weitere Bezeichnung für das, was die Artikulation der Auslegung genannt worden war. Die 'Mitteilung' ist an anderer Stelle bereits erwähnt worden. Hier wird deutlich, daß die kommunikative Leistung der sprachlichen Vermittlung von Vorverständnissen, die differenten Sprechern zuzuordnen sind, im 'Hörer' aufgehoben wird durch die prässumptive Gleichförmigkeit der Verständnisse, die als Verstehen nur eines Daseins im Mitsein vorausgesetzt wird. Zudem bleibt die

[180] Heidegger, SuZ, S. 161.

Rede, und mit ihr der ganze Phänomenbereich der Sprache, wieder der Alltäglichkeit zugeordnet, was Heidegger am Schluß des betreffenden Paragraphen unmißverständlich betont.[181]

Die Identität sprachlicher Bedeutung löst sich also aus dem Bedeutungsganzen wie die Identität einzelner Dinge aus den Zeugzusammenhängen. Das wäre eine Form des sprachlichen Holismus, wenn das Bedeutungsganze als Sprache verstanden würde. Sprache ist für Heidegger, wenigstens in SuZ jedoch das kalte ergon der zu Begriffen und Phrasen erstarrten, nur im Modus der Authentizität lebendigen, Bedeutungen. Die Sprache der Alltäglichkeit wird vorgestellt als verdinglichendes, subsumierendes Gerede, das im Prinzip nur aus allgemeinen Termini besteht, deren Bedeutungen zudem ein intentionalistisch gedachtes Verfallsprodukt des horizonthaften Verstehens sein sollen.

Darum ist die Zeitlichkeit der Rede, der in Suz nicht einmal eine Seite gewidmet ist, auch kein vielversprechendes Konzept für die vom Dasein unabhängige, sprachlich vermittelte ursprüngliche Zeit. Die Rede als Artikulation der Einheit von Verstehen, Befindlichkeit und Verfallen ist auf keine der für letztere typischen zeitlichen Ekstasen festzulegen. Das bedeutet aber nicht, daß hier ein Zeithorizont eigenen Rechts entdeckt wäre; sondern die Zugehörigkeit der Rede zum Verfallen macht diese Indifferenz bezüglich der Ekstasen wieder nur zum Symptom der verfallenen Gegenwartszentrierung.[182] Demgegenüber würde eine Rückführung der Existentialität in den Bereich der innerweltlichen Faktizität gerade das Potential der Rede als Basis einer daseinsunabhängigen Zeitigung freisetzten.[183]

---

[181] Heidegger, SuZ, S. 166: Aufgabe der Analyse der Sprache ist die Vorbereitung dafür, "(...) am Leitfaden einer fundamentalen Seinsart der Rede im Zusammenhang anderer Phänomene die Alltäglichkeit des Daseins ontologisch ursprünglich in den Blick zu bringen (...)." Das hier 'ein' fundamentaler Modus beschrieben werde, deutet scheinbar an, andere würden folgen, das ist jedoch nicht der Fall; Abschnitt d) des § 68 "Die Zeitlichkeit der Rede" fügt nichts hinzu außer der erneuten Beteuerung, daß eine Analyse der sprachlichen Erscheinungsweisen der Zeit ohne die in SuZ geleistete Arbeit boden- und wertlos sei. Vgl. Heidegger, SuZ, S. 349. Zur Untauglichkeit der Erklärung der 'linguistischen' Phänomene durch ein Derivationsgefüge, das bei der Rede ansetzt: Aler, HCL, S. 56; Kockelmanns, ODHL, S. 210; und Rorty, WHL, S. 62.

[182] Heidegger, SuZ, S. 347f.

[183] So verfährt Paul Ricoeur (siehe Teil 3), der gerade, um dem daseinsunabhängigen Zeithorizont das entscheidende Erklärungspotential des Phänomens der weltvermittelten Selbstbeziehung zurückzuerstatten, Heideggers Betonung des Todes als monologisches Prinzip der Selbstidentifikation kritisiert. Vlg. Ricouer, ZuE, III, S. S. 67.

Der Existenz bleibt das Schweigen anempfohlen: "Nur im echten Reden ist eigentliches Schweigen möglich. (...) Verschwiegenheit artikuliert als Modus des Redens die Verständlichkeit des Daseins so ursprünglich, daß ihr das echte Hörenkönnen und durchsichtige Miteinandersein entstammt."[184] Wie das vorzustellen sei, bleibt ein Rätsel, denn außer dem Aufruf zum Schweigen gibt Heidegger in SuZ nirgendwo einen bestimmten Hinweis auf eine vernehmbare Variante eigentlicher Rede. Die authentische Existenz ist stumm.

Heideggers Verhältnis zur Sprache in SuZ wird schließlich überdeutlich resümiert: "Die philosophische Forschung wird auf die Sprachphilosophie verzichten müssen, um den 'Sachen selbst' nachzufragen."[185]

Es ist also leicht sichtbar zu machen, daß die Aufnahme der Daseinsanalyse zur Anreicherung des Begriffes einer innerweltlichen personalen Individualität nur durch eine gegenüber Heidegger alternative Rekonstruktion der Struktur und der individualisierenden Leistung einer öffentlichen Spache erfolgen kann. Eine solche Rekonstruktion muß, wie bereits vielfach gezeigt wurde, die temporale, modale und praktische Eigenart der personalen Individualität berücksichtigen.

Mit Bezug auf die normative Dimension des Selbstverhältnisses, d.h. auf die Frage der Authentizität und der Selbst-Bestimmung, hat Ernst Tugendhat für diesen Schritt einen ersten Vorschlag gemacht:

In seiner Arbeit "Selbstbewußtsein und Selbstbestimmung" hat er vorgeschlagen, neben der theoretischen Form des Selbstverhältnisses, d.h. neben dem Selbst-Bewußtsein, auch die praktische Form der Selbst-Bestimmung in den Geltungsbereich propositionaler Sprache aufzunehmen. Das 'Sich-zu-sich-Verhalten' wird so gedeutet, daß auch das zweite 'Sich' "propositional expandierbar"[186] ist. Das heißt: In Aufnahme der oben genannten Einwände gegen die vermeintliche Vorprädikativität des Verstehens und des Selbstverstehens erläutert Tugendhat die verstehende Auslegung eigener Möglichkeiten als einen intentionalen Bezug zu Propositionen. Hierbei ist im Unterschied zur theoretischen Frage nach dem Selbst-Bewußtsein der propositionale Gehalt kein Sach-

---

[184] Heidegger, SuZ, S. 165.
[185] Heidegger, SuZ, S. 166.
[186] Tugendhat, SuS, S. 156.

verhalt im Sinne deskriptiver Eigenschaften von Personen, sondern eine Handlungsmöglichkeit des personal zurechenbaren Verhaltens. Diese Ergänzung folgt Tugendhats grundlegenderem Interesse an einer Erweiterung des "veritativen Seins".

Diese Frage hatte ihn bereits in seiner Arbeit zum Wahrheitsbegriff bei Husserl und Heidegger beschäftigt und dort auf die Spur der "produktiven" Wahrheitsdimension in Husserls Begriff der 'letzten Verantwortbarkeit des theoretischen Logos' gebracht. Mit Bezug auf Heideggers Wahrheitsbegriff fand er sich jedoch angesichts der Assimilation von Wahrheit und Offenbarkeit durch diesen enttäuscht.[187] In "Selbstbewußtsein und Selbstbestimmung" identifiziert Tugendhat dann aber einen konstruktiven Beitrag Heideggers zur gesuchten Erweiterung des veritativen Seins. Durch die Deutung der Selbst-Bestimmung als eine Bezugnahme auf Sätze, die Tätigkeitsprädikate enthalten, wird die existentielle Genese zur praktischen, und d.h. sowohl normativen als auch pragmatischen, Erweiterung des an deskriptiven, theoretischen Sätzen gewonnenen Wahrheitsbegriffes.[188]

Die Modalität und die Zeitlichkeit der durch Heidegger bestimmten Existentialität erscheinen dabei in der sprachanalytischen Differenzierung zwischen propositionalen Gehalten: Die Propositionen, zu denen Dasein als selbstbestimmendes sich verhält, sind nicht das konkrete Faktum, daß es existiere bzw. diese oder jene Eigenschaften habe, sondern eine - respektive mehrere - bevorstehende Existenzmöglichkeit(en), die der freien Wahl unterliegt(-liegen). Der kategoriale Unterschied zwischen einem konstativen Selbstbezug (Selbstbewußtsein) und einer autonomen Entscheidung zwischen propositional repräsentierbaren Alternativen (Selbstbestimmung) entstammt mithin auch in einer solchen sprachtheoretischen Interpretation der Zukünftigkeit und der Kontingenz der zu wählenden Möglichkeiten.

---

[187] Zu Tugendhats Interesse an Husserls normativer Erweiterung des phänomenologischen Erkenntnisinteresses: Tugendhat, W, S. 4 und S. 404f; zu seiner diesbezüglichen Enttäuschung bei Heidegger: ders., W, S. 396; vgl. die Tugendhatkritik von Emil Kettering, die ausgesprochen affirmativ die Hierarchisierung Heideggers von Offenbarkeit, ursprünglicher Erschlossenheit und der Möglichkeit der Wahrheitsfrage gegen Tugendhats vermeintlich abstrakte Kritik auszuspielen versucht: Kettering, FuF, S. 209f.

[188] Tugendhat, SuS, S. 183.

Damit sieht Tugendhats Erweiterung des veritativen Seins in Anlehnung an die Daseinsanalyse einen Wiederanschluß der Selbstbeziehungsproblematik an die intersubjektive Geltung vor. Denn die "veritative Symmetrie" zwischen personenbezogenen Aussagen aus der Ich- wie aus der Er-Perspektive, die das semantische Wahrheitskriterium mit dem Selbstbewußtsein aussöhnen soll,[189] transformiert sich in der praktischen Dimension zum Prinzip der Möglichkeit einer intersubjektiven Anerkennung der getroffenen Wahl. Die Willensfreiheit, d.h. das existentielle 'Zu-sein', wird aus Heideggers Zwang zur Absage an die Möglichkeit intersubjektiver Rechtfertigung gelöst, indem die propositionale Form der Tätigkeitsprädikate den Gegenstand der Wahl aus der privatsprachlichen Verschwiegenheit des Daseins in die Öffentlichkeit semantischer Zugänglichkeit zurückbringt.

Damit kann ein erster Schritt der Korrektur von SuZ vollzogen werden: Das Verstehen darf nicht als vorprädikative Kompetenz unterscheidender Bezugnahme auf bereits konkrete Möglichkeiten mit der 'umwelthaften' Vertrautheit vorprädikativ fungierender Intentionalität identifiziert werden. Eine gehaltvolle Selbstbeziehung ist angewiesen auf die Vermittlungsleistung des öffentlichen Mediums einer intersubjektiv geteilten, d.h. verständlichen Sprache. Erst unter der Bedingung der Rekonstruktion dieser Vermittlung kann der Sinn von Heideggers Formulierung, daß das Dasein "aus", "gegen" und "für" die öffentliche Auslegung seine Wahl trifft, auch mit Akzent auf der im 'Für' angezeigten Richtung verständlich gemacht werden. Denn nur im Horizont eines intersubjektiven Verstehens kann eine existentielle Wahl auf ein Verständnis treffen, das die geltungsspezifische Form der Anerkennung haben kann. Und nur der Bezug des existentiellen Daseins auf ein derart öffentlich gültiges Verständnis kann die Identität des Daseins als 'Ganzseinkönnen' sichern. Wenn nämlich nicht wie bei Heidegger die Identität als 'Ständigkeit' extramundan begriffen werden kann, verweist die Identität individueller Personen auf notwendig öffentliche Kriterien verläßlicher Identifizierung. Solche Kriterien müssen nicht, wie die Heideggersche Engführung der Öffentlichkeit suggerieren will, ausschließlich Kriterien der numerischen Identität sein.

---

[189] Tugendhat, SuS, S. 89.

Doch an dieser Stelle ist es Zeit, die 'konstruktive' Seite der Heideggerschen Ontologie ins Spiel zu bringen. Tugendhats Vorschlag kann zwar in einem ersten Schritt zeigen, daß die intersubjektive Sprache reicher ist, als es Heideggers Kritik an der Aussage und an der Öffentlichkeit suggerieren wollte. Damit wird der Weg bereitet für die sprachtheoretische Aufnahme des daseinsanalyischen Anstoßes, die personale Individualität als pragmatisch-praktische Erscheinung zu begreifen. Noch nicht gezeigt wurde damit jedoch, ob die Tugendhatsche Semantik der zeittheoretischen Anreicherung des Begriffs der Gegebenheit der Person wirklich gerecht werden kann. Heidegger ging es in der Rekonstruktion einer ursprünglichen Zeit um die Frage nach dem Sinn von Sein. Diese Frage läßt sich übersetzen in die Suche nach dem 'hermeneutischen Apriori', d.h. in die Untersuchung des phänomenologischen Problems der Bestimmung der 'Gegebenheit' von Gegenständen überhaupt. Nun sollte sich Heidegger zufolge die Synthesis der ursprünglichen Zeit als ontologischer Horizont der Möglichkeit von Gegebenheit überhaupt von der Synthesis der theoretischen Vernunft unterscheiden. Wenn jetzt die intersubjektive Sprache als Bedingung der Möglichkeit der existentiellen Genese in den Vordergrund rücken soll, ändert sich die Perspektive, in der die 'ontologische' Frage nach der Gegebenheit überhaupt gestellt werden kann, ohne daß eben diese Frage ganz verschwindet.

Mit anderen Worten: Das für Heidegger 'ontologische' Problem der Gegebenheit von 'Seiendem' wird zum sprachtheoretischen Problem der Formen, in der sich sprachliche Ausdrücke auf Gegenstände beziehen und damit zum Problem der Form, welche die Gegenständlichkeit selbst durch die Form des Sprachgebrauches bekommt. Für die hier verfolgte Frage heißt das: Heideggers Problem der ursprünglichen Zeit wird in einer sprachtheoretisch orientierten Rekonstruktion von personaler Individualität zu der Frage, wie über Personen gesprochen werden muß (bzw. ob überhaupt 'über' sie gesprochen werden sollte), damit sie in ihren jeweiligen Selbstverhältnissen zu einem individuellen, pragmatischen Zeithorizont finden können, der als 'eigentliche' Zeit (und d.h. dann nur noch eigene, nicht mehr ursprüngliche bzw. ontologische Zeit) beschrieben wurde. Wie muß über Personen gesprochen werden, damit die sprachliche Funktion der Identifizierung ihre 'Seinsweise' nicht auf die Beharrlichkeit einer numerischen Identität festlegt? Dazu gehört nicht allein die Berücksichtigung von Sätzen, die Tätigkeitsprädikate enthalten, sondern auch ein sprachtheoretisches Äquivalent für die ursprüngliche Zeit als 'Synthesis' der spezifischen Gegebenheitsweise von personalen Individuen als Bezugs-'gegenstände' sprachlicher Ausdrücke. Diese Forderung wird durch Tugendhats Vorschlag noch nicht befriedigt:

Denn die Tugendhatsche Variante der Korrektur von SuZ entrichtet einen hohen Preis für ihre Version der 'Versprachlichung' des existentiellen Verstehens. Tugendhats formalsemantischer Begriff eines über die Sprache an die intersubjektive Geltung angeschlossenen Selbstverhältnisses ist nicht frei von allen Restriktionen eines empiristischen Personalitätsbegriffes. Die 'veritative Symmetrie' geht einher mit der 'epistemischen Asymmetrie', d.h. die Wahrheitswerte von subjektbezogenen Sätzen bleiben beim Wechsel zwischen Innenperspektive (1.Person) und Außenperspektive (3.Person) erhalten, während sich die epistemischen Zugangsmöglichkeiten zu den dem Satzsubjekt prädizierten Zuständen zwischen den Perspektiven asymmetrisch verhalten. Das Subjekt hat privilegierten Zugang zu den subjektiven Zuständen, auf die sich die Prädikate beziehen. Dies ist ein Reflex der sprachanalytischen Konvention, das Problem der subjektiv attribuierten Intentionalität auf die Unkorrigierbarkeit intentionaler Sätze zu beschränken. Dementsprechend ist Tugendhats Prinzip der veritativen Symetrie zu lesen als eine Antwort auf das traditionelle sprachanalytische Problem der Substituierbarkeit von Wahrheitswerten und der Unmöglichkeit der Existenzverallgemeinerung von intentionalen Objekten in 'belief-' Sätzen. Es kann wahr sein, daß S glaubt, daß 'p', auch wenn 'p' falsch ist. In diesem Rahmen ist die Frage nach Personalität eingeführt als Irritation des formalsemantischen Wahrheits- und Bedeutungsbegriffes durch das Phänomen des Mentalen. Tugendhats Lösung ist vor diesem Hintergrund zu sehen, und sie besteht darin, den privilegierten Zugang (epistemische Asymmetrie) und den Wahrheitswert (veritative Symmetrie) zu trennen, so daß die Geltung subjektbezogener Sätze formalsemantisch garantiert ist. Dieser Zuschnitt führt jedoch dazu, daß die Substituierbarkeit von Propositionen zwischen erster und dritter Person das Selbstverhältnis engführt auf die Internalisierung einer observationalistisch gedachten Außenperspektive. So behauptet Tugendhat, daß das

Selbstverhältnis dann, wenn das Pronomen 'Ich' eine Referenz haben soll, also etwas, respektive jemanden, identifizieren soll[190], aus einem Primat der dritten Person erklärt werden muß: "Die Erkenntnis einer Person als wahrnehmbaren Körper geschieht wesensmäßig aus der Perspektive des Betrachters, der 3. Person."[191]

Gültige Selbsterkenntnis führt somit das Selbstverhältnis in Tugendhats Beschreibung am Ende auf die verdinglichende Internalisierung einer empiristisch zugeschnittenen Beobachterperspektive zurück. Und auch für die praktische Seite der Selbstbestimmung gilt - obgleich hier nicht personale deskriptive Eigenschaften der Gegenstand der selbstbezüglichen Sätze sind, sondern 'die' praktische Frage - daß die Bestimmung der Antwort auf die praktische Frage aus einem Zusammenspiel von Ich- und Er-Perspektive ensteht. Darin erscheint vermittelt Tugendhats Bezugnahme auf P.F. Strawsons Engführung der zeitlichen Horizontalität.

Denn nach Strawson lassen sich Prädikation und Identifikation unterscheiden, wobei die Identifikation in der Referenz des Subjektausdruckes bzw. von indexikalischen Ausdrücken einer prädikativen Aussage als Bezug auf ein logisches Individuum besteht. Dessen Individuierung schließlich wird gedacht als Lokalisierung in einem homogenen, formalen Raum-Zeit-Kontinuum[192].

---

[190] Hierhin gehört die ausgedehnte Debatte über die Frage, ob das Pronomen 'Ich' eine Referenz hat (vgl. dazu H.N.Castaneda, RS), auf die ich hier nicht eingehen kann. Vgl. als Verbindung zwischen dieser Debatte und dem Problem der zeitrelativen Identifikation: Elmar Holenstein, MS, S. 14-77.

[191] Tugendhat, SuS, S. 85. Bei der Tugendhatschen Heideggerinterpretation, die immer wieder fragt, "wie weit das, was Heidegger nur evoziert, in eine kontrollierbare Mitteilung übersetzt werden kann",ist zu berücksichtigen, daß sie sich stets auf Heideggers allgemeine Kennzeichnungen des Daseins ohne besondere Berücksichtigung der Differenz von Eigentlichkeit und Uneigentlichkeit konzentriert (die Würdigung der Eigentlichkeit in der zehnten Vorlesung, übersetzt die existentielle Genese in die Eröffnung des Spielraumes freier Wahl und trifft damit sicher den ontologischen Punkt, läßt aber die 'Unvertretbarkeit' am Rande liegen, vg. Tugendhat, SuS, S.232ff), also z.B. nicht das eigentliche Dasein als Beschreibung personaler Individualität untersucht. Auch darum geht Tugendhat zwar auf den Vorrang der Zufunft ein, um daran die moraltheoretischen Implikationen der Selbstbestimmung zu entfalten (S. 194), nirgends aber auf die ekstatische Zeitlichkeit als Horizont personaler Individualität.

[192] Vgl. Tugendhat, SuS, S. 175; Strawson,I und M. Franks Kritik an Tugendhats Vertrauen in die Strawsonsche Theorie der Identifikation in: Frank, SPI, S. 17ff.

Die observationalistisch internalisierte Selbstidentifikation Tugendhats setzt kraft dieses Hintergrundes eine formalistische Raum-Zeit-Ordnung voraus, welche die Identität einer empirischen Person an die Identität eines Körpers der Newtonschen Mechanik assimiliert. In Heideggers Sprache hieße das: personale Antworten auf das Problem der Selbsterkenntnis und der Selbstbestimmung werden vor dem Hintergrund der derivativen Innerzeitigkeit verhandelt. Die Auseinandersetzung mit einer solchen zeittheoretischen Vorstellung führte Heidegger in seiner Kritik an Kant: Während in "Kant und das Problem der Metaphysik" vornehmlich die Frage des theoretischen Apriori mit Rücksicht auf die Zeitlichkeit verhandelt wird, ist in "Die Grundprobleme der Phänomenologie" die Verknüpfung von Seinsverständnis, Freiheit und schließlich Zeitlichkeit deutlicher sichtbar: Kant, schreibt Heidegger hier, "(...) hat nicht gezeigt, daß das 'Ich handle' selbst nicht so, wie es sich gibt, in dieser sich bekundenden ontologischen Verfassung interpretiert werden kann. Vielleicht ist gerade die Zeit das Apriori des Ich, - Zeit allerdings in einem ursprünglicheren Sinne, als Kant sie zu fassen vermochte. Er rechnt sie zur Sinnlichkeit und hatte deshalb von Anfang an gemäß der Tradition einzig die Naturzeit im Auge."[193]

Und in der Tat kennt die Kritik der praktischen Vernunft nur die Dichotomie zwischen einem Begriff zeilicher Extension, den die reine Form der inneren Anschauung solchen Dingen verleiht, die als Gegenstände der Naturkausalität unterworfen sind, und der Zeitlosigkeit der reinen Vernunft. Diese, für Heidegger unvollständige, Disjunktion ist ihrerseits einem Begriff der Kausalität geschuldet, dessen Gefährdung durch die Antinomie einer unbedingten ersten Ursache nur durch den Begriff einer 'übersinnlichen' Freiheit abgewendet werden kann[194]. So schreibt Kant: "Der Begriff der Kausalität als Naturnotwendigkeit zum Unterschiede derselben als Freiheit betrifft nur die Existenz der Dinge, sofern sie in der Zeit bestimmbar ist, folglich als Erscheinung im Gegensatze ihrer Kausalität als Dinge an sich selbst. Nimmt man nun die Bestimmung der Existenz der Dinge in der Zeit für Bestimmungen der Dinge an sich selbst (welches die gewöhnlichste Vorstellungsart ist), so läßt sich die

[193] Heidegger, GPP, S. 207

[194] Zur Funktion des Freiheitsbegriffes als 'Schlußstein' der gesamten Vernunftkritik, ohne den die Idee des Unbedingten leer bliebe und das gesamte System drohe, in einem "Abgrund des Skeptizismus" zu versinken: Kant, KdpV, S. 3.

Notwendigkeit im Kausalverhältnisse mit der Freiheit auf keine Weise vereinigen, sondern sie sind einander kontradiktorisch entgegengesetzt. (...) Da nun die vergangene Zeit nicht mehr in meiner Gewalt ist, so muß jede Handlung die ich ausübe, durch bestimmende Gründe, die nicht in meiner Gewalt sind, notwendig sein, d.i. ich bin in dem Zeitpunkte, darin ich handle, niemals frei."[195]

Für Kant verlangt jede Bestimmbarkeit in der Zeit danach, daß das Bestimmte zu einem empirischen Gegenstand wird, der den Gesetzen der Natur, nicht denen der Freiheit unterliegt. Heidegger hält dagegen, daß im Unterschied zu der Naturzeit bzw. -kausalität die eigentliche, ekstatische Zeit des hermeneutischen Horizontes des daseinsförmigen Selbstverständnisses die Einheit von Freiheit der Handlung und konkreter zeitlicher Bestimmung möglich macht. Das zeittheoretische Argument Heideggers muß also mit dem sprachphilosophischen Einwand Tugendhats gekoppelt werden.

Die Beförderung der sprachlichen Intersubjektivität zu dem Medium einer ursprünglichen Zeit bedeutet nicht, daß es gar keinen 'vulgären' Modus öffentlicher Zeitlichkeit gibt (auch wenn nicht Heideggers irreführender Titel 'Vulgarität' verwendet werden muß). Denn gerade wenn man unterscheidet zwischen einem sprachlichen Zeithorizont, welcher der Struktur der personal individuellen Zeitlichkeit angemessen ist, und einem sprachlichen Zeithorizont, der dies nicht leistet, obwohl er mit Bezug auf andere Gegenstände seine Berechtigung behält, werden Anteile der Kritik an der Alltäglichkeit freigesetzt als eine Theorie der 'Entfremdung' bzw. der Verdinglichung personaler Identität. Der Versuch von Tugendhat geht also einen Schritt in die richtige Richtung - man könnte sagen, auf die Versprachlichung des Verstehens zu - dann aber einen Schritt zu weit, der die Horizonthaftigkeit des Verstehens in der Präsupposition eines objektivistischen Zeithorizontes auflöst. Damit wird die Region der konstativen Aussagen zwar modal und zeitlich durch die sprachliche Form der Selbst-Bestimmung ergänzt; die Sprache der Identifizierung aber bleibt von der zeitlichen Horizontalität des Verstehens abgekoppelt. Diese 'Inkonsequenz' ist der Beschränkung von Tugendhats Korrekturvorschlag auf die semantische Seite der Sprache geschuldet. Zwar ist hier von der pragmatischen Dimension unter dem Titel der 'praktischen' Frage die Rede, aber der Bezug auf die Zeit-

---

[195] Kant, KdpV, S.110.

lichkeit macht es erforderlich, daß die praktische Dimension nicht nur als etwas rekonstruiert wird, 'über' das gesprochen wird, sondern auch als Dimension des Sprechens selbst. Die pragmatisch-praktische Erweiterung des Begriffes der individuellen Person verlangt nach einer pragmatischen Sprachtheorie. Wenn die Person ihre Identität und Individualität nur praktisch realisiert und 'erkennt', kommt es auf den Sprachgebrauch und seine Zeitlichkeit an.

An dieser Stelle erhält die ontologische Frage Heideggers wieder ihre Relevanz. Denn bei Heidegger wird ja wie bei Strawson die Identifizierbarkeit eines Bezugsgegenstandes auf das Kantische Problem der transzendentalen Synthesis bezogen. So wird Heideggers Deutung der Synthesis als ursprüngliche Zeitigung zum hermeneutischen Konkurrenten der Strawsonschen Voraussetzung eines homogenen, formalen Raum-Zeit-Kontinuums. Gewiß hat Heidegger die ursprüngliche Zeit in SuZ, wie gezeigt, vorschnell mit der existentiellen Zeit identifiziert.

Wenn sich aber zeigen läßt, daß die Frage der Zeitigung weder auf die eigentliche Zeitlichkeit reduziert noch zum "pseudosakralen" Metanarrativ der Seinsgeschichte verdichtet werden muß, können die Bedingungen der Möglichkeit der Identifikation auf einen hermeneutisch begriffenen Zeithorizont bezogen werden.[196] Dieser Zeithorizont muß entgegen SuZ gedeutet werden als der zeitliche Horizont der intersubjektiven Sprache, der sich als eine gesellschaftliche Form der Zeit zwischen die existentielle Zeit und die objektivierte Weltzeit schiebt. Im Unterschied zu Strawson muß hier mit Elmar Holenstein von einem "nonisotropen" Raum-Zeit-Kontinuum[197] gesprochen werden, d.h. die Funktion der Identifikation und der Referenz muß bezogen werden auf einen intersubjektiven, nach Relevanzen zentrierten Horizont der Weltauslegung in zeitlicher Dimension. Es muß also in der intersubjektiven Sprache nach einer daseinsunabhängigen aber nicht objektivistisch verkürzten Zeitigung gesucht werden, d.h. nach einer sprachlichen Form der Zeitlichkeit. Dies Form muß die modalen, temporalen und normativen Horizonte, die Heidegger nur der Zeit des Daseins zuspricht, selbständig eröffnen können, um

[196] Ansätze zu einem solchen Programm stellt David Wood vor in: Wood, RI, besonders: S. 142ff.
[197] Elmar Holenstein, MS.

so als ursprüngliche Synthesis personaler Identität als Bedingung der Möglichkeit existentieller Genese, d.h. der Ausbildung von differenten Zeit- und Verstehenshorizonten, verstanden werden zu können. Und das bedeutet mehr als die Deutung der Hintergrundzeit der Identifikation als historische Zeit, es bedeutet mit Bezug auf die Konstituentien der personalen Individualität die pragmatische Zeitlichkeit des sprachlichen Mediums selbst.

Diese thematische Zuspitzung ist das Ergebnis der Entkoppelung von ontologischer und daseinsanalytischer Frage. Diese Entkoppelung hat nicht nur thematische sondern auch methodische Konsequenzen: Wenn weder die ontologische Frage noch die daseinsanalytische Frage befriedigend aus einer egologisch-introspektiven Perspektive beantwortet werden können, wird ein Perspektivenwechsel notwendig. Dieser Perspektivenwechsel führt zur Aufgabe der ontologischen Prätention selbst: Denn die ursprüngliche Zeit als Struktur des intersubjektiven Sprachgebrauches ist nicht mehr als hermeneutische Synthesis des "Sinns von Sein" (wenn von einem solchen überhaupt gespochen werden kann) anzusprechen, sondern vorerst nur als Synthesis der sprachlichen Gegebenheitsweise personaler Identität und Individualität. Damit haben wir uns an dieser Stelle bereits von der phänomenologischen Innenperspektive wie von der ursprungsphilosophischen Ontologie verabschiedet. Die Ergebnisse der phänomenologischen-hermeneutischen, d.h. daseinsanalytischen Bestandsaufnahme personaler Individualität werden vom methodischen terminus a quo zum theoretischen terminus ad quem, auf den hin der Sprachgebrauch zu befragen ist.

Die philosophische Unternehmung, die beiden Anforderungen gerecht wird, sowohl dem methodischen Perspektivenwechsel als auch der theoretischen Frage nach einer öffentlichen sprachlichen "ursprünglichen" Zeitlichkeit, ist Paul Ricoeurs Theorie der Narrativität.

3. Teil: Ricoeur - die narrative Zeit

3.1. Narrative Zeit als öffentlicher Horizont von Handlungen

In Paul Ricoeur begegnet der Leser oder die Leserin einem Autor, in dessen Texten mögliche systematische Erträge sich der hermeneutischen Methode, die sich an einschlägige Klassiker wendet, prima facie unterordnen. Ricoeur nähert sich dem jeweiligen Problem, das er sich in einer Arbeit stellt, stets auf dem Wege einer Interpretation, die entgegen der 'Hermeneutik des Verdachtes', die ideologiekritisch entlarven will, den untersuchten Texten nach der hermeneutischen Maxime, Vollkommenheit vorauszusetzen, höchstes Vertrauen schenkt. Darin äußert sich eine, vielleicht zurecht nachmetaphysisch zu nennende, Überzeugung, daß die eigenen systematischen Geltungsansprüche der Einsicht unterzuordnen sind, daß es keine vorurteilsfreie, neutrale Perspektive auf sachliche Fragen geben kann, sondern nur eine aufmerksame Bestandsaufnahme einer bereits die Heuristik strukturierenden Wirkungsgeschichte[1]. Nicht zuletzt daraus erklärt es sich, daß die Bibliographie der Arbeiten Ricoeurs vordergründig betrachtet keinen einheitlichen systematischen Zug aufweist. Zunächst liegt es nicht auf der Hand, welcher problemorientierte Faden zwischen den ersten Texten über die "Symbolik des Bösen", den Arbeiten zu "Hermeneutik und Strukturalismus", "Geschichte und Wahrheit", dem Buch über Freud, dann der Auseinandersetzung mit Theorien der Metapher, dem umfassenden Werk über "Zeit und Erzählung" und schließlich "Oneself as Another" eine Verbindung schafft.[2]

---

[1] Diese systematische Bescheidenheit steht im Bereich der philosophischen Hermeneutik im Kontrast z.B. zu Gadamers Anspruch, gerade die Aufnahme des Motives der Geschichtlichkeit quasitranszendentaler Möglichkeitsbedingungen von Interpretationsurteilen auf eine universale Struktur zurückzuführen. Diese universale Struktur wird in "Wahrheit und Methode" aus einer Verschränkung eines von Heidegger inspirierten Begriffes eines ursprünglich verstehenden menschlichen Weltbezuges und einer Ontologie der Sprache als dem universalen Medium der Verständlichkeit gewonnen: "Denn sprachlich und damit verständlich ist das menschliche Weltverhältnis schlechthin und von Grund aus. Hermeneutik ist, wie wir sehen, insofern ein universaler Aspekt der Philosophie und nicht nur die methodische Basis der sogenannten Geisteswissenschaften." Gadamer, WuM, S. 459; vgl. auch: Habermas, DUH und: Josef Früchtl, EU, S. 53-58.

[2] Paul Ricoeur, SDM; HuS; GuW; DI; LM; ZuE; OaA.

Gleichwohl soll in jedem Falle aus der wohlwollenden Lektüre klassischer Texte ein systematischer Funke geschlagen werden. Das Instrument zur Erzeugung solchen Funkenschlages ist stets die Konfrontierung von Opponenten, deren bislang ungeschlichteter Streit in einer dialektischen Rekonstruktion der umstrittenen Materie, die die Erträge beider Seiten integriert, aufgehoben werden soll.[3]

Stellt man dieser methodischen Prämisse ein zweites Prinzip, das Ricoeur explizit benennt, zur Seite, d.i. die Aufnahme von 'liegengebliebenen' Problemen in seinem jeweils nächsten Buch,[4] zeigt sich einem zweiten Blick mindestens so etwas wie ein systematisches Leitmotiv.

Dieses Leitmotiv hat selbst keine von Anfang bis zum Ende stabile Gestalt, sondern besteht in einer sukzessiven Entfernung von den theoretischen wie methodischen Selbstverständlichkeiten der Husserlschen Phänomenologie. Die Stationen dieser Entfernung repräsentieren eine fortlaufende Erweiterung der Bestandsaufnahme von Instanzen, die gegen die Theorie der Selbsttransparenz des transzendentalen Subjektes und ebenso gegen die Methode der Introspektion Einspruch erheben.[5] Diese Instanzen sind zunächst: die Unverfügbarkeit volitionaler Erfahrung, das Phänomen des Bösen, der Bereich der Symbolik, das psychoanalytische Unbewußte. Diese Aufmerksamkeit für die psychoanalytische Theorie sprengt nachhaltig den methodischen Rahmen einer Hermeneutik, die die Analyse der Instanzen subjektiv unverfügbarer Konstitution nach

[3] Der Titel "Dialektik" wird zwar von Ricoeur auf das Vorbild Hegels bezogen, er steht allerdings nicht für eine Berufung auf die im Begriff des absoluten Geistes angezeigte Abschließbarkeit des Prozesses einer vermittelnden Interpretation. Die methodologische Charakterisierung des 'dialektischen' Verfahrens, setzt die Unabschließbarkeit der interpretatorischen Synthesen voraus, so daß Ricoeur die Interpretation der Gegensätze zwischen Klassikern zwar zu dem Ergebnis eines integrativen Begriffes der umstrittenen Materie treibt, für dieses Ergebnis jedoch stets nicht mehr als eine hypothetische Geltung beansprucht. Der universalistische Anspruch der Arbeiten Ricoeurs beschränkt sich damit auf die Prämisse der Unabschließbarkeit des in Texten geführten Dialoges.

[4] Ricoeur, AR, S. 32: "(...) Each work responds to a determinate challenge, and what connects it to its predecessors seems to me to be less the steady development of a unique project than the acknowledgement of a residue left over by the previous work, a residue which gives rise in turn to a new challenge."

[5] Vgl. dazu die Übersicht über die systematische Einheit der Arbeiten Ricoeurs bei Paul Mukenbantu: "Cette diversité (der Werkgeschichte, J.R.) constitue ce que Ricoeur appelle les longs détour par lesquels le cogito nécessairement décentré doit passer pour finalement se retrouver." Mukenbantu, OUR, S. 209, und Michel Philibert, TMR, S. 134-139, sowie John B. Thompson, EI, besonders: S. 25-29.

wie vor aus der 'Innenperspektive' eines Subjektes der Reflexion leisten wollte: "It quickly became clear, that psychoanalytic theory as a whole would have to be confronted, not only with my version of the symbolic function, but also with the reflective philosophy on which I was grafting the interpretation of symbols. For in my earlier works, the great detour via signs had not called into question the primacy of the subject."[6]

Die auf die Arbeit über die Psychoanalyse folgende Auseinandersetzung mit dem Strukturalismus sowie die Aufnahme des Themas der Metapher folgen nun einer Perspektive, die ihr methodisches Selbstverständnis aus einer nachsubjektivistischen Auffassung der Rolle der Sprache herleitet.

Die Untersuchung der Heideggerschen Daseinsanalyse im vorausliegenden Teil dieser Arbeit war zu dem Ergebnis gekommen, daß für Heideggers Begriff der ursprünglichen Zeit ein sprachlich intersubjektives Äquivalent gefunden werden muß. Für die Suche nach dieser sprachlich öffentlichen Zeitlichkeit, die Modell, Bedingung und Ressource des zeitlichen Horizontes personaler Selbstverhältnisse sein soll, ist die Entwicklung der Ricoeurschen Arbeiten von Nutzen. Denn erstens transformiert sich in der Werkgeschichte Ricoeurs der Ansatz bei einem reflexionsphilosophischen Begriff der Subjektivität zu der Frage nach den dem Subjekt entzogenen Bedingungen der Möglichkeit bewußter Selbstverhältnisse, und zweitens werden diese Bedingungen als öffentliche sprachliche Instanzen begriffen. Die Vermittlungsfunktion dieser Sprache mit Bezug auf bewußte Selbstverhältnisse wird schließlich eng auf das Thema zeitlicher Horizontalität bezogen.

Die sprachliche Form, mit deren Analyse sich diese theoretischen Fragen gebündelt beantworten lassen sollen, ist die Narration. Die Arbeit über "Zeit und Erzählung" ist also der Text, an dem die Werkgeschichte Ricoeurs in die Behandlung des hier im Vordergrund stehenden Problemes einer öffentlichen, 'ursprünglichen' Zeit mündet. Darum wird im folgenden "Zeit und Erzählung" zum hervorragenden Gegenstand der Interpretation.

Der Ausgangspunkt von Ricoeurs Analysen von Zeit und Erzählung ist zunächst scheinbar die traditionelle Frage, was die Zeit 'ist'. Die Theorie der Erzählung ist, mit anderen Worten, nicht frei von ontologischen Bezügen. Die

---

[6] Ricoeur, AR, S. 34.

narrativitätstheoretische Antwort auf diese Frage gibt jedoch, wie man sehen wird, dieser ontologische Frage, anders als Heidegger, einen sprachtheoretischen Sinn. Denn die Frage nach dem 'Sein' der Zeit (und ebenso nach der Zeitlichkeit des 'Sinnes' von Sein) wird zu der Frage nach der sprachlichen Repräsentation von Zeitlichkeit. Die ontologische Dimension der Interpretation des Begriffes der Zeit ernüchtert sich dabei zu der Frage nach der spezifischen Referentialität von solchen sprachlichen Ausdrücken, deren Bedeutung von dem narrativen Kontext, dem sie angehören, abhängig ist. Ricoeur variiert das oben genannte Motiv der Rekonstruktion von subjektunabhängigen Bedingungen der Möglichkeit eines reflexiven Bewußtseins, indem er zwar bei der 'menschlichen', d.h. intentionalen Zeiterfahrung beginnt, um am Ende bei ihrer reflexiven Form anzukommen. Doch zwischen Ausgangs- und Zielpunkt dieser Bewegung legt er den Weg durch eine intersubjektive Form sprachlicher 'Zeitigung' zurück. Diese Form intersubjektiver Zeit läßt sich, und darin liegt der methodische Bruch mit der Subjekt- bzw. Reflexionsphilosophie, nicht durch eine Reduktion auf ihre intentionale bzw. egologisch analysierbare Konstitution erklären.

Vorerst folgt Ricoeur also im Sinne der Konzentration auf die 'menschliche Zeiterfahrung' der intentionalistischen Linie der traditionellen Zeittheorien, um schließlich zu einem Perspektivenwechsel von der Analyse des Erlebnisses der Zeitlichkeit zu einer Analyse der sprachlichen Darstellung von Zeit zu gelangen. Ricoeur erschließt sich das Problem der Frage nach der Zeit im ersten Schritt durch eine Auseinandersetzung mit Augustinus. Den Einstieg ermöglicht dabei eine Diskussion des wohlbekannten elften Buches der Augustinischen Bekenntnisse. Die hierin vorgelegte Zeittheorie darf als Ursprung einer intentionalistischen Perspektive betrachtet werden, da Augustinus seine Argumentation mit der Entwertung 'realistischer' Argumente beginnt. Augustinus rückt das überkommene, aristotelische Modell einer kosmologischen Zeit, also die Überzeugung, Zeit sei Zahl und Maß der Bewegung, wobei der Lauf der Gestirne das Paradigma konstanter Bewegung darstellt, durch eine skeptische Überlegung beiseite. Wenn z.B. der Lauf der Sonne möglicherweise eine ungleichmäßige Geschwindigkeit aufweisen würde, müßte sich die Einheit eines Tages an anderen Kriterien als dem Sonnenlauf messen lassen.[7]

Augustinus Lösung besteht bekanntlich in der Hinwendung zur "Seelenimmanenz" einer verdreifachten Gegenwart, die als Ausdehnung einer angespannten Intention zu verstehen ist.[8] Das Rätsel der Gegenwart, d.h. des 'Seins' der nicht gegenwärtigen Zeitmodalitäten, wird jedoch durch die Verwandlung der kosmologischen in eine intentionalistische Perspektive - mindestens in der Fassung des Augustinus - nicht gelöst. Die Anwesenheit der abwesenden Zeitmodi verdoppelt die Aktualität der seelischen "intentio" erstens in die einfache Gegenwart und zweitens in die modifizierte Gegenwart von noch nicht und nicht mehr Seiendem. Zwischen diesen gegenwärtigen Anspannungen der Seele, der Erinnerung, der Tätigkeit und der Erwartung herrscht eine Spannung, eine "distentio". Ricoeur versichert, daß Augustinus die Beziehung zwischen intentionaler Anspannung und "Zerspannung" der intentionalen Gegenwart nicht befriedigend erklären konnte, sondern das ungelöste Problem stattdessen hinter einem ungeklärten Wechseln zwischen aktiver und passiver Formulierung, also hinter einem rhetorischen Schleier der Beschreibung der zeitlichen Orientierung der Seele, versteckte.

Mit der Beschreibung des Widerspruches zwischen intentio und distentio, zwischen Anspannung der Intentionalität und Zerspannung der intentionalen Gegenwart in die zeitlichen Modalitäten, gewinnt Ricoeur sein zentrales Thema: das Problem der widerspruchsfreien Synthesis von heterogenen zeitlichen Modalitäten zu einer Zeit. Wie in Heideggers Transformation des Zeitschemas, das sich aus drei diskreten Modalitäten zusammensetzt, in die primäre ekstatische Einheit des Horizontes, aus dem sich die getrennten Modi Vergangenheit, Gegenwart, Zukunft erst in Abstraktion isolieren lassen, besteht auch Ricoeurs Lösungsvorschlag darin, die Unterscheidbarkeit der zeitlichen Modi durch einen dieser Unterscheidung vorausgehenden Horizont zu erklären. In Ricoeurs Exposition der Fragestellung wird allerdings nicht wie bei Heidegger das Primat

[7] Augustinus, C, XI Buch, S. 647ff. Die Pointe dieser skeptischen Argumentation besteht darin, die Autorität astronomischer Phänomene in Zweifel zu ziehen und dennoch nach einer Basis für eine präzise Zeitordnung Ausschau zu halten. Diese Basis findet Augustinus durch eine "bewußtseinsphilosophische' Inversion der kosmologischen' Zeitbegrifflichkeit.
[8] Ricoeur, ZuE I, S. 29.

der Einheit der zeitlichen Ekstase in dem vorprädikativen Bereich eines pragmatischen Weltverhältnisses gesucht, sondern es wird danach gefragt, durch welche sprachliche Struktur die Synthesis der zeitlichen Modalitäten zu der Einheit eines Zeithorizontes geleistet wird. Ricoeur, der auf die Versuche von Husserl und Heidegger zurückblicken kann, vermeidet sowohl Husserls Beharrung auf der intentionalistisch rekonstruierten Gegenwartszentrierung als auch Heideggers Kurzschluß zwischen der zeitlichen Existenz eines Daseins und dieser synthetischen Funktion. Die methodische Pointe dieser Vermeidung besteht darin, die Analyse bei einer Form der sprachlichen Darstellung von zeitlicher Struktur anzusetzen, bei der Rekonstruktion der Erzählung.

Der Begriff der Erzählung ist nach wie vor ein schillerndes Konzept. Schon vor beinahe dreißig Jahren hat z.B. Roland Barthes auf die Allgegenwart der sprachlichen Praxis bzw. der literarischen Gattungen, die umgangssprachlich zu den Erzählungen gezählt werden, hingewiesen. Eine präzise (in seinem Falle strukturalistische) Identifikation ihres Begriffes wird durch diese Allgegenwart zu einer schwierigen Aufgabe. "Die Menge der Erzählungen ist unüberschaubar. (...) Legt eine derartige Universalität den Schluß nahe, daß die Erzählung bedeutungslos ist? Ist sie so allgemein, daß wir nichts dazu zu sagen haben, es sei denn, bescheiden einige ihrer höchst eigentümlichen Varianten zu beschreiben (...)?"[9]

Ungeachtet dieser (rhetorischen) Frage hat sich allerdings eine Diskussion über die Erzählung entwickelt, der es gelungen ist, durch eine Angabe des Problems, das ein Begriff der Erzählung zu lösen helfen soll, ihren Begriff zu präzisieren. Diese Diskussion und ihre Problemidentifikation teilt sich in zwei Hauptstränge. Der erste Strang ist eine im weitesten Sinne literaturwissenschaftliche Analyse der Rolle des Erzählers und der narrativen Struktur in der literarischen Produktion.[10] Der zweite Strang entstammt der Spezifikation des Droysenschen Projektes einer Historik, d.h. einer Methodologie der Ge-

[9] Roland Barthes, EsAE, S. 102.
[10] Georg Lukacs, TR; Walter Benjamin, DE; Franz K. Stanzel, TdE.

schichtsschreibung, zu einer Bestandsaufnahme narrativer Strukturen in historiographischen Texten.[11]

Eine für unser Interesse bedeutsame Applikation des so gewonnenen Begriffes der Erzählung findet sich schließlich im Felde moraltheoretischer Überlegungen. So gibt es z.B. sowohl bei Charles Taylor, bei Alasdair MacIntyre als auch bei Jürgen Habermas ausdrückliche Hinweise darauf, daß ein Begriff praktischer personaler Selbstverhältnisse nicht ohne Berücksichtigung des Begriffes der narrativen Einheit einer Lebensgeschichte möglich ist.[12]

Ricoeur versucht nun seinerseits, sowohl jene beiden Stränge der Narrationstheorie, die Reflexion von Fiktion und Historiographie, zu integrieren, als auch die personalitätstheoretische Applikation auf seine eigene Weise vorzunehmen. Darum gewinnt er den Begriff der Erzählung auf eine gegenüber diesen Strängen neutrale Weise durch einen zunächst überraschenden Rückgriff auf Aristoteles.

Ricoeur führt von Anfang an den Begriff der Erzählung im weitesten Sinne 'handlungstheoretisch' ein. Die Erzählung wird als eine besondere Form der Verknüpfung von Ereignissen interpretiert. Das Besondere an dieser Form ist, daß jene Ereignisse Handlungen sind. Der narrative Zeithorizont gehört also gegenüber derjenigen Form der Verknüpfung von Ereignissen, die die Verbindung zwischen den Ereignissen als eine kausale[13] deutet, in den für die personale Individualität entscheidende pragmatische Dimension. Ricoeur bezieht seinen Begriff der Erzählung aus den oben genannten Gründen auf die aristotelischen Begriffe "Mimesis" und "Fabel". Die Erzählung ist nicht als eine der literarischen Gattungen unter anderen, die in der aristotelischen Poetik unterschieden werden, von Interesse. Sondern Ricoeur unterscheidet "..zwischen der Erzählung im weiten Sinne, die als das 'Was' der mimetischen Tätigkeit definiert wird,

[11] R. G. Collingwood, IoH; Arthur Danto, APH; C. G. Hempel, FGLH; Louis Mink, AHU; William Dray, LEH; Jörn Rüsen, HV; Hayden White, MH; Frank Kermode, SoE; George Duby, GG; W. B. Gallie, PHU.

[12] Charles Taylor, SoS, S. 50ff; Alasdair MacIntyre, AV, S. 190-210; Jürgen Habermas, TkH II, S. 206ff.

[13] Der Unterschied betrifft hier den Gegensatz zwischen Naturkausalität (und raumzeitlich isotropem Kontinuum) und der Kausalität der Freiheit (siehe Kant, KdpV, S. 53ff), d.h. den Unterschied zwischen der Verknüpfung von Handlungen und intentional beschreibbaren Gründen bzw. Motiven und der Verknüpfung von Ursachen und Wirkungen, nicht so sehr die auf Kausalität bezogenen Differenz zwischen Kant und Hume.

und der Erzählung im engeren Sinne der aristotelischen diegesis (...)",[14] um sich im folgenden auf diesen weiteren Sinn zu beziehen. Dieses 'Was' der mimetischen Tätigkeit bestimmt Ricoeur mit Hilfe des Begriffes des "Mythos": Die Erzählung ist für Ricoeur, "(...) was Aristoteles Mythos, also Zusammensetzung der Handlung nennt."[15] Diese Zusammensetzung der Handlung bezeichnet eines der wesentlichen Momente der synthetischen Funktion der Erzählung. Die synthetische Funktion besteht in einer dreifachen Vermittlungsleistung. Die Erzählung bildet aus 'bloßen' Ereignissen Geschichten. Sie verbindet heterogene Bestandteile wie "(...) Handelnde, Ziele, Motive, Interaktionen, Zustände (...)"[16] zu einem sinnvollen Zusammenhang, und sie vermittelt schließlich zwischen der formalen Linearität eines bloßen Ablaufes von Ereignissen, der isotropen Chronologie, und der zeithorizontalen Einheit einer abgeschlossenen Geschichte. Die Synthesis erstreckt sich also erstens auf die Verknüpfung einzelner Zeitstellen, zweitens auf die Verknüpfung pragmatischer Elemente, drittens auf die Transformation einer leeren Linearität in einen sinnvollen (und, wie sich später zeigen wird, bedeutungsvollen) Zeithorizont. Schon hier wird also vorbereitet, daß die Bestimmung der narrativen Zeit auf einer sprachtheoretischen Grundlage genau die Leistung erbringt, die Heideggers Begriff der ekstatischen Zeit erbracht hatte: die Kantische Disjunktion zwischen zeitlichen, d.h. empirischen Bestimmungen von Kausalität und zeitlosen, nichtempirischen Bestimmungsgründen des freien Handelns aufzulösen. Für Kant gibt es nur die Möglichkeiten, entweder die Bestimmungsgründe des Handelns als empirische, zeitlich bestimmbare Ursachen innerhalb einer kausalen Verknüpfung, die der Freiheit des Handelns widerspricht, zu verstehen, oder diese Bestimmungsgründe, im Grunde nur einen einzigen: das "Faktum der Vernunft", d.h. die formal begründete Legitimität sittlichen Handelns als zeitlose, transzendentale Gegebenheit zu begreifen.[17] Von der Auflösung dieser Disjunktion hängt es ab, einen nicht transzendentalen Begriff der Freiheit des personal zurechenbaren Handelns durch die Verknüpfung von Handlungen und mundanen Motiven gewinnen zu können. Die später zu untersuchende Verbindung zwischen narra-

---

[14] Ricoeur, ZuE I, S.62.
[15] Ricoeur, ebda.
[16] Ricoeur, ZuE I, S.106.
[17] Vgl. Kant, KrdpV, S. 110.

tiver Zeitbestimmung, Ereignisidentifizierung und personal zurechenbaren Handlungen wird als eine 'säkularisierte' Form der Heideggerschen Lösung erscheinen. Denn hier ist es nicht die Entschlossenheit, die die Faktizität und die Authentizität auf Kosten der intersubjektiven Kommunizierbarkeit zusammenfügt, sondern eine intersubjektiv verständliche und vermittelte Form zeitlich differenzierter Selbstverhältnisse, die die Freiheit des Handelns mit der Innerweltlichkeit seiner Bestimmungsgründe aussöhnt.

Ricoeur gibt zwei verschiedene Beschreibungen der synthetischen Funktion der Erzählung. Die eine betrifft die Strukturregel, die der Ausbildung einer narrativen Form zugrunde liegt: die Konfiguration. Die zweite Beschreibung erweitert diese 'synchrone' Angabe zu einer 'diachronen' Theorie des mimetischen Zirkels, in dem die Funktion der Narration als das Medium der Reflexion von Zeit und Zeiterfahrung erkennbar wird.

Die Konfiguration ist der terminus technicus für die synthetische Regel, die der narrativen Vermittlung von Konsonanz und Dissonanz zugrundeliegt. Ricoeur nutzt die strukturelle Ähnlichkeit zwischen der distentio animi, der augustinischen Version des Paradoxes einer intentionalistischen Zeittheorie, und der 'Dissonanz', die der aristotelischen Definition der Tragödie als Spezifikum der kompositorischen Verarbeitung der dramatischen Problematik zugrunde liegt. "Die erste Dissonanz (...) liegt in den furcht- und mitleiderregenden Ereignissen. Sie bildet die Hauptbedrohung für die Kohärenz der Fabel." Der zweite dissonante Bruch, an dem die Fabel der Geschichte sich entzündet, erscheint in der Gestalt des Überraschenden.[18] Die konfigurierende Leistung besteht darin, die Diskontinuität, die das dissonante Geschehen - in der Tragödie das Unglück - gemessen an der Stabilität einer Situation darstellt, in einer Kontinuität aufzuheben. Die narrative Leistung, d.h. zunächst die Struktur des Produktes des Erzählens, wird von Ricoeur eingeführt als die kompositorisch geordnete Überführung des dissonanten Nacheinanders von Geschehnissen in ein konsonantes Ineinander von Handlungen. Die Komposition macht aus nebeneinanderstehenden Ereignissen eine Kontinuität, die die Ereignisse in die Einheit einer Geschichte einbettet. Ricoeur spricht hier von der dissonanten Konsonanz, denn die Erzählung hebt die Dissonanz auf, d.h. sie gliedert das

[18] Ricoeur, ZuE I, S. 72.

diskontinuierende Ereignis in eine Kontinuität ein, ohne die Dissonanz zum Verschwinden zu bringen. Die Erzählung macht aus dem Moment des Bruches und aus der Diskontinuität eines unverbundenen Vorher und Nachher den erzählten Bogen des Plots. "Das Zentrum der dissonanten Konsonanz, das einfacher und verschlungener Fabel noch gemeinsam ist, erreichen wir (...) mit dem entscheidenden Phänomen der tragischen Handlung, das Aristoteles den 'Umschlag' (metabolé) nennt. In der Tragödie erfolgt der Umschlag von Glück zu Unglück, doch kann diese Richtung auch umgekehrt werden. (...) Dieser Umschlag erfordert Zeit und bestimmt die Länge des Werkes. Die Kompositionskunst besteht darin, diese Dissonanz als eine Konsonanz erscheinen zu lassen: dann triumphiert das 'Durcheinander' (dia) über das 'Nacheinander' (meta)."[19] Der Unterschied zwischen 'Durcheinander' und 'nacheinander' liegenden Ereignissen wird als Unterschied zwischen wahrscheinlicher, (handlungs-) kausaler und unwahrscheinlicher, bloß episodischer Abfolge von Ereignissen erklärt.[20] Wohlgemerkt beruht die Differenz dieser beiden Arten von Abfolge nicht auf den objektiven Eigenschaften von Ereignissen bzw. 'wirklichen' Beziehungen zwischen Ereignissen. Die Formen der Abfolge sind 'Kategorien' der narrativ strukturierten Bestimmung von Ereignissen als Ereignissen. Die Konfiguration, die narrativ eine konsonante Dissonanz erstellt, wird bis zu diesem Punkt als synthetische Leistung im Sinne der kritischen Reflexionsphilosophie[21] vorgestellt. Das 'Sein' der Ereignisse wird demnach konstituiert durch die narrative Synthesis, nicht 'entdeckt' durch eine deskriptive, adäquate Abbildung einer narrativ strukturierten 'Wirklichkeit'. So weit bleibt Ricoeur dem Antirealismus eines zunächst transzendentalistischen Begriffes der Synthesis treu. Erst die Einschaltung einer sprachphilosophischen Bedeutungs- und Referenztheorie wird Ricoeurs Abweichung von einer subjektphilo-

---

[19] Ricoeur, ebda, S. 73.

[20] Ricoeur, ebda, S. 70, wobei der Unterschied zwischen Handlungsereignissen und nichtintentionalen Ereignissen als der Unterschied zwischen Wahrscheinlichkeit und Notwendigkeit erschiene.

[21] Ricoeur betont immer wieder, die narrative Zeitigung gehe auf eine Variante der Leistung der Kantischen produktiven Einbildungskraft zurück, allerdings führt die texthermeneutische Konzentration auf die Objektivität der Schrift und auf die Intersubjektivität der kompositorischen Regeln dazu, daß diese synthetische Kraft, abgelauscht dem Kantischen Vorbild der produktiven Einbildungskraft, kein subjektives Vermögen ist. Zu dieser Modifikation siehe das Folgende.

sophischen Konstitutionstheorie offenbaren. An dieser Stelle wird zudem deutlich werden, daß Ricoeur die Erzählung zwar eine mimetische Tätigkeit nennt bzw. mit Aristoteles von der Nachahmung der Handlung spricht, daß die Beziehung zwischen 'nachgeahmter Handlung' und ihrer 'Nachahmung' hier jedoch nicht den Charakter einer Abbildung zugesprochen bekommt.

Wenn gesagt wurde, daß die Erzählung Ereignisse synthetisiert, so darf das also nicht in dem Sinne mißverstanden werden, daß Ereignisse als bereits unabhängig von der narrativen Form identifizierbare 'Rohstoffe' gleichsam vorliegen, um dann einer synthetisierenden Einarbeitung in Geschichten unterzogen werden zu können. Die synthetische Leistung erschöpft sich nicht in der Konstitution der Relationen zwischen Ereignissen, sondern betrifft darüber hinaus die Konstitution von Ereignissen als Ereignissen. Der Unterschied zwischen einer Ereignisidentifikation innerhalb einer adäquaten, deskriptiven Chronologie und einer narrativen Synthesis von Ereignissen reflektiert also die Heideggersche Unterscheidung zwischen dem apophantischen und dem hermeneutischen 'Als'. Diese Rolle bei der Begründung der Form des Ereignisses selbst unterscheidet laut Ricoeur gerade die Erzählung von anderen Formen der Synthesis.[22] Ereignisse 'sind', was sie sind, nur durch ihre Relation zueinander bzw. als Moment im Rahmen eines narrativen - gegenüber einem nur chronologisch-episodischen - Zeithorizontes. "Ein Ereignis muß mehr sein als nur ein Einzelfall. Es wird durch seinen Beitrag zur Entwicklung der Fabel definiert."[23]

Den verschiedenen Modi der Abfolge, d.h. entweder der episodischen Linearität einer isotropen Zeit oder der narrativen Horizontalität, entsprechen somit verschiedene Klassen von Ereignissen und schließlich, worum es eigentlich geht, unterschiedliche Zeitbegriffe. Narrativ synthetisierte Ereignisse sind darum etwas anderes als Ereignisse in den Beschreibungen einer analytischen Zeittheorie:

Für die ausgedehnte analytische Debatte um den Vorrang entweder der 'vorher-nachher'-Beziehung ("B-Reihe") oder der 'Vergangenheit, Gegenwart, Zu-

[22] Ricoeur SM, S. 169.
[23] Ricoeur ZuE, I, S. 105/106.

kunft'-Relation ("A-Reihe") bezüglich einer Definition der Zeit,[24] ist der Unterschied zwischen 'Dingen' und 'Ereignissen' konstitutiv: Während Dinge sich im Laufe der Zeit, bezogen auf ihre Eigenschaften, verändern und relativ dauerhaft gegenwärtig sein können, ja dadurch dem Begriff des 'Werdens' einen empiristisch operationalisierbaren Sinn verleihen, gehört zum Begriff eines Ereignisses seine Fixierbarkeit auf eine eindeutig bestimmbare Zeitstelle und die Unveränderlichkeit seiner Eigenschaften, unabhängig von dem Zeitpunkt, zu dem eine Beschreibung seiner Eigenschaften vorgenommen wird.[25] Die Unveränderlichkeit der Eigenschaften eines Ereignisses ist geradezu Bedingung der Möglichkeit für die vielfach vertretene Strategie, durch die Voraussetzung einer objektiven Anordnung der Ereignisse in der Welt eine universale B-Reihe konstruieren zu können, so daß die 'subjektive', mindestens perspektivische, A-Reihe eliminiert werden könne.[26] Nur dann ist es möglich, zeitpunktrelative Aussagen, z.B. solche, die ausdrücklich temporale Indexikalien enthalten, mit dem Mittel einer "tense reflective analysis" zu Aussagen mit eindeutigen Wahrheitsbedingungen umzuformen.[27] Die Wahrheitsbedingungen der Aussage 'jetzt regnet es' sind dann durch die Umformung anzugeben, es sei wahr, daß p, wenn es zu dem Zeitpunkt t, zu dem p behauptet wurde, regnet. Der Strategie, offensichtlich zeitrelative Aussagen durch eine das tempus verbi objektivierende Aussage zu 'entrelativieren', entspricht die Voraussetzung, zwischen dem zeitre-

[24] Für die Unterscheidung dieser Zeitreihen hat sich seit dem Erscheinen des klassischen Aufsatzes von McTaggert die Abbreviatur "A-Reihe" (Vergangenheit, Gegenwart, Zukunft) und "B-Reihe" (vorher-nacher) eingebürgert. McTaggert, TuT, 1908, S. 458.

[25] dazu: Peter Bieri, ZuZ, S.76. Hierhin gehört z.B. auch die Argumentation Donald Davidsons, nach der die Frage, wann sich zwei verschiedene Sätze auf dasselbe Ereignis beziehen, d.h. nach der Individuation bzw. Synthesis eines Ereignisses, nur dann entscheidbar sein soll, wenn man eine 'Ereignisontologie' zuläßt, d.h. wenn man Ereignisse nach denselben Prinzipien individuiert wie 'materielle Dinge'. Davidson, IndvE, S.234 und S. 259: "Glockenschläge, größere Kriege, Mondfinsternisse und Aufführungen von Lulu sind nicht schwieriger zu zählen als Mäuse, Maschinen und Menschen. (...) Der Schluß, zu dem man nach meiner Auffassung kommen sollte, ist der, daß die Individuation der Ereignisse keine prinzipiell schwierigeren Probleme aufwirft als die, welche sich hinsichtlich der Individuation materieller Gegenstände stellen - und daß der Grund, weshalb man an die Existenz der Ereignisse glauben sollte, ebenso gut ist."

[26] Diese Strategie der Elimination der Zeitrelativität der Geltung von temporal kontextualisierten Aussagen beschreibt ausführlich: Richard M. Gale, LT, S. 8ff und S. 16ff.

[27] Gale, ebda.

lativen Präsens von Aussagen wie 'jetzt p' und einem zeitlosen Präsens von wahren Aussagen zu unterscheiden.[28]

Bedingung dieser Umformung ist die zeitunabhängige Konstanz der Eigenschaften dieser Ereignisse (zu denen auch die zeitliche Relation zu anderen Ereignissen bzw. ihre Position in einer linearen B-Reihe zählen), so daß z.B. Peter Bieri als eine der Prämissen der Diskussion der McTaggertschen Zeitparadoxien angeben kann: "A-Bestimmungen (vergangen, gegenwärtig, zukünftig) gehören nicht zur deskriptiven Bestimmtheit von Ereignissen. Die Beschreibung eines Ereignisses ist dieselbe, gleichgültig, welchen Ort in einer A-Reihe es gerade hat, und ohne Rücksicht auf den Umstand, daß seine A-Bestimmungen wechseln."[29] Ereignisse wären demnach objektive Elemente einer statischen Raumzeit, ihre deskriptive Identität ist unabhängig von A-Bestimmungen, d.h. unempfindlich für eine Perspektive, die von der Unterscheidung zwischen Vergangenheit, Gegenwart und Zukunft ausgeht.

Im Gegensatz zu diesem Modell 'ist' ein narratives Ereignis und hat ein narratives Ereignis Eigenschaften, durch deren Angaben es sich identifizieren ließe, ausschließlich relativ zu der Einheit der Geschichte, zu der es gehört, das bedeutet relativ zu der Perspektive, die in der Erzählung entfaltet ist. (Die nicht eine einzelne subjektive Perspektive zu sein braucht!) Das heißt, die Einheit der Geschichte ist in dem Sinne der Horizont der Synthesis von Ereigniseigenschaften und -identität, daß die Verwandlung der Eigenschaften eines Handlungsereignisses durch folgende Handlungsereignisse von der Geschichte dargestellt wird und die Einheit des verwandelten Ereignisses als diese Verwandlung erscheint. Die Konfiguration synthetisiert aus der unendlichen Mannigfaltigkeit von Bewegungen Ereignisse, die außerhalb der narrativen Form überhaupt keine bestimmbaren Eigenschaften besäßen und damit nicht identifizierbar wären. Im Verlauf einer Geschichte ändern die Ereignisse ihre Eigenschaften. Erst im Verlauf der Tragödie, im Moment der metabolé, des tragi-

[28] Gale, LT, S. 7. Vgl. dazu: W.V.O. Quine, WuG, S. 286f: "Bequemerweise können wir uns an die grammatische Form des Präsens halten, diese aber als zeitlich neutral behandeln. (...) Ein solcher Kunstgriff spielt herein, wenn man das Präsens stets als zeitlos auffaßt und die anderen Tempora fallenläßt. Dieser Kunstgriff stellt es uns anheim, zeitliche Informationen auszulassen oder, wenn wir wollen, wie räumliche Informationen zu behandeln."
[29] Bieri, ZuZ, S. 31.

schen Umschlages, wird der ödipale Mord an dem Nebenbuhler zum Vatermord (auch wenn er es von da an auch 'vorher' war). Nicht 'vornarrativ' eindeutige Ereignisse bilden das Material des zeitlichen Geschehens, sondern die Einheit der Geschichte macht ihre Ereignisse zu dem, was sie sind.[30]

Diese Unterscheidung von Klassen von Ereignissen und entsprechenden Bedingungen ihrer Identifizierbarkeit macht deutlich, warum die narrative Synthese von Ereignissen für die Reflexion personaler Identität eine so große Rolle spielen wird. Narrativ synthetisierte Ereignisse sind Handlungen. Die Unterscheidung zwischen der narrativen und der nicht narrativen Synthesis von Ereignissen repräsentiert den Unterschied zwischen einer deskriptiven sprachlichen Bezugnahme auf Ereignisse, deren Identität objektiv und deren Relation zueinander idealiter nomologisch zu interpretieren ist,[31] und einer sprachlichen Bezugnahme auf Handlungen, deren Bestimmung nicht von der Repräsentation einer Perspektive, d.h. der perspektivischen A-Reihe, abstrahieren kann. Diese zweite Bezugnahme, die sprachliche Bestimmung von Handlungen, muß zur Identifikation entsprechender Ereignisse auf die Intentionalität und damit auf die der A-Reihe entprechenden zeitliche Perspektive der Handelnden Bezug nehmen. Die Perspektivität der Bestimmung eines Handlungsereignisses hängt also ab von der Repräsentation der Intentionalität des Handelnden in der Geschichte. Zuerst hat die Handlung Eigenschaften, die sich vor dem Hintergrund der erzählten Gegenwart des Handelnden (A-Reihe) bestimmen lassen, die jedoch schließlich im Verlauf der Geschichte (möglicherweise) geändert bzw. (immer) spezifiziert werden. Die Handlung hatte andere bzw. mehr als die (nur

---

[30] Im Unterschied dazu räumt z.B. selbst Hayden White (der ursprünglich die Geschichtsschreibung zu einer fiktionalen Gattung erklären wollte, siehe dazu: ders. MH) ein, daß die 'objektive' Ordnung der narrativ verbundenen Ereignisse mit der bloßen Chronologie "korrespondieren" muß: Hayden White, Das PE, S. 74ff. Diese realistischen und korrespondenztheoretischen Prämissen werden in Ricoeurs Argumentation außer Kraft gesetzt. Das Argument lautet, daß die chronologische Ordnung gegenüber der narrativen Synthesis derivativ ist, da die Identifikation der Einheit eines Ereignisses die narrative Synthesis bereits voraussetzt. Dieses Argument kann sich auf die narrativitätstheoretische Tradition berufen, die davon ausgeht, daß wir auf ein Ereignis ausschließlich im Rahmen einer Beschreibung Bezug nehmen können, die eine Funktion der Narration ist. Diese Formulierung findet sich bei: Louis Mink, NFaaCI, S. 145, vgl. dazu: Carr, TNH.

[31] Das ist die in der Davidsonschen Problematisierung der Individuation von Ereignissen vorausgesetzte Dimension.

mit Bezug auf die narrativ repräsentierte A-Reihe zugänglichen) intendierten Folgen.

Damit wird klar, daß der narrative Zeithorizont als pragmatischer Horizont der Verbindung zwischen Handlungen die Forderung erfüllen kann, als Ressource für das pragmatische und nicht deskriptive zeitlich strukturierte personale Selbstverhältnis bereit zu stehen. Denn die Analyse des personalen Selbstverhältnisses als einer pragmatischen Relation im Kontrast zu einer deskriptiven Relation verlangt eine Differenzierung zwischen der sprachlichen Bezugnahme auf Handlungsereignisse und der sprachlichen Bezugnahme auf Naturereignisse, zwischen, wie man mit Kant sagen kann, der Kausalität der Freiheit und der Kausalität der Natur. Dann ist im narrativen Sprachgebrauch, anders als z.B. bei Davidson, die Bezugnahme auf Handlungen nicht als "(...) Spielart der kausalen Erklärung (...)"[32] zu verstehen. Mit der narrativen Verknüpfung von (Handlungs-)Ereignissen kommt also ein intersubjektiver, weil sprachlich strukturierter, Zeithorizont in den Blick, der es möglich macht, zu verstehen, was es heißen soll, daß eine Person sich selbst in ihrer Gegenwart mit Bezug auf den Horizont zukünftiger Handlungsmöglichkeiten verstehen kann. Wegen der nicht deskriptiven Perspektivität der narrativen Zeit wird es von großer Bedeutung sein, daß die narrative Synthesis nur als offener Horizont der Ereignissynthese ihre personal individuierende Kraft entfalten kann. Das bedeutet, nur als nicht abgeschlossene Geschichte, also als narrative Struktur, die relativ zu einer Perspektive ist, von der aus gesehen die Geschichte eine A-Reihe bildet, entfaltet sie ihre individualisierende Wirkung (wenn in die virtuelle A-Reihe eine lebendige Perspektive eingeschrieben wird!). Doch dieser Zusammenhang kann nicht aufgezeigt werden, bevor die Beziehung zwischen erzählter Zeit und Zeit der Erzählung näher betrachtet wurde. Davor ist ein Umweg notwendig.

Die strukturelle Ähnlichkeit der narrativen Zeit zur 'kairologischen' ursprünglichen Zeit Heideggers wird an dieser Stelle deutlich. Im 'Kairos' des Konfigurierens schafft sich, sobald die Konfiguration selbst in der erzählten Zeit enthalten ist (und das wird, sobald die Reflexionsfunktion der Erzählung zum Thema wird, der Fall sein) die Erzählung ihre eigene Vergangenheit und Zukunft. Das Erzählen ist 'Zeitigung' in dem Sinne, daß mit dem Vollzug der syn-

[32] Davidson HanG, S. 19.

thetisierenden Konfiguration der Zeithorizont, der Ereignisse konstituiert, geschaffen wird. Erst vom Moment des Erzählens an, 'gibt' es diese Zeit. Insofern bedeutet der narrative Zeithorizont für die Einheit des Handlungsereignisses, was bei Heidegger die ekstatische Einheit der Zeitlichkeit für die eigentliche Gegenwart, den 'Augenblick', bedeutete: Die anspruchsvolle Gegenwart eines authentischen (mit Ricoeur: intelligiblen) Vollzuges der Existenz wird getragen durch die Einheit des ausgreifenden Zeithorizontes.

Wie sich narrative und 'bloße' Ereignisse aufgrund der jeweils verschiedenen Identitätskriterien unterscheiden lassen, so unterscheiden sich isotrope, lineare und narrative Zeit durch die Prinzipien ihrer Einheit.

Die Einheit der chronologischen, linearen, unendlichen Zeit bleibt für eine objektive Identifikation der zeitneutralen Eigenschaften und Identität von Ereignissen eine notwendige Voraussetzung, die ihrerseits die pragmatische Dimension des Erzählens nicht voraussetzen darf. Diese Form der Einheit der Zeit setzen jedoch sowohl Kant als auch Strawson und Tugendhat für die empirische Bestimmung von logischen Individuen voraus. Der Schluß des vorhergehenden Kapitels hatte gezeigt, daß diese Prämisse der Rekonstruktion personaler Identität unangemessen ist. Die synthetische Funktion der Erzählung umfaßt dagegen selbst die 'Zeitigung' der Einheit der narrativen Zeit: In Ricoeurs Beschreibung der Konsequenz, die die kompositorische Vereinheitlichung des Heterogenen für den Charakter der Form des Ereignisses hat, wird der Aspekt dieser Zeitigung deutlich hervorgehoben: "Die Definition des Mythos als Zusammensetzung der Handlung betont zunächst die Konsonanz, die durch drei Merkmale gekennzeichnet ist: Vollständigkeit, Totalität, entsprechender Umfang. Der Begriff des Ganzen ist der Angelpunkt der nachfolgenden Analyse. (...) Nur aufgrund der dichterischen Komposition gilt etwas als Anfang, Mitte oder Ende: nicht, daß ihm nichts vorhergeht, definiert den Anfang, sondern das Fehlen einer Notwendigkeit in der Abfolge."[33]

Die Einheit der Geschichte wird nicht gewonnen in der Addition pränarrativer Ereignisse, sondern die kompositorisch bestimmte Einheit der Fabel, selbst ein Produkt der synthetischen Leistung, bestimmt die Ereignisse. Die strukturelle Ähnlichkeit des narrativen Zeithorizontes zu Heideggers ei-

---

[33] Ricoeur, ZuE, I, S. 66.

gentlicher Zeit wird sichtbar, sobald in der Interpretation des Ereignisbegriffes seine Implikationen für den Begriff der Gegenwart hervorgehoben werden: Ricoeur unterstreicht explizit die Berechtigung der Kritik an der Vorstellung eines abstrakten punktuellen 'Jetzt' und bezieht sich dabei auf SuZ. So wie in Heideggers Analyse der ekstatischen Einheit von Vergangenheit, Gegenwart und Zukunft im Rahmen der Sorge Vorrang eingeräumt wird gegenüber der abstrakten Reduktion der Gegenwart auf die infinitesimal kleine Gegenwart eines Jetztpunktes, so erhält der narrative Zeithorizont Vorrang vor der punktuellen Gegenwart eines isoliert betrachteten Ereignisses. In genau diesem Sinne entspricht die narrative Zeit, wie oben gesagt, der ekstatischen. Die numerische Identität einer Zeitstelle, die ein Ereignis einnimmt, spielt für seine Identifikation nur eine abgeleitete Rolle. Auf die Frage, wann ein Ereignis stattgefunden hat, kann nur unter Berufung auf die narrativ vermittelte Relation zwischen Ereignissen, nicht aber allein mit der Angabe eines abstrakten Zeitpunktes, angemessen geantwortet werden. Denn die Frage, wann eine Handlung geschehen sei, läßt sich nur dann z.B. durch die Angabe einer Uhrzeit hinreichend beantworten, wenn die narrative Verknüpfung von Handlungen schon bereit steht für die Übersetzung der numerischen Identifikation des Handlungsereignisses in seine Einordnung in eine pragmatisch strukturierte A-Reihe.

Die narrative Zeit weist also strukturelle Ähnlichkeiten mit der eigentlichen Zeit auf. Eine Betrachtung der Modalität der Einheit der Geschichte wird den Eindruck der strukturellen Ähnlichleit bestätigen. Die narrative Zeit ist ebenso wie die existentielle Zeit als modale und zeitliche 'Offenheit' zu verstehen. Für den Ablauf der Geschichte gilt wie für das Handeln und das Selbsverhältnis des entschlossenen Daseins der Vorrang der Zukünftigkeit: Die Einheit der Geschichte ist durch ihren Abschluß bestimmt. Der Ausgang der Geschichte ist konstitutiv für den zeitlich horizontal vermittelten Sinn eines jeden narrativen 'Jetzt', das der Geschichte angehört. Erst die Vollendung der Geschichte determiniert den Sinn ihrer Elemente; doch das Ende ragt im Modus des Entwurfes in den Projektcharakter der Handlungen, die jedes 'Jetzt' der Geschichte füllen, hinein. Anderenfalls wäre jede Geschicht bis zur Entdeckung ihrer Pointe nicht nachvollziehbar. Ricoeur übersetzt das existentielle Gegenwärtigen zunächst in die Operation des verständigen Nachvollziehens einer Geschichte: Das

Verstehen einer komponierten oder figurierten Geschichte wird zum Prototyp eines geschichtlichen Selbstverstehens einer Person als das Verständnis ihrer eigenen Geschichte. Denn wenn auch die Offenheit des Endes zur autonomen Konstitution der Einheit des narrativen Horizontes gehört, verlangt die Verständlichkeit der einzelnen Schritte des Plots doch eine entwerfenden Antizipation möglicher Abschlüsse. Die Notwendigkeit dieser Antizipation erklärt erneut, worin das "ekstatische" Moment der narrativen Zeit besteht: Sowohl für das Nachvollziehen einer Geschichte als auch für das diesem nachgebildete Selbstverständnis einer Person gilt: Der Handelnde versteht das, was er tut, nur indem er versteht, was er damit getan haben wird (ohne schon vollständig 'wissen' zu können, was er getan haben wird). Die Lektüre der Erzählung erscheint solchermaßen als die noch nicht personal selbstbezügliche Einübung in die Kunst dessen, was Heidegger das "Vorlaufen" genannt hat:[34] "Indem wir das Ende im Anfang und den Anfang im Ende lesen, lernen wir es auch, die Zeit selbst gegen den Strich zu lesen, nämlich als Rekapitulation der Ausgangsbedingungen eines Handlungsverlaufes in seinen letzten Konsequenzen."[35] Die Einheit der Geschichte gibt dem Anfang erst die Qualität des Anfangs. Darin liegt der Bezug zur Kontingenz des Beginns, zur modalen Kennzeichnung der Erzählung. Der Anfang liegt nicht in der Natur der Sache (nicht in der Materialität des ersten Wortes, oder der ersten Seite), nicht wenn 'es' losgeht, steht damit schon fest, daß hier eine Geschichte, und schon gar nicht welche, beginnt. Kennzeichen des Beginns ist es, daß das, was geschieht, nicht notwendig an das Vorausgehende anschließt. Der Beginn ist relativ zu dem, was davor war, kontingent. Die Geschichte setzt im Verhältis zur Vorgeschichte als Diskontinuität ein. Dabei ist es wiederum nicht die objektive Diskontinuität zwischen zwei Ereignissen (so daß etwa die Unterbrechung einer kausalen Kette und damit der Einsatz intentionaler freier Akte oder der Handlungssubjektivität hier markiert wäre), die in Unabhängigkeit von ihrer narrativ

[34] Ohne daß hierbei der Vergangenheitsbezug ausgeblendet werden soll. Zum Verständnis dessen, was ich tue, oder gar dessen, was ich tun soll, gehört ebenso das mindestens implizite Verständnis, welche Taten ich in der Vergangenheit 'vor' mir hatte. Die Asymetrie zwischen Vergangenheit und Zukunft kommt hier bereits in der Unmöglichkeit zum Vorschein, für das Futur zwei, 'was ich getan haben werde' eine ebenso wenig umständliche Formulierung für die 'vergangene Zukunft', die die Gegenwart ist, zu finden.

[35] Ricoeur, ZuE I, S. 109.

zugeschnittenen Rolle bestünden. Diese Diskontinuität wird vielmehr ihrerseits durch die Erzählung im Sinne der Praxis, der mimetisch konfigurierenden Tätigkeit, konstituiert. Es geschieht in der Geschichte und an ihrem Anfang überhaupt nur dann 'etwas', wenn vor dem Horizont eines narrativ repräsentierten Zustandes der Welt eine relativ zu diesem Zustand kontingente Diskontinuität verwirklicht wird. Das heißt, die Geschichte bestimmt auch ihr 'Vorher'. Was geschieht, muß relativ zu dem narrativ repräsentierten Zustand einer Welt (des Textes) möglich sein, es darf zugleich nicht notwendig sein, denn die Geschichte 'beginnt sich selbst' als Diskontinuität und es muß als 'Ereignis' geschehen, also bereits eingetaucht sein in den Rahmen der narrativen, d.h. zunächst fiktiven, zeitlich differenzierten Wirklichkeit. Das 'Sein' der Geschichte, ihre Erzählbarkeit, verlangt also die kontingente Verwirklichung eines Seinkönnenmüssens. Durch diese Modalität des Erzählens wird die 'Existenz' der Geschichte zum Prototypen des daseinsförmigen Existierens. Damit die Geschichte nicht nur 'ganz', sondern überhaupt ist, bedarf es einer notwendig realisierten Möglichkeit, also der Form der Realisierung, die für Heidegger im Unterschied zur bloß leeren logischen Möglichkeit das modale Charakteristikum für die notwendige Freiheit und die freie Notwendigkeit der Existenz ist. Diese Realisierung, so können wir nach der vorstehenden Interpretation Heideggers nun sagen, ist nichts anderes als der faktische Eintritt in die Dimension des Handelns. Realisierung ist nicht 'creatio ex nihilo', denn das Realisierte 'ist' nicht im deskriptiven Sinne eines 'Seienden', sondern sie ist Vollzug der sprachlichen Repräsentation von Praxis (bzw. im Falle des narrativ strukturierten Selbstverstehens einer Person Vollzug der Praxis selbst), die nur 'ist', indem sie 'getan wird'.

Ricoeur selbst gibt an, in welchem Sinne diese strukturelle Verwandtschaft von narrativer und ursprünglicher Zeit auf eine systematische Funktionsgleichheit zurückzuführen ist: Heideggers Theorie der ekstatischen Zeit und Ricoeurs Analyse der narrativen Zeit sollen u.a. eine Antwort auf das gleiche Problem geben: die Aporie einer intentionalistischen Zeittheorie, die die Gegenwart des Nichtgegenwärtigen, ohne von dem Vorrang der Gegenwart Abstand zu nehmen, ausweisen wollte, d.h. die Aporie des Augustinus aber auch Husserls. Ist sich Ricoeur an diesem Punkt und auch noch in der hermeneutischen Ausrichtung einer alternativen Durchführung einig, verzweigen sich die Unternehmungen Heideggers und Ricoeurs jedoch am Scheidepunkt der Intersubjekitivität. Während Heidegger, wie in Kapitel 2 gezeigt wurde, die 'alltägliche' Intersubjektivität eines Selbstverhältnisses ausblendete (d.h. das 'Manselbst' zur uneigentlichen Konventionalität erklärte) und die ursprüngliche Zeit mit der eigentlichen Zeit eines vorprädikativ verständlichen eigentlichen Selbstverhältnisses kurzschloß, begreift Ricoeur den narrativen Zeithorizont zugleich als ursprünglich und als sprachlich intersubjektiv strukturiert. D.h. Ricoeur interpretiert den ursprünglichen Zeithorizont der Erzählung, in Heideggers Worten, als alltäglichen Modus, der der personalen, authentischen Zeitlichkeit nicht entgegenwirkt, sondern sie ermöglicht. So heißt es bei Ricoeur: "Worauf es ankommt, ist die Art und Weise, wie die Alltagspraxis die Gegenwart der Zukunft, die Gegenwart der Vergangenheit und die Gegenwart der Gegenwart zueinander ins Verhältnis bringt."[36] Ricoeur sieht zwar in Heideggers Daseinsanalyse ein Vorbild für eine solche Analyse der Alltagspraxis, aber er distanziert sich von Heidegger an der Stelle, wo dieser die Verbindung zwischen eigentlicher Zeit und öffentlicher oder alltäglicher Praxis zerschneidet. Die Erzählung ist als sprachliche Form ursprünglicher Zeitigung das Verbindungsglied zwischen öffentlicher und existentieller Zeit. Diese Deutung wird möglich, da Ricoeur nicht wie Heidegger gegen den angeblich ausschließlich deskriptiven Sprachgebrauch eine vorprädikative pragmatische Dimension ausspielt, sondern neben den deskriptiven Sprachgebrauch die narrative Sprachverwendung stellt. (Dazu 3.2. weiter unten.)

Die Struktur der narrativ ermöglichten Verbindung zwischen öffentlicher und eigentlicher Zeit läßt sich erläutern, indem der Begriff der Konfiguration anders als bisher nicht nur als synchrone Strukturregel narrativer Gebilde verstanden wird. Die Beschreibung der Konfiguration hatte bislang nur die Form einer Angabe von Regeln, denen der Aufbau einer Narration entsprechen mußte, um als sprachliche Darstellung von pragmatisch-zeitlicher Horizontalität als Prototyp der existentiellen Zeit zur Verfügung zu stehen. Was aber heißt hier Verfügbarkeit und in welcher genetischen Beziehung steht die Erzählung zum Erzählen und zur faktischen Zeiterfahrung? Diese Frage führt zu der diachronen

---

[36] Ricoeur, ZuE I, S.99.

Betrachtung der Erzählung, zu der für das personale Selbstverhältnis bedeutsamen Praxis der narrativ vermittelten Reflexion.

Ricoeur bleibt im Unterschied zu Heidegger nicht dabei stehen, die diachrone Verbindung zwischen der ursprünglichen Zeit und der existentiellen Zeit einer solipsistischen existentiellen Genese zu überantworten.

Wenn Ricoeur schreibt, die narrativen Gebilde "(...) erheben sich auf dem Sockel der Innerzeitigkeit (...)", ist damit bereits angedeutet: Der von Heidegger übernommene Begriff der Innerzeitigkeit erfährt gegenüber Heideggers Fassung eine Aufwertung. Die ursprüngliche Zeit im Sinne der grundlegenden Synthesis 'besonderer' innerzeitiger 'Gegenstände', d.h. im Sinne der Bedingung der Möglichkeit der Identifizierbarkeit von Handlungsereignissen, entspringt nicht der existentiellen Zeitlichkeit des eigentlichen Daseins, sondern dem öffentlichen und damit alltäglich-intersubjektiven Modus der sprachlich strukturierten Erzählung. Während Heidegger also die öffentlichen Formen der Darstellung und Auffassung von Zeitlichkeit als vulgäre Zeit beiseiterückt, ergänzt Ricoeur die Analyse der Bedingung der Möglichkeit existentieller Genese als Übernahme öffentlich vorstrukturierter Zeithorizontalität durch eine Rekonstruktion der Beziehung zwischen ursprünglicher Zeiterfahrung, der sprachlichen Form der Darstellung und der Form der Aneignung solcherart dargestellter Zeiterfahrung. In Ricoeurs Beschreibung geht die Aneignung eigentlicher Zeit den der Argumentation von SuZ gegenüber umgekehrten Weg. Das zeithorizontale Selbstverhältnis des Daseins ist nicht Abbruch der Beziehung zur alltäglichen Zeit, sondern es ist notwendig vermittelt durch einen alltäglichen und zugleich eigentlichen Modus der Zeitigung. Die existentielle Genese wird eingeordnet in die Bewegung einer Reflexion, die unausweichlich auf das Medium der öffentlichen, intersubjektiv-sprachlich strukturierten Darstellung der eigentlichen Zeiterfahrung angewiesen bleibt.

Ricoeur beschreibt diese reflexive Bewegung als den mimetischen Zirkel der narrativen Praxis. Wie die eigentliche Auslegung der überlieferten Möglichkeiten bei Heidegger hat die Erzählung ihr 'Woraus' und ihr 'Wofür'. Der Erzähler bleibt für Ricoeur das in die Alltäglichkeit geworfene Dasein: Vor aller Konfiguration wirkt bereits ein pragmatisches Vorverständnis. Doch dieses besteht nicht allein in der vorprädikativen Umsicht des Umgangs mit Zeug. Es ist eine propositional ausdifferenzierte sprachliche Kompetenz: das Vermögen, über sprachliche Konzepte, die in die pragmatische Dimension gehören, zu verfügen: über die Semantik des Handelns.

Auf der ersten Stufe, der von Ricoeur sogenannten "Mimesis I", dem 'Woraus' der Erfahrung, wird das Vorverständnis des Erzählers als erste Ressource der kompositorischen Praxis beschrieben. Das pragmatische Verstehen trägt bereits auf dieser Stufe, auf der Schicht, die der tatsächlichen narrativen Artikulation vorausliegt und eine ihrer Bedingungen darstellt, Züge, die den Begriff des Verstehens deutlich von Heideggers Modell unterscheiden. Der pragmatische Charakter des vor der Artikulation wirksamen Verstehens wird von Ricoeur nicht auf das vorprädikative Weltverhältnis eines Daseins beschränkt. Die erste Schicht der Mimesis ist immer "(...) in einem Vorverständnis der Welt der Handlung verwurzelt: ihrer Sinnstruktur, ihren symbolischen Ressourcen und ihres zeitlichen Charakters."[37] Der Unterschied zu Heideggers Ansatz bei einem vorprädikativen Verstehen konzentriert sich in der Berücksichtigung der "Sinnstruktur" dieser Welt der Handlung: "Die aus der Fabelkomposition hervorgehende Sinnstruktur findet ihre erste Verankerung in unserer Kompetenz, auf sinnvolle Art und Weise das Begriffsnetz zu verwenden, das strukturell den Bereich der Handlungen von dem der physikalischen Bewegungen unterscheidet."[38] Es ist genau diese begriffliche Differenzierung zwischen dem Bereich der Handlung und der physikalischen Bewegung, die es Ricoeur ermöglicht, Heideggers Unterscheidung zwischen einem vorsprachlichen authentischen Selbstverständnis und einem sprachlich strukturierten aber unauthentischen Selbstverhältnisses zu der Unterscheidung zwischen verschiedenen Modi des Sprachgebrauches zu transformieren.[39]

---

[37] Ricoeur, ZuE I, S.90.

[38] Ricoeur, ZuE, ebda, vgl auch Ricoeurs Beitrag zu einer Semantik des Handelns: ders., SA, S. 21 - 63.

[39] Das in dieser Unterscheidung die Heideggersche Intention der Beschreibung der eigentümlichen Seinsweise des Daseins aufgehoben ist, bestätigt Heideggers eigene Berufung auf die Kantische Unterscheidung zwischen der moralischen Person und Dingen, d.h. auf Kants Unterscheidung zwischen der Naturkausalität und der Kausalität der Freiheit, mit der "(...) der Boden gewonnen (ist) für die ontologische Unterscheidung des ichlich Seienden und des nicht ichlich Seienden (...)", Heidegger, GPP, S.19. Diese Unterscheidungen entsprechen der oben ausgeführten Differenz zwischen narrativen und nichtnarrativen Ereignissen bzw. zwischen einer narrativen und einer linear isotropen Zeithorizontalität.

Zu dem Begriffsnetz oder semantischen Feld der pragmatischen Dimension gehören mindestens Konzepte wie "Motiv", "handelndes Subjekt", "Umstände", "Interaktionen" und "Ausgang" etc. Erst die Beherrschung dieser miteinander verwobenen Begriffe im ganzen und jedes einzelnen Begriffes durch einen Interpreten erlaubt es, diesem Interpreten die Fähigkeit des 'praktischen' Verstehens zuzuschreiben.[40]

In das ursprüngliche Verstehen, auf dem die narrative Artikulation aufruht, geht also bereits die Struktur und die Semantik einer intersubjektiven Sprache ein. Damit erhält die Verständlichkeit der narrativen Produkte den Charakter der Intelligibilität,[41] d.h. sie wird, anders als bei Heidegger, nicht intuitionistisch auf eine egologisch zu verstehende höhere Anschauung bezogen, sondern auf die intersubjektive Dimension der Geltung. Die intersubjektive Verständlichkeit wird zu einem öffentlichen, also jedem Leser zugänglichen Kriterium der möglichen Kritik an der Unverständlichkeit von Erzählungen. Das hat bedeutungstheoretische Implikationen, auf die in 3.2. eingegangen wird.

Der intersubjektive Charakter dieses sprachstrukturierten Vorverständnisses wird in der zweiten Verankerung der narrativen Komposition im praktischen Verstehen zusätzlich zum Ausdruck gebracht: in den "symbolischen Ressourcen": "Daß nämlich die Handlung erzählbar ist, beruht darauf, daß sie schon in Zeichen, Regeln und Normen artikuliert: immer schon symbolisch vermittelt ist."[42] Ricoeur zitiert die Bemerkung Clifford Geertz's, daß die Kultur öffentlich sei, weil die Bedeutung es sei, und er schließt daran an: "Ich übernehme diese erste Bestimmung, die gut hervorhebt, daß die Symbolik nicht im Geiste, kein psychologischer Vorgang ist, der die Handlung leiten soll, sondern eine Bedeutung, die der Handlung immanent ist und an ihr von den anderen Akteuren des gesellschaftlichen Spieles entschlüsselt werden kann."[43]

---

[40] Ricoeur, ZuE, I, S. 92.

[41] Der Ausdruck 'Intelligibilität' wird hier nicht im transzendentalen Sinne gebraucht, sondern er bezeichnet insofern die 'mundane' Intersubjektivität der Bedeutung von narrativen Texten, als die Verständlichkeit wegen ihres öffentlichen, prinzipiell kommunizierbaren Charakters einer intersubjektiven Prüfung ihres rationalen Status unterzogen werden kann.

[42] Ricoeur, ZuE I, S. 94.

[43] Ricoeur, ZuE I, S. 95; vgl. zur Abgrenzung zu Heidegger Ricoeurs parallele Kritik an der Bergsonschen Engführung des Begriffes der Sprache schlechthin: "Language indeed, is constituted in such a way that it does not condemn us to the choice, as Bergson long maintained, between the conceptual and the ineffable." ders. OaA, S. 27. Hierin wird an Bergson

Die symbolische Vorstrukturierung besteht darüberhinaus nicht allein in einer praktischen Semantik schlechthin. Die narrative Artikulation findet sich vorbereitet durch ausdifferenzierte narrative Typen, literarische Gattungen, die Ricoeur "Paradigmen" nennt. Der Akt des Erzählens schöpft die Formen der Erzählung nicht nur aus der pragmatisch-sprachlichen Kompetenz eines Erzählers, sondern zudem aus Typen der Erzählung, die der literarischen Überlieferung entstammen. Anderenfalls ließe sich nicht erklären, wodurch die narrative Form eine bloße Abfolge von Handlungssätzen durch die Komplexität von diachronen Handlungszusammenhängen transzendieren kann. Die narrative Artikulation ruht auf der Ressource einer bereits narrativ typologisierten Form der Erfahrung von Handlungssituationen und -verknüpfungen und ihrer zeitlichen Horizonte auf.

Läßt Ricoeurs Modell der narrativen Mimesis es also zu, analog zu Heidegger zwischen Verstehen und Artikulation zu unterscheiden, so betrifft für Ricoeur dieser Unterschied allerdings den Gegensatz von aktuellem und potentiellem Sprachgebrauch, nicht aber die Trennung von prädikativer und vorprädikativer Auslegung. In der Theorie der dreifachen Mimesis ist das Vorverständnis bereits sprachlich vermittelt, Ricoeurs Beschreibung der Mimesis I, der hermeneutischen Ressource der Erzählung, verdankt sowohl der kantischen Verbindung von Begriff und Anschauung in der produktiven Einbildungskraft[44] als auch einer sprachanalytischen Bedeutungstheorie zu viel, um auf das existentialistische Dogma eines zugleich vorprädikativen und gehaltvollen, differenzierten Weltbezuges zu vertrauen. Ricoeur drückt dies prägnant aus mit dem Satz: "Eine Geschichte verstehen heißt, zugleich die Sprache des 'Tuns' und die kulturelle Überlieferung zu verstehen, auf der die Typologie der Fabel beruht."[45]

---

genau die Engführung der Sprache auf die Disjunktion zwischen dem 'nivellierenden" Allgemeinen oder' der Nichtmitteilbarkeit kritisiert, die im vorigen Kapitel als das Problem der Heideggerschen Sprachphilosophie entziffert wurde und in Ricoeurs Begriff des praktischen Verstehens korrigiert wird.

[44] Ricoeur vergleicht die Leistung des konfigurierenden Aktes mit der Arbeit der produktive Einbildungskraft. So spricht er von einem narrativen Schematimus, der als regelgenerierende Matrix zwischen der Intelligibilität des grundlegenden Themas der Fabel und der Anschaulichkeit der individuellen Umstände vermittelt, ders. ZuE., I., S.110.

[45] Ricoeur, ZuE, S.93.

Auf der Stufe der Mimesis II tritt das in Erscheinung, was aus der Nutzung der unter Mimesis I beschriebenen Ressource entsteht. In der zweite Phase des mimetischen Zirkels nimmt die pragmatische, sprachliche und zeitliche Erfahrung die konkrete, entfaltete Gestalt der narrativen Artikulation an. Die logischen Regeln der Konfiguration zeigen sich jetzt in genetischer Perspektive als Umwandlungsregeln des in der Mimesis I hinterlegten praktischen Verstehens, das seinerseits für die Mimesis II als 'Voraussetzung' dient.[46] Im Rahmen des mimetischen Zirkels nimmt jetzt die Konfiguration die Rolle der Vermittlung zwischen dem Vorher und dem Nachher der Komposition ein. Es war sinnvoll, in unserer Darstellung die Mitte des Konfigurationsvorganges zunächst außerhalb der Dynamik des mimetischen Geschehens vorzustellen. Denn der Begriff der Konfiguration behält wie der Begriff der "Erzählung" bei Ricoeur den doppelten Sinn, zugleich eine Tätigkeit und eine Produkt zu repräsentieren. Der Regelaspekt der Konfiguration betont die textuell manifeste, objektivierte Einheit des Produktes wie der narrativen Zeitstruktur selbst, d.h. den synchronen Aspekt der narrativen Zeitstruktur; die Einbettung der Konfiguration in den mimetischen Zirkel betont den Aspekt der Vermittlungsleistung, die das komponierte Werk wie die Praxis der Komposition in Einheit mit der Praxis der Rezeption vollbringt. Hier also tritt der diachrone bzw. genetische Aspekt in den Vordergrund, der die Interpretation des mimetischen Zirkels als Modell der existentiellen Genese vorbereitet. Das Derivat der konfigurierten Komposition ist die narrative Zeit; die Praxis der konfigurierenden Komposition ist ihre Zeitigung.

Im Rahmen der Geschichte wird die narrative Zeit zur Struktur einer zunächst fiktiven Welt: "Mit der Mimesis II treten wir in das Reich des Als ob."[47] Die Geschichten schlagen sich in Texten nieder und entfalten dabei als individuelle Werke eine Welt. Aus der pragmatischen Ressource des Repertoires der Handlungsbegriffe und den narrativen Paradigmen, die der Überlieferung entstammen, wird eine besondere Gestalt gebildet, eine sinnvolle Totalität, deren Nachvollziehbarkeit bzw. Intelligibilität, "(...) die dichterische Lösung des Pa-

[46] Ricoeur, ebda, S. 92.
[47] Ricoeur, ebda, S. 104.

radoxes von distentio und intentio (...)"[48] bildet. In dieser Vermittlung zwischen einerseits traditionellen Paradigmen und pragmatischem Repertoire und andererseits den Besonderheiten jeweils "dieser" Geschichte (genauso in der Vermittlung zwischen der Intelligibilität der erzählten Pointe, die der Konfigurationsregel gehorcht, und der Anschaulichkeit der Umstände und Charaktere, die der narrative Schematismus stiftet) begegnet man in der konkreten Geschichte einer ersten Form der Individualität.[49] Die Geschichte ist kraft der für ihre Entstehung konstitutiven Abweichung von den überlieferten Formen und Gattungen immer eine besondere Geschichte. Hierin äußert sich für Ricoeur der innovative Charakter der Erzählung, die als kalkulierte Abweichung von der Tradition zu verstehen ist.[50]

Diese Indiviudalität der Geschichte bleibt allerdings ein besonderes Allgemeines in dem Sinne, daß ihre Verständlichkeit, gerade weil sie ein Text geworden ist, Verständlichkeit für jeden möglichen Leser, ohne Ansehung der Person, bleibt. Die Geschichte gehört dem Medium nicht nur einer allgemeinen narrativen Form, d.h. ihrer kompositorischen Regeln und des Repertoires der Gattungen an, sondern sie wird erzählt in einer Sprache, deren Worte und Sätze eine intersubjektive Bedeutung haben, die wiederum auf intersubjektive Kriterien der Geltung verweisen.[51] Die Artikulation des narrativen Verstehens in der objektivierten Gestalt des Textes rückt gleichsam die Besonderheit eines individuellen Kontextes auf die Objektebene einer allgemeinen und allgemein verständlichen Darstellung. Es ist jedoch genau dieser intelligible Charakter, der schließlich die verstehende Selbstbeziehung einer Person von der solipsistischen

[48] Ricoeur, ebda, S. 108.

[49] Das bedeutet zunächst nur, es liegt eine 'besondere' Geschichte vor. Dadurch werden aber weder der Erzähler (so er nicht in einem noch zu erörternden Sinne 'seine' Geschichte erzählt) noch der oder die Leser zu besonderen Personen.

[50] Ricoeur, ZuE I, S. 110. Der Ausdruck 'kalkulierte Abweichung' ist mit Absicht gewählt. Er zitiert die Metapherntheorie von Nelson Goodman, der Metaphern als 'calculated category mistakes' bezeichnet. Nelson Goodman, LA, S. 126, zit. nach M. Johnson, PPM. Damit wird auf die Absicht Ricoeurs verwiesen, mit der Theorie der Erzählung unter dem Gesichtspunkt der sprachlichen Innovation eine pragmatische (auf Handlungen bezogene) Erweiterung seiner Metapherntheorie vorzulegen. Vgl. dazu Ricoeur, LM und Douglas McGaughey, RMN, S. 427f.

[51] Auf die Geltungsdimension der Bedeutung narrativer Sätze wird weiter unten eingegangen. Sie ist nicht die Wahrheitsgeltung deskriptiver Behauptungen, aber auch nicht nur die Wahrhaftigkeitsgeltung intentional zurechenbarer Ausdrücke.

Verstehensbegrifflichkeit Heideggers befreit. Nur vor dem Hintergrund einer intersubjektiv intelligiblen Geschichte, die ihre eigene Geschichte sein wird, kann eine Person sich selbst 'verstehen'. Und nur der öffentliche Charakter dieser Verständlichkeit erlaubt letzten Endes eine rationale Unterscheidung zwischen einem authentischen und einem nichtauthentischen Selbstverständnis. Die Intelligibilität erzwingt also eine bestimmte sprachliche Dekontextualisierung der Narration. Die Kennzeichnung dieser Dekontextualisierung kann Ricoeurs allgemeine Bestimmung des Begriffes des Textes zu Rate ziehen.

Zu den Kennzeichen des Textes als materielles sprachliches Medium zählt Ricoeur die vierfache Dekontextualisierung der schriftlichen Objektivität gegenüber der situierten Rede. Die vier Aspekte betreffen den Sinn, die Intention, die ostentativen bzw. indexikalischen Bezüge und die Adressierung eines, hier: narrativen Textes. Der Sinn wird im Text qua Schriftlichkeit fixiert, steht also auf eine andere Weise als zeitlich lokalisierte Äußerungshandlungen einer dauerhaften Aktualisierung zur Verfügung. Die Intentionalität eines Autors bleibt für den Sinn bzw. die Bedeutung des Textes und seiner einzelnen Elemente nicht länger verbindliches Kriterium,[52] die Gesamtheit der ostentativen Bezüge, d.h. die in konkreten Sprechsituationen leiblich-anschaulich vermittelte Eindeutigkeit indexikalischer Ausdrücke und der nicht durch Kennzeichen determinierten Pronomen, wird im Medium des Textes nicht länger durch die leiblich situative Präsenz in einem konkreten Kontext bestimmt, sondern durch die Beschreibungen eines allgemein identifizierbaren Kontextes in der durch den Text selbst repräsentierten Welt ersetzt. Situationen, Umstände und das beteiligte Personal werden nicht implizit durch die geteilten Hintergrundüberzeugungen von Sprecher und Hörer identifiziert, sondern sie werden explizit beschrieben in den Darstellungen von Situationen und Personal, die ihrerseits Elemente des Textes sind. Die Adressierung richtet sich nicht länger an ein konkretes alter

[52] Die problematische bedeutungstheoretische Implikation, daß in gesprochener Rede Sinn bzw. Bedeutung und Intention des Sprechers sich decken, d.h. daß jeder Sprecher 'weiß', was die von ihm geäußerten Sätze bedeuten, wird uns unter 3.4. besonders beschäftigen.

ego, den Angesprochenen, sondern der Text kann von allen, die der Sprache mächtig sind, gelesen werden.[53]

Die Dekontextualisierung des Textes und ihrer hervorgehobene Bedeutung für die Wirkung des mimetischen Zirkels ist das entscheidende Symptom für Ricoeurs Bruch mit der intentionalistischen Perspektive der Phänomenologie. Ricoeur verliert das Problem der Intentionalität nicht aus den Augen. Schließlich gehört die sprachliche Bezugnahme auf die Intentionalität von Handlungen zu den Charakteristika der narrativen Synthesis von Ereignissen. Doch Ricoeurs Theorie des Textes und damit der Erzählung und schließlich der narrativ strukturierten ursprünglichen Zeit bringen Intentionalität und Sprache in ein Verhältnis, das eine egologisch reduzierte Sprachtheorie nicht länger zuläßt. Der mimetische Zirkel ist als Modell der letztendlich subjektiv und das heißt hier personal bedeutsamen Reflexion gedacht. Bevor jedoch die reflexive Funktion des mimetischen Zirkels durch die Betrachtung der dritten Stufe des mimetischen Zirkels in ihrer Relevanz für die personale Identität dargestellt werden kann, muß auf den sprachtheoretischen Bruch mit Husserl und Heidegger näher eingegangen werden.

Denn die begriffliche Transformation des vorprädikativen Verstehens zu einer intersubjektiven Intelligibilität gründet in der bedeutungstheoretischen Analyse der Sprache des Textes. Verständlich ist nur, was sprachliche Bedeutung hat, und Ricoeur wird vor allem durch seine Distanzierung von einer phänomenologischen Bedeutungstheorie dazu gebracht, ein existentialistisches Modell der existentiellen Genese bzw. der personalen Individualisierung zu verwerfen.

---

[53] Ricoeur, TaM, S. 84. An dieser Stelle bezieht Ricoeur die Dekontextualisierung auf die Theorie der Sprechakte. Dieser Bezug wird später von Interesse sein, wenn es darum geht, Ricoeurs Gründe dafür zu bewerten, die geschriebene der gesprochenen Sprache vorzuziehen.

3.2. Bedeutung, Referenz und Geltung in der Narration - Die Intelligibilität der Geschichten

Der sprachanalytische Zug von Ricoeurs Erzähltheorie wird erkennbar, wenn man seiner Interpretation des Verhältnisses von Intention und sprachlicher Bedeutung einige Aufmersamkeit widmet. Ricoeur ist ein nichtintentionalistischer Bedeutungstheoretiker, der allerdings mit der Analyse der Erzählung auf einen privilegierten Modus der sprachlichen Bezugnahme auf Intentionalität eingeht. So zeigt sich der narrative Text als die intersubjektiv zugängliche Darstellung von Intentionalität, deren Bedeutung nicht intentionalistisch rekonstruiert werden kann.[54] Die Erzählung hat ein - zunächst - fiktives Personal, und es läßt sich unter bedeutungstheoretischen Gesichtspunkten zeigen, daß die Analyse der Erzählung unter der besonderen Berücksichtigung der personal bedeutsamen Zeitlichkeit eine ähnliche Funktion erhält, wie in Searles Theorie der Intentionalität seine Analyse von "Berichten" über intentionale Überzeugungen, die in 'belief'-Sätzen repräsentiert werden.[55] Diese Funktion wird die Rekonstruktion einer Form sprachlicher Ausdrücke sein, in der intentionale Sätze bzw. Sätze, die sich auf Handlungen beziehen, unproblematische Geltungsbedingungen und damit eine intersubjektiv intelligible Bedeutung erhalten.

Ricoeur bekennt sich in dem bereits 1960 erschienen Aufsatz "Diskurs und Kommunikation" zu der von Dummett sogenannten Vertreibung der Gedanken aus dem Bewußtsein (siehe Kap.1). Dabei beruft er sich zwar sowohl auf Husserl als auch auf Frege, doch ungeachtet der wohlwollenden Erwähnung der Husserlschen Beschreibung der Bedeutungsintentionalität und ihrer immanent anschaulichen Erfüllung erhält die Berufung auf Frege und damit, methodisch gesprochen, die sprachanalytische Alternative zur phänomenologischen Introspektion das größere Gewicht. Das liegt vor allem an Ricoeurs Entscheidung zugunsten der Fregeschen Differenzierung zwischen Sinn und Bedeutung, die im Unterschied zu Husserls Terminologie auf die Referentialität von Aussagen zielt und damit schließlich entgegen der phänomenologischen Bedeutungs-

[54] In TaM bezieht Ricoeur ausdrücklich die Charakterisierung des allgemeinen Textbegriffes auf die "Exteriorisierung" der Sprecherabsicht, Ricoeur, TaM, S. 87.
[55] Searle, I, S. 227ff.

theorie Geltung nicht an dem Kriterium immanenter Evidenz festmacht. Die Entscheidung für eine sprachanalytische Perspektive erklärt sich darüberhinaus aus der Konzentration auf die einem rein bewußtseinsimmanten Sprachverständnis vorausgehende Intersubjektivität der Sprache von Texten. Ricoeur macht gleich zu Beginn von "Diskurs und Kommunikation" deutlich, daß er von der empirischen Begegnung von Sprecher und Hörer ausgehen will, nicht aber von ihrer transzendental vorkonstituierten Einheit, die das Problem der Bedeutungsidentität eskamotieren würde.[56] Bedingung für die Möglichkeit der Kommunikation ist laut Ricoeur die Transzendierung der Identität des Sinnes (im Fregeschen Sinne des Ausdrucks) gegenüber dem sprecherrelativen, im Redeereignis manifesten intentionalen Gegenstand, gegenüber dem also, "was der Sprecher sagen will".[57] Hier stützt sich Ricoeur auf Russel, sodann aber wegen der gebotenen Unterscheidung von Sinn und Bedeutung auf Frege, um die "(...) Autonomie des logischen Sinnes gegenüber psychologischen Operationen (...)" behaupten zu können.[58] Die Transzendierung des Psychischen durch das Logische und die weitere Transzendierung des Logischen durch das Ontologische (Sinn und Bedeutung) stellen als Prinzipien der doppelten Veräußerlichung des Redevorgangs die Begründung der Möglichkeit von Kommunikation dar.[59] Was mit Bezug auf das Vorverständnis, auf die Mimesis I, als intersubjektivitätstheoretische Alternative zu Heidegger erschien, die intersubjektive sprachliche Strukturierung des noch nicht artikulierten Verstehens, wird hier in seiner bedeutungstheoretischen Dimension expliziert. Sprachliche Bedeutung ist kein Produkt transzendental subjektiver und auch nicht existentiell verstehender Konstitution, sie mag ihrer empirischen Genese zufolge auf ur-

[56] Der tranzendentale Zug von Ricoeur Argumentaton in diesem Aufsatz berifft nur die Epoché der natürlichen Gewißheit, daß Kommunikation funktioniere. Ricoeur führt eine von ihm so genannte transzendentale Überlegung an dem Punkt der Analyse der Dyade von monadischen Sprechern ein, betont damit also nur die prinzipielle Unwahrscheinlichkeit von Kommunikation, die darum als erklärungsbedürftig erscheint, nicht aber eine transzendentale Intersubjektivität, Ricoeur, DuK, S.4f.

[57] An anderer Stelle macht Ricour deutlich, daß diese Transzendierung des "Psychologischen" ebenso für die Bedeutung von Handlungen und schließlich für die Bedeutung von Handlungen repräsentierenden Sätzen gilt: Ricoeur, TaM, S. 95: "Auf die gleiche Weise, wie sich ein Text von seinem Verfasser löst, so löst sich eine Handlung vom Handelnden und bringt ihre eigenen Konsequenzen hervor."

[58] Ricoeur, DuK, S. 9.

[59] Ricoeur, DuK, S. 10.

sprüngliche intentionale Akte zurückgeführt werden können: der logische Gehalt der sprachlichen Bedeutung muß unabhängig von den mit dem Sprachgebrauch in konkreter Rede verbundenen intentionalen Gehalten rekonstruiert werden. Vor allem wird durch diese Anknüpfung an Frege die Verständlichkeit vermittels der Verbindung von Bedeutung und Geltung auf das Problem von Geltungsbedingungen bezogen. Die Intelligibilität eines narrativen Horizontes ist dann aus Gründen der Bedeutungstheorie nicht zu trennen von den Bedingungen der Geltung narrativer Sätze. Bedeutungen sind auch für Ricoeur nicht im Kopf.[60] Die sprachtheoretische Distanzierung von der Phänomenologie äußert sich in der Umkehrung des Bedingungsverhältnisses zwischen Intentionalität und Bedeutung. Nicht intentionale Akte konstituieren Bedeutung, sondern die intersubjektiv stabilisierte sprachliche Bedeutung ermöglicht es erst, bestimmte und bestimmbare Intentionen zu haben.

Ricoeur weist somit der Intentionalität einen Platz in der Sprachtheorie zu, der es erlauben wird, die 'erzählte Intentionalität' als Glied der Kette der Reflexion, die von der intersubjektiven Sprache zu Selbstverhältnissen von Sprechern führt, zu verstehen. Die Zuweisung diese Platzes der Intentionalität erläutert Ricoeur erneut am Beispiel der geschriebenen Sprache:

"Die Sinnhaftigkeit der Rede in Gestalt von 'Sinn' und 'Bedeutung'" löst sich von der subjektiven Intention des Sprechers. Sie löst sich gleichermaßen ab von

[60] Die methodologische Emanzipation von der Phänomenologie erfordert schließlich die Preisgabe der transzendentalistischen Prämisse, daß ein Sprecher nur das sagt, was er meint, bzw. daß die Bedeutung der geäußerten Sätze vollständig intentional repräsentiert sein muß. Darum entkoppeln sich intersubjektive Bedeutung und intentionaler Nachvollzug durch ein nur empirisches Sprecherbewußtsein. Aus diesem Grunde ist hier die Putnamsche Formulierung zur Charakterisierung der Ricoeurschen Prämissen angemessen. Die 'Transzendenz' der sprachlichen Bedeutung gegenüber der mentalen Repräsentation (bzw. der Sprecherbedeutung) erklärte sich in Putnams früherer Argumentation teils aus 'realistischen' Prämissen (Putnam, BvB, S. 62: "(...); und zum anderen ist die Extension, partiell wenigstens, indexikalisch bestimmt. Die Extension unserer Ausdrücke hängt von der wirklichen Natur derjenigen Dinge ab, die als Paradigmen dienen."), teils aus einer von ihm sogenannten "soziolinguistischen" Hypothese, dem Prinzip der "sprachlichen Arbeitsteilung". Die Pointe dieser Hypothese besteht darin, daß die entscheidenden Kriterien, die die Extension von Ausdrücken festlegen, niemals von allen Sprechern einer Sprachgemeinschaft gekannt werden können, sondern stets auf Experten und ihre Befragbarkeit (mithin eine soziale Praxis) verweisen. Putnam, BvB, S. 39 und: ders., RuR, S. 63ff. In unserem Zusammenhang spielt diese Hypothese eine ungleich größere Rolle, als das "realistische" Motiv der indexikalischen Verbindung zu natürlichen Substanzen, nicht zuletzt, da der Gegenstand narrativer Beschreibung einer realistischen Deutung, die ihn zu einer Substanz erklärte, nicht entspricht.

allen Umständen der Sprechsituation und von dem, was ich (...) den ostensiven Referenzcharakter nannte. Schließlich entzieht der geschriebene Diskurs sich den engen Grenzen des jeweiligen Dialoges, um sich an jeden zu richten, der lesen kann."[61]

Die Identität der Bedeutung, das heißt vorläufig: die "Sinnhaftigkeit" der Sprache, löst sich aber nicht nur in dem Sinne von der Intention eines konkreten Sprechers ab, daß immer noch zumindest der 'Ursprung' der Sprache bzw. der sprachlichen Bedeutungen nach wie vor eine erste vorprädikative Intentionalität sein könnte,[62] sondern Ricoeur betont, daß die Semantik und die Pragmatik[63] eines derart losgelösten sprachlichen Sinnes die Intentionalität selbst strukturiert. Der Sprecher bildet seine Intentionen nicht anders als in den Mustern der bereits intersubjektiv strukturierten Sprache. Die Identität des sprachlichen Sinnes ermöglicht überhaupt erst die Identifikation von bestimmten bewußten Absichten und intentionalen Gegenständen. Ricoeur führt dabei das Beispiel des 'Versprechens' an: Die intentionale Verpflichtung, die sich ein Sprecher auferlegt, liegt "(...) in der Regel selbst, welche die illokutionäre Rolle des Versprechens von der eines jeden anderen Sprechaktes unterscheidet. (...) Diese Intention [des Sprechers, sich der Selbstverpflichtung zu unterwerfen, J.R.] ist der subjektive Doppelgänger jener Implikation, die objekiv im Sprachspiel des Versprechens steckt."[64] Ricoeur verwendet an dieser Stelle bewußt die Metapher des 'Doppelgängers'. Das Noema der Aussageintention soll sich zu der objektiven (bzw. intersubjektiven) Bedeutung der Aussage genauso verhalten wie der noetische Modus der Aussageintention zum illokutionären Modus

---

[61] Ricoeur, DuK, S. 15.

[62] So daß zwar Genesis und Geltung sprachlicher Verständlichkeit zu trennen wären, dennoch die vorprädikative Intentionalität, befördert zum primum movens der Evolution von Sprache, als schon im vorsprachlichen Zustand hinreichend differenziert gedacht werden müßte.

[63] Ricoeur besteht an dieser Stelle darauf, daß sich auch der illokutionäre Modus eines Sprechaktes restlos in der geschriebenen Sprache repräsentieren läßt, Ricoeur, DuK, S. 18, und ders., TaM, S. 87.

[64] Ricoeur, DuK, S. 20f. Das ist natürlich eine Aufnahme dessen, was Searle die "essential condition" des Sprechaktes des Versprechens nennt; Searle, SA, S. 60. Das Wesentliche des Versprechens ist eben nicht, daß der (Ver-) Sprecher die adäquate Intention (das Versprechen zu halten) hat, sondern daß er sich öffentlich der entsprechenden Verpflichtung unterwirft, so daß die öffentliche Regel die Bedeutung des Aktes bestimmt (auch wenn Searle hier, anders als Ricoeur, nicht von 'Bedeutung' spricht), und von dort aus gegebenenfalls ein Mangel an Absichtsbildung und Konsequenz als intentionale Fehlleistung kritisiert werden kann.

des Aussageaktes. D.h. das 'Wie' der Intention ist der Doppelgänger des illokutionären Modus, wie das 'Was' der Intention der Doppelgänger der propositionalen Bedeutung ist. Ricoeur stellt die Beziehung zwischen Intention und Aussage also zunächst als ein Äquivalenzverhältnis dar, indem er die dekontextualisierte Sprache als Bedingung der Möglichkeit von Kommunikation beschreibt, ohne die genetische Frage zu untersuchen, in welchem Maße die Ausbildung einer redekontextneutralen Sinnhaftigkeit auf ursprünglich 'bloß' intentionale, d.h. von intersubjektiver Bedeutung unabhängige, vorprädikative, Akte zurückgeht. Ricoeurs Andeutung, daß die Intentionalität des Bewußtseins einen vorsprachlichen und nicht einmal zu versprachlichenden also ineffablen Rest enthält,[65] ist allerdings nicht zu verwechseln mit einer Einschränkung des Prinzips, daß jede "sinnvolle" Intention der sprachlichen Vorstrukturiertheit bedarf. Die Frage nach dem Status der Vorprädikativität bleibt zunächst nur offen; der entscheidende Unterschied zu Heideggers Begriff des Verstehens liegt jedoch darin, daß jedes bestimmte, differenzierte Verstehen und darum letztlich auch ein gehaltvolles hermeneutisches Selbstverhältnis der Person auf die Intersubjektivität der Sprache angewiesen bleibt. Das heißt: Eine rational identifizierbare und kritisierbare Intention muß bereits auf der Kompetenz aufbauen, eine intersubjektive Sprache zu sprechen. Wer 'klare' Absichten hegen können soll, muß zuvor eine Sprache gelernt haben. Also kann die Bedingung der Möglichkeit, (auch für einen selbst) verständliche Intentionen auszubilden, dann, wenn sie als Doppelgänger intersubjektiver Sprachspiele ohne diese Kompetenz nicht möglich ist, nicht mehr rein phänomenologisch, d.h. introspektiv und mit Rücksicht auf eine vorprädikative Synthesis von intentionalen Gehalten rekonstruiert werden.

Für die Rolle der Erzählung als Medium personaler Selbstreflexion sowie für die Identität der Bedeutung der narrativ verwendeten sprachlichen Ausdrücke und die Geltungsbedingungen der Erzählung genügt es zunächst festzuhalten, daß jedes sinnvolle Verstehen für Ricoeur nur einer Intentionalität möglich ist, die sprachlich strukturiert und kommunikabel ist. Insofern legt die Ausführung zum praktischen Vorverständnis der Mimesis I, das bereits Sprecherkompetenz ist, die genetische Dimension des Verhältnisses von Intention und Sinn und

---

[65] Ricoeur, DuK, S. 25.

Bedeutung auf einen eindeutigen Vorrang der sprachlichen Intersubjektivität fest. Nicht nur das Sprechen des Sprechers, sondern bereits das gehaltvolle Verstehen ist nur möglich, wo eine intersubjektive Sprache verstanden und gesprochen werden kann. Die Erweiterung dieses Argumentes für den Vorrang der Sprachkompetenz ist bereits vorher von Ricoeur in der Auseinandersetzung mit der Psychoanalyse vorgenommen worden. Nicht nur ist der Zugang zu eigenen Intentionen abhängig von der Sprachkompetenz, sondern darüberhinaus gibt es 'unbewußte' Intentionen, die auch einem bereits sprachkompetenten Bewußtsein reflexiv ausschließlich über den Umweg durch die Intervention eines alter ego zugänglich werden können.[66]

Die Erzählung, d.h. der nach Kompositionsregeln strukturierte Text, der im Medium einer intersubjektiven Sprache im Sinne der Dekontextualisierung öffentlich ist, ist nun diejenige sprachliche Form, die die Intentionalität des personal zurechenbaren Handelns und ihre spezifische zeitliche Horizontalität zur Darstellung bringt. Die Erzählung ist das Modell dafür, auf welche Weise Intentionen nicht introspektiv, sondern in intelligibler Form sprachlich zugänglich gemacht werden. Die Erzählung erfüllt, da sie die 'Zusammensetzung der Handlung' des dargestellten Personals ist, damit die gleiche Funktion, die in Searles Intentionalitätstheorie 'Berichte' über intentionale Sätze erfüllen: 'Berichte' transformieren und repräsentieren zugleich 'belief'-Sätze auf eine Weise, die die Berichte auf die problematischen Wahrheitsbedingungen der 'belief'-Sätze nicht festlegt, sondern die konkreten Geltungsbedingungen so darstellen, daß die Darstellung selbst unproblematische Geltungsbedingungen hat. Das gleiche Prinzip, das in der 'tense-reflective-analysis' die perspektivische Relativität von Wahrheitsbedingungen eines zeitrelativen Satzes, der Prädikate einer A-Reihe enthält, in die objektiven Wahrheitsbedingungen eines Satzes, der mit B-

[66] So kommt Ricoeur in einem Vergleich zwischen dem phänomenologischen und dem psychoanalytischen Begriff des Unbewußten zu dem Schluß: Die gesetzesmäßige Beziehung zwischen Bewußtsein und Unbewußtem, die Freud unter den Titel der "Systemgesetze" gebracht hatte, "(...) kann nicht phänomenologisch rekonstruiert werden, sondern einzig durch die analytische Technik. Es geht nicht um ein anderes Bewußtsein, das man denken könnte, es geht um einen Sinn, dem man nur 'durch die Praxis beikommen' kann." Ricoeur, DI, S. 402. Es gibt demnach eine (zeittheoretisch wegen der Geltung der retrospektive Korrektur von intentionaler Gewißheit interessante) Notwendigkeit der selbstbezüglichen Reflexion des Bewußtseins, sich von außen, durch ein dialogisch konfrontiertes alter ego anregen zu lassen. Darauf wird weiter unter 3.4. zurückzukommen sein.

Reihen-Prädikaten auskommt, umformt, d.h. die gleiche Neutralisierung der Kontextrelativität bestimmter Aussagen, leitet die Transformation von 'belief'-Sätzen zu 'Berichten'. Der Kontext, einmal ein zeitlicher, dann ein intentionaler, der die Nichtverallgemeinerbarkeit der implizierten Existenzunterstellungen und die Nichtsubstituierbarkeit von Subjektausdrücken durch bedeutungsgleiche Ausdrücke dieser Sätze bedingt,[67] wird in einem zweiten Satz in dessen Objektebene aufgenommen. Die Zeitstelle oder die Person, für die die problematische Aussage gilt, werden angegeben, so daß diese Angabe selbst nicht länger zeitlich oder personal relativ ist.

Die Erzählung leistet als komplexer Text beides: Sie beschreibt und bestimmt bzw. identifiziert das Personal, und sie konstruiert einen zeitlichen Horizont. Die konfigurierte Erzählung liefert zusammen mit der Beschreibung von Personal und Zeithorizont eine Darstellung des Kontextes. Relativ zu diesem Kontext haben Aussagen in der ersten Person, Handlungsbeschreibungen und -zuschreibungen und zeitliche Angaben bzw. temporale Lokalisierung von Handlungs und Sprechereignissen einen eindeutigen Bezug, so daß unproblematische Geltungsbedingungen sichtbar werden. Kraft der schriftlichen Dekontextualisierung werden Aussagen innerhalb dieses Kontextes durch eine Objektivierung ihrer Geltungsbedingungen verständlich. Damit haben Sätze bzw. Aussagen, die innerhalb der Erzählung z.b. indexikalische Ausdrücke enthalten, weil sie innerhalb der Erzählung stehen, relativ zur Welt des Textes eindeutige Geltungsbedingungen. 'Ich', 'hier' und 'jetzt erhalten im Medium des narrativ konstruierten Kontextes einen eindeutigen Bezug, den der Leser versteht die Indexikalien, ohne daß er den konkreten Kontext als konkreter Hörer mit einem konkreten Sprecher teilen müßte. Während in konkreten Sprechsituationen eine Aussage wie: 'Er hat es nicht so gemeint', nur dann nicht 'sinn'-los ist, wenn Sprecher und Hörer hinreichend ähnliche Hintergrundgewißheiten bezüglich des konkreten Kontextes haben, wird im narrativen Text ein Kontext, d.h. ein zeitlicher (und räumlicher) Horizont artikuliert, der eindeutige Antworten bereithält auf die Frage, wer wann was wie nicht gemeint habe, die die aktuelle

[67] Da die Subjekte intentionaler Einstellungen, die Existenz von Gegenständen, auf die Subjektausdrücke Bezug nehmen, fälschlich voraussetzen könnten bzw. weil sie über Synonymiebeziehung mangelhaft unterrichtet sein und diese fälschlicherweise leugnen könnten.

Präsenz im entsprechenden Kontext nicht voraussetzen. So gehen Dekontextualisierung und Kontextualisierung ein reflexives Verhältnis ein. Die Neutralisierung der Kontextrelativität gibt den sprachlichen Ausdrücken eine allgemeine Bedeutung, indem die Geltungsbedingungen allgemein formulierbar werden. Darum ist die Verständlichkeit der Erzählung Intelligibilität, d.h. jeder und jede, der oder die die Sprache des Textes spricht, kann ihn verstehen.[68]

Der Begriff des narrativen Textes zeigt an dieser Stelle seine Funktion für die Rekonstruktion der Intelligibilität. Der Text ist das Phänomen, an dem die 'Transzendierung' von Bedeutung und Sinn gegenüber der Intention augenfällig wird.[69] Die Geschichte 'zu verstehen', ist eine Fähigkeit, die die Kenntnis der intersubjektiven Bedeutung ihrer Elemente und ihrer Einheit zur Voraussetzung hat. Der Ricoeurschen Bemerkung, ein Leser müsse über die Semantik des Handelns verfügen, kann damit ein präziser Sinn gegeben werden. Ein narrativ strukturiertes Selbstverstehen ist nur dann ein rationales Phänomen bzw. rational kritisierbar (und damit auf die Unterscheidung zwische Authentizität und Nichtauthentizität zu beziehen), wenn es der Intelligibilität, also einer intersubjektiven Verständlichkeit der entsprechenden Geschichte entspringt und weiterhin genügt.

Der Unterschied zwischen der intersubjektiv zugänglichen Intelligibilität, um deretwillen der anonym adressierende Text zum Modell der Narration erhoben worden ist, und der vorprädikativen Verständlichkeit in Heideggers Modell betrifft also in erster Linie das Verhältnis zum Phänomen der Geltung. Die sprachtheoretischen Implikationen der Ricoeurschen Erzähltheorie führen also die Verbindung von Bedeutung und Geltung auf dem Umweg einer bedeutungstheoretischen Distanzierung von der Phänomenologie in die Rekonstruktion personaler Selbstverhältnisse wieder ein. Wenn nämlich die Identität sprachlicher Bedeutung eine intersubjektive Angelegenheit ist, d.h. wenn im Kontrast zu Husserl nicht mehr die anschauliche Erfüllung von Bedeutungs-

[68] Impliziert ist damit, das die Allgemeinheit der intersubjektiv identischen Bedeutung koextensiv mit der Ausdehnung der relevanten Sprachgemeinschaft ist. Das ist jedoch weniger eine Einschränkung universalistischer Ansprüche als eine Konsequenz aus der antirealistischen und zugleich antiplatonischen Bedeutungstheorie, die sich auf Putnams 'sprachliche Arbeitsteilung' beruft.

[69] Gleichwohl gilt diese Transzendierung nicht nur für das Medium der schriftlichen Sprache, dieser Punkt wird allerdings später verhandelt werden müssen.

intentionen das Kriterium dieser Identität sein kann, lassen sich Bedeutung und Geltung sprachlicher Aussagen nicht länger auf die Evidenz bewußteinsimmanenter Deckungsphänomene beziehen. Die Bedeutung und die Verständlichkeit von sprachlichen Ausdrücken, ebenso natürlich von narrativen Sätzen und Texten, hängt ab von intersubjektiv zugänglichen Geltungsbedingungen, deren Kriterien nicht subjektphilosophisch bestimmt werden können. Während sich bei Heidegger die Differenz zwischen Eigentlichkeit und Uneigentlichkeit nur verstehen läßt als die Differenz zwischen einem personalen Selbstverständnis, das sich von der Dimension intersubjektiver Geltung unabhängig gemacht hat, und einem solchen, dem dies nicht gelungen ist, haben in der Ricoeurschen Perspektive ein narrativer Horizont und die durch ihn synthetisierten Elemente überhaupt nur dann Bedeutung (und Verständlichkeit), wenn sie prinzipiell gewissen intersubjektiven Geltungskriterien genügen können.

Diese Geltungskriterien müssen allerdings eigens bestimmt werden, da der narrative Text erstens sich nicht aus deskriptiven Aussagen, deren Geltungsbedingungen schlicht Wahrheitsbedingungen sind, zusammensetzt, und da der narrative Zeithorizont zweitens in die pragmatische Dimension gehört.

Geltungsbedingungen sind in der Perspektive einer verifikationistischen Semantik Wahrheitsbedingungen deskriptiver Sätze. Wir wissen, nach diesem Modell, genau dann, was ein Satz bedeutet, wenn wir wissen, was der Fall ist, wenn er wahr ist.[70] Das allein ist jedoch für die Erzählung ein zu eng geschnittenes Modell.

Denn es 1) folgt aus den antirealistischen Argumenten für die narrative Synthesis von Handlungsereignissen, daß ein korrespondenztheoretisches Kriterium der Wahrheitsbedingungen deskriptiver Sätze die Beziehung zwischen der Bedeutung und der Geltung solcher narrativen Sätze nicht einfängt. Mit Michael Dummett und Jürgen Habermas muß man darum eine reflexive Wendung von dem Vergleich zwischen sprachlichen Ausdrücken und außersprachlichen Tatsachen bzw. Sachverhalten, denen diese Ausdrücke korrespondieren sollen, zu der argumentativen Einlösbarkeit von Geltungsansprüchen vollziehen. Das heißt es muß von 'Behauptbarkeitsbedingungen'

[70] Vgl. Wittgenstein, TLP, 4.024.

bzw. von rationaler Akzeptierbarkeit gesprochen werden.[71] 2) es genügt zur Charakterisierung der Geltungsbedingungen narrativer Sätze nicht die Konzentration auf die deskriptive Dimension von sprachlichen Ausdrücken.[72] Wenn die Einheit einer Handlung von dem gesamten narrativen Zeithorizont abhängt, dann hängt ebenso die Behauptbarkeit eines Satzes, der sich auf die Handlung bezieht, von solchen Argumentationen ab, die sich auf die Folgen und die Vergangenheit einer Handlung beziehen können. Die narrative Einheit, der gesamte Zeithorizont der Geschichte, ist damit als eine Ressource von Argumentationen zu verstehen, die den Geltungsanspruch der Äußerung eines auf eine Handlung bezogenen Satzes problematisierbar macht. Erst der (mindestens antizipatorische) Überblick über die Gesamtheit einer Geschichte erlaubt also ein Verstehen der Bedeutung eines narrativen Satzes im Sinne der Einschätzung seiner Behauptbarkeit. Das heißt, die Bezugnahme auf eine Handlung ist abhängig davon a) was aus der Handlung 'geworden ist', so daß eine mit der Handlung gleichzeitige Bezugnahme auf diese Handlung davon abhängt, 'was aus der Handlung geworden sein wird', und b) im Falle der expliziten Zurechnung von Handlungen auf Personen und die von ihnen mit der Handlung verfolgten Intentionen davon, was 'aus der Handlung geworden sein soll'.[73] Damit wird die im Text objektivierte Einheit einer Geschichte, die Einheit der narrativen Zeit, zu der in jedem Falle zumindest implizit wirksamen Ressource des Verständnisses einer Handlung aus der Perspektive ihrer Handlungsgegenwart. Was der Text in objektivierter Form repräsentiert, zeigt sich als jederzeit wirksamer Horizont, denn die Fähigkeit, in aktueller Gegenwart zu verstehen, und das heißt, sprachlich ausdrücken zu können, was ich tue, oder was ein anderer tut, hat die Fähigkeit zur Voraussetzung, mindestens eine mögliche Geschichte zu antizipieren, in der erzählt wird, was aus der Handlung geworden ist (sowie die

---

[71] Dazu: Jürgen Habermas, ZKB, in: ders. NMD, S. 117ff und Dummett, WiaTM, S. 67ff und: ders.: WH, S.34. Dieser Hinweis macht deutlich, warum weiter unten die Referentialität narrativer Sätze nicht auf der Grundlage korrespondenztheoretischer Überlegungen auf ihre mögliche Wahrheit bezogen werden muß, sondern mit Bezug auf das entsprechende 'Argumentationsspiel' (Habermas ebda) konsens- statt korrespondenztheoretisch explizierbar ist.

[72] Also auch nicht auf die Bedingung der Behauptbarkeit von Aussagen, mit denen ein deskriptiv verstandener Wahrheitsanspruch verbunden ist.

[73] Dazu gehört zweifellos der Vergangenheitsbezug, durch den das Verständnis dessen, 'worin die Handlung besteht', auch daraus gespeist wird, 'was aus früheren Handlungen werden sollte bzw. geworden ist.'

Fähigkeit, retrospektiv eine Geschichte zu rekonstruieren, die die Vorgeschichte der Handlung ist). Somit bekommt die schon früher gemachte Bemerkung, daß ich nur verstehe, was ich tue, wenn ich verstehen kann, was ich damit getan haben werde, eine bedeutungstheoretische Form.

3) Es verzweigen sich die Geltungsbedingungen von narrativen Sätzen, je nach dem, ob sie der Fiktion oder der Historiographie (und als Sonderform wird hier zählen: die Biographie) zuzuordnen sind. Mit dieser Unterscheidung tritt als zusätzliche Dimension[74] der Bedeutung narrativer Sätze die Referentialität in Erscheinung.

In den vorstehenden Formulierungen war zwar bereits von der "Bedeutung" solcher Sätze, die sich auf Handlungen beziehen, die Rede. Diese Ausdrucksweise ist jedoch zu ungenau. Sie deckt vorerst nur den Bereich der narrativen Bedeutung ab, den man den 'holistischen' Aspekt der Identität der Bedeutung sprachlicher Ausdrücke in der Geschichte nennen könnte. Die Bedeutung einzelner Sätze der Geschichte variiert wie die Einheit der repräsentierten Handlungen mit der Entwicklung des Plots. Dies ist die gleichsam horizontale Komponente der Bedeutung von Sätzen, die zu Geschichten gehören. Dazu tritt die 'vertikale' Komponente, die das Verhältnis zwischen Sätzen, die sich auf Handlungen beziehen, und den Handlungen, auf die sie sich beziehen, betrifft. Denn zunächst bleiben die erzählten Handlungen, z.B. in fiktionalen Erzählungen, "fiktive", d.h. virtuelle oder mögliche, Handlungen. Sätze, die solche möglichen Handlungen repräsentieren, sind zunächst nur mit Bezug auf die horizontale oder holistische Komponente der Identität ihrer Bedeutung verständlich bzw. kritisierbar (wenn sie z.B. unmöglich oder gemessen an den Wahrscheinlichkeitsstandards, denen die übrige Geschichte genügt, zu unwahrscheinlich sind). Zu der Frage, was die Handlung mit Rücksicht auf den narrativen Zeithorizont bedeutet, tritt schließlich jedoch die Frage, ob sich die einzelnen Sätze der Geschichte auf tatsächliche Handlungen beziehen, oder anders gesagt: ob die Geschichte wirklich geschehen ist (respektive, ob sie wirklich geschehen wird oder

---

[74] Ricoeur würde hier nicht von zwei Dimensionen der Bedeutung sprechen, sondern unter Berufung auf Frege zwischen Sinn und Bedeutung unterscheiden. Da es hier aber darauf ankommt, die 'horizontale' (weiter unten) Komponente der Bedeutung narrativer Sätze als eine Geltungsdimension zu charakterisieren, die mit der referentiellen Dimension verschränkt ist, soll hier von zwei Bedeutungsdimensionen gesprochen werden.

geschehen soll). Das könnte man die vertikale Bedeutungsdimension nennen. Auf sie trifft die Bewegung des mimetischen Zirkels der Erzählung als Praxis im Moment der Mimesis III. Die Mimesis III bezeichntet das 'Wofür' der narrativen Konfiguration. Die Geschichte hat Leser oder Hörer. Ricoeur lehnt sich nun an Motive der Rezeptionsästhetik an und nennt den narrativen Text im Sinne der schriftlichen objektivierten Gestalt "eine skizzenhafte Vorlage für die Lektüre."[75] Der Text wird erst in der Wechselwirkung zwischen Text und Rezipient zum Werk. Die narrative Artikulation eines pragmatischen, sprachlichen und zeitlichen Vorverständnisses wird nun von dem Leser angeeignet, die Darstellung der erlebten Zeit tritt zurück in den Bereich von Erlebnis und Erfahrung. Das aber bedeutet nichts anderes, als daß die Erzählung erst jetzt, in der faktischen Rezeption, einen tatsächlichen Bezug erhält, d.h. mit den Worten Ricoeurs, der 'Sinn' der Erzählung und ihrer einzelnen Sätze bekommt eine Bedeutung, wobei hier 'Bedeutung' genau das bezeichnet, was ich oben die vertikale Dimension der Bedeutung nannte. In der Rezeption erhält die Darstellung der im erzählten Text vorerst nur möglichen Handlung einen referentiellen Bezug. Die Verbindung von Rezeption und Referenz revoziert allerdings nicht die Emanzipation von einer intentionalistischen Perspektive. Es ist nicht die Intentionalität eines individuellen Rezipienten, die die Referenz festlegt, sondern die intersubjektive Praxis der Rezeption, deren Subjekt eine "reading community" ist.[76]

Die Einführung dieser vertikale Dimension der Bedeutung führt ebensowenig zu einer Revokation der antirealistischen Deutung der Narration, d.h. unter dem Titel der Referentialität wird nicht nachträglich die Korrespondenz zwischen narrativ synthetisierten Ereignissen und den isotrop lokalisierten Elementen einer Chronologie heraufbeschworen. Was die Einführung der referentiellen Dimension statt dessen bedeutet, wird erstens sichtbar, wenn auf Ricoeurs Unterscheidung zwischen der Geschichtsschreibung und der literarischen Fiktion eingegangen wird, und zweitens, wenn man die Biographie, die personalitätstheoretische Applikation der Narrativitätstheorie, der hier das vordringliche Interesse gilt, näher analysiert.

---

[75] Ricoeur, ZuE I, S. 123.
[76] Ricoeur, ZuE III, S. 179.

Die Referentialität von Erzählungen hat wegen der Geltungsdimension personaler Selbstverhältnisse eine große Bedeutung. Darum muß zunächst auf einem Umwege erläutert werden, wie sich behaupten läßt, daß narrative Sätze nicht einfach deskriptive Sätze sind und gleichwohl eine Referenz haben sollen. Dieser Umweg führt über Ricoeurs Metapherntheorie. Denn auf diesem Wege kann gezeigt werden, welche Strategie Ricoeur mit seinem spezifischen Begriff der Referenz verfolgt. Denn Ricoeur ist an der hermeneutischen Ausdifferenzierung einer Theorie des sprachlichen Weltbezuges gelegen, die das Spektrum von deskriptiven Aussagesätzen und ihrer Referenz auf numerisch identifizierbare Gegenstände, Sachverhalte oder logische Universalien erweitern soll. Eine Berücksichtigung dieser Erweiterung ist für die Übertragung der narrativen Referenz auf die personale Selbstreferenz eine unerläßliche Vorbedingung.

Der Umweg über die Metapherntheorie ist dabei notwendig. Denn hier legt Ricoeur das Fundament für eine eigenwillige Komposition aus dem Tugendhatschen Motiv der Erweiterung des veritativen Seins und Heideggers hermeneutischer Interpretation des fundamentalen Weltbezuges als zeitlicher Horizontalität. Ricoeur geht dabei nicht den Heideggerschen Weg einer ursprungsphilosophischen Abqualifizierung der traditionellen Orientierung an der deskriptiven Aussage, die schließlich das vorprädikative Verstehen, die hermeneutische Als-Struktur zum alternativen Fundament erhebt. Ricoeur verzichtet darauf, die ontologische Erweiterung durch die Flucht aus der intersubjektiven Sprache zu erkaufen, und widmet sich stattdessen der Analyse eines ebenso scheinbar unauffälligen wie allgegenwärtigen Phänomens: der metaphorischen Aussage.

Die maßgebliche Leistung der Metapher besteht in Ricoeurs Augen darin, daß eine genau Untersuchung ihrer Struktur die Erweiterung der Sprachtheorie, für die der rational maßgebende Weltbezug ausschließlich deskriptiv zu verstehen ist, bewirkt. Diese Transformation nennt er die "Suspendierung der direkten Referenz". Dieser Ausdruck ist irreführend, denn Ricoeur versteht seine

Referenztheorie nicht als einen Kommentar zu der analytischen Debatte um 'direkte', d.h. schließlich kausale, Referenz.[77]

Ricoeur beschränkt sich auf die Alternative zwischen Strawsons Eingrenzung der Referenz auf die Identifikationsfunktion singulärer Termini und indexikalischer Ausdrücke und der Rede von einer referentiellen Beziehung, die zwischen Aussagen und propositional strukturierten Sachverhalten besteht.[78] In entsprechender Großzügigkeit faßt Ricoeur die gesamte, breitgefächerte Palette von Referenzbegriffen, die an dem Vorrang deskriptiver Aussagesätze orientiert bleiben, zu einem einzigen Begriff, der 'direkten Referenz', zusammen, in der Annahme, daß die Voraussetzung einer allen Positionen gemeinsamen Intuition genügt, um hier eine Einheit zu behaupten. Diese Intuition läßt sich in Heideggers Worten als die Voraussetzung, daß Bezugsgegenstände 'vorhanden' sind, beschreiben. Ricoeurs Versammlung verschiedener Referenzbegriffe unter dem einen Dach des Terminus 'direkte Referenz' ließe sich also besser verstehen, wenn Ricoeur den Ausdruck 'deskriptive Referenz' zur Charakterisierung der kritisierten Voraussetzung gewählt hätte. Denn diejenige Gemeinsamkeit unterschiedlicher Referenztheorien, auf die sich Ricoeur in einer berechtigten Zusammenfassung der Unterschiede zwischen diversen Positionen beziehen kann, ist die Orientierung am Paradigma der Darstellungsfunktion von vornehmlich wissenschaftlichen Aussagesätzen. Diese Gesamtposition der 'deskriptiven Referenz' wird schließlich zum Adressaten seiner kritischen Referenz- und Metapherntheorie: "Es ist nun mein Hauptbestreben, diese Einschränkung der Bedeutung auf die wissenschaftliche Aussage zu sprengen."[79]

Die maßgebliche Differenz zwischen direkter und nicht-direkter Referenz wird abgebildet auf der Unterscheidung zwischen Seinsweisen der Bezugsge-

---

[77] In dieser Debatte stehen sich die Positionen einer Theorie 'definiter Beschreibungen' einerseits und einer 'direkten' oder 'kausalen' Referenz andererseits gegenüber. Während in der auf Frege zurückgehenden Tradition die Bezugnahme eines sprachlichen Ausdruckes durch den Sinn des Ausdruckes und damit durch eine hinreichende Liste von Eigenschaften des Bezugsgegenstandes festgelegt sein soll, bemüht sich z.B Saul Kripke um den Nachweis, daß eine Angabe von Eigenschaften des Bezugsgegenstandes nicht in jedem Falle Zweideutigkeiten vermeiden kann, so daß die Stabilität der Referenz durch das Konzept der "starren Designatoren", d.h. letzlich einer kausalen Beziehung zwischen Gegenstand und Gegenstandsnamen, erklärt werden muß. Kripke, NaN, S. 157, vgl. dazu erneut: Putnam, BvB, S. 47. Vgl. auch: Donnellan, RDD; und dazu: Christina Lafont, SuW, S. 262-299.

[78] Riccoeur, LM, S. 212.

[79] Ricoeur, LM, S. 215.

genstände von Aussagen.[80] Neben die in ihrem Bereich durchaus berechtigte[81] direkte (deskriptive) Referenz tritt die "produktive" Referenz. Der Gegenstand der metaphorischen Aussage ist das 'Nichtvorhandene', und doch hat die Metapher einen 'kognitiven' Wert, d.h. die metaphorische Referenz eröffnet in dem Sinne eine Geltungsdimension, daß die Metapher Bedeutung hat, weil ihre Angemessenheit mit Berufung auf den Bezugsgegenstand kritisierbar ist.

In der Metapherntheorie Ricoeurs wird die Suspendierung der direkten Referenz also zunächst im Rahmen einer ontologischen Fragestellung erörtert. Die Metapher soll mit der Form der deskriptiven Aussage die ontologische Prämisse einer feststehenden Welt, die in Aussagen dargestellt wird, problematisieren. Die Metapherntheorie ist dann eine Anwendung der Heideggerschen Genealogie der Aussage, die das hermeneutische Als, die existentielle Auslegung der Welt, zur Grundlage des apophantischen Als, damit auch der traditionellen Orientierung von Wahrheits- und Erkenntnistheorie an der sprachlichen Darstellungsfunktion erklärt. In dieser Perspektive steckt allerdings eine ideologiekritische Überbetonung einer 'herakliteischen' Ontologie, derzufolge die Festlegung der Bezugnahme auf das Verhältnis zwischen Sätzen und 'vorhandenen' Bezugsgegenständen nichts als eine Verirrung darstellt.

Demgegenüber tritt Ricoeur einen Schritt zurück, denn in seiner Metapherntheorie wird der existentialistische Reduktionismus ersetzt durch eine Analyse des intersubjektiven Sprachgebrauches. Daraus folgt, daß direkte und indirekte oder produktive Referenz zwei nebeneinander bestehende, gleichermaßen berechtigte Modi des Weltbezuges repräsentieren. Es gibt Gegenstände und Sachverhalte, deren referentiell unterstellte Vorhandenheit notwendige Bedingung von Handlungskoordination und Verständigung ist. Daneben aber ist Platz für die Dimension eines Weltverhältnisses, in dem das 'Sein' dieser Welt im Sinne der 'herakliteischen' Ontologie zu deuten ist.

Gegenstände metaphorischer Aussagen sind Gegenstände, die sich der direkten Darstellung entziehen, da sie nicht Gegenstände bzw. Sachverhalte mit 'vorhandenen' Eigenschaften 'sind' und auch nicht für eine direkt hinweisende

---

[80] Ricoeur, LM, S. 224ff.

[81] Genau dieses Zugeständnis unterscheidet Ricoeurs Referenztheorie von Heideggers Abrechnung mit dem apophantischen Als.

Bezugnahme 'vorderhand' bereitliegen, sondern nur 'sind', indem sie interpretiert werden. Ihr Sein ist, wie Arthur Danto mit Blick auf Kunstwerke formuliert, ihr "interpretari".[82] Auch Danto bezieht, wie in einer hermeneutisch-phänomenologischen Relativierung der Darstellungsfunktion der Sprache, die Leistung der Metapher auf die Interpretation der Kopula. Das 'ist' der künstlerischen Identifikation ist anders zu verstehen als das 'ist' in der 'buchstäblichen' Rede. Die metaphorische Identifikation nimmt Bezug auf die 'Form' der Darstellung.[83] Die Pointe der 'indirekten Referenz', besser, wie gesagt, der nicht-deskriptiven Referenz, besteht darin, daß Ricoeur die 'Seinsweise' eines Bezugsgegenstandes sprachlicher Aussagen aus der von Heidegger ebenso wie von der klassischen Satzsemantik vorausgesetzten, zu engen Alternative zwischen Vorhandenheit und Zuhandenheit herausführt. Der Gegenstand, den die Metapher darstellt, ist nicht 'vorhanden'. Er ist kein numerisch identifizierbarer Gegenstand bzw. Sachverhalt, der raumzeitlich lokalisiert werden könnte, und keine zeitlose logische Universalie. Er ist jedoch auch nicht zuhanden, also nur auf eine vorsprachlich, pragmatische Weise gegeben wie das Besorgte in Heideggers Umsicht. Die Alternative zwischen diesen Möglichkeiten, der in der Analyse der Metapher der Weg bereitet wird, gehört zugleich der Dimension eines pragmatischen Weltbezuges und der Dimension einer intersubjektiv geteilten, verständlichen und kommunikablen Sprache an. Es geht schließlich, bezogen auf Personen, wie im folgenden deutlich wird, um eine geltungsorientierte Bezugnahme auf personale zuschreibbare, nicht-'vorhandene', sondern eben vor allem zukünftige Handlungen.

Mit dieser an der metaphorischen Form des Sprachgebrauches gewonnenen erweiterten Referenzbegrifflichkeit ist die Untersuchung einen Schritt auf die Rekonstruktion der spezifischen Bezugnahme auf die 'Seinsweise' einer Person zugegangen. Die Identität der Person ist kein Konglomerat einer Menge von deskriptiven Sätzen. Aber die Verbindung zwischen einem Begriff der indirekten Referenz und der Referenz auf personale Identitäten bzw. auf personal relevante Handlungen muß erst noch entfaltet werden. Zu dieser Entfaltung gehört zunächst ein Einspruch gegen die ontologische Verführung, der Ricoeur nicht

[82] Arthur Danto, VG, S. 153.
[83] Danto, ebda., S. 194 und S. 275.

vollständig widersteht: Die Rede von der produktiven Referenz betont die welterschließende Kraft der Sprache im Sinne der späten Heideggerschen Sprachphilosophie zu stark.[84] Die Extension von Begriffen wird nicht nur durch die Intension bzw. die metaphorische Konstitution allein festgelegt. Daß heißt, in den Worten der Ricoeurschen Metapherntheorie, das 'Sein-wie' der metaphorisch repräsentierten Gegenstände läßt sich nicht reduzieren auf das "Sehen-wie" der metaphorischen Identifikation.[85] Von anderer Seite ist überzeugend dargelegt worden, daß die metaphorische Form gar nicht als rein semantisches Phänomen, sondern nur mit Rücksicht auf einen Kontext der Verwendung überhaupt identifiziert werden kann.[86] Daraus folgt erstens, daß über Metaphern nicht anders gesprochen werden kann, als durch den Bezug auf eine metaphorische Sprachverwendung, d.h. die Funktion der Metapher gehört in den Bereich des Sprachgebrauchs, der wiederum darauf verweist, daß sich Verwender von Metaphern, auch wenn der metaphorisch repräsentierte Gegenstand sich der direkten, deskriptiven Darstellung entzieht, sich auf 'etwas' in der Welt beziehen. Es gibt einen 'Gegenstand', auch wenn dieser nicht 'vorhanden' ist, so daß deskriptive Aussagen zuträfen; es gibt einen pragmatischen Bezug zu diesem Gegenstand, der die Einheit des Gegenstandes nicht in seinem percipi auflöst.

Die Betonung der rein welterschließenden Referenzialität wird stets dann suggeriert, wenn man sich ausschließlich auf Phänomene der Kunst bezieht (wie dies in seinem Falle Danto berechtigtermaßen getan hat).

Die Verwertung des Ricoeurschen Referenzbegriffes für die Erläuterung der narrativen Referenzialität muß demgegenüber den Unterschied, den Ricoeur selbst macht, zwischen fiktionaler und faktisch Bezug nehmender Narration in Rechnung stellen. Dieser Unterschied nimmt den soeben geäußerten Vorbehalt gegen die ontologische Übertreibung der Welterschließung auf, so daß Ricoeur in der Theorie der doppelten Referenz der Erzählung seine poetische Ontolo-

[84] Heidegger, UdK: und: Heidegger, US; vgl. dazu: Lafont, SuW.
[85] Ricoeur, LM, S. 203-205.
[86] Das entscheidende Argument ist dabei, daß prinzipiell jeder Metapher ein Kontext zugeordnet werden kann, in dem sie aufhört, eine Metapher zu sein, und statt dessen wörtliche Bedeutung annimmt. Vgl dazu: Timothy Binkley, TPM, in Johnson PPM, S. 140f.

gie, die er aus der Beschäftigung mit der Metapher gewonnen hat, gleichsam zurücknimmt.

Zunächst kann man festhalten: Die Perspektive der Erweiterung der Referenz bedeutet für die Narration, daß mit der Synthesis der Einheit von Ereignissen und mit der Bestimmung ihrer 'horizontalen-holistischen' Bedeutung eine Transformation der Referenten einhergeht. So wie die Bedeutung eines Handlungssatzes mit dem Verlauf der Geschichte modifiziert wird, so wandelt sich die Einheit der Referenten solcher Sätze. Wenn die Bedeutung einer sprachlichen Darstellung eines Handlungsereignisses im Laufe der Geschichte verändert wird, ändert sich auch 'die Handlung selbst'. Das heißt, der Referent der narrativen Darstellung hat keine zeitunabhängige Identität, doch das kann nicht überraschend sein, sobald man von der Abhängigkeit dieser Identität von dem narrativen Horizont ausgeht. Das folgt bereits aus der antirealistischen Deutung der Handlungsereignisse, die den auf sie Bezug nehmenden Sätzen zugrunde liegen. Es gibt keinen (verständlichen und rationalen) Zugang zu, d.h. keine Identifizierung und Lokalisierung von Handlungen und ihrer Einheit, der bzw. die an sprachlichen Ausdrücken, die einem mindestens minimalen narrativen Horizont angehören, vorbei gehen könnten. Eine Handlung, die man nicht wenigstens prinzipiell sprachlich repräsentieren könnte, kann man weder 'erkennen', noch erklären oder verstehen. In diesem (rationalen) Sinne 'ist' die Handlung nur, solange sie prinzipiell artikuliert werden kann.

Der Einspruch gegen die Dogmatik einer welterschließenden Kraft der Sprache beruft sich also nicht auf das realistische Motiv der Unterstellung sprach- bzw. narrationsunabhängiger Ereignisse. Worauf aber beruft sich dieser Einspruch dann? In Ricoeurs Fassung folgt er aus der Analyse der "Realität der historischen Vergangenheit".[87] Ricoeurs Aufmerksamkeit für den Unterschied zwischen literarischer und historischer Erzählung führt zu einer Systematik der Formen narrativer Referenz, die sich erläutern läßt durch eine Hierarchie von Unterscheidungen: Die erste Unterscheidung betrifft das Paar Fiktion und 'faktische' Erzählung (1). Die zweite Unterscheidung unterteilt die faktische Erzählung in die asymetrisch sich verhaltenden Bezugnahmen auf einmal vergangene Ereignisse und zum zweiten zukünftige Ereignisse (2). Die dritte Unterschei-

[87] Ricoeur, RoHP.

dung differenziert schließlich zwischen Modi des Zukunftsbezuges, die, anders als die in höherem Maße intersubjektiv zugängliche Vergangenheit, schließlich zu der spezifischen narrativen Referenz des personalen Zukunftsbezuges führt (3).

1) Ricoeurs Antwort auf die Frage nach der Gegebenheitsweise der menschlichen Zeit gipfelt in der These einer Arbeitsteilung zwischen Literatur und Historiographie. Diese Arbeitsteilung wird genauer spezifiziert als "gekreuzte" Referenz. Während die Historiographie ihre Bezugsgegenstände als 'reale', wenn auch vergangene, konzipiert, stellt die literarische Bezugnahme die Repräsentation von Möglichkeiten dar.[88] Die 'Realität' vergangener Ereignisse, auf die die Historiographie Bezug nimmt, entspringt dabei, im Kontrast zu einer realistischen Unterstellung ihrer Objektivität, einmal der Instanz der "Quelle" und dann der Operation, die Ricoeur die "Einschreibung" in die universale Zeit nennt.[89]

Es ist vor allem diese Einschreibung, die das Rätsel einer 'nichtrealistischen Realität' der vergangenen Ereignisse lösen soll. Nicht die Objektivität einer vorhistorischen Chronologie, sondern die intersubjektive Universalität einer narrativ erzeugten und via Quellen auf Spuren der Vergangenheit bezogenen Chronologie sichert die universalen Geltungsansprüche, die historiographische Aussagen stellen. Die Quellen und die intersubjektive Chronologie sind demnach nicht als realistische Indikatoren einer direkten (d.h. hier deskriptiven) Referenz zu verstehen, sondern sie stellen das tertium comparationis zwischen verschiedenen Geschichten dar, die im Rahmen einer Sprachgemeinschaft als faktisch behandelt werden. Durch die sprachgemeinschaftsrelative Chronologie (die der Gadamerschen Tradition in einer Rortyschen Lesart sehr nah kommt) und die jede einzelne Geschichte transzendierende Quelle ist es möglich, verschiedene Geschichten zu synchronisieren und auf identische Ereignisse zu beziehen. Die faktischen Referenz bemißt sich demzufolge nicht an korrespondenztheoretischen Kriterien, sondern die Geltungsbedingungen faktisch referierender narrativer Sätze hängen ab von dem Konsens eines eigenen Argu-

---

[88] Zum Begriff der gekreuzten Referenz siehe: Ricoeur, ZuE III, S. 185 und Ricoeur, NF, S. 288ff.

[89] Ricoeur, ZuE III, S. 181-189.

mentationsspieles, dessen bevorzugtes Kriterium die Kohärenz zwischen verschiedenen Geschichten und die Kohärenz ihrer jeweiligen Beziehung zu den Dokumenten ist. Die faktische Referentialität bekommt damit einen Status, der sie zwischen einer realistischen und einer rein konstruktivistischen Position plaziert. Weder gibt es einen außersprachlichen Zugang zu objektiven Ereignissen, mit denen eine Prüfung der Korrespondenz die narrativ bestimmten Ereignisse vergleichen könnte, noch sind die als faktische Ereignisse interpretierten Ereignisse auf eine Weise konstruiert, die eine Beliebigkeit der narrativen Synthesis zuließe. 'Objektive' Ereignisse bleiben epistemisch unzugänglich, eine ontologische Hypothese über ihre Identität bliebe spekulativ, und doch läßt es sich nicht leugnen, daß die Verständigung über faktische Erzählungen eine Verständigung 'über etwas' ist. Man könnte darum den Ricoeurschen Begriff der narrativen Referentialität als einen Teil eines "internen Realismus" begreifen.[90]

Ricoeur betont in der Analyse der fiktionalen Erzählung demgegenüber ihre am Modell der Metapher rekonstruierte "productive reference" mit Berufung auf Nelson Goodman und Mary Hesse.[91] Nun durchdringen allerdings Historiographie und Fiktion einander auf eine solche Weise, daß die Literatur an der Form der Bezugnahme auf reale Ereignisse partizipiert (virtuelle Realität) und daß die Historiographie, wie von Hayden White[92] beschrieben, zur Konfiguration der historischen Zeit sich einer den rhetorischen Tropen und den literarischen Gattungen entstammenden Form des emplotments bedienen. Darum kommt Ricoeur zu der Schlußfolgerung: "In conclusion, the interweaving of hi-

---

90 Putnam, VWG, S. 81, 82: "Der Internalismus bestreitet nicht, daß es für unser Wissen Input durch Erfahrung gibt; Wissen ist schließlich nicht eine historische Darstellung ohne Vorbedingungen außer der internen Kohärenz (! J.R.). Er bestreitet jedoch, daß es Inputs gibt, die ihrerseits nicht durch unsere Begriffe geformt sind, durch das Vokabular, das wir zur Berichterstattung und zu ihrer Beschreibung verwenden, und er bestreitet, daß es Inputs gibt, die nur eine einzige Beschreibung zulassen, die unabhängig ist von allen begrifflichen Entscheidungen. (...) Die Inputs, auf denen unser Wissen beruht, sind selbst durch Begriffe kontaminiert; aber kontaminierte Inputs sind besser als gar keine." Die 'vertikale' Bedeutungsdimension narrativer Sätze läßt sich mit Hilfe dieser Formulierung (auch wenn Putnam mittlerweile eine abweichende Position einnimmt) sehr gut verständlich machen als die Referenz auf 'Inputs', die nicht konstruiert sind, aber doch durch die narrative Synthesis, die horizontale Dimension der Bedeutungsidentität 'kontaminiert' sind.

91 Ricoeur, TSR, S. 123.

92 Hayden White, MH.

story and fiction in the refiguration of time rests in the final analysis, upon this reciprocal overlapping, the quasi-historical moment of fiction changing places with the quasi-fictive moment of history (...) where the standing for the past in history is united with the imaginative variations of fiction (...)."[93]

Die erste Unterscheidung zwischen Formen narrativer Referenz, zwischen fiktionaler und historiographischer Referenz, nacht also deutlich: Im 'historischen' Falle tritt zu der horizontalen Dimension von Bedeutung und Behauptbarkeitsbedingungen die vertikale Dimension einer kritisch überprüfbaren faktischen Bezugnahme. Das geschieht durch den Bezug auf die 'weltgeschichtliche' Universalzeit und die Rückbindung an die konkrete Erinnerung in Gestalt der in Quellen erscheinenden Spur des Vergangenen. In der Historie werden Fragen der Behauptbarkeit nicht nur durch den Rückgriff auf die im pragmatischen Vorverständnis hinterlegten Möglichkeiten des Handelns und damit auf die Wahrscheinlichkeit der Geschichte beantwortet, sondern auch mit Blick auf die plausible Verankerung in historischen Spuren und die 'Einschreibbarkeit' in den geschichtlichen Zeithorizont einer Sprachgemeinschaft entschieden. Die 'interne' Realität der vergangenen Ereignisse ist also zu verstehen mit Rücksicht auf die Dimension möglicher Begründungen von Geltungsansprüchen, die mit der vertikalen bzw. referentiellen Präsupposition, daß diese Ereignisse sich tatsächlich ereignet haben, verknüpft sind. Diese Unterstellung ist nicht begründbar durch einen 'unkontaminierten' Zugriff (Putnam) auf die Objektivität pränarrativ identifizierbarer Ereignisse, sondern durch den Konsens über die Kohärenz a) zwischen verschiedenen Geschichten und b) zwischen Geschichten und den für verschiedene Geschichten bedeutenden Quellen sowie c) durch die 'Weltgeschichte', die u.a. vermittelt ist durch die aus der Identität der Quellen folgende Verschränkung zwischen Geschichten. Diese 'Weltgeschichte' ist ihrerseits narrativ synthetisiert und relativ zu einer Sprachgemeinschaft, aber sie transzendiert und synchronisiert die verschiedenen Geschichten. Hier wird nebenbei klargestellt, daß die nichtfiktionale Narration eine spezifische Rationalitätszumutung gestattet. Entgegen der Whiteschen Auflösung der Geschichtsschreibung in der Literatur erlaubt die nichtfiktionale Referenzialität eine argumentative Kritik von narrativen Behauptbarkeitsansprüchen. Die In-

[93] Ricoeur, ZuE III, S. 192.

terpretation von Erzählungen 'verdrängt' dann nicht notwendig die Argumentation, wie Jürgen Habermas zurecht befürchtet[94], sondern ihre Analyse ergänzt den Kanon rationaler Argumentation um das auf Quellen und ihre 'reale' Chronologie bezogenen Argumentationsspiel.

2) Es ist nun sinnvoll, innerhalb der Dimension der nichtfiktionalen Narration zwischen Vergangenheits- und Zukunftsbezug zu unterscheiden, denn der Fall der personal zurechenbaren Geschichte wird dort interessant, wo narrative Sätze sich in einem nichtfiktionalen Sinne auf zukünftige Ereignisse beziehen.[95] Dieser Fall deckt sich weder mit der im engeren Sinne historischen Erzählung, denn die Zukunft ist nicht in Quellen repräsentiert, noch mit der literarischen Fiktion, denn der Bezug auf zukünftige Handlungen bleibt nicht in jedem Falle bloß der Bezug auf eine Möglichkeit unter vielen. Der interessante Fall liegt vor, wo eine zukünftige Handlung festgelegt wird durch die Herausbildung einer Absicht.

Hier taucht nun genau die Geltungsdimension auf, mit Bezug auf die Tugendhat das Heideggersche Modell des Vorlaufens reformulieren wollte, um der Bestimmung des authentischen Existierens einen sprachanalytisch rekonstruierbaren und damit rationalen Sinn geben zu können. Dies war die Dimension der 'Selbstbestimmung'.[96] Die Suche nach derjenigen Bedeutungs- und Geltungsdimension, durch die sich die narrative Referenz von der deskriptiven Referenz einer wahrheitsfähigen Aussage unterscheidet, kommt also in der Rekonstruktion des besonderen Falles nichtfiktionaler, zukunftsorientierter Bezugnahme zu dem Ergebnis, daß die Intelligibilität von narrativen Sätzen im Falle des personalen Selbstverstehens einen normativen Sinn hat.

3) Eine Person versteht ihre eigenen Handlungen, wenn sie eine (intersubjektiv für möglich und verständlich erachtete) narrative Einheit prinzipiell artikulieren könnte, die deutlich macht, was aus der Handlung geworden sein könnte. Und dieses Verständnis erhält den Charakter der Selbstbestimmung, wenn diese Geschichte in dem Sinne nichtfiktional verstanden wird, daß

[94] Habermas, EVVS, S. 170f, in: ders., NMD.

[95] Während der biographische Vergangenheitsbezug, abgesehen von der Zugänglichkeit der Quellen (die nicht, wie noch Thema werden wird, bloß das Privileg der entprechenden Person ist), der historisch vertikalen Bedeutungsebene analog ist.

[96] Tugendhat, SuS, siehe unten 2.4.

sich die Person im Modus der Selbstverpflichtung auf eine bestimmte Geschichte festlegt, die realisiert werden 'soll'. Das Verstehen des eigenen Handelns im Sinne der Selbstbestimmung hat dann den Charakter der Entscheidung darüber, welche Vergangenheit meine Gegenwart in Zukunft gewesen sein soll. Die Bestimmung der 'Seinsweise' einer Person, die das Ergebnis der Auseinandersetzung mit Heidegger war, führte zu der Aufgabe, eine Form der sprachlichen, intelligiblen und d.h. rationalen Bezugnahme auf Personen zu identifizieren, die der spezifisch personalen, d.h. der praktischen, zukunftsbezogenen 'Seinsweise' gerecht werden kann. Eine solche Form scheint hiermit gefunden zu sein.

Hier nun wird offenbar, in welchem Sinne die narrativitätstheoretische Deutung eines Handlungshorizontes zu einer Alternative sowohl gegenüber Heidegger als auch gegenüber Tugendhat führt: Von Heideggers Modell des eigentlichen pragmatischen Vorlaufens unterscheidet sich der narrativ strukturierte Zukunftsbezug durch das, jetzt bedeutungstheoretisch entfaltete, Moment der Intelligibilität bzw. der notwendigen prinzipiellen intersubjektiven Verständlichkeit. Von Tugendhats Modell der Selbstlokalisierung in einem isotropen Raumzeitkontinuum unterscheidet sich der narrative Zukunftsbezug durch die horizontale Bedeutungsdimension. Handlungen werden durch den narrativen Horizont, der im Falle der Selbstbestimmung gewählt werden muß, identifiziert, nicht unter Umgehung der Zeitstruktur von Geschichten schlicht vor dem Hintergrund einer linearen Raumzeit.

Der Schlüssel zur Rekonstruktion eines intelligiblen, kritisierbaren Selbstverständnisses einer Person liegt demzufolge in einer Analyse der Bedingungen, unter denen eine Person ihre eigene Geschichte versteht. Die Transformation einer möglichen Geschichte in die tatsächliche Geschichte einer Person fällt demnach unter die Kategorie der Mimesis III, der Rezeption, denn hier erhält eine virtuelle, sinnvolle Geschichte eine Bedeutung, wobei diese Bedeutung, nach den bisher ausgeführten Überlegungen zu den Dimensionen der Bedeutung der Narration, sich zusammensetzt aus der horizontalen Einheit der Geschichte und ihrer vertikalen oder referentiellen Bezugnahme auf zukünftige, nicht-fiktionale Ereignisse. Im Fall der individualisierenden Rezeption einer Geschichte zeigt sich die Abgeschlossenheit der narrativen Einheit als eine bloß formale Kennzeichnung des Horizontes. Die Geschichte 'ist' noch nicht abgeschlossen, sondern die Abgeschlossenheit ist Kennzeichen der Antizipation eines möglichen und im Fall der Selbstbestimmung im Modus der Selbsverpflichtung ausgewählten Verlaufes. Daß die personal relevante Geschichte im Sinne des referentiellen Bezuges, in ihrer vertikalen Bedeutung, noch nicht abgeschlossen ist, also noch nicht auf faktische Ereignisse Bezug nimmt, sondern auf ihren Abschluß hin entworfen werden muß, kennzeichnet die biographisch relevante Zukunftsorientierung. Was liegt also näher als die Schlußfolgerung, daß die existentielle Genese, verstanden als personale Individualisierung, sich in solchen Handlungen realisiert, in denen eine Person ihre eigene Geschichte erzählt, wobei also die faktische Gegenwart eines Erzählers zugleich Ereignis innerhalb des Horizontes der erzählten Geschichte wird? Die individualisierende Erzählung wäre demnach ein Sonderfall der Rezeption, der Fall der Gleichzeitigkeit von Artikulation, Konfiguration und Rezeption.

Der Übergang zur Rezeption, die den Durchgang durch den mimetischen Zirkel abschließt, führt von der erzählten Zeit zurück zur Zeit des Erzählens. Die erzählte Zeit ist als die im Text objektivierte Form der Darstellung von Zeiterfahrung in ihrem 'Sinn' unempfindlich gegenüber dem aktuellen Zeitpunkt des Vollzuges von Akten, diese Geschichte zu verstehen, bzw. von temporal lokalisierten Sprechakten des Erzählens. Dagegen gibt die Verschränkung von narrativ strukturiertem Zeithorizont und Zeit des Erzählens sowie des aktuellen Verstehens der Geschichte und ihren Momenten, so auch den Personen, eine 'Bedeutung'. Durch die Vollendung des Durchgangs durch den mimetischen Zirkel in der Rezeption wird die Erzählung erst als Modell der Reflexion, d.h. der Rückwendung eines erzählenden Subjektes auf sich selbst, erkennbar. Die Rezeption wird in dem besonderen Fall, in dem die Geschichte für den Rezipienten die eigene Geschichte geworden ist, zur Praxis des Selbstverstehens; die Person, die sich als dem Personal der Geschichte zugehörig vorfindet, nutzt die narrative Synthese in der pragmatischen und zeitlichen Dimension zur Selbstidentifikation.

Diese Identifikation ist nicht mehr nach dem Vorbild der monologischen Selbstbeziehung gezeichnet. Der Durchgang durch die öffentliche, intersubjektive Form der Komposition in der Mimesis II, der zugleich der Durchgang durch die intersubjektive Sprache und durch allgemeine, öffentliche Kategorien des pragmatischen Lebens ist, bleibt notwendig. Keine narrative Artikulation kann in den von einer egologischen Phänomenologie gezeichneten Grenzen der personal subjektiven Immanenz konstituiert werden. Das mimetische Vorverständnis ist laut Ricoeur, wie gesagt, einerseits bereits durchdrungen durch die intersubjektiv konstituierte Form der prädikativen Sprache, andererseits bleibt das Vorverständnis in nicht artikulierter Form defizient: Ricoeur erläutert die Vorstellung einer narrativen Struktur des noch nicht artikulierten Vorverständnisses durch die Einführung des Begriffes der "noch nicht erzählten Geschichte". Wilhelm Schapps Modell einer existentiellen Verstrickung in Geschichten dient ihm an dieser Stelle zur Abgrenzung gegen die Vorstellung, daß die kompositorische Konfiguration dieser noch nicht erzählten Geschichte gegenüber bloß sekundär wäre.[97] Der mimetische Durchgang durch die artikulierte, und dann intersubjektiv verständliche Form, bleibt für die Reflexion der impliziten Narration konstitutiv. Der Hinweis auf die unartikulierte narrative Struktur des Vorverständnisses dient allein der Begründung der Annahme, daß die Erzählung keine abgelöste Kunst ist, die einem objektiven Lebenslauf eine fremde und entfremdende Form überstülpt, sondern eine Antwort auf das authentische Erzählbedürfnis darstellt. Unter Hinweis auf die psychoanalytische Praxis der interaktiven Reflexion einer verborgenen, jedoch gleichwohl nicht 'erfundenen' Lebensgeschichte spezifiziert Ricoeur den Zusammenhang zwischen diesem authentischen Erzählbedürfnis und dem personalen Selbstverstehen: "Die narrative Deutung der psychoanalytischen Theorie impliziert, daß die Geschichte eines Lebens auf nicht erzählten, verdrängten Geschichten beruht und auf tatsächliche Geschichten verweist, die das Subjekt übernehmen und als konstitutiv für seine persönliche Identität betrachten könnte."[98]

Hier wird die Verschränkung zwischen dem intersubjektiven Medium der Konstitution eines narrativen Zeithorizontes und der existentiellen Genese personaler Identität deutlich. Die Selbstidentifikation ist existentielle Genese, insofern sich die Identität, die der narrativen Synthese entspringt, von der bloß nu-

---

[97] Ricoeur, ZuE I, S. 119.
[98] Ricoeur, ebda., S. 118.

merischen und generischen Identität eines im isotropen Zeit-Raum lokalisierten Personendinges unterscheidet.

Allerdings ist die Andeutung der Verschränkung von erzählter Zeit und Zeit der Erzählung im Falle der personalen Selbstbestimmung nur scheinbar eine ausreichende Antwort auf die Frage nach den Bedingungen der personalen Individualisierung. Dafür gibt es zwei Gründe.

Erstens: Der Übergang von der 'Individualität' einer besonderen Geschichte zu der personalen Individualität eines Erzählers seiner eigenen Geschichte ist noch keineswegs hinreichend aufgeklärt.

Zweitens: Die umstandslose Identifikation der Gegenwart erzählender Akte mit der erzählten Gegenwart innerhalb der erzählten Geschichte beschränkt die intersubjektiven Bedingungen der Erzählbarkeit und der Verständlichkeit von Geschichten auf die Kompetenz, die ein Erzähler vor dem Erzählen erworben haben muß. Diesem Bild zufolge würde der intersubjektivitäts- und bedeutungstheoretisch Einspruch gegen einen egologischen oder bewußtseinsphilosophischen Reflexionsbegriff eingeschränkt auf die Vorgeschichte des Erzählens, auf die Dimension eines intersubjektiv ermöglichten Spracherwerbs. Genau diese Vorgeschichte zählt jedoch zu den intersubjektiven Bedingungen der Möglichkeit personaler Individualität, so daß die bisher betrachtete Theorie der Erzählung den intersubjektiven Mechanismus der Individualisierung gar nicht betrifft. Der Begriff der Erzählung erläutert bislang nur das 'Was' nicht aber das 'Wie' der Ausbildung eines individuellen Zeithorizontes. Mit anderen Worten: Die Theorie der Erzählung ist nur dann ein tragfähiges Konzept der Rekonstruktion der personalen Individualisierung, wenn sie nicht nur die Struktur des narrativen Produktes, sondern auch die Sruktur der narrativen Produktion aufklärt. Der Fall der personalen Individualisierung ist also um einiges komplexer als die schlichte Identifikation von erzählter Zeit und Zeit der Erzählung suggeriert. Die Praxis des Erzählens hat selbst einen unhintergehbar intersubjektiven Charakter, der sich nicht nur in den personal internalisierten Vorbedingungen der Erzählkompetenz niederschlägt, sondern in der Praxis des Erzählens selbst aufgefunden werden muß. Das ist einer der Gründe, aus denen Ricoeur selbst diese Identifikation von Zeit der Erzählung und Zeit des Erzählens als Modell des biographischen Selbstverständnisses verwirft. Der Kurzschluß zwischen

Mimesis I und Mimesis III, also zwischen Produktion und Rezeption, würde den transsubjektiven Eigenwert der Konfiguration leugnen. Bei Ricoeur mischen sich in diese Ablehnung allerdings noch zusätzliche Argumente, die die Rekonstruktion der Praxis des Erzählens auf die Produktion von Texten einengen. Diese Gründe haben ihren Ursprung in einem defizienten Modell der gesprochenen Sprache. Auf dieses Modell wird einzugehen sein, um schließlich eine Alternative zu Ricoeur, die die komplexe Struktur der Praxis des Erzählens als intersubjektive Struktur kennzeichnen kann, formulieren zu können.

Dieser Schritt muß länger vorbereitet werden, denn Ricoeur zieht seine personalitätstheoretischen Schlüsse aus seiner Theorie der Erzählung nicht in "Zeit und Erzählung", sondern er greift die narrativitätsheoretischen Konsequenzen erst später im Rahmen einer umfassenden Analyse der personalen Identität wieder auf. Diese Analyse wird in "Oneself as Another" geliefert.

3.3. Die Identität der Person - kritische Anleihen bei der sprachanalytischen Tradition

In "Oneself as Another"[99] geht es Ricoeur unmittelbar um die Bestimmung des Begriffes der Identität einer Person. Dabei wird der Vorschlag, zu dem er hier gelangt, die Ergebnisse der Untersuchung der Erzählung und der narrativen Zeitlichkeit aufgreifen. Er beginnt seine Analyse jedoch zunächst mit einer erneuten Wiederaufwertung des deskriptiven Sinnes der Identifizierung einer Person. Das hermeneutisch inspirierte Argument, daß eine Person nicht wie ein Gegenstand deskriptiver Aussagen identifiziert werden könne, wird weder schlicht vorausgesetzt noch dogmatisiert. Stattdessen soll es mit seinem Gegenüber, einem empiristischen Begriff personaler Identität, in einem komplexen Konzept personaler Identität integriert werden. Der methodische Grund, den Ricoeur für diese versöhnliche Strategie anführt, macht deutlich, daß der Respekt vor einem empiristischen Identitätsbegriff der bedeutungstheoretischen

[99] Im Französischen: "Soi-meme comme un Autre", es wird die englische Übersetzung zitiert.

Distanzierung von der Phänomenologie geschuldet ist: "The recourse to analysis, in the sense given to this term by analytic philosophy, is the price to pay for a hermeneutic characterized by the indirect manner of positing the self."[100]. Die personale Identität im Sinne der von innen erfahrenen Kontinuität kann zwar auf einen Begriff der numerischen Identität nicht reduziert werden, durch die indirekte, d.h. wider die Phänomenologie interpretierte, Reflexivität kommen jedoch intersubjektive bzw. objektive Kriterien ins Spiel, zu denen in gewissem Maße die numerische Identifizierbarkeit dazugehören soll.

Als Kennzeichen der Opponenten im Streit um einen angemessenen Identitätsbegriff führt Ricoeur die Leitbegriffe "Selbstheit" und "Gleichheit"[101] ein: "I shall henceforth take sameness as synonymous with idem-identity and shall oppose it to selfhood (ipseity) understood as ipse-identity."[102] Ricoeur entwickelt diese Unterscheidung zunächst durch eine Betrachtung der umgangssprachlichen Verwendungen von einmal 'Gleichheit' und dann 'Selbstheit'; im Zuge der weiteren Analyse wird die Unterscheidung präzisiert, so daß sich die Differenzierung von Selbstheit und Gleichheit nicht nur auf den Unterschied zwischen einer reflexiven Identität und einer beobachteten, zugeschriebenen Identität bezieht, sondern zudem verschränkt wird mit der Unterscheidung zwischen der numerischen und der qualitativen Identität. Die hermeneutische Perspektive Ricoeurs erweckte bisher den Anschein, mit Heidegger übereinzustimmen, soweit Heidegger für die numerische Identität einer Person nichts anderes als die Kritik an einem verdinglichenden Umgang mit Personen reserviert hatte. Dafür spricht nicht zuletzt, daß Ricoeur an anderer Stelle den Begriff der Selbstheit (ipse) mit Hilfe von Heideggers Unterscheidung zwischen der Seinsweise des Daseins und der Seinsweise von entweder zuhandenen oder vorhandenen Gegenständen erläutert: "The break between ipse and idem finally expresses the more fundamental one between Dasein and Vorhandenheit/Zuhandenheit. Only Dasein is mine, and more generally a self. Things, given and manipulated, can

---

[100] Ricoeur, OaA, S. 17.

[101] An dieser Stelle gibt Ricoeur selbst einen Hinweis darauf, daß die englische Übersetzung zu Klarheiten führt, die das Französische vermissen läßt, da der Gebrauch des Pronomens "Soi" bzw. des Pronomens "se" in vielen Fällen eine Äquivozität enthält, die die Paare "sameness"-"selfhood" oder "Selbstheit"- "Gleichheit" vermeiden, Ricoeur, OaA, S. 2,3.

[102] Ricoeur, OaA, S.3.

be said to be the same, in the sense of identity as 'idem''".[103] Ricoeurs Integrationsstrategie besteht jedoch Heidegger gegenüber darin, der numerischen Identität eine systematische Bedeutung für das zuzugestehen, was als narrative personale Identität beschrieben werden wird. So wie das 'eigentliche' Verstehen nicht auf Kosten der Intersubjektivität der Verständlichkeit rekonstruiert wurde, so wird dem in der numerischen Identität repräsentierten 'gegenständlichen' Sinn der personalen Identität der Makel genommen, ausschließlich ein Modus der Verfallenheit an die verdeckende Alltäglichkeit zu sein. Die numerische Identität wird durch den Vergleich mit der qualitativen Identität näher bestimmt. Ricoeur unterscheidet die numerische von der qualitativen Identität durch einen Vergleich ihrer jeweiligen logischen Gegensätze. Während die numerische Identität eines einzelnen Gegenstandes von der Verschiedenheit mehrerer einzelner Dinge, bezogen auf ihre Lokalisierung in einem Raum-Zeit-Schema, unterschieden wird[104], bezieht sich die qualitative Identität, die zwischen numerisch verschiedenen Gegenständen bestehen kann, auf die Differenz von Qualitäten bzw. Eigenschaften. Eine qualitative Differenz kann jedoch ebenso zwischen verschiedenen Zuständen eines einzigen Gegenstandes bestehen, der im Zeitverlauf Veränderungen unterworfen ist. Die numerische Identität erhält darum zunächst Vorrang vor der qualitativen, denn die qualitative Identität schließt nicht notwendig den Bezug auf eine Entität ein, die mit sich selbst im Laufe der Zeit identisch ist. Das muß allerdings für den Begriff der personalen Identität gefordert werden, und darum erfüllt zunächst das Kriterium numerischer Identität, die Anforderung des Prinzipes der Reidentifizierbarkeit des identischen Bezugsgegenstandes zu verschiedenen Zeitpunkten, das zeitlich relevante Prinzip der Kontinuität: "permanence in time thus becomes the transcendental of numerical identity."[105] Die qualitative Identität kann also, sobald die zeitliche Dimension in die Betrachtung aufgenommen wird, als Kriterium personaler Identität allein nicht genügen. Es wäre eine übertriebene Ge-

[103] Ricoeur, NI, S. 75.
[104] Jürgen Habermas schlägt vor, die Besonderheit, die ein Gegenstand durch eine numerische Identifizierung erfährt, im Unterschied zur qualitativen Identität, bei der er sich um 'Individualität' handelt, "Singularität" zu nennen, Habermas, IdV, S. 192. Wegen des Ricoeurschen Vorschlages, auch für die personale Identität einen Zusammenhang mit der numerischen Identität aufzuzeigen, möchte ich von dieser Unterscheidung absehen.
[105] Ricoeur, OaA, S. 118.

neralisierung zu behaupten, "(...) das identitätsstiftende Selbstverhältnis einer Person hat überhaupt keinen deskriptiven Sinn."[106] Die Pointe der zunächst hermeneutisch-existentialistischen, dann narrativitätstheoretischen Interpretation der personalen Identität als einer pragmatischen, zeitorientierten Horizontalität lautet nicht, daß der Sinn personaler Identität überhaupt keine numerisch-deskriptive[107] Dimension hat. Ricoeur ist nicht an einer fundamentalistischen Kritik der numerisch interpretierten Identität einer Person gelegen, sondern an der Analyse der Verschränkung, die in der sprachlich vermittelten Selbstreflexion numerische, qualitative, zugeschriebene und reflektierte Identität eingehen. Darum beginnt er OaA mit einer ausführlichen Rekonstruktion der Erträge und Grenzen einer numerisch-deskriptiven Begriffs der Identifizierung. Diese Rekonstruktion führt er durch im Zuge einer Bestandsaufnahme der analytisch-philosophischen Traditionslinie und ihrer empiristischen Vorläufer bzw. Kontinuitäten, die von Hume und Locke über P. F. Strawson bis zu D. Parfit[108] führt.

---

[106] Habermas, IdV, in: ders. NMD, S.208. An dieser Einschränkung wird deutlich, daß die bloße Option für die qualitative Identität als Identitätsdimension von Personen nicht genügt. Denn eine Formulierung wie: "Hingegen sprechen wir von qualitativer Identifizierung, wenn wir denselben Menschen durch eine bestimmte Genkombination, durch eine soziale Rollenkonstellation oder durch ein biographisches Muster kennzeichnen" (Habermas, ebda, S. 192), erfordert eine zusätzliche Rekonstruktion der Individualität einer solchen Identität, die weder nur durch den Hinweis auf die numerische Identifizierung, aber auch nicht vollständig ohne sie gelingen kann.

[107] Es wurde bereits deutlich: Da die deskriptive Bezugnahme auf einen Gegenstand im Sinne der Identifizierung desselben beispielhaft bei Strawson und Tugendhat durch die numerische Lokalisierung des Gegenstandes in der Raumzeit geleistet wird, ist die Zusammenstellung von numerischer Identität und deskriptiver Bezugnahme gerechtfertigt.

[108] Die Auseinandersetzung mit Parfit wird hier nicht eigens dargestellt. Dieser Verzicht erklärt sich daraus, daß die systematische Pointe von Ricoeurs Auseinandersetzung mit analytischen bzw. empiristischen Positionen an den Stellen konstruktiv ist, wo sie, wie bei den folgenden Beispielen von Strawson, Davidson und der Sprechaktanalyse, die Präzisierung der Rekonstruktion der sprachlichen Strukturen der Darstellung und der Möglichkeitsbedingungen personaler Identität vorantreibt. Der Streit mit Parfit dient im wesentlichen dazu zu zeigen, daß Parfits Gedankenexperimente (die Unentscheidbarkeit der Frage nach personaler Identität in science-fiction Fällen des Klonens z.B.) und die aus ihnen konstruierten "puzzling cases" nur darum verwirren, da hier falsche Voraussetzungen gemacht werden. Das heißt, die Kritik an Parfit stellt den Punkt heraus, an dem Ricoeurs Bereitschaft empiristischen Motiven zu folgen eine Grenze findet. Zu diesen falschen Voraussetzungen zählt vor allem die Identifikation der personalen Identität mit der Identität von objektiven Hirnstrukturen, mithin eine Reduktion der Identitätsfrage auf das Prinzip der Gleichheit (idem). Dazu Ricoeur, NI, S. 77ff und: ders., OaA, S.130-139.

Denn diese analytische Tradition läßt sich Ricoeurs Ansicht zufolge auf die Prämisse festlegen, die personale Identität nach dem Modell sprachlicher Bezugnahme auf logische Einzeldinge mit der numerischen Identität gleichzusetzen.

Hier wird die personale Identität unter der Dominanz des idem, der Gleichheit als numerischer Identität begriffen, und die Dimension des ipse, der Selbstheit einer selbstbezüglichen Person, wird neutralisiert. Diese Neutralisierung erscheint auf verschiedene Weise. Bei Locke und Hume wird die numerische Identität auf die Einheit der Erinnerung bezogen. Es wird schnell deutlich, daß diese noch 'bewußtseinsphilosophische', im Kontext der analytischen Debatte besser: 'mentalistische' Prämissen sich in Widersprüchen verliert, wenn z.B. an den Fall der Abweichung zwischen begründetermaßen einer Person zuschreibbaren Handlungen und der Erinnerung der entsprechenden Person an ihre eigenen Handlungen gedacht wird.[109] Die folgende analytische Diskussion verwirft nun zwar die 'mentalistische' Prämisse der Erinnerungsfundiertheit personaler Identität. Sie knüpft jedoch insofern an empiristischen Vorgaben an, als die Innenperspektive zwar gegen eine Außenperspektive ausgewechselt wird, diese aber mit der ersteren die Voraussetzung teilt, daß die identische Person ein Gegenstand der Beobachtung sein müsse, so daß die Kriterien personaler Identität mit den Kriterien der gelingenden Identifikation der Person aus der Perspektive eines Beobachters gleichzusetzen sind.

Ricoeur untersucht nun eine Reihe von Varianten der Neutralisierung der Identität im Sinne des ipse, d.h. der Bevorzugung einer aus der Perspektive eines Beobachters festzustellenden numerischen Identität. Diese Varianten sind

---

[109] Dieter Sturma erinnert mit Bezug auf Locke an ein Gedankenexperiment: Ein heldenhafter "General" kann sich an Obstdiebstähle, die er als Junge begangen hat, nicht mehr erinnern. "Aufgrund logischer und kausaler Verknüpfung müssen die verschiedenen Handlungsepisoden Abschnitte eines identischen personalen Lebens sein, aus Lockes Theorie personaler Identität würde aber folgen, daß der General und der Schuljunge nicht ein und dieselbe Person wären." Sturma, PuZ, in: Forum für Philosophie Bad Homburg, ZuP, S.127. Nebenbei bemerkt hat Hume diese Konsequenz selbst bereits erkannt: "How few of our past actions are there, of which we have any memory. Who can tell me, for instance, what were his thoughts and actions on the first of January 1715, the 11th of March 1719, and the 3d of August 1733?" Hume, ToHN, S. 262. Die Argumentation des großen Skeptikers läßt daraus jedoch kein Skandalon für einen Begriff erinnerungsgestützter numerischer Identität werden, denn: "The identity, which we ascribe to the mind of man, is only a ficticious one, and of the like kind with that which we ascribe to vegetables and animal bodies." Hume, ToHN, S.259.

unterschiedliche sprachanalytische Antworten auf die folgenden Fragen: 1) Die Frage nach der Person als Objekt sprachlicher Referenz, 2) die Frage nach der Bestimmung der Person als Sprecher in Sprechakten, und 3) die Frage nach der Rolle der Aktoren in sprachtheoretischen Handlungskonzeptionen.

1) Die erste Frage nimmt das Thema der Referentialität, das in der Bestimmung der 'vertikalen' Bedeutungsdimension der Narration im Zetrum stand, wieder auf. Während Ricoeur in seiner Arbeit über die Metapher sich vor allem von einem rein deskriptiven Referenzbegriff abzustoßen versuchte, wird nun in Vorbereitung eines integrativen Personalitätsbegriffes nach den aufzuhebenden Gehalten der deskriptiv verstandenen Referenz auf personale Identität Ausschau gehalten. Hier wie schon in der Untersuchung der Metapher beschäftigt sich Ricoeur mit Strawson.

Zunächst listet Ricoeur jedoch die allgemeinen Funktionen der "Individualisierungsoperatoren" auf. Als solche gelten: definite Beschreibungen, Eigennamen und indexikalische Audrücke. Schließlich folgt Ricoeur dem Strawsonschen Vorschlag, sich der Frage nach der Identität der Person durch die Isolierung einer spezifischen Klasse von "individuals", den "basic particulars", zu nähern.[110]

Die Funktion definiter Beschreibungen, die ein Einzelding durch die Konjunktion von Kennzeichen zu einer Klasse, die nur ein einziges Element enthält, individuieren, schließt Ricoeur sogleich aus. Denn ihre Leistung ist vor allem für die Konstruktion einer künstlichen Sprache fruchtbar, in der alle Eigennamen ausgeschieden werden können. Sie kann jedoch nicht die indvidualisierenden Funktionen einer natürlichen Sprache repräsentieren. Weiterzuführen scheint hingegen die Funktion von Eigennamen, denn hier wird nicht nur die zeitlich stabile Verknüpfung von einem Namen mit einem Einzelding ausgedrückt, sondern es eröffnet sich der Zugang zu Strawsons Unterscheidung von Identifikation und Prädikation dadurch, daß die Individualisierung durch Eigennamen unabhängig von der prädikativen Funktion und von Kennzeichen ist.[111] Indexikalien schließlich individuieren 'ostensiv', d.h. relativ zu Sprechsituationen immer wieder verschiedene Dinge, so daß die Funktion der Individualisie-

---

[110] Ricoeur, OaA, S. 31.
[111] Ricoeur, ebda., S. 29.

rung gegenüber der bloßen Verknüpfung eines Einzeldinges mit seinem Namen erweitert wird und mit Bezug auf die pragmatische Dimension des Sprachgebrauches flexibilisiert werden kann. Das heißt, die Identifizierung eines Gegenstandes muß deshalb von der Prädikation getrennt und auf den Gebrauch von Einzelnamen und Indexikalien bezogen werden, da eine vollständige Beschreibung eines Gegenstandes durch generelle Termini niemals zu einer hinreichenden Identifizierung führen kann.[112]

Im ersten Schritt zieht Ricoeur also die Konsequenz, daß die deskriptive Identifikation eines Individuums eine von der Prädikation verschiedene und von ihr unabhängige Funktion darstellt. Diese Schlußfolgerung legitimiert es, sich für das weitere vorerst an Strawson zu wenden. Diese unabhängige Identifikationsfunktion hat zudem - vermittelt über die Indexikalität des kontextgebundenen Sprachgebrauches - eine zeitlich problematische Dimension: Die Kontinuität eines identischen Referenten in der zeitlichen Pluralität der verschiedenen Akte der Bezugnahme. Die gesamte Analyse der Strawsonschen Theorie referentieller Beziehungen der Sprache zu 'logischen Partikularien' dient Ricoeur sodann erneut dazu, zu zeigen, daß in einer ausschließlich an der deskriptiven Referenz orientierten Analyse der Sprache die Unterscheidung zwischen idem und ipse durch die Assimilation von Personen an allgemeine logische Individuen neutralisiert wird. Die Person bleibt in Strawsons Perspektive "(...) one of the things about wich we speak rather than itself a speaking subject."[113] Dennoch ist Strawsons Beitrag in Ricoeurs Augen nicht nur ein negativer, da sich in Strawsons Analyse das Problem der personalen Identität als numerische Identität bereits mit Bezug auf die Zeit stellt. Entscheidend ist die Permanenz eines Referenten in der zeitliche Pluralität der auf ihn Bezug nehmenden Sätze. Bei Strawson wird also die richtige Frage gestellt. Allerdings fällt die Antwort unbefriedigend aus, da das Modell des zeitlichen Hintergrundes der Identifikation zu eng geschnitten bleibt: Denn Strawsons Antwort auf die Frage nach den

---

[112] Strawson, I, vgl. Manfred Frank, SPI, S. 17.

[113] Ricoeur, OaA, 31. Vgl. die verwandte Kritik an Strawsons Personenbegriff von Manfred Frank, Frank, SPI, S. 17ff, der in der Diagnose zwar mit Ricoeur weitgehend übereinstimmt, nicht aber, was die alternative Lösungsstratgie betrifft, die in Franks Option für den Vorrang eines unmittelbaren Selbstverhältnisses eher die Gestalt einer abstrakten Negation der sprachphilosophischen Bemühungen um einen Personenbegriff darstellt.

Bedingungen der Möglichkeit stabiler Referenz baut auf der Lokalisierbarkeit eines 'logischen Partikulares' innerhalb eines isotropen raumzeitlichen Schemas auf. Die Angleichung von Personen und 'logischen Partikularien' äußert sich nun genau in der Voraussetzung, daß sie sich nicht unterscheiden im Bezug auf ihre Zugehörigkeit zu diesem spatiotemporale Schema: "The self is indeed mentioned in this passing remarks, but is immediately neutralized by being included within the same spatiotemporal schema as all the other particulars."[114] Die Schlußfolgerung, zu der diese Konzeption Strawsons verpflichtet, kommt der Tugendhatschen veritativen Symetrie zwischen der Perspektive der ersten und der Perspektive der dritten Person gleich:[115] Die Attribution von mentalen und psychischen Ereignissen (die zwei Reihen von Attributionen auf eine identische Partikularität darstellen) ist unempfindlich für die Dimension des ipse; die Attribute betreffen eine Person in einer Weise, die keinen Unterschied zwischen Selbst- und Fremdattribution erlaubt. Die beobachtende Perspektive der dritten Person und die interne Perspektive eines 'fühlenden' Subjektes sind austauschbar.[116] Die Wahrheitswerte eines Satzes in der ersten Person und seiner Umformung in die dritte Person bleiben gleich, weil die Referenz von 'Ich' und 'Er' in diesem Falle gleichbleibt und die Prinzipien der Identifikation aus der Perpektive der ersten und der Perspektive der dritte Person sich nicht voneinander unterscheiden.[117] Jede rein referentielle (Strawsonsche) Individuierung gilt 'someone'. Strawsons Satz "(...) we ascribe to ourselves certain things" impliziert in Ricoeurs Interpretation die Äquivalenz von 'we' und 'one', d.h. von Selbstbeziehung und anonymer Beobachtung 'irgendeiner' Person. Eine Person bezieht sich auf sich selbst nicht anders, als sie sich auf andere, beobachtbare Personen und auf andere individuierte Gegenstände bezieht. Die rein deskriptiv referentielle Identifikation erscheint damit als sprachanalytisches Analogon zu Heideggers 'man', da die Kriterien der sprachlichen Identifizierung einer mit sich selbst identischen Person für die existentielle Individualität, die Identität im Sinne der Unvertretbarkeit einer Selbstbeziehung, unempfindlich bleiben muß. In Ri-

[114] Ricoeur, OaA, S. 32.
[115] Was aufgrund der expliziten Nähe Tugendhats zu Strawson nicht überraschend ist. Diese Diagnose stellt auch Frank, SPI, S. 18.
[116] Vgl. die Kritik an Strawson und Tugendhat von Manfred Frank, Frank, SPI, S. 17ff.
[117] Vgl. Tugendhat SuS, S. 89ff, und Habermas TkH, Band I, S. 420.

coeurs moderater Variation wird das Problem, das ein rein deskriptiv-referentieller Begriff der Individuierung übrig lassen muß, wie folgt beschrieben: "What poses a problem to us is rather understanding how the self can be at one and the same time a person of whom we speak and a subject who designates herself in the first person, while adressing a second person."[118]

Die Diskussion der Strawsonsche Perspektive wird abgeschlossen, nicht ohne daß zwei Ansprüche an einen integrativen Begriff personaler Identität, die als Lehren aus dem Strawsonschen Vorschlag zu ziehen sind, formuliert werden. Die Dimension der numerische Identität genügt nicht zur Rekonstruktion personaler Selbsbeziehung; die personale Identität kann allerdings auch nicht ohne ein Konzept der Kriterien numerischer Identität auskommen. Die narrative Identität kann demnach nicht umstandslos und dogmatisch gegen die empiristisch verengte numerische Identität ausgespielt werden, sondern ihre Rekonstruktion muß dem Anspruch genügen, durch eine Integration der Leistung eines Begriffes der numerischen Identität, d.h. einer Antwort auf die Frage nach der Kontinuität eines (idem-)identischen Bezugsgegenstandes in der Zeit, die empiristische Bestimmung der Identität der Person aufzuheben. An der Stelle der Individuierung durch spatiotemporale Lokalisierung wird Ricoeur darum schließlich die Verschränkung von narrativer Identifizierung und der Identifizierung durch "Einschreibung" und durch das Konzept des "Charakters" setzen.

Zweitens verweist die Substituierbarkeit der Ich-Perspektive durch die Beobachterperspektive in Strawsons (und Tugendhats) neutraler Theorie allgemeiner Individuierung auf die Vorgängigkeit des sprachlichen Mediums vor einer unmittelbaren Selbstbeziehung. Wie bereits gezeigt wurde (3.2.), erfordert Ricoeurs bedeutungstheoretische Distanzierung von der phänomenologischen Introspektion, daß die personale Selbstbeziehung als Ergebnis einer intersubjektiven, sprachlichen Vermittlung gedeutet werden muß. Die darin implizierte Vorgängigkeit eines nicht intentionalistisch zu interpretierenden sprachlichen Mediums konkretisiert sich im ersten Schritt in der Strawsonsche Theorie zu der Einsicht, daß der Genese einer individuellen Selbstbeziehung das allgemeine Vermögen sprachlicher Identifizierung, das gegenüber der subjektiven Perspektive einer identifizierenden Person vorerst unempfindlich ist, vorausliegt.

[118] Ricoeur, OaA, S. 34.

So heißt es bei Ricoeur: "There is no self alone at the start. (...) I can not speak meaningfully of my thoughts unless I am able at the same time to ascribe them potentially to someone else."[119]

2) Die Strawsonsche Identifikation der Person als 'logische Partikularie' neutralisiert also die Dimension des ipse einmal durch die Voraussetzung der Äquivalenz zwischen der Perspektive der dritten und der ersten Person, zum zweiten durch das Prinzip der Lokalisierbarkeit eines 'Personendinges' in einem einheitlich isotropen Raum-Zeit-Schema. Im nächsten Schritt untersucht Ricoeur, ob die Antwort auf die Frage nach den Bedingungen der Kontinuität einer personalen Identität in der zeitlichen Pluralität von Aussageakten der gleichen Person einen Schlüssel zur Wiederaufnahme der Dimension des ipse bereitstellt. Darum wendet er sich nun an die Sprechakttheorie. In der zweiten Studie von OaA geht er der Frage nach, ob die notwendige Erscheinung des Sprechers als Dimension von Sprechakten eine befriedigende Antwort auf die Frage nach der Verschränkung von ipse- und idem-Identität geben kann.

Der Übergang zur Sprechakttheorie ist gemessen an der narrativitätstheoretischen Zielrichtung der Ricoeurschen Untersuchung gleichsam natürlich. Denn während die erste Untersuchung (Strawson) bei der semantischen Generalisierung der allgemeinen Beziehung zwischen Sätzen und individuellen Bezugsgegenständen stehen blieb, führt die Sprechakttheorie erstens die Rolle der Sprecher und zweitens den Status von Sätzen als sprachlichen Handlungen in die Diskussion ein. Die Sprechakttheorie öffnet damit die Tür einmal zur pragmatischen Dimension des Sprachgebrauchs, in der die Äußerung eines Satzes als Handlungsereignis sichtbar wird, und zweitens zu der Reflexivität zwischen der sprachlichen Handlung und der Instanz, der diese Handlung zugeschrieben werden kann. Diese Zuschreibung wird dabei zunächst durch die Sprachhandlung selbst geleistet, sobald die Instanz des Sprechers durch die Funktion des Pronomens der ersten Person repräsentiert wird. Und das ist erstens bei allen explizit performativen Sätzen der Fall, und es gilt zweitens insofern für alle Sprachhandlungen, als die Umformung eines Sprechaktes in eine explizit performative Äußerung die adäquate und jederzeit zulässige Repräsentation der impliziten performativ-propositionalen Doppelstruktur der Äußerung darstellt.

[119] Ricoeur, OaA, S. 38.

Die Sprechakttheorie ist insofern eine erweiternde Fortsetzung einer rein semantischen Perspektive, als die Unterscheidung zwischen illokutionärem Akt und Lokution[120] die semantische Frage nach dem propositionalen Gehalt einer Äußerung (Lokution) und die pragmatische Frage, welche Handlung mit der Äußerung vollzogen wird (Illokution), verknüpft. Diese Erweiterung ist mehr als die bloße Wiedereinführung von Äußerungssituationen als konkrete Satzkontexte, sie hat zudem bedeutungstheoretische Implikationen, die die oben ausgeführten Versuche Ricoeurs einer Erweiterung des Bedeutungs- und Referenzbegriffes ergänzen. Bereits Austin wies darauf hin, daß nicht jeder Satz deskriptiv verwendet wird. Gleichwohl sind nicht-deskriptive Sätze nicht bedeutungslos, was der Fall wäre, würde man mit der verifikationistischen Semantik die Möglichkeit gelungener Deskription und damit der Wahrheit deskriptiver Sätze zur einzigen Dimension der Geltungsbedingungen sprachlicher Ausdrücke erklären, die einen Satz verständlich machen und ihm eine Bedeutung geben. Sobald also die Ebene des Sprachgebrauchs als fundamentalere Ebene der Sprachanalyse erkannt wird (was der Fall ist, insofern sich die für die Semantik paradigmatischen Aussagesätze, wie es Austin getan hat, als untergeordnete Klasse von Sprechakten integrieren lassen)[121] erweitern sich die Geltungsbedingungen von Sätzen von den Wahrheitsbedingungen von Behauptungen zu den umfassenderen und variantenreicheren Behauptbarkeits- und Geltungsbedingungen von Äußerungen. Äußerungen können nicht nur mit Bezug auf die mögliche Wahrheit ihres propositionalen Gehaltes verstanden oder kritisiert werden. Die Bedeutung eines Sprechaktes, d.h. die Bedingung seiner Verstehbarkeit, schließt die Kenntnis von möglichen Argumenten ein, die bezogen sind auf andere Formen der Geltung.[122] Zu den Geltungsbedingungen von Sprechakten gehört damit nicht nur die Beziehung zwischen dem propositionalen Gehalt und den repräsentierten Sachverhalten, sondern zudem die Bezie-

---

[120] Während Austin von einem lokutionären Akt, Austin, HTW, S. 94, sprach, verwirft die Searlsche Fortsetzung der Austinschen Analyse diesen Ausdruck. Searle unterscheidet den propositionalen Gehalt, der sich in Referenz und Prädikation unterteilen läßt, und den illokutionären Akt, Searle, SA, S.23.

[121] "Stating is only one among very numerous speechacts." Austin, HTW, S. 148.

[122] Dazu auch: Habermas TkH, Band I, S. 420; Zur Transformation der Rede von Geltungsbedingungen zu Akzeptabilitätsbedingungen, siehe weiter oben (3.2) und Habermas, ebda, S. 425.

hung zwischen illokutionärem Modus und den Normen des sprachlichen Handelns. Während deskriptive Behauptungen u.a. und vor allem dann "mißlingen", wenn ihre Wahrheitsbedingungen nicht erfüllt sind, sind für das Mißlingen performativer Äußerungen v.a. die Fälle der "Misexecution" und der "Misinvocation" von Bedeutung, in denen die performativ repräsentierte Handlungskonvention, die den illokutionären Modus reguliert und deren Begriff Austin am Beispiel einer "ceremony" einführt, verletzt wird.[123] Eine solche Verletzung kann durch zukünftige Handlungen geschehen, z.B. im Falle eines uneingelösten Versprechens, aber auch durch die aktuelle Sprechhandlung selbst erfolgen, etwa wenn ein Sprecher zu seiner Sprachhandlung, gemessen an den relevanten Konventionen, nicht autorisiert war; in jedem Falle gehören die Geltungsbedingungen einer Sprachhandlung, was ihren illokutionären Sinn betrifft, in die pragmatische Dimension und damit nicht selten in die normative Dimension legitimerweise erwartbaren (Sprach-)Handelns.[124] Denn zur Bedeutung eines Sprechaktes gehört nicht allein der propositionale Gehalt, sondern ebenso die Handlungskonvention, die der Äußerung als Handlung Bedeutung und Verständlichkeit verleiht.[125] Dadurch wird schließlich klar, inwiefern die sprechakttheortische Erweiterung sich in die Ricoeursche Untersuchung einfügt. Mit der Ausdehnung bedeutungstheoretischer Überlegungen auf das pragmatisch-normative Feld erhält die Interpretation der narrativ strukturierten und dennoch intersubjektiv verständlichen Bezugnahme auf nicht rein deskriptiv zugängliche Handlungsereignisse eine sprachanalytische Verankerung. Diese Verankerung ist für das Problem der individuell personalen Selbstbeziehung um so hilfreicher, als die bisherige Untersuchung ergeben hatte, daß ein Schlüssel zum Verständnis personaler Selbstverhältnisse in der Analyse der nichtdeskriptiven Bezugnahme auf zukünftige Handlungsereignisse liegt, die die Person sich

---

[123] Dazu: Austin, HTW, S. 17f. Austin betont zur Unterscheidung von Illokution und Perlokution, d.h. von der Handlung, die die Äußerung 'ist' und den Folgen, die die Handlung hat oder haben soll (im Falle der Intention), daß Illokutionen immer konventionell, Perlokutionen dagegen nicht sind: ders. ; HTW; S. 121.

[124] Vgl. Habermas, ZKB, S. 110ff.

[125] Wobei Austin, wie später auch Searle, den Ausdruck 'meaning' ausdrücklich (und vielleicht, wie man aus der Perspektive von Jürgen Habermas sagen müßte, inkonsequent)aus systematischen Gründen für den wahrheitsfähigen propositionalen Gehalt reservieren will, so daß 'force' (illokutionärer Modus) und 'meaning' strikt getrennt werden; vgl. Austin, HTW, S. 121.

selbst zurechnet. Die Sprechakttheorie erlaubt den Schluß, daß die sprachliche Bezugnahme einer Person auf ihre zukünftigen Handlungen nicht bedeutungslos und unverständlich (bzw. intersubjektiv unkritisierbar) sein muß, nur weil diese Bezugnahme keinen deskriptiven Sinn hat. Damit wird nicht nur der explizte Fall beispielsweise eines Versprechens bedeutungstheoretisch verständlich, sondern auch die Möglichkeit einer Person, ihre Handlung in einem anspruchsvollen Sinne zu verstehen mit Bezug auf den narrativ strukturierten Horizont, d.h. mit dem antizipatorischen Vorgriff darauf, was aus der Handlung geworden sein wird, kann oder soll.

Eine zweite Verbindung zwischen der narrativitätstheoretischen Interpretation der Identifizierung einer Person und der Sprechakttheorie wird geschaffen durch die Rückkehr der Reflexivität, die bei Strawson aus dem Blick geraten war. Denn in der Sprechakttheorie wird ein Modell der Identifizierung sichtbar, daß sich von der Strawsonschen Funktion der Einordnung in ein einheitliches Raum-Zeit-Schema durch eine spezifische Reflexivität unterscheidet. Performative Sätze nehmen neben ihrem propositionalen Bezug auf Sachverhalte auch Bezug auf sich selbst als sprachliche Handlungen und auf den Sprecher als den Handelnden. Diese Reflexivität verspricht auf den ersten Blick, die Analyse der Identität als das idem eines identifizierten Bezugsgegenstandes zu erweitern, und zwar um die ipse-Identität von Sprecher bzw. Sprechakt.

Ricoeur kommt jedoch zu dem Schluß, daß die Sprechakttheorie die Reflexivität des Sprechaktes auf Kosten der Reflexivität des Sprechers bevorzugt:

Dazu scheint die Sprechakttheorie gezwungen zu sein, denn die Rolle des Sprechers, angedeutet in der referentiellen Funktion des implizierten oder in performativen Sätzen expliziten Sprecher-'Ich', stellt zunächst scheinbar ein Paradox dar: Zwar erscheint in jedem Sprechakt genau 'dieser' Sprecher als Referent des 'Ich', so daß man meinen könnte, eine sprachliche Spur der Unvertretbarkeit der Person sei damit entdeckt: "'I' designates in each case only one person to the exclusion of any other, the one who is speaking here and now."[126] Diese Bezugnahme soll sich laut Ricoeur von der referentiellen Bezugnahme in Strawsons Sinne dadurch unterscheiden, daß der Ausdruck 'Ich' wegen der sprachlich repräsentierten Innenperspektive, die in den Bereich des ipse gehört,

[126] Ricoeur, OaA, S. 49.

mit dem Ausdruck 'die Person, die sich in diesem Sprechakt selbst bezeichnet', nicht äquivalent ist.[127] Andererseits ist die Referenz des indexikalischen Ausdrucks 'Ich' natürlich nicht stabil, sondern wechselt mit jedem Sprecher. Das ist zweifellos eine triviale Beobachtung, denn während der performative Kommentar, der einem Sprechakt in explizierter Form beigelegt werden kann, genügt, um diesen Sprechakt als diesen[128] Sprechakt zu identifizieren, verlangt die Identifizierung der sprechenden Person sehr viel mehr, als in nur einem Sprechakt geleistet werden kann.

Folgerichtig muß das Problem der Instabilität der Referenz des Personalpronomens, so setzt Ricoeur fort, durch eine Unterscheidung zwischen Sprechaktklasse und einzelnem, konkreten Sprechakt neutralisiert werden: Diese Unterscheidung nutzt die Peircesche Differenz zwischen "type" und "token". Während die Sprecherrolle als type stabil bleibt, wechselt die Referenz des indexikalischen token mit jedem einzelnen Aussageakt, mit jedem 'Ich'-token kann eine andere Person gemeint sein, und doch zeigt die Verwendung des 'Ich' stets die funktionale Position des Sprechers auf die gleiche Weise an. Die pragmatische Sprecherrolle verweist damit auf die allgemeine Funktion der Selbstbezeichnung, so daß schließlich das in diesem Sinne funktional gedeutete Sprecher-'Ich' doch wieder mit dem Ausdruck 'die Person, die sich mit diesem Sprechakt selbst bezeichnet', äquivalent ist. Das erlaubt sodann den Rückgriff auf Strawsons Identitätsmodell, d.h. auf die Identifikation der Person des Sprechers im Sinne der Strawsonschen Referenztheorie. Damit kann die Frage nach der Identität der Person wieder den Kriterien der numerischen Identität des Referenten des Sprechertokens überlassen werden. Unter dieser Bedingung wäre das Ergebnis der Analyse des Beitrags der Sprechakttheorie enttäuschend,

[127] Ricoeur, OaA, S. 46. Dieses Argument wird von Frank wie folgt formuliert: "Tatsächlich haben schon Wittgenstein - im Schlußteil des Blue Book - und an ihn anschließend, Sidney Shoemaker gezeigt, daß, was wir mit 'ich' und 'psychischem Zustand' meinen, niemals über die Zuschreibung von Körper-Prädikaten verständlich gemacht werden kann." Frank, SPI, S. 20. Das heißt, die im Personalpronomen der ersten Person repräsentierte Perspektive läßt sich nicht reduzieren auf die numerische Identität eines Personendinges, dessen Identitätskriterien mit den Identitätskriterien seines raumzeitlich lokalisierbaren Körpers übereinstimmen.

[128] besser als: solchen, d.h. als Angehörigen einer Klasse von Sprechakttypen, während die 'Individualität' des Sprechaktes natürlich an dem konkreten Kontext der Sprechsituation hängt.

denn sie würde nur der Strawsonschen Strategie die Analyse der allgemeinen Form der Selbstbezeichnung in Aussageakten oder anderen Äußerungen hinzufügen, würde also auf der Ebene der Identität des Sprechers als eines personalen Selbst die deskriptive Identifikation eines 'logischen Partikulare' in Kraft lassen. Die Person würde dementsprechend nach wie vor nur in der Dimension der Identität als idem individuiert.

Ricoeurs will zeigen, daß die Aufhebung der scheinbaren Paradoxie der Sprecherreferenz durch die type-token Unterscheidung die Reflexivität eines Sprechaktes auf die Äußerung selbst beschränkt. Was als token im Sinne Strawsons identifiziert wird, ist der Sprechakt als spatiotemporal lokalisiertes Ereignis. Die Kopplung dieser Individuation mit der type-token Unterscheidung führt damit die Selbstbezüglichkeit des Aussageaktes in die Richtung einer anonymen von der Person unabhängigen Reflexivität. Genau genommen nimmt die paradigmatische Reflexivität ausdrücklich performativer Sätze nicht Bezug auf den Sprecher, sondern auf das Ereignis des Sprechaktes. So entsteht eine "reflexivity without selfhood".[129] die besser Selbstreferenz des Sprechaktes genannt werden sollte.

Zudem, so interpretiert Ricoeur die Konsequenz dieser Sprechaktreflexiviät, wird der Aussageakt, wie es bei Strawson der Person geschah, zu einem Ereignis in der Welt, d.h. zu einem 'logischen Partikulare', das sich im spatiotemporalen Schema lokalisieren und d.h. individuieren läßt. Ricoeur zitiert Françoise Récanati:[130] "In the meaning of a statement the fact of its utterance is reflected." Und daran schließt er die Bemerkung an: "This declaration should surprise us to the extent that it relates reflexivity to the utterance considered as a fact, that is as an event produced in the world. What we earlier termed an act has become a fact."[131]

Durch diese Spezifikation der Sprechaktreflexivität wird klar, warum in Ricoeurs Analyse die Sprechakttheorie keine befriedigende Antwort auf die Frage

---

[129] Ricoeur, OaA, S. 47, vgl. Habermas, TkH, Band I, S. 390: "Das illokutionäre Ziel, das ein Sprecher mit einer Äußerung verfolgt, geht aus der für Sprechhandlungen konstitutiven Bedeutung des Gesagten selbst hervor; Sprechakte sind in diesem Sinne selbstidentifizierend."
[130] Récanati, TE.
[131] Ricoeur, OaA, S. 47.

nach der Bestimmung einer personalen Identität findet.[132] Die Unterscheidung von type und token erlaubt es, die Sprecherinstanz zu generalisieren, so daß eine Analyse der Bedeutung und der Geltungsbedingungen von Sprechakten sich die Instabilität der Sprecherreferenz vom Halse schaffen kann. Für die Rekonstruktion personaler Identität müßte allerdings ein entgegengesetzter Weg eingeschlagen werden, denn die individuierende Identifizierung eines Sprechers ist konfrontiert mit dem Problem der Einheit eines Sprechers in der Vielheit verschiedener Sprechakte, die ihm zuzuschreiben sind: "(...) this paradox (der Bezugnahme auf das Sprechersubjekt im verankerten und zugleich variablen Sprecher-'Ich', J.R.) cannot remain hidden for long until we confront the strongeness of the relation between a single speaker and the multiplicity of his or her own utterances. If each of these constitutes a different event, capable of taking its place in the course of things in the world, is the subject common to these multiple events itself an event? (...) The privileged point of perspective on the world which each speaking subject is, is the limit of the world and not one of its content."[133]

Mit dieser Nachfrage wird deutlich, daß die Assimilation der Identifikation eines Sprechaktes als Ereignis an die numerische Identifikation eines Punktes innerhalb des Strawsonschen Raum-Zeit-Schemas nicht nur die Frage nach der Identifizierung des Sprechers beiseite läßt, sondern ihre Beantwortung zusätzlich erschwert, denn es ist noch nicht ersichtlich, wie der Status eines Sprechaktes als logisch individuiertes Ereignis die Verknüpfung verschiedener Sprechakte als Handlung ein und derselben Person erlauben soll. Zu der Analyse der Reflexivität eines einzelnen Sprechaktes, bezogen auf sich selbst, müßte eine Analyse der reflexiven Verknüpfung zwischen verschiedenen Sprechakten tre-

---

[132] Wobei die Sprechakttheorie selbst eine solche Antwort auch nicht gesucht hat.

[133] Ricoeur OaA, S. 50,51. Es ist wichtig zu betonen, daß der Ausdruck 'limit of the world' nicht als Bekenntnis zu einem extramundanen Status des Subjektes im Sinne der transzendentalen Phänomenologie zu verstehen ist. Ricoeur spielt hier stattdessen darauf an, daß eine Handlung nicht als Sachverhalt, der in kausaler Relation zu anderen Sachverhalte steht, sondern als Ereignis, das in einem intentionalen Zusammenhang intersubjektiver Interakion gehört, zu verstehen ist. In vergleichbarer Weise spricht z.B. Jürgen Habermas mit Bezug auf illokutionäre Erfolge , d.h. vor allem erzielte Einverständnisse, davon, daß sie nichts Innerweltliches sind, sondern sich auf Innerweltliches beziehen: "Sie (illokutionäre Erfolge) sind in diesem Sinne nichts Innerweltliches, sondern extramundan", Habermas, TkH, Band I, S. 394.

ten können, die ihre Verbindung anders interpretieren ließe als die kausale Beziehung zwischen Sprechaktereignissen, die chronologisch sortiert und unabhängig voneinander identifiziert sind.

An dieser Stelle muß allerdings betont werden, daß Ricoeur das Potential der Sprechakttheorie nicht wirklich ausschöpft. Nicht nur wendet er sich in seiner Untersuchung signifikanterweise vornehmlich an sekundäre Darstellungen der Sprechakttheorie; er wird in seiner Kritik an der Assimilation von Sprechakten an logisch partikulare Ereignisse der bedeutungstheoretischen Verschiebung in die Dimension des Pragmatischen nicht gerecht. Denn das Prinzip der Selbstidentifikation von Sprechakten bezieht sich im Unterschied zu der Strawsonschen-Tugendhatschen Lokalisierung eines einzelnen Gegenstandes in der Raum-Zeit auf die im illokutionären Modus ins Spiel gebrachte Handlungskonvention, die erfüllt oder nicht erfüllt wird. Auf diese Unterschätzung der Sprachpragmatik wird im Zusammenhang mit weiteren Schwierigkeiten des konstruktiven Vorschlages von Ricoeur weiter unten einzugehen sein. Vorerst genügt die Feststellung, daß in Ricoeurs Augen in der Sprechaktthorie der Sprecher als einzelne Person anonym verborgen bleibt in der allgemeinen Funktion der Sprecherposition in illokutionären Akten, ohne daß, wie Ricoeur glaubt, die Konzeption der Sprechakttheorie ein Mittel bereitstellt, die generelle Sprecherimplikation für die Analyse der Determination eines individuellen Aktors, dessen Identität als ein Selbstverhältnis im Sinne des ipse zum Vorschein käme, zu nutzen.

Dennoch schließt die zweite Untersuchung, getreu der Maxime, den Ertrag kritisierter Positionen zu integrieren, mit einer affirmativen Bestandsaufnahme: Erst die Analyse der Sprechakttheorie erlaubt es, einen Weg zu entwerfen, auf dem die Dimension der numerischen Identität mit der anspruchsvollen Identität einer Person zu vermitteln ist. Denn, wie gesagt, die personale Identität ist nicht nur numerisch zu identifizieren, doch ein anspruchsvoller Begriff der personalen Identität muß numerische Identitätskriterien einschließen können. Darum nutzt Ricoeur den sprechakttheoretischen Perspektivenwechsel zu der Analyse sprachlicher Ausdrücke als Handlungen für die Kennzeichnung einer besonderen Praxis der 'Verankerung' einer zeitlich stabilen personalen Identität als numerisch identifizierbares Partikulare: die sprachliche Praxis der Namengebung.

"'I' is literally inscribed by virtue of the illocutionary force of a particular speachact - naming - onto the public list of proper names in accordance with the conventional rules that govern the attribution of family names and first names."[134] Ricoeur betont, daß 'Einschreibung' ein wohl gewählter Ausdruck sei. Denn das Symbol der sozialen Institution des behördlichen Personenstandswesens, die Geburtsurkunde, repräsentiert alle indexikalischen Dimensionen der spatiotemporalen Lokalisierung, die für die sprachliche Praxis der numerischen Identifikation einer Person relevant sind: Der Eigenname tritt zur Angabe von Zeit und Ort, die bezogen auf intersubjektive spatiotemporale Parameter mindestens die Identifikation im rein deskriptiven referentiellen Sinne erlauben. Zudem deckt sich die Charakterisierung dieser namensgebenden Praxis terminologisch nicht zufällig mit dem Prinzip der referentiellen Verankerung von nichtfiktionalen Erzählungen. Hier war mit dem Titel 'Einschreibung' die Synchronisation von narrativem Horizont und generalisierter Chronologie bezeichnet, die den Übergang der Erzählung vom Sinn zur Bedeutung (bzw. von der horizontalen zur vertikalen Bedeutungsebene) stützt. Während die Einschreibung der Erzählung also gewährleistet, daß narrativ identifizierte Ereignisse in nichtfiktionalen Kontexten auf eine zusätzlich numerisch identifizierbare Zeitstelle bezogen werden können, erlaubt die Praxis der Namensgebung die Verbindung zwischen der numerischen Identität einer 'beobachteten' Person und ihrer Identität als 'Subjekt' einer Sprachhandlung.

3) Von der Betrachtung der Person als die in der sprechakttheoretischen Instanz des Sprechers angedeutete Subjektivität, die einer Handlung, damit auch einer Sprachhandlung 'zugrundeliegt', geht Ricoeur nun über zu einer analytischen Theorie, die diesen Bezug auf eine personale Identität erweitert: eine allgemeine Theorie der Handlung, als deren Exponent in erster Linie Donald Davidson herangezogen wird. Die analytische Handlungstheorie wird nun deshalb zurate gezogen, da es bereits in der Erörterung der Sprechakttheorie der problematische Status einer Handlung, dort der Sprechhandlung, als eines innerweltlichen Ereignises im Sinne eines logischen Partikulares war, der den Weg zur Rekonstruktion der ipse-Identität erschwert hatte. Jetzt ist die Frage, ob der Begriff des Aktors in einer allgemeinen Handlungstheorie diese Behinde-

[134] Ricoeur, OaA, S. 54

rung korrigieren könnte. Zu dieser Hoffnung sieht sich Ricoeur zu Beginn ermutigt, da die Unterscheidung zwischen einem bloßen Ereignis und einer Handlung seiner Ansicht nach die Einführung des Konzeptes der Intentionalität erzwingt. "The theory of action preserved the specifity of human action. To be sure, this was done first of all in order to oppose action to event. (...) Events, the argument ran, simply happen; action, on the other hand, are what make things happen."[135] Auf dieser Unterscheidung ruht sodann die Differenz zwischen Motiven und Ursachen, d.h. zwischen einer Kausalität, die im Sinne Humes den Zusammenhang von Ursache und Wirkung als äußerliche bzw. logisch heterogene Verknüpfung voneinander unabhängiger Ereignisse beschreiben läßt, und einer Kausalität, in der Ereignisse in dem Sinne einer "mutual implication"[136] nicht voneinander zu trennen sind.[137] Das heißt, während eine Verbindung von Ursache und Wirkung die isolierte Identifikation der entsprechenden Ereignisse zuläßt, ist dies bei der Verknüpfung von Motiven und Handlungen nicht möglich, da das Verständnis der einen Seite der Verbindung die Kenntnis der anderen Seite zur Voraussetzung hat. Und genau diese Verbindung, so argumentiert Ricoeur, schafft der Begriff der Intentionalität.

Die folgende Auseinandersetzung mit Davidson kommt schließlich zu dem Ergebnis, daß auch dessen Handlungstheorie, ungeachtet der Würdigung des Unterschiedes zwischen Motiven und Ursachen, den Begriff der Handlung an den Begriff eines numerisch identifizierten Ereignisses assimiliert. Dies geschieht, so Ricoeur, erstens durch Davidsons verengende Interpretation der Erklärung von Handlungen als eine Form der kausalen Erklärung im Sinne der Relation von Ursache und Wirkung,[138] und zweitens damit durch eine Deutung auch der Handlungsereignisse als numerisch identifizierbare 'Substanzen'.[139] Möglich wird diese Angleichung von Handlungen an numerische identische Ereignisse, ungeachtet der zuvor akzeptierten Unterscheidung zwischen Ursachen und Motiven, durch eine Strategie der konzeptuellen Neutralisierung der

[135] Ricoeur, OaA, S. 61.
[136] Ricoeur, OaA, S. S. 63.
[137] Es wird deutlich, daß Ricoeur die Einführung der Intentionalität durch die Unterscheidung von Ursachen und Motiven mit Blick auf die zeittheoretische Unterscheidung zwischen Kants Kausalität der Freiheit und Kausalität der Natur vornimmt.
[138] Ricoeur, OaA, S. 74.
[139] Ricoeur, OaA, S. 85.

Intentionalität. Ricoeur unterscheidet drei Möglichkeiten der Auslegung des Begriffs der Intentionalität und sieht in der Wahl, die Davidson zwischen diesen Möglichkeiten trifft, die Vorbereitung der Einordnung von Handlungen in ein letztendlich kausalistisches Schema: "In his first essay Davidson assumes for himself the distinctions proposed by Elizabeth Anscombe between several linguistic uses of the term 'intention': the intention with which (something is done), intentionally, intention to (do something). The strategy he adopts in 1963 consists in privileging (...) the adverbial use of 'intention' (X does A intentionally) and in subordinating to it the substantive form (A has the intention to do X in circumstances Y), while 'the intention with which something is done)' continues to be considered a simple discursive extension of the adverb 'intentionally'. (...) By treating the intention as an adverb modifying the action, it is possible to subordinate it to the description of the action as a completed event."[140] Da Ricoeur Davidsons Strategie insoweit für legitim erklärt, als die Semantik verschiedener Verben für sich allein noch keine Unterscheidung zwischen Handlungen und Nicht-Handlungen zuläßt, bleibt in Ricoeurs Augen das entscheidende Kriterium für jene Unterscheidung die Intentionalität in einem nicht bloß 'adverbialen' Sinne: "It is intention that constitutes the criterion distinguishing action from all other events."[141] Davidsons Handlungstheorie liefert als konstruktiven Beitrag also die Unterscheidung zwischen kausal verknüpften (in diesem Sinne innerweltlichen) Ereignissen und Handlungen, die Ricoeur, jetzt in Abgrenzung von Davidson, auf die Bedeutung des Begriffes der Intentionalität bezieht.

3.4. Die narrative Identität der Person

Hier wird erkennbar, warum die bereits in 3.1. vorgestellte narrative Synthesis von Ereignissen eine für die Rekonstruktion von personaler Identität relevante Alternative zu der von Davidson repräsentierten Strategie darstellt. Die Davidsonsche Handlungstheorie bleibt für Ricoeur eine "agentless semantics of ac-

---

[140] Ricoeur, OaA, S. 75.
[141] Ricoeur, OaA, S. 75.

tion".[142] Die sprachanalytischen Konzeptionen der Bezugnahme auf Personen verengen diese Bezugnahme auf die Voraussetzung der Identität als idem (Gleichheit). Der tragende Pfeiler dieser Verengung ist, da die Dimension der personalen Identität als pragmatische enthüllt wurde, und da es deshalb um die sprachliche Bestimmung von Handlungen geht, das, was Ricoeur einen "reduktionistischen Begriff des Ereignisses"[143] nennt.

Der Übergang zur Korrektur dieser reduktionistischen Sichtweise ist der Übergang zu der Applikation der Theorie von "Zeit und Erzählung", die bereits vorgestellt wurde, auf das Problem personaler Identität. Diesen Übergang leitet Ricoeur durch die angekündigte Integration des Konzeptes der numerischen Identität ein. Die Integration wird geleistet durch zwei verschiedene Konzepte personaler Permanenz in der Zeit: durch den "Charakter" und durch die pragmatische Kohärenz zwischen personal zuschreibbaren Sprechakten und den Handlungen, die dem Sprechakt folgen und auf die er Bezug nimmt. Für diese Kohärenz führt Ricoeur das Beispiel des Haltens eines Versprechens an. Diese zwei Konzepte sind zwei Formen, in denen Personen sich unter Berücksichtigung der temporalen Permanenz identifizieren lassen. Der Charakter als "set of lasting dispositions by which a person is recognized" wird durch den Begriff des Habitus temporalisiert. Der Habitus als internalisiertes set von wiedererkennbaren Dispositionen wird für Ricoeur zur ersten Instanz der Garantie von "numerical identity, qualitative identity, uninterrupted continuity across change, and, finally, permanence in time, which defines sameness."[144] Der Charakter der Person repräsentiert den Pol der Identität im Sinne des idem (Gleichheit): "my character is me, myself, ipse (Selbstheit), but the ipse (Selbstheit) announces itself as idem (Gleichheit)."[145] Den gegensätzlichen Pol, die Selbstheit, repräsentiert dagegen das andere Modell personaler Permanenz in der Zeit. Es ist die Selbst-Konstanz, die sich von der substantialistischen Kontinuität eines numerisch identifizierten 'Personendinges' unterscheidet. Mit Bezug auf das Beispiel des Versprechens heißt das: Die Identität der Person wurzelt nicht in ihrer numerischen Substantialität, sondern in der Erfüllung der mit einem Versprechen

[142] So der Titel der dritten Untersuchung von Ricoeur, OaA.
[143] Ricoeur, OaA, S. 131.
[144] Ricoeur, OaA, S. 122.
[145] Ricoeur, OaA, S. 121.

ins Spiel gebrachten Geltungsbedingungen, die für die Person selbst als Verbindlichkeiten zum intentionalen Phänomen geworden sind, an dem sich die zeitliche Kontinuität im Modus des ipse als 'Übereinstimmung mit sich selbst' niederschlägt. Hier lehnt sich Ricoeur an Heideggers Unterscheidung zwischen der Permanenz einer Substanz und der 'Selbst-Ständigkeit' an. Hier sieht man, wie in Ricoeurs Auseinandersetzung mit den analytischen Konzeptionen personaler Identität Kritik und Anlehnung an Heidegger miteinander verwoben sind. Der Begriff der Identität im Sinne des 'ipse (Selbstheit)' ist in Ricoeurs Analysen aufgeladen mit Heideggers Kritik an dem Modell der identischen Person als eines verdinglichten, 'vorhandenen' Bezugsgegenstandes des distanzierten, deskriptiven Erkennens. Wo Heidegger jedoch die extramundane Perspektive des Daseins von der Sprache abkoppeln will, sucht Ricoeur nach sprachtheoretischen Alternativen zur direkten Referenz deskriptiver Aussagesätze, in der die 'extramundane' Perspektivität des ipse (Selbstheit) rekonstruiert werden kann.[146] Ricoeur gesteht dem sprachanalytischen Modell nicht nur zu, daß eine linguistische Form der Identifizierung der besonderen personalen Identität gefunden werden muß, sondern er räumt zudem, anders als Heidegger, der Verbindung von personaler und numerischer Identität eine besondere Bedeutung ein. Die narrative Identität wird nicht nur eine sprachliche Repräsentation daseinsförmigen Seins sein, sondern Ricoeur sieht in ihr eine Dialektik zwischen Gleichheit (idem) und Selbstheit (ipse) am Werk.[147] Die Narration vermittelt also zwischen der numerischen Identität einer Person und ihrer Identität als Selbstheit, sie vermittelt die unterschiedlichen Modelle der Permanenz der Person in der Zeit.

Erinnert man sich daran, daß die übergeordnete Fragestellung von ZuE nicht einer Phänomenologie erlebter Zeit, sondern ihrer Beziehung zur 'kosmischen' oder objektiven Zeit galt, und daß die Erzählung qua 'inscription'[148] eine Verbindung zwischen subjektiver und objektiver Zeit stiftete, so kann es nicht über-

[146] Das zeigt Ricoeurs Einführung der Praxis des Versprechens. Er grenzt sich dabei explizit von Heideggers Verklammerung von Selbstverpflichtung und Todesantizipation ab, um demgegenüber auf die performative Verpflichtung zur Aufrechterhaltung der sprachlichen Konvention des Versprechens hinzuweisen, die weitaus 'undramatischer' ist. Ricoeur, OaA, S. 124.

[147] Ricoeur, OaA, S. 141.

[148] Ricoeur, OaA, S. 53; Ricoeur, ZuE III, a.a.O.

raschen, daß die Narration nicht existentialistisch gegen einen konventionellen Begriff der Identität als Zuschreibung von Charakter und Eigenschaften ausgespielt wird.

Schließlich deutet Ricoeur den Übergang in den konstruktiven Teil seiner Arbeit an, d.h. den Übergang zu seinem Vorschlag der Analyse der narrativen Identität. Diese Andeutung vollzieht sich in einer Zusammenfassung der Schwächen der bislang behandelten Konzeptionen. Sie alle haben die Identität der Person an die Identität eines innerweltlichen logischen Individuums mit numerischer Identität angeglichen und dabei vernachlässigt, was den Kern des Begriffes der Selbstheit ausmacht: Personen haben eine eigene Geschichte.[149]

Nun wird klar, welche Funktion die Theorie von Zeit und Erzählung für die Rekonstruktion personaler Identität hat. Die bedeutungstheoretisch gestützte Interpretation des Verstehens, des Produzierens (im Sinne des Erzählens) und der Struktur der Erzählung ließ erkennen, unter welcher Bedingung der für eine Person relevante Zeithorizont ihres Handelns eine intersubjektiv verständliche und kritisierbare Form annehmen kann, ohne daß diese Art der sprachlichen Darstellung das Dargestellte, d.h. hier die Person nach dem Vorbild der Konvention sprachlicher Bezugnahme auf einen numerisch identischen Gegenstand 'verdinglicht'. Es gilt jetzt also, zu untersuchen, wie die allgemeine Struktur der narrativen Mimesis die Möglichkeit für den speziellen Fall der personal individualisierenden narrativen Konfiguration vorbereitet.

Die Untersuchung von Ricoeurs Mimesistheorie wurde an dem Punkt verlassen, an dem der Akt der Rezeption der Erzählung zum Akt der Selbstidentifikation der Rezipienten wird, d.h. an dem der narrative Zeithorizont zum existentiell relevanten Horizont eines Rezipienten wird. Hier fügte Ricoeur einen weiteren vermittelnden Schritt ein, von dem bereits die Rede war: Die Rezeption der Erzählung transformiert den Sinn der Erzählung zur Bedeutung. Das heißt, daß dem erzählenden Text eine besondere Art von Referenz verliehen wird. Diese Referenz ist, um daran zu erinnern, nicht die direkte, deskriptive Repräsentation von unabhängig bestehenden Gegenständen oder Sachverhalten, sondern sie ist die Bezugnahme auf Handlungsereignisse, wobei unterschieden werden muß je nach dem, ob das entsprechende Ereignis in der Vergangenheit

---

[149] Ricoeur, OaA, S. 113.

oder in der Zukunft liegt. Vor allem der letzte Fall ist für das personale Selbstverhältnis interessant, denn dies ist der Fall, für den gilt, daß Ricoeurs Erzähltheorie eine sprachphilosophische Übersetzung für Heideggers Konzept des "Entwurfes" in Aussicht stellt.

In einer ersten Annäherung läßt sich formulieren: Die Genese eines personalen Selbstverhältnisses entspricht der Rezeption einer Erzählung, die der Rezipient als seine eigene Geschichte zu verstehen beginnt. Das Verständnis des zeitlichen Horizontes der Geschichte wird identifiziert mit dem Verständnis des zeitlichen Horizontes des eigenen gegenwärtigen Handelns. Die zukunftsorientierte Referenz auf Handlungsereignisse, wird zur Bezugnahme auf Handlungen, die für den Rezipienten Möglichkeiten des eigenen, zukünftigen Handelns werden. Der Leser vollzieht in einem doppelten Sinne, was Ricoeur den Eintritt in die 'Welt des Lesers' nennt. Doppelt ist dieser Sinn, da einmal die Rezeption jeder beliebigen Geschichte dieses Moment der 'Welt des Lesers' enthält, und zum zweiten, im Falle der Ausbildung eines personalen Selbstverständnisses, der Ausdruck 'Welt des Lesers' die Bedeutung einer Welt des einzelnen Lesers im Unterschied zu anderen Lesern annimmt. Der rezipierte narrative Text repräsentiert also zunächst in jedem Falle eine Welt, die als solche 'für den Leser' ist; im Falle der Genese eines individuellen personalen Selbstverhältnisses wird daraus die 'subjektive' Welt, die als die Welt der Handlungsmöglichkeiten des Lesers 'nur für diesen Leser' ist.

Ricoeur ist darum bemüht, den Eindruck zu vermeiden, daß der Ausdruck 'Welt des Lesers' aus dem Schritt der Mimesis III eine intentionalistisch verkürzte Angelegenheit 'privater' Bedeutung, die der Erzähltext bekommt, werden läßt. Diese Bemühung ist berechtigt. Denn ein scheinbarer Hinweis auf einen möglichen Konflikt zwischen Ricoeurs Ausdruck 'Welt des Lesers' und seines auf Frege gestützten nichtsubjektivistischen Bedeutungsbegriffes ist sein Vertrauen in eine 'Phänomenologie des Lesens'. Der dem Leser überantwortete Akt der Refiguration wird gegen die denkbaren Einsprüche gegen eine rhetorische Unterwerfung des Lesers verteidigt durch den Rückgriff auf Wolfgang Isers Rezeptionsästhetik und auf Roman Ingardens phänomenologische Analysen des Lesens. In diesen Analysen gilt das subjektive Verfolgen von unterbestimmten Sätzen eines Textes als intentionale Entbindung des retentionalen und protentionalen Potentials von intendierten Sätzen.[150] Die intentionale Struktur des Lesens wird dabei nicht nur von Ingarden, sondern durch Ricoeurs zustimmende Darstellung Ingardens auch von diesem auf Husserls Phänomenologie des inneren Zeitbewußtseins zurückbezogen.

Bedeutet diese Interpretation der Operation des Refigurierens, daß die Beschreibung der Bewegung von narrativem Sinn zu narrativer Bedeutung einem methodischen Regress zu einem intentionalistischen Bedeutungsbegriff gleichkommt?

Dieser Eindruck wird von Ricoeur unverzüglich durch den Übergang von einer Ingardenschen Phänomenologie des Lesens zur Rezeptionsästhetik von Hans Robert Jauß korrigiert. Unter dem Zeichen der Notwendigkeit der Kommunizierbarkeit wird die refigurierende Zusatzleistung eines Lesers auf die Vorstruktur öffentlicher, intersubjektiver Erwartungen, auf die Referentialität der Sprache, in der die intersubjektive Welt des Alltags artikuliert wird, zurückbezogen.[151] Die Bedeutung des Textes, der eine nicht mehr ausschließlich fiktive Welt entfaltet, wird durch eine 'reading community' bestimmt.[152] So tritt als drittes Moment der allgemeinen Verständlichkeit der Narration neben die Einheit von Tradition und Paradigmen und neben die Intersubjektivität sprachlicher Bedeutung die Einheit der Refiguration durch eine Lesergemeinschaft. Genau genommen ist darum die 'Welt des Lesers' immer schon die 'Welt der Leser'. Denn analog zu Wittgensteins Argumenten gegen die Idee einer privaten Sprache kann man sagen, eine Geschichte zu verstehen, setzt öffentliche Kriterien der Verständlichkeit (d.h. der nicht transzendentalen Intelligibilität) voraus, um unterscheiden zu können, ob man eine Geschichte verstanden hat, oder ob man nur glaubt, sie verstanden zu haben. Gerade diese berechtigte Einschränkung des 'subjektivistischen' Sinnes des Ausdruckes 'Welt des Lesers' macht es nun in noch höherem Maße erforderlich, zu zeigen, wodurch die Möglichkeit ensteht, daß ein Leser die Welt der Erzählung als die 'subjektive' Welt seiner Individualität erschließen kann.

[150] Ricouer, ZuE III, S. 167,8.
[151] Ricoeur, ZuE III, S. 178.
[152] Ricoeur, ZuE III, S. 179.

Worin liegt, wenn sich intersubjektive Verständlichkeit und eine individuelles Verständnis nicht ausschließen sollen, der Schlüssel zur personalen Interpretation einer Geschichte als der 'eigenen' Geschichte?

Die 'Biographie' einer Person, das wurde weiter oben gezeigt, stellt als ein Horizont der Bezugnahme auf 'wirkliche', d.h. auf zu verwirklichende Ereignisse, bezogen auf die Referentialität, einen Modus der nicht-fiktionalen Geschichte dar. Zugleich gilt jedoch, daß zum 'Entwurfscharakter' des zeitlichen Selbstverstehens die Modalität der Möglichkeit gehört. Die Freiheit der Wahl und die Möglichkeit des Mißlingens setzen voraus, daß die nicht-fiktionale Bezugnahme auf die von einer Person sich selbst auferlegten und zugeschriebenen Handlungen eine Auswahl aus vielen Möglichkeiten ist, die zunächst kontrafaktisch bleiben muß. Aus diesem Grunde tragen zur Bestimmung des narrativen Selbstverständnisses einer Person sowohl das Vorbild der historiographischen als auch das Vorbild der fiktionalen Geschichte bei.

Während die Geschichtsschreibung im Sinne der disziplinären Historiographie die narrative Zeit in die Zeit des sozialen Universums 'einschreibt' und so die Verbindung schafft zwischen der erlebten-historischen und der objektiven bzw. intersubjekiv für real erachteten Zeithorizontalität,[153] liefert die fiktionale Erzählung eine Amsammlung von alternativen zukünftigen Handlungsmöglichkeiten, die für die gegenwärtige Handlungsorientierung relevant sein können. Damit wird die Gesamtheit der Handlungsmöglichkeiten als (gemessen an der Historiographie: irreale) Variationen im "vast laboratory" der Literatur[154] zu einer Präfiguration personaler Individuierung. Die Literatur wird von Ricoeur dadurch gleichsam zum objektiven Medium der entwerfenden Deliberation ernannt. Die Person probiert literarische Plots wie das Angebot eines Bekleidungsgeschäftes vor dem Spiegel, bevor sie entscheidet, worin sie am folgenden Abend ausgehen wird. Diese Entscheidung transformiert sodann die bloße Möglichkeit zukünftiger Handlungen zu der Verbindlichkeit, die bestimmte Handlungsmöglichkeiten durch die Bildung einer Absicht erhalten. Die Referenz der prinzipiell explizierbaren Sätze, die auf die zukünftigen Handlungen der Person Bezug nehmen, ist sodann weder rein deskriptiv (es kann, weil

[153] Ricoeur, ZuE III, S. 181.
[154] Ricoeur, OaA, S. 159.

Handlungen Interaktionen und demnach andere Personen beteiligt sind, auch anders kommen), aber auch nicht wie in der reinen Fiktion ohne jede vertikale Bedeutungsdimension (siehe 3.2.). Denn wenn diese Handlungen auch (noch) nicht sind, so sollen sie doch sein.

Noch immer ist damit aber nicht die Frage beantwortet, wie der Leser als kompetenter Rezipient, d.h. als zurechenbarer Sprecher einer Alltagssprache, innerhalb der Welt des erzählten Textes und der modal erweiterten Referentialität der Sprache der Lesergemeinschaft seine individuelle Geschichte als narrative Entfaltung seiner eigenen, existentiellen Welt identifiziert.

Nach all diesen Vorbereitungen, die Ricoeur mit der Rekonstruktion der öffentlichen Zeit als Narrativität und mit der Rekonstruktion personaler Identität getroffen hat, muß man feststellen, daß der entscheidende Übergang von der intersubjektiv-narrativen Form individueller Personalität zur konkreten Genese einer individuellen Existenz (gedeutet als narrativ strukturierter zeitlich-modal-pragmatischer Horizont der Selbstidentifikation) nicht hinreichend bestimmt wird. Der höchste Grad an Konkretion wird dort erreicht, wo der Übergang von der Erzählung als Ressource der Individualisierung zur Individualität der Person ausdrücklich beschrieben wird. In dieser Beschreibung nutzt Ricoeur den Doppelsinn, den der Begriff des "Charakters" zumindest im Englischen annimmt: 'Charakter' meint jetzt zugleich die Instanz, die, wie weiter oben erläutert, die numerische Identifizierung repräsentiert, und die 'Rolle' einer Person in einer Geschichte im Sinne einer Bühnenrolle. Dadurch wird die Verschränkung von numerischer und narrativer Identität jetzt direkt in den Begriff des Charakters projiziert. Der Charakter als Rolle in der Geschichte wird sodann zum Vorbild für die Biographie: "(...) the character draws his or her singularity from the unity of a life considered a temporal totality which is itself singular and distinguished from all others. Following the line of discordance, this temporal totality is threatened by the disruptive effect of the unforeseeable events that punctuate it (encounters, accidents, etc.). Because of the concordant-discordant synthesis, the contingency of the event contributes to the necessity, retroactive so to speak, of the history of a life, to which is equated the identity of the character. Thus change is transmuted into fate. And the identity of the character emploted, so to speak, can be understood only in terms of this dialectic. (...) The person, understood as a character in a story, is not an entity distinct from his or her 'experiences'. Quite the opposite: the person shares the condition of dynamic identity peculiar to the story recounted. The narrative constructs the identity of the character, what can be called his or her narrative identity, in constructing that of the story told. It is the identity of the story that makes the identity of the character."[155] Die temporale Einheit der Geschichte 'macht' die temporale Einheit eines oder mehrerer ihrer Charaktere. Man kann sogar noch weiter gehen und behaupten, daß Ricoeur die Identität der Geschichte mit der Identität der Person gleichsetzt, mit anderen Worten den Übergang von 'einer' Geschichte zu der Geschichte 'dieser' Person, die Individualisierung, überspringt. Edi Pucci hat in seinem Kommentar zu Ricoeur diese Schlußfolgerung nicht gezogen, sondern zwischen der narrativen Identität und der Identität einer Person, die sich allerdings gegenseitig 'implizieren sollen', unterschieden. In der Tat muß dieser Unterschied aufrecht erhalten werden. Allerdings wird auch in Puccis Wiedergabe der Position Ricoeurs nicht sichtbar, wie die personale Identität aus der narrativen Identität einer Geschichte entwickelt werden kann.[156]

Es entsteht der Eindruck, daß Ricoeur an dieser zentralen Stelle den Übergang von 'einer' zu 'meiner' Geschichte schlicht der traditionellen hermeneutischen Figur der in jedem Einzelfalle individuellen Applikation von allgemeinen Begriffen überläßt.[157] Dafür spricht, daß die Ricoeursche Identifikation der Identität der Person mit der Identität der Geschichte ihrerseits verweist auf die hermeneutische Interpretation der Identifikationsfunktion der Kopula. Wenn Ricoeur also die Hypothese vertritt, daß die Identität der Geschichte letztlich die Identität der Person 'ist', denkt er bei der Verwendung der identifizierenden Kopula weniger an die logische Äquivalenz der durch die Kopula verbundenen Relata, sondern an die hermeneutische Interpretation eines Relatums im Lichte der Eigenschaften des anderen Relatums. Mit anderen Worten, Ricoeur suggeriert hier, daß eine Person ihre Geschichte so versteht, daß die Geschichte der Person für sie selbst 'wie eine Geschichte ist', die rezipiert wird. Mit der 'Un-

[155] Ricoeur, OaA, S.147f.
[156] Edi Pucci, R, S. 154.
[157] Eine Figur, die bekannt ist aus Gadamers, WuM, S. 290ff.

schärfe' der hermeneutischen Identifikation und der Voraussetzung, daß jede konkrete Applikation einer Geschichte einen immer schon individuellen Fall darstellt, wird der individualisierende Übergang zu einer personalen Geschichte einfach vorausgesetzt, nicht aber erklärt. Die Individualisierung wird zum nicht näher analysierbaren Sonderfall des hermeneutischen Begriffs der 'Anwendung'. Die letzte Instanz für die Generierung einer individuellen narrativen Form muß dann die produktive Einbildunskraft sein, deren Vermögen der Erzeugung von individuellen und anschaulichen Einzelfällen sich durch die prinzipielle Unvorhersagbarkeit auszeichnet, so daß die Unmöglichkeit einer weitergehenden Rekonstruktion von Bedingungen der Möglichkeit der Individuierung personaler Identität geradezu als Tugend erscheint. Daß Ricoeur sich immer dort, wo es sich um die Rekonstruktion des Genese von individuellen Fällen handelt, auf die produktive Einbildungskraft zurückzieht, zeigt seine Argumentation in der Arbeit über die Metapher. Nachdem mit Hilfe eines großen theoretischen Aufwandes das Phänomen der Metapher in der 'impertinenten Pertinenz' metaphorischer Ausdrücke, die wortwörtlich sinnnlos wären, lokalisiert wurde, muß die produktive Einbildungskraft bemüht werden, um das zentrale Explanans des Metaphernbuches, die semantische Innovation, verständlich zu machen.[158] Der Rekurs auf die produktive Einbildungskraft kann in unserem Zusammenhang jedoch nicht genügen. Nicht nur ist dieser Rekurs weniger eine erklärende Rekonstruktion als die Angabe des Feldes, in dem nach einer Erklärung gesucht werden müßte. Unter der Voraussetzung der Intersubjektivität der Verständlichkeit 'einer' wie 'meiner' Geschichte würde für das Modell der produktiven Einbildungskraft ein sprach- und intersubjektivitätstheoretisches Äquivalent erst noch rekonstruiert werden müssen. Denn entweder wäre die produktive Einbildungskraft ein transzendentales subjektives Vermögen, oder aber ihr Begriff würde übersetzt in das Modell eines subjektlosen Erzeugungsmechanismus nach dem Vorbild der Heideggerschen Analyse der Kantischen Vernunftkritik. Gerade diese Engführung auf die Alternative zwischen einer transsubjektiven 'ontologischen' Ursprungsmacht und einem subjektiven Vermögen sollte jedoch

[158] Ricoeur, LM, S. 190-192. Hier wird die schematismengenerierende Kraft der produktiven Einbildungskraft direkt parallelisiert mit der durch die metaphorische Schockwirkung der Regelverletzung erzielten Erzeugung einer neuartigen semantischen Pertinenz.

durch die Analyse der narrativen Zeitlichkeit korrigiert werden. Diese Korrektur ist also bezogen auf das Thema der personalen Identität als Individualität erst konsequent, wenn ein Übergang rekonstruiert wird von der Individualität zur Individualisierung, den Ricoeur nicht befriedigend vollzieht.

Es läßt sich jetzt allerdings die Richtung, in der nach der Rekonstruktion dieses Überganges gesucht werden muß, angeben: es ist eine Analyse der Erzählung als sprachlicher Praxis. Diese Analyse wird auf Motive der Sprachpragmatik zurückgreifen müssen, die Ricoeur in seiner Kritik der Sprechakttheorie ausgeblendet hat.

Eine erste Annäherung an solche Analysen, die im folgenden präzisiert werden, kann folgende Formulierung zum Ausdruck bringen: Die individuierende Leistung einer Narration und die narrative Identifikation einer existentiell gedeuteten personalen Identität muß unter der Bedingung der performativen Identifikation von Autor, Personal und Leser vollzogen werden. Das heißt, ein Leser bestimmt seine eigene narrative Identität, indem er seine eigene Geschichte erzählt. Die individualisierende Rezeption besteht dann in der Synchronisation von Zeit der Erzählung und erzählter Zeit. Die aktuelle Gegenwart des Aktes oder der Akte des Erzählens werden selbst zu Handlungsereignissen, von denen in der Erzählung die Rede ist. D.h. streng genommen, versteht die Person ihre eigene Geschichte dort, wo Produktion und Rezeption zeitlich zusammenfallen, so daß der mimetische Zirkel zur Struktur einer in sprachlichen Handlungen, nicht in schriftlichen Texten, realisierten Interaktion wird. Dann nämlich hängt die Individualität 'dieser' Geschichte nicht von der individuellen Interpretation 'einer' Geschichte[159] ab, die in schriftlicher Form und darum bereits abgeschlossen 'vorliegt'. Sondern sie hängt ab von der performativen, individuellen Konfiguration einer narrativen Einheit, die darum individuell ist, da die Zukunft von Handlungen[160] als der pragmatische Horizont der Handlungsgegenwart durch die von der Person sich selbst im Modus der Selbstbestimmung auferlegten Verbindlichkeiten bestimmt wird. Dadurch werden Produkti-

[159] über deren Möglichkeit nur das Modell der produktiven Einbildungskraft Auskunft geben könnte.

[160] Das heißt die Zukunft gegenwärtiger Handlungen und die gegenwärtige Antezipation zukünftiger Handlungen. Es gilt jedoch ceteris paribus ebenso für die Vergangenheitsdimension.

on und Rezeption nicht identisch, denn die Gleichzeitigkeit erfordert nicht, daß 'Autor' und Hörer oder Leser ihrerseits identisch sind. Eine Person kann zu ihrer eigenen Geschichte in der Interaktion mit anderen kommen, die Praxis der Konfiguration muß nicht einem Handelnden allein zurechenbar sein, sondern sie könnte das Ergebnis einer Kooperation sein. Mehr noch: Die intersubjektive Identität der Bedeutung erzwingt, wie weiter unten deutlich werden wird, eine solche Kooperation.[161] Die Person beginnt ihre eigene Geschichte im Sinne des 'Vorlaufens' zu deuten, wenn sie (mit Hilfe anderer) ihre Vergangenheit rekonstruiert, ihre Gegenwart interpretiert und ihre Zukunft entwirft, wobei diese Operationen in der Produktion der eigenen Geschichte zusammenfallen. Die Person gelangt zu einem pragmatischen, zeitlichen Verständnis ihrer selbst, wenn sie ihr gegenwärtiges Handeln verstehen und intentional steuern kann, indem sie zugleich ihre Vergangenheit in die erzählbare Geschichte integriert und erstens mögliche zukünftige Handlungen vorentwirft und zweitens zwischen diesen Möglichkeiten eine Wahl trifft.

Hier wird schließlich zumindest angedeutet, wie der Übergang von der Individualität einer Geschichte und ihres Personals (deren Verständnis noch keinen Leser individuiert) zu der Individualität der Person, die ihre eigene Geschichte erfährt, zu deuten ist. Was den Leser, dessen Geschichte zutage tritt, von den anderen Rezipienten dieser Geschichte, (die bedeutungstheoretisch mindestens als virtuelle alter ego innerhalb der 'reading community' vorausgesetzt werden müssen) unterscheidet, ist folgendes: Zum einen identifiziert sich die Person mit dem oder einem Charakter, der in der Geschichte die Hauptrolle spielt, d.h. die Individualität der Person wird teilweise von der Individualität der Geschichte geborgt. Zum anderen enthält die Auswahl aus narrativ strukturierten, die Gegenwart strukturierenden, möglichen zukünftigen Handlungen das Moment einer normativen Selbst-Verpflichtung, die niemandem außer der Person, für die die Geschichte die eigene ist, auferlegt ist. Die Heideggersche Unvertretbarkeit der Person wird zur ausschließlich personal vertretbaren verbindlichen Maxime zukünftigen (und vergangenen) Handelns. Das principium indi-

[161] Anders gesagt: Das Erzählen als Praxis des Entwurfes einer personal zurechenbaren Geschichte ist kein Monolog, für den gilt, was Husserl über die Immanenz des einsame Seelenlebens gesagt hatte: daß, weil hier Adressat und Sender identisch sind, es auf die Kommunizierbarkeit nicht ankommt.

viduationis ist damit weder die Einzigartigkeit eines Arsenals von Eigenschaften noch die im Moment der eigentlichen Entschlossenheit nurmehr privat zugängliche Verständlichkeit einer Geschichte. Es ist die Unvertretbarkeit von zwar intersubjektiv verständlichen aber nur individuell verbindlichen Verpflichtungen. Die personale Individuierung hat also ihre Wurzeln in erster Linie in der normativen Dimension des Sprachhandelns, im Gebrauch, den einer oder eine von der Sprache macht, nicht in der Erfindung privater Bedeutungen.

Ricoeur allerdings verwirft solche Schlußfolgerungen. Genauer gesagt: Das Beharren auf dem Medium der Schrift, ohne das sich seiner Auffassung zufolge die komplexe Struktur des mimetischen Zirkels nicht entfalten kann, hält ihn davon ab, den Weg in eine pragmatische Deutung der narrativen Individuierung zu beschreiten. Dieses Beharren ist zudem der 'Unterschätzung' der sprachpragmatischen Perspektive geschuldet.

Im folgenden vierten Teil wird zu Beginn eine Untersuchung der Argumente, die Ricoeur aufbietet, um die Unhintergehbarkeit des schriftlichen Mediums zu begründen, klar machen, welchem Anspruch eine auf sprachpragmatische Motive gestützte Alternative genügen muß. Dazu gehört auch eine Präzisierung des Ausdruckes "Synchronisation" von erzählter Zeit und Erzählzeit, die den Begriff der pragmatischen Gegenwart erläutern können muß, ohne hinter den durch Ricoeur von Heidegger entlehnten anspruchsvollen Begriff zeitlicher Horizontalität zurückzufallen. Von dieser Analyse aus wird schließlich der Versuch unternommen, eine Skizze des faktischen kommunikativen Zeithorizontes vorzulegen, die die bisher verfolgten Fäden sammeln und verbinden soll: die zeittheoretische Umgrenzung des Begriffs der personalen Identität und die auf eine pragmatische Sprachphilosophie zulaufende Untersuchung des sprachlichen Mediums der Individualisierung. Die praktische Dimension der personalen Identität kann dann durch die bedeutungstheoretische Erweiterung einer sprechakttheoretischen Perspektive als rational beurteilbar und dennoch als zeitlich existentiell verstanden werden.

4. Teil: Zu einer Sprachpragmatik der Individualisierung - die kommunikative Zeit

4.1. Das Dogma der Schrift und die Annäherung an die narrative Dimension der kommunikativen Alltagspraxis- Vorbereitung eines Begriffs der "kommunikativen Zeit"

Am Ende des letzten Teils wurde vorgeschlagen, aus der Narrationstheorie Paul Ricoeurs die Konsequenz zu ziehen, daß die Individualisierung vollzogen wird, wo die Person ihre eigene Geschichte erzählt. In dieser einfachen Form ist das zunächst scheinbar eine Trivialität. Um so überraschender ist es auf den ersten Blick, daß Ricoeur diese Konsequenz verwirft und statt dessen auf der Notwendigkeit der Vermittlung durch geschriebene Texte beharrt. Bei näherer Betrachtung wird jedoch schnell klar, daß der Hinweis auf die Notwendigkeit der Vermittlung berechtigt ist. Denn die Annahme, daß das Erzählen der Geschichte einer Person durch diese selbst die Antwort auf die Frage nach der Individualisierung darstellt, ist in dieser einfachen Fassung vorschnell. Die Grundlage der Einwände Ricoeurs gegen diese übereilte Schlußfolgerung ist, wie gesagt, die Zurückweisung der klassischen phänomenologischen Prämisse eines unmittelbaren Zuganges des Subjektes zu sich selbst. An die Stelle der Selbsttransparenz des Subjektes tritt bei Ricoeur die notwendige Vermittlung der Selbstbeziehung durch das, was er eine Dialektik zwischen ipse und idem, zwischen Selbst und Anderem, zwischen Zuschreibung und Aneignung, nennt. Das entscheidende Kennzeichen der indirekten Form der Vermittlung ist die Autonomie der Bedeutung und der Zeitstruktur der Erzählung gegenüber der Intention eines Autors, d.h. die Intersubjektivität der Verständlichkeit der Geschichte und der Logik der Konfiguration. Dieser Einwand entspricht den kritischen Ergebnissen der hier unternommenen Analysen zu Husserl und Heidegger. Denn die Suche nach einem öffentlichen und d.h. intersubjektiv verständlichen Zeithorizont als Bedingung der Möglichkeit individueller oder existentieller Zeithorizonte zielte auf die Rekonstruktion einer intersubjektiven Vermittlung dessen, was bei Heidegger unter der Überschrift der Eigentlichkeit der alltäglichen Öffentlichkeit abstrakt entgegengesetzt und bei Husserl als Immanenz des einsamen Seelenlebens schlicht vorausgesetzt wurde. Die Auskunft, daß die Individualisierung einsetzt, wo eine Person ihre eigene Geschichte erzählt, bleibt also noch zu unbestimmt, denn Ricoeurs Einspruch macht deutlich, daß eine Person, die ihre Geschichte erzählt, die Individualisierung bereits 'hinter sich haben' muß. Die individualisierende Produktion der Geschichte einer Person kann nicht von dieser Person selbst vollzogen werden, denn dann wäre die Individualität der Person vorausgesetzt, aber nicht erklärt bzw. auf indirekte oder intersubjektive Bedingungen der Möglichkeit bezogen worden. Wenn man es so formuliert, kann man sehen: Die Annahme, eine Person individualisiere sich selbst durch das Erzählen ihrer Geschichte, ist nicht nur ein Verstoß gegen die Einsicht in die Unmöglichkeit einer unmittelbaren bzw. selbsttransparenten Selbstbeziehung, sondern zudem ein schlechter Zirkel, der nichts erklärt.

Ricoeurs Insistieren auf der Notwendigkeit der Vermittlung ist also zweifellos begründet. Ist aber die zusätzliche Behauptung, daß diese Vermittlung nicht ohne das schriftliche Medium narrativer Texte vollziehbar ist, ebenso begründet? Um diese Nachfrage beantworten zu können, empfiehlt es sich, einen genaueren Blick auf Ricoeurs Argumente für diese zusätzliche Behauptung zu werfen.

Diese Argumente werden z.B. gegenüber den Einwänden David Carrs gegeben. In seiner Arbeit "Time, Narrative and History" empfiehlt Carr entgegen der Konzentration auf geschriebene Erzählungen, die er neben Ricoeur der Gesamtheit prominenter Narrativiätstheoretiker vorwirft (Hayden White, W. B. Gallie, Arthur Danto, Louis Mink) eine Rückkehr von der Untersuchung der narrativen Produkte zu der Untersuchung der ihnen zugrundeliegenden historischen Erfahrungen.[1] Zwar erkennt Carr die Abhängigkeit narrativer Ereignisse von Beschreibungen an: In Anlehnung an Louis Mink bestätigt er: "We can refer to an event only under a description."[2] Doch er propagiert anstelle des Umweges durch die narrative Redeskription einen direkten Zugang zu einem 'vorthematischen Bewußtsein' von historischen und narrativen Strukturen der pragmatischen Welt. Es wird aber schnell deutlich, daß Ricoeurs Zögern gegenüber einem solchen Zugang mit der Voraussetzung sprachlicher Vermittlung

[1] David Carr, TNH, 9.
[2] Carr, ebda., S. 10.

ein starkes Argument gegen Carr in der Hand hat. Denn Carr legt sich in offenbarer methodologischer Unklarheit auf eine "eidetische Phänomenologie" des Handelns und seiner temporalen Struktur fest[3]. Der Versuch David Carrs zeigt also, daß eine rekonstruktive Strategie, die den Umweg durch Texte, die nicht von den Lesern selbst geschrieben oder erzählt sind, vermeiden will, ein Äquivalent für den Schritt der Vermittlung bieten muß. Eine an Husserl orientierte Phänomenologie der Zeitlichkeit des intentionalen Handelns stellt ein solches Äquivalent nicht zur Verfügung, denn als Phänomenologie bleibt sie an die introspektive Perspektive gebunden. Der Begriff der narrativen Zeit stellt schließlich vorrangig deshalb einen Fortschritt gegenüber der Husserlschen Zeittheorie dar, da das Medium der in ihrer Bedeutung gegenüber der Intentionalität autonomen Narration die paradoxe Immanenz der Reflexion eines sich selbst nicht gewahr werdenden Subjektes auflöst. Eine eidetische Phänomenologie des Handelns müßte, sollte sie das Medium des Textes ausschließen können, eine alternative, nicht-immanente Vermittlungsinstanz in den Blick nehmen. Ohne daß diese Möglichkeit prinzipiell auszuschließen wäre, wird sie in Carrs Theorie der Handlungszeit und der historischen Erfahrungsvorstruktur nicht sichtbar.

Einen weiteren Anlaß für die Formulierung von Argumenten für die Unhintergehbarkeit der narrativen Schrift findet Ricoeur in der Konfrontation mit Alasdair MacIntyre. In seinem Buch "After Virtue"[4] lokalisiert MacIntyre das Konzept der "narrativen Einheit eines Lebens" innerhalb einer Hierarchie pragmatischer Dimensionen, die sich aus "Praktiken" und "Lebensplänen" aufbaut, in der Dichte der Aktivitäten des Alltagslebens.[5] Die Pointe dieses Vorschlages besteht gegenüber der phänomenologischen Strategie Carrs darin, die alltägliche Interaktion als das Medium indirekter Vermittlung einer narrativ strukturierten personalen Identität zu interpretiert. Als Alternative zu der konfigurierten schriftlichen Erzählung erscheint hier, wenn auch nicht präzise erläutert,

[3] Carr, ebda., S.2. Die Strategie des zweiten und dritten Teils von TNH besteht signifikanterweise darin, die Husserlsche Phänomenologie des inneren Zeitbewußtseins zu einer Theorie der Zeitstruktur des Handelns zu erweitern, Carr, TNH, S.30ff, vgl. zu den Vorzügen der Ricoeurschen Theorie indirekter Vermittlung gegenüber Carrs direktem Zugriff auf die immanente Intentionalität: Pellauer, LuL S.56.

[4] Alasdair MacIntyre, AV.

[5] McIntyre, AV, S. 190-210; vgl. dazu: Ricoeur, OaA, S.155 und ders. NI, S. 77;.

die "Conversation", die MacIntyre als eine Art Horizont der "Intelligibilität" von Sprechakten[6], also, wenn man so will, als Horizont der Synthesis von Handlungsereignissen darstellt. Dabei läßt sich die Verständlichkeit solcher Sprechaktereignisse nicht auf die Intentionalität eines Sprechers allein zurückführen, sondern die Konversation wird erläutert als eine intersubjektive Kooperation: "Indeed a conversation is a dramatic work, even if a very short one, in which the participants are not only the actors, but also the joint authors, working out in agreement or disagreement the mode of their production."[7] MacIntyre stimmt mit Ricoeur überein in der Zurückweisung eines rein empiristischen Begriffes personaler Identität und in der Überzeugung, daß die Identität der Person durch narrativ strukturierte pragmatische Formen, eben Praktiken oder Lebenspläne, vermittelt sein muß. Er unterscheidet sich von Ricoeur allerdings in der Angabe der zentralen vermittelndn Instanz. Das Medium der Vermittlung ist vor der Objektivation von narrativen Strukturen die alltägliche Interaktion selbst. So hält er dem Satz von Louis Mink: "Stories are not lived but told,"[8] entgegen: "Stories are lived before they are told".[9]

Mit Blick auf MacIntyre stellt Ricoeur nun die Frage, woher die Idee einer den alltäglichen Praktiken und ihren einzelnen konstitutiven Regeln übergeordneten Einheit des personalen Lebens genommen werden soll, wenn nicht aus der komponierenden Aktivität, die mit der Produktion von Texten identisch sei. Und er beantwortet diese Frage, indem er der Struktur des Alltagslebens, der gelebten und nicht durch die auf Texte gestützte Reflexion vermittelten Praxis, wesentliche Strukturmerkmale der narrativen Form von Zeit und Identität abspricht: "Life must be gathered together if it is to be placed within the intention of genuine life. If my life cannot be grasped as a singular totality, I could never hope it to be succesful, complete. Now there is nothing in real life that serves as a narrative beginning; memory is lost in the haze of early childhood. (...) Along the known path of my life, I can trace out a number of itineraries, weave seve-

---

[6] MacIntyre, AV, S. 196.
[7] MacIntyre, AV, S. 196.
[8] Louis Mink, HFMC, S. 557f.
[9] MacIntyre, AV, S. 197.

ral plots, in short I can recount several stories, to the extent that to each there lacks that 'sense of an ending'."[10]

Ricoeur nennt die MacIntyresche Vorstellung einer narrativen Einheit des Lebens eine "unstable mixture of fabulation and actual experience", deren "elusive character of real life" uns dazu zwinge, die narrative Einheit unseres Lebens dem Vorbild der Literatur zu entnehmen, die wir zu diesem Zweck lesen müssen.[11] Hier droht Ricoeur das Potential des Begriffes eines narrativen Zeithorizontes ohne Not einzuschränken. Denn die Behauptung, daß im 'wirklichen' Leben nichts zur Verfügung stehe, aus dem sich die Idee eines narrativen Anfanges und eines narrativen Endes entwickeln lasse, schränkt den modalen Spielraum der narrativen Interpretation auf die im Text objektivierte Realität von Handlungsereignissen ein. Zum Entwurfscharakter des individuellen Selbstverständnisses gehört jedoch der Spielraum der Möglichkeiten zukünftigen Handelns und der Spielraum der Deutung der vergangenen Ereignisse. Das heißt eine Person versteht ihre gegenwärtigen Handlungen nicht erst dann, wenn eine Geschichte, zu der sie gehören, nach dem Vorbild des beendeten schriftlichen Textes abgeschlossen ist, also retrospektiv. Vielmehr versteht eine Person ihre gegenwärtigen Handlungen bereits in der Gegenwart des Handelns, sobald diese Gegenwart als ein komplexer zeitlicher Horizont verstanden wird, zu dem die entwerfende Antizipation einer Geschichte gehört, die jetzt noch nicht abgeschlossen (bzw. aufgeschrieben worden) ist. Der geschriebene Text kann also bestenfalls als Modell der individuellen Interpretation der Geschichte einer Person dienen. Und irgendeine Form der modal anspruchsvollen Konstruktion einer individuellen Geschichte, die von der Lektüre eines Textes abweicht, also eine Form sprachlicher Praxis muß identifiziert werden können.

Ricoeur traut der alltäglichen Konversation (MacIntyre) bzw. der kommunikativen Alltagspraxis (Habermas) zu wenig zu. Die Unübersichtlichkeit der

---

[10] Ricoeur, OaA, S. 160,161.

[11] Ricoeur, OaA, S. 162. Im Zusammenhang mit diesem Argument bezieht sich Ricoeur auch auf den Ausdruck des "Verstricktseins in Geschichten" von Wilhelm Schapp und erklärt den Umstand, daß in der alltäglichen Interaktion die unterschiedlichsten narrativen Fäden und Biographien bis zur Ununterscheidbarkeit miteinander verwoben sind, zu einem Argument gegen MacIntyre. Das ist jedoch überraschend, denn auch in schriftlichen Texten sind unterschiedliche biographische Fäden miteinander verwoben, schon weil Handlungen stets Interaktionen sind, d.h. Ereignisse in mehreren biographisch relevanten Geschichten zugleich sind. Dieser Einwand vermag darum nicht recht zu überzeugen.

realen Interaktion, so vermutet Ricoeur, erlaubt keinen Übergang zu der komplexen Struktur der narrativen Konfiguration einer individuellen Geschichte. Dieses Mißtrauen gegenüber der gesprochenen Sprache hat seine systematische Grundlage in Ricoeurs Analyse der Unterscheidung zwischen gesprochener und geschriebener Sprache, bei der Ricoeur genau den Fehler wiederholt, den er der Sprechakttheorie vorgeworfen hat: sich an nur einem Sprechakt als Paradigma der gesprochenen Sprache zu orientieren.

Die scheinbar einfache Alternative einer narrativen Konfiguration, die auf das Medium der literarischen oder historiographischen Textes nicht angewiesen ist, verweist zurück auf die Beziehung zwischen erzählter Zeit und Zeit der Erzählung. Warum dürfen Erzählen und Lesen/Hören nicht uno acto vollzogen werden? Ricoeurs Antwort darauf stützt sich nun auf die Analyse der Beziehung zwischen gesprochenem Wort und Intersubjektivität der Bedeutung. Ricoeurs Version der sprachtheoretischen Vertreibung der Gedanken aus dem Bewußtsein bleibt einer orthodoxen Texthermeneutik verhaftet, die zugleich dem aktuellen Sprecher zuviel zumutet.

Im zweiten Band von ZuE analysiert Ricoeur die Beziehung zwischen erzählter Zeit und Zeit der Erzählung im Zuge einer systematischen Betrachtung des Systems der Verbalzeiten. Das Beispiel des Satzes 'morgen war Weihnachten' steht für die Nichtreduzierbarkeit des Systems der Verbalzeiten in narrativen Texten. Die Analyse von ZuE hat an dieser Stelle das Ziel nachzuweisen, "(...) daß das System der Zeiten, das von einer Sprache zur anderen abweicht, sich nicht aus der phänomenologischen Zeiterfahrung und ihrer anschaulichen Unterscheidung zwischen Gegenwart, Vergangenheit und Zukunft ableiten läßt."[12] In dieser Nichtreduzierbarkeit wiederholt sich das allgemeine Motiv der Voraussetzung, die kosmische, objektive Zeit sei der rein phänomenologisch analysierten erlebten Zeit nicht zu entnehmen. Diese generelle These wird hier konkretisiert. Ricoeur beruft sich auf die Unterscheidung des Linguisten Emile Benveniste zwischen Rede und Geschichte, um eine sprachtheoretische Deutung daran anzuschließen. Konstruktionen wie der angeführte Beispielsatz sind in Texten oder Geschichten schlicht darum möglich, da die semantische Autonomie der Konfiguration (Mimesis II) die temporal auf die Gegenwart zentrier-

[12] Ricoeur, ZuE II, S. 105.

te Sprecherreferenz des Aussagesatzes aufhebt. Dagegen wäre der Beispielsatz als direkter Sprechakt eine Regelverletzung. Ricoeur setzt mit Benveniste voraus: "Die Gegenwart ist die Grundzeit der Rede, weil sie die Gleichzeitigkeit des Aussageaktes und der Redeinstanz ausdrückt."[13] Das Argument lautet also: Das Sprechen des Sprechers und das Gesprochenwerden des Sprechaktes sind in einer Weise gleichzeitig, die die Entfaltung eines in seiner Bedeutung von der Intention des Sprechers unabhängigen narrativen Zeithorizontes nicht zuläßt. Die Entfaltung dieses Horizontes erfordert darum eine Trennung von erzählter Zeit und Zeit der Erzählung, die ausschließlich durch die Produktion von Texten möglich ist, die als schriftliche Objektivationen eine Dekontextualisierung leisten.

Die dekontextualisierende Ablösung der Erzählung aus der Gegenwart des Erzählaktes (bzw. der Reihe von zusammenhängenden Erzählakten) geht einher mit der Ablösung einer "Erzählinstanz" von einem konkreten Erzähler. Die semantische Autonomie der Konfiguration ist in dem Sinne temporale Autonomie, daß die Gegenwart des Erzählers eine 'jederzeit' im Lesen erneut aktualisierbare Gegenwart, d.h. eine bestimmte Zeitlosigkeit ist. Mit Käte Hamburger spricht Ricoeur hier von der fiktionalen Position einer Redeinstanz als von einem "Ich-Origo".[14]

Die mögliche Korrektheit von Sätzen wie 'morgen war Weihnachten' setzt also eine Trennung von Erzählzeit und erzählter Zeit voraus, die es möglich macht, den Aussageakt trotz fiktionaler Gegenwart relativ zur Gegenwart des Lesens in der Vergangenheit zu lokalisieren. Scheinbar folgt hieraus, daß die Autonomie des narrativ konstituierten Zeithorizontes, wie die Autonomie der Bedeutung der Erzählung bzw. ihrer einzelnen Elemente, sich nur dort entfaltet, wo Erzählzeit, erzählte Zeit und Zeit der Rezeption auseinandergetreten sind. Die narrative Reflexion personaler Identität als einer anspruchsvollen Permanenz in der Zeit ließe dann dort keine indirekte Vermittlung zu, wo eine Person aktuell ihre eigene Geschichte erzählt. Ist dieser Schluß berechtigt? Zwei verschiedene Argumente sprechen dagegen:

---

[13] Ricoeur, ZuE II, S. 105.
[14] Ricoeur, ZuE II, S. 111.

Ist es überzeugend, daß der Satz 'morgen war Weihnachten' in direkten Sprechakten nichts anderes sein kann als eine eindeutige Regelverletzung? Vorausgesetzt der Satz wird in einem dialogischen Kontext geäußert, in dem Sätze eindeutig auf vergangene Ereignisse der zuvor identifizierten Vergangenheit Bezug nehmen: 'Gestern waren wir noch voller Vorfreude. Denn morgen war Weihnachten', hätte man hier ein Beispiel dafür, daß die höherstufige Modalisierung temporaler Horizonte bzw. der indexikalischen Bezugnahme auf Zeitpunkte nicht auf die virtuelle Zeitlosigkeit geschriebener Erzählungen beschränkt sein muß. Die Konzentration auf nur einen, aus einem sequentiellen Kontext abstrahierten Sprechakt als paradigmatisches Modell der gesprochenen Sprache überspringt die Ebene des faktischen Dialoges, der konkreten Interaktion und das in ihr vorfindliche Komplexitätsniveau, das eine höhere Komplexität zeitlicher Modalisierungen gestattet. Hier läßt sich Ricoeur nicht nur von der Linguistik E. Benvenistes, sondern von der Attraktivität phänomenologischer Fokussierung der auf die erste Person und die unmittelbare erlebte Gegenwart, die zu dem Punkt der intentionalen Aufmerksamkeit gerinnt, verführen. Er läßt sich dazu verleiten, die Differenz zwischen singulären Sprechakten und dialogischen Sequenzen zu unterschlagen.

Eine genauere Betrachtung der Beziehung zwischen einzelnen Sprechakten innerhalb eines sie verbindenden Kontextes, d.h. einer Sequenz von aufeinander bezogenen Sprechakten zeigt, daß Ricoeur nicht nur die Unterscheidung zwischen einem einzelnen Sprechakt und einer Sequenz von Sprechakten unterschlägt, sondern daß diese Unterschlagung zu einer fragwürdigen Analyse auch nur eines einzelnen Sprechaktes führt. Fragwürdig ist diese Analyse, da sie zwar zwischen der Person, deren Geschichte erzählt wird, und der Erzählinstanz unterscheidet, nicht aber zwischen dem Sprecher im Sinne einer sprechenden Person und der Redeinstanz. Ricours Einwände sind insoweit berechtigt, als das Argument gegen die Unterstellung, daß eine Person sich durch das Erzählen ihrer eigenen Geschichte individualisiert, auf die Trennung zwischen Person und Erzählinstanz hinweist. Diese beiden dürfen nicht vorschnell identifiziert werden (bzw. es ist gerade der Prozeß dieser Identifikation, auf dessen Erklärung die Rekonstruktion der Individualisierung zielen muß).

Genausowenig dürfen allerdings eine Person und die Redeinstanz voreilig identifiziert werden, denn selbst für einen einzelnen Sprechakt ist die von Ricoeur unterstellte Gleichzeitigkeit von Aussageakt und Redeinstanz eine fragliche Hypothese, die der Husserlschen Vorstellung der immanenten Reflexion von fungierender Intentionalität in Akten reflexiver Bedeutungserfassung zuviel Raum gibt. Schon bei Husserl galt ja die Beziehung zwischen dem erlebten Akt und der identifizierenden Reflexion seiner Bedeutung (bzw. der Geltung von Urteilsakten) als eine zeitlich ausgedehnte Relation. Die Reflexion kommt stets einen Moment zu spät, so daß von einer unmittelbaren Simultanität von intentionalem Akt und reflexiver Erfassung seines Inhaltes nicht einmal unter der Prämisse subjektiver Selbsttransparenz gesprochen werden könnte. Ricoeurs Beharren auf der Intransparenz des Subjektes führte ihn zur Suche nach Medien vermittelnder Intersubjektivität, die die Immanenz des Bewußtseins aufsprengten. Warum soll diese Unhintergehbarkeit der intersubjektiv gestützten Vermittlungsmedien nicht für das gesprochene Wort gelten? Es kommt darauf an, das vielleicht in seiner, verglichen mit der Schrift von Texten, unauffälligen Materialität leicht übersehbare Medium zu finden, das jene Funktion in gesprochener Rede erfüllt. Die Behauptung, daß sich auch die Person im Sinne des Sprechers und die Redeinstanz im Sinne der Instanz, der eine abgeschlossene Sprachhandlung zugerechnet werden kann, unterscheiden lassen, muß sich auf die Rekonstruktion dieses Mediums stützen können.

Gegen Ricoeurs Unterstellung der Gleichzeitigkit von Intention des Sprechers und Bedeutung des Aussageaktes sprechen folgende Überlegungen:

a) Die indirekte, d.h. intersubjektiv vermittelte und nicht intentional reduzierbare, Reflexion der eigenen Intention ist schon dadurch gewährleistet, daß ein Sprecher das Vermögen, eine Sprache zu sprechen, erworben haben muß. Bezogen auf die Fähigkeit, eine Erzählung zu produzieren bzw. sie zu verstehen, erschien dieser Hinweis bereits in der Beschreibung des Vorverständnisses, der Mimesis I. Das explizite, artikulierende Entwerfen der 'eigenen' Geschichte greift zurück auf bereits intersubjektiv intelligible und andernfalls gar nicht verständliche Paradigmen der Konfiguration. Das personal zurechenbare Vermögen, eine solche Artikulation vorzunehmen, setzt damit voraus: Die Person muß, da eine transzendentale Vorkonstitution durch bedeutungstheoretische

Argumente ausscheidet, einen innerweltlichen Lernprozess des Erwerbs dieses Vermögens durchlaufen haben. Die Fähigkeiten zur Interpretation, für die die Begriffe Mimesis I und Mimesis II stehen, setzen damit eine bereits komplexe "kommunikative Alltagspraxis"[15] voraus.

b) Ist nicht der Akt des Erzählens, die Rede selbst als Sprechakt ein Handlungsereignis? Auch für die Möglichkeit der Beschreibung der Rede muß also mindestens für die kommunikative Alltagspraxis vorausgesetzt werden, daß die Analyse der Bedeutung eines Redeereignisses der gleichen Strategie folgen muß wie die Analyse der Bedeutung eines narrativ synthetisierten Ereignisses.[16] Die Rede als ein besonderer Fall einer Handlung[17] wird nur verständlich unter Bezugnahme auf einen zeitlichen Horizont der Verknüpfung von mehreren Handlungen, mit denen sie einen Kontext bildet. Wenn diese Verknüpfung selbst eine narrative Struktur hat, dann heißt einen Sprechakt zu verstehen, so wie es für Handlungsereignisse im allgemeinen gilt, zu verstehen, was der Sprechakt gewesen sein wird, bzw. was er werden sollte. Darin liegt, daß anschließende (und in gewissem Grade vorausgehende) Sprechakte festlegen, was der Sprechakt, an den sie anschließen (und der an ihnen anschließt), bedeutet. Der Ausdruck 'was ein Sprechakt bedeutet' läßt sich dabei durch eine Erinnerung an die Unterscheidung von propositionalem Gehalt und illokutionärem Modus präzisieren. An dieser Stelle muß noch einmal betont werden, daß hier die Restriktion der 'Bedeutung' eines Sprechaktes auf seine wahrheitsfähigen Gehalte, die bei Austin und Searle zu finden ist, nicht vorausgesetzt wird. Der Einschluß der narrativen Synthesis in die Analyse der Identifizierung von Sprechakten bedeutet vielmehr, den Bezug zwischen Äußerungen und konven-

---

[15] Ich verwende diesen Ausdruck im Sinne von Jürgen Habermas, TkH, d.h. dieser Ausdruck bestimmt sich durch seine Abgrenzung von institutionalisierten Formen der sprachlichen Verständigung, in denen die Zugehörigkeit von Sprechakten zu Dimensionen von Geltung und entsprechenden Argumentationsspielen scharf umrissen sind.

[16] Hiermit schlage ich eine Strategie vor, die dem Projekt von Kurt Röttgers genau entgegengesetzt ist: Röttgers macht den Vorschlag, die schriftliche Erzählung als einen "kommunikativen Text" zu interpretieren, also als einen Kontext, dessen Verständlichkeit (nicht unähnlich dem Ricoeurschen Modell des mimetischen Zirkels) nur durch seine Einbettung in das Rezeptionsgeschehen plausibel wird. Vgl. Kurt Röttgers, KTZG. Demgegenüber möchte ich hier einen anderen Weg einschlagen. Der Vorschlag lautet, die Struktur der kommunikativen Interaktion selbst mit den Begriffen der Narrativitätstheorie zu betrachten.

[17] Eine Sprachhandlung darf nicht verwechselt werden mit einer sprachlich vermittelten Interaktion; siehe Habermas, TkH I, S. 396/7.

tionellen Regeln als eine Bedeutungsdimension zu beschreiben. Dieser erweiterte Gebrauch des Ausdruckes 'Bedeutung' nimmt zum einen den Vorschlag von Habermas auf, den Zusammenhang von Bedeutung und Geltung mit Blick auf einen triadischen Geltungsbegriff zu erweitern; zum anderen reflektiert er die alltagssprachliche Selbstverständlichkeit (auf die auch Austin aufmerksam gemacht hat), daß wir sowohl fragen können, was 'diese Äußerung' bedeutet, als auch, was es bedeutet, 'daß diese Äußerung' gefallen ist. Schließlich ist diese Verwendung des Bedeutungsbegriffes bereits vorbereitet worden im Kapitel 3.2., wo zwischen 'vertikaler' (referentieller) und 'horizontaler' (holistischer) Bedeutungsdimension unterschieden wurde. Die vertikale Bedeutung ist demnach verwandt (nicht identisch) mit der Bedeutung des propositionalen Gehaltes, wohingegen die horizontale Bedeutung als Resultat der sequenziellen Synthese in der Bestimmung eines bestimmten illokutionären Modus erscheint.

Während der propositionale Gehalt, d.h. entweder die explizite Aussage, die in einer Behauptung getroffen wird, oder die implizit unterstellten Tatsachen, deren Zutreffen mit der Äußerung eines Satzes vorausgesetzt werden, durch anschließende Stellungnahmen problematisiert werden können, wird der illokutionäre Modus, den man dem entsprechenden Sprechakt mit guten Gründen zuschreiben kann, durch anschließende Sprechakte überhaupt erst definitiv festgelegt.[18] Die sequenzielle Festlegung der Bedeutung des Sprechaktes betrifft also vor allem den illokutionären Gehalt (der propositionale Gehalt wird eher im Sinne des Ausräumens von Mißverständnissen korrigiert oder durch Argumente auf den Wahrheitsgehalt hin überprüft). Mit anderen Worten, erst die auf einen Sprechakt folgende Sequenz von Sprechakten bestimmt, welche Art von Handlung dieser Sprechakt gewesen sein wird (so wie der Vorlauf von Sprechakten die Bestimmung des illokutionären Modus durch die Festlegung von Wahrscheinlichkeiten - auf eine Frage wird zumeist eine Antwort folgen - vorstrukturiert).[19]

[18] In seinem Kommentar zu Austin führt Eike von Savingny Beispiele für solche nachträglichen Festlegungen der 'force' an; Savigny, PnS, S. 140. Hier soll darüberhinaus der Vorschlag gemacht werden, unter Rückgriff auf die narrative Festlegung von Handlungsereignissen sämtliche Sprechakte in ihrer Abhängigkeit von einem ausgreifenden zeitlichen Horizont zu betrachten.

[19] Diese retrospektive Festlegung des illokutionären Modus ist bereis von Austin zu einer prinzipiellen Bedingung der Geltung und der Bedeutung eines Sprechaktes als Akt gemacht

Die Bedeutung der Rede ist demzufolge nicht durch die Intention des Redenden schon festgelegt, geschweige denn mit ihr identisch. Schon Austin gab ein Beispiel für den Fall einer Äußerung, deren illokutionäre Rolle als diese bestimmte Rolle von dem Sprecher nicht intendiert war. Ich kann, so Austin, einen Befehl geben, ohne daß ich befehlen wollte bzw. zu befehlen glaube.[20] Und dies ist ein Fall, der sich von dem Beispiel des Versprechens, das der Sprecher nicht halten will, unterscheidet, denn das unaufrichtige Versprechen wird zumeist gedeutet als die Gleichzeitigkeit von öffentlicher Übernahme einer Verpflichtung und stillscheigender Absicht, der Verpflichtung nicht nachzukommen. Der Sprecher weiß also, was andere für seine Intention halten, und mag genau diese nur ihm ersichtliche Abweichung 'strategisch' (Habermas) nutzen.

Eine Pointe des Vorschlages, die Festlegung illokutionärer Modi an den zeitlichen Horizont von Sprechaktsequenzen zu binden, liegt darin, das Ver-

---

worden: "It may, however, be uncertain in fact, and, so far as the mere utterance is concerned, is always left uncertain when we use so inexplicit a formula as the mere imperative 'go' whether the utterer is ordering (or is purporting to order) me to go or merely advising, entreating, or what not me to go. Similarily 'There is a bull in the field' may or may not be a warning, for I *might* just be describing the scenery and 'I shall be there' may or may not be a promise. Here we have primitive as distinct from explicit performatives; and there may be nothing in the circumstances by which we can decide whether or not the utterance is performative at all. Anyway, in a given situation it can be open to me to take it as either one or the other. It was a performative formula-perhaps-but the procedure in question was not sufficiently explicitly invoked. Perhaps I did not take it as an order or was not anyway bound to take it as an order. The person did not take it as a promise: i.e. in the particular circumstances he did not accept the procedure, on the ground that the ritual was incompletely carried out by the original speaker.
We could assimilate this to a faulty or incomplete performance (...); but in ordinary life there is no such rigidity." Austin, HDW, S. 32f. Bei Habermas wird diese Annahme einer prinzipiellen Offenheit der Bestimmung des illokutionären Modus, der einer Sprachhandlung berechtigterweise zugeschrieben werden kann, entschärft zu dem Prinzip, daß jeder Sprechakt hinsichtlich jeder Geltungsdimension problematisierbar ist, das Prinzip der Selbtidentifikation von Sprechakten soll allerdings gewährleisten, daß der illokutionäre Modus bereits festgelegt ist. Habermas, TkH, und ders., ZKB. Wenn es aber nicht die Intention des Sprechers ist, die den illokutionären Modus festlegt, und wenn zudem das Einverständis darüber, als welche Handlung ein Sprechakt von den Beteiligten verstanden werden soll, zu der im kommunikativen Handeln vereinbarungsfähigen Materie zählen soll (was der Fall sein muß, wenn man die offensichtlichen Phänomene einer solchen Verständigungsprozedur nicht unterdrücken will), dann bleibt für die Begründung eines starken Begriffs der Selbstidentifikation von Sprechakten (selbst bei expliziten Performativa) nur eine substantialistische Prämisse objektiver Sprechaktbedeutung übrig, die zu den nachmetaphysischen Argumenten der Theorie des kommunikativen Handelns nicht recht passen will.
[20] Austin, HDW, S. 106, Fußnote.

ständnis der Zugehörigkeit eines Äußerungstokens zu einem Sprechakttyp nicht zu den 'illokutionären' Effekten zu zählen, die laut Austin, Searle und Habermas durch die Konvention des Sprechakttypes für jede isolierte Äußerung festgelegt ist. Das adäquate bzw. durch Einverständnis abgesicherte Verständnis eines Sprechaktes als 'ein solcher' Sprechakt gehört eher zu den 'perlokutionären' Effekten, da es in dem Sinne nicht qua Konvention gesichert ist, daß dieses Verständnis im kommunikativen Geschehen unsicher ist, bzw. erst befestigt werden muß.

Man kann nun die Ergebnisse der narrativitätstheoretischen Analyse der Identifikation von Handlungsereignissen aufgreifen und wie folgt formulieren: Der Fall, bei dem ein Sprecher wirklich weiß, was er sagt, und was er tut, indem er es sagt, ist stets ein Fall, bei dem dieses Wissen getragen ist durch eine implizite narrative Synthese aus der Rekonstruktion der Vergangenheit des Sprechaktes und der Antizipation folgender Sprechakte, also seiner Zukunft (wobei Vergangenheit und Zukunft des Sprechaktes sich auf den Kontext beziehen, d.h. auf die Sequenz von Sprechakten, die sich entweder aufeinander beziehen, oder auf das Gleiche Bezug nehmen, also zu ein und demselben Thema beitragen). Und dieser Fall erlaubt prinzipiell die Möglichkeit der Korrektur, da sowohl die Rekonstruktion der Sprechaktvergangenheit als auch die Antizipation der Sprechaktzukunft korrigierbar bleiben.

Die Bedeutung der Rede ist also nicht durch die Intention festgelegt, sondern bestenfalls vorentworfen durch die zunächst implizite Interpretation der Geschichte, zu der der Sprechakt als Handlungsereignis gehört, wobei diese Interpretation durch den faktischen Verlauf der Geschichte der Sprechaktsequenz (im Sinne der kommunikativen Alltagspraxis) jederzeit korrigiert werden kann. Dieser Verlauf kann und muß im Modus der Möglichkeit vorentworfen werden. Und er kann und muß im Falle der personalen Selbstbestimmung im Modus der Selbstverpflichtung zu zukünftigem Handeln (d.h. zukünftiger Vergangenheit des gegenwärtigen Sprachhandelns) mit einer vergrößerten Wahrscheinlichkeit ausgestattet werden. Niemals läßt sich aber die Möglichkeit ausschließen, daß 'es anders kommt, als man denkt', und damit, daß es anders gewesen sein wird, als man glaubt, daß es sei. Denn der Fall, daß ein intentionaler Entwurf der 'Geschichte des Sprechaktes' durch den tatsächlichen Verlauf von Sequenzen korrigiert wird, muß nicht nur bedeuten, daß eine Absicht gescheitert ist. Es ist zugleich der Fall denkbar, daß die Korrektur sich retrospektiv auf die Bestimmung der Absicht selbst bezieht, d.h. es wird nachträglich verständlich, worin die Absicht 'eigentlich' bestand. Und genau dieser Fall ist für die pragmatische narrative Individualisierung, also die erschließende Interpretation personal zurechenbarer Handlungsabsichten, von hervorragender Bedeutung.

Darum kann man mit guten Gründen sagen: Nicht nur wird die Bedeutung eines Sprechaktes nicht (vollständig) durch die Intention eines Sprechers festgelegt, sondern darüber hinaus muß unterstellt werden, daß die prinzipielle Korrigierbarkeit der Sprechaktbedeutung im Verlauf der Anschlußkommunikation ihrerseits Rückwirkungen auf die Bestimmung der Intention hat. Ricoeur hatte am Beispiel des Versprechens dargelegt, daß die mit einem Sprechakt verbundene Intention der 'Doppelgänger' der Bedeutung des Sprechaktes sei. Diese Bemerkung wurde so interpretiert, daß die Bestimmung der Bedeutung eines Sprechaktes zugleich die Bestimmung der mit ihm verbundenen Intention sein kann. Gleichzeitig bestimmt die Handlungsnorm, die die Geltung eines Versprechens und damit die Bedeutung eines Aktes des Versprechens festlegt, was der Sprecher meinte, als er ein Versprechen zu geben beabsichtigte. Sobald also im Verlauf einer Sprechaktsequenz der illokutionäre Modus eines Sprechaktes festgelegt wird, wird nicht nur darüber befunden, welcher illokutionäre Modus in diesem Falle der relevante war; sondern, soweit der daraufhin befragte Sprecher zu einer Korrektur und zu einer korrigierenden Einsicht bereit ist, zugleich darüber, welche Absicht der Sprecher 'wirklich' (und womöglich entgegen seiner ersten Überzeugung) hatte.

Mit der Entscheidung darüber, welcher illokutionäre Modus für das weitere der Kommunikation als verbindlich oder zutreffend erachtet werden soll, geht die Entscheidung darüber einher, in welcher Dimension der Geltung von Sprechakten der relevante Akt problematisierbar ist. Mit Austin könnte man sagen, es wird diejenige Handlungsnorm ausgewählt, gemessen an der der Sprechakt gültig oder ungültig sein kann. Man weiß, was der Sprechakt bedeutet, wenn man weiß, mit welcher Art von Argumenten sich die Geltung des Aktes verteidigen ließe. Dieses Wissen über die relevante Art von Argumenten kann man nun mit Jürgen Habermas das Wissen darüber nennen, auf welchen "Weltausschnitt" sich ein Sprechakt bezieht. Unterscheidet man wie die TKH zwischen objektiver, sozialer und subjektiver Welt[21], so läßt sich der Fall der personalen Individualisierung präziser bestimmen. Wenn nämlich die Bedeutung eines Sprechaktes sinnvollerweise verschiedenen Geltungsdimensionen zuzuordnen ist, und wenn die kommunikative Korrektur der antizipierten Bedeutungsbestimmung sich auf jede dieser Dimensionen beziehen kann, dann läßt sich der Fall der Individualisierung einer Person genau bestimmen als der Fall, in dem nicht nur irgendeine Korrektur der intendierten Bedeutung stattfindet, sondern eine Reinterpretation des expressiven Gehaltes eines Sprechaktes. Die Korrektur bezieht sich dann erstens darauf, daß ein Sprechakt der expressiven Dimension überhaupt angehört, d.h. auf die 'subjektive' Welt des personalen Individuums, und zweitens auf bestimmte individuelle Inhalte, etwa bestimmte Absichten.[22]

Genau dieser Fall ist für die Individualisierung einer Person interessant. Denn es sind die Momente einer kommunikativen Korrektur des Ausdrucksgehaltes eines Sprechaktes, in denen die subjektive Welt eines Sprechers, d.h. die Region dessen, was er glaubt zu empfinden und zu wollen, erschlossen wird. Hierbei muß man unterscheiden zwischen a) der Erschließung der gesamten Region und b) der Erschließung von einzelnen Elementen innerhalb der bereits erschlossenen Region der subjektiven Welt. Die Individualisierung im starken Sinne des Ausdruckes, d.h. die Ausbildung eines Selbstverhältnisses überhaupt wäre der Fall 'a', während der Fall 'b' darauf verweist, daß die Individualisierung ein unabschließbares Projekt ist. Die damit implizierte Behauptung eines dynamischen Charakters der personalen Identität bleibt hier der Annahme treu, daß die Individualisierung als, mit Heideggers Worten, ständiges 'Zu-sein' niemals so abgeschlossen sein kann, daß keine Zukunft im Modus der Möglichkeit mehr übrig bliebe.

Ein Fall der Erschließung der Region der 'subjektiven Welt' überhaupt ('a') liegt vor, wenn erst die dialogische Korrektur einer Äußerung und nicht schon die Intention des Sprechers den illokutionären Modus dieser Äußerung in die

---

[21] Habermas, TkH, II, S. 183ff, und ders. ZKB, S. 105-136.
[22] Vgl dazu Joachim Renn, KEsW, S. 93-99.

Dimension des expressiven Spachhandelns legt. Erst die Reaktion der anderen macht dabei dem Sprecher deutlich, daß er 'in Wahrheit' nicht eine objektive Behauptung aufgestellt hat, sondern etwas über sich selbst zum Ausdruck gebracht hat. Ein Adressat der Äußerung: 'Ich werde morgen kommen' kann mit einer Problematisierung des für ihn relevanten Geltungsanspruches dieser Äußerung zu erkennen geben, daß er sie als ein Versprechen auffaßt (wenn er z.B. verstimmt anmerkt, daß der Sprecher dies schon etliche Male angekündigt, aber nie getan habe). Das kann dazu führen, daß der Sprecher zu der Einsicht gelangt, nicht eine in ihrem Wahrheitsgehalt problematische Vorhersage getroffen, sondern ein Versprechen gegeben zu haben. Erst jetzt bemerkt der Sprecher, daß er schon vorher implizit eine bestimmte Einstellung gegenüber der im illokutionären Modus eines Versprechens hinterlegten Handlungsnorm eingenommen hat. Und nun kann er sich reflexiv zu dieser Einstellung verhalten, d.h. sein aktuelles Sprachhandeln danach ausrichten, auf welchen Horizont zukünftiger Handlungsverpflichtungen er sich als Person, die sich diese Verpflichtung auferlegt, festlegen will.

Insofern der Dialog daraufhin um die Frage kreist, welcher konkrete Zeithorizont, d.h. welche konkrete Interpretation der bisher und zukünftig gültigen Maximen, der die Person als Person folgen will, hier inkraft gesetzt werden soll, handelt es sich um den Fall der Reflexion einer bestimmten Intention (Fall 'b').

Mit anderen Worten: selbst die für die Genese einer personalen Individualität entscheidende Ausbildung einer Handlungsabsicht ist, da der expressive Bedeutungsgehalt eines Sprechaktes der kommunikativen Korrektur unterzogen werden können muß, keine 'private' Konstitution einer klaren Intention, sondern stets nur die Antizipation einer möglichen zukünftigen Vergangenheit einer Absichtsbildung. Der pragmatische Übergang von der Gegenwart einer Absichtsbildung zu ihrer realisierten Zukunft, in der die dann vergangene Absichtsbildung Wirkungen zeigt oder nicht, in der sie reinterpretiert werden muß oder nicht, ist der Übergang von einer möglichen Intention zu einer wirklichen, anders gesagt, von der vermeinten Gewißheit, dieses zu wollen oder zu empfinden, zu dem intersubjektiv kritisierten oder stabilisierten Wissen, genau dieses gewollt oder empfunden zu haben. Wir wissen erst, was wir wollen, wenn wir sehen, was wir gewollt haben; auch wenn wir schon dann wissen, was wir zu wollen meinen, wenn wir entwerfen, was wir gewollt haben werden.

In dieser Einsicht liegt letztendlich die Pointe der sprach- und bedeutungstheoretisch aufgeklärten Transformation des phänomenologisch-hermeneutischen Einspruches gegen das Dogma einer unmittelbaren Gegenwart, in der ein Subjekt, sei es das transzendentale, oder eine empirische, individuelle Person, sich selbst transparent ist.

Die Individualisierung einer Person hängt somit in zweifacher Weise von der narrativen Struktur der Verknüpfung von Handlungsereignissen ab. Das Verständnis einer personal zurechenbaren Handlungsabsicht (und höherstufig: das Verständnis der Identität einer Person als das in der Zeit kontinuierliche Zentrum der Handlungsabsichten dieser Person) im Sinne der reflektierten personalen Intention setzt erstens narrative Strukturen als Ressource der zeithorizontalen Einordnung und Bestimmung dieser Handlungsabsichten voraus, während zweitens die rationale Verständigung, wie die rationale Selbst-Verständigung (im Sinne der reflexiven Praxis) eine faktisch vollzogene Interaktion voraussetzt, die ihrerseits narrativ beschrieben werden können muß. Individualität als die Identität einer Person im Sinne der Selbstheit ist ebenso narrativ strukturiert wie der Prozeß der Individualisierung im Sinne einer nicht verdinglichenden, nicht rein deskriptiven Identifizierung.

Die Faktizität der gesprochenen Sprache, d.h. die kommunikative Alltagspraxis, tritt damit nicht als eine zusätzliche Bedingung der Möglichkeit der indirekten Reflexion personaler Identität bloß neben das schriftliche Medium der konfigurierten Erzählung, sondern sie erscheint geradezu als fundamentale Bedingung der Möglichkeit der Produktion und der Rezeption von schriftlichen Erzählungen. Denn die Mimesis I, die Vorstruktur des Interpretationsvermögens, hat dann, wenn die sprachliche Kompetenz eines Sprechers nicht die transzendentale Mitgift eines inkorporierten Bewußtseins, sondern das Resultat innerweltlicher Lernprozesse ist, den faktischen Erwerb der Sprache zur Voraussetzung. Und das Erlernen einer Sprache geht dem Erlernen des Lesens und des Schreibens notwendig voraus. Vor der Produktion und der Rezeption ausgefeilter, schriftlicher Erzählungen muß eine Person mithin zunächst über das Vermögen verfügen, die sequentielle Verknüpfung von Handlungen zu verstehen, und sie muß dann die Formen sprachlicher Vermittlung von Interaktionen verstehen können. Für die kommunikative Alltagspraxis bedeutet das, die Fähigkeit erworben zu haben, an Dialogen teilzunehmen, d.h. die pragmatische Struktur der Verwobenheit von aufeinander bezogenen Sprechakten zu verstehen. Mag dieses Verständnis zunächst in dem Sinne rein pragmatisch erscheinen, daß man nur von einer 'intuitiven' Beherrschung z.B. des 'turn taking'[23] sprechen könnte, so stellt der Übergang zu der Fähigkeit, sich explizit auf die Formen der Verknüpfung von Sprechakten zu beziehen, den Übergang zu einer expliziten Vertrautheit mit einem fundamentalen Prototyp aller narrativen Strukturen dar: der Struktur von Dialogen.

Während also für die intuitive Beherrschung der dialogischen Verknüpfung von Sprechakten gilt, daß einer Person zumindest aus der Beobachterperspektive das Verständnis narrativer Strukuren zugeschrieben werden kann, stellt der Fall der Individualisierung den Fall des Überganges zur expliziten Beherrschung auch aus der Teilnehmerperspektive dar. Denn in diesem letzten Fall bildet die an der kommunikativen Alltagspraxis beteiligte Person ein explizites Verständnis der Geschichte aus, in der sie selbst als Teilnehmer zum Personal gehört.

Die zeitliche Verschiebung[24] zwischen einer Intention und ihrer bedeutungsbezogenen Reflexion ist als ein Motiv dafür, die temporale Dimension überhaupt zur Analyse des Verhältisses von Intention und Bedeutung heranzuziehen, zuerst in der vorstehenden Analyse der Husserlschen Zeittheorie in Erscheinung getreten. Es ist nun daran zu erinnern, daß bereits bei dieser Untersuchung das Kriterium, gemessen an dem die Voraussetzung der simultanen Transparenz des Subjektes nicht aufrechterhalten werden konnte, die Geltung eines identifizierenden Urteilsaktes war. Auch das Argument gegen die Simultanität von Sprecherintention und Äußerungsakt bzw. von Redeinstanz und

---

[23] Vgl. hier die Konsequenz, die Erving Goffman aus den Analysen von Sprechsequenzen gezogen hat: nämlich daß unter Berücksichtigung der komplexen Struktur von Sprechaktsequenzen, für die in der Sequenzanalyse das Prinzip des 'turn taking', d.h. die Regeln der Verteilung von Sprecherbeiträgen, das signifikanteste Beispiel darstellen, ein einzelner und isoliert betrachteter Sprechakt für die Analyse von Interaktionen 'analytisch irrelevant' ist: Goffman, FT, S. 23.

[24] Und damit ist nicht Derridas Prinzip der Differance gemeint (siehe weiter unten Kap. 1), denn die Verschiebung, um die es hier geht, betrifft den Übergang zu einer gültigen, d.h. rational akzeptierbaren (pragmatisch hinreichenden) Bedeutungsidentität.

Sprecherintention, ist nur begründet, sofern dieses Kriterium, also der Maßstab der rationalen Akzeptierbarkeit (siehe 3.2.), herangezogen wird. Andernfalls würde es kaum einleuchten, daß das Verständnis einer Intention, die mit einem Sprechakt verbunden war, immer erst nachträglich bestehen soll. Das Verständnis, das erst nachgetragen wird durch die faktische Anschlußsequenz, unterscheidet sich allerdings von dem Verständnis, das einen Sprechakt aus der Sprecherperspektive immer schon, d.h. eben auch simultan begleiten muß, damit ein Sprechakt in Gang gesetzt werden kann, durch den Grad an rationaler Akzeptierbarkeit. Mit anderen Worten: Zweifellos hat ein Sprecher bei der Äußerung eines Satzes etwas im Sinn, was dieser Satz bedeuten soll. Dieser intentionale Gehalt unterscheidet sich jedoch von einer dialogisch reflektierten Intention so wie sich in Wittgensteins Worten die trügerische Gewißheit von einem (immer noch falliblen) Wissen unterscheidet. Vor der kommunikativen Einlösung des Entwurfes, der die Äußerung trägt, kann ein Sprecher nicht unterscheiden, ob er weiß, was er sagt, oder ob er nur zu wissen glaubt, was er sagt.

Wenn man diese Unterscheidung zwischen Gewißheit und Wissen, bezogen auf die einer Person eigenen Intentionen, an das Kriterium der faktischen dialogischen Einlösung eines intentionalen Entwurfes bindet, tritt neben die Intersubjektivität der narrativen Intelligibilität das in konkreten Kontexten realisierte Moment der Anerkennung.[25] Ein Sprecher kann sich auf eine rational zu rechtfertigende Weise darauf verlassen zu wissen, was seine Intention ist bzw. soeben war, sobald seine Dialogpartner die in der Gegenwart des Äußerungsaktes narrativ vorentworfene Intention anerkennen. Das kann explizit, d.h. infolge einer entsprechenden Problematisierung, geschehen, oder aber implizit, indem sich im Fortgang des Dialoges, der sich im weiteren Verlauf auf die 'Sache' konzentrieren mag, die Selbst- und Fremdzuschreibungen von zu-

[25] Diese Anerkennung eines einzelnen intentionalen Entwurfes läßt sich verstehen als unterste Stufe einer Hierarchie von Anerkennungsdimensionen, bei der auf die Anerkennung der Interpretation einer Absicht die Anerkennung ihrer normativen Gültigkeit und schließlich die Anerkennung eines biographischen Entwurfes in seiner Gesamtheit folgen kann. Zu diesem erweiterten Sinn der Anerkennung vgl: Axel Honneth, KuA, und die weiter unten folgende Untersuchung.

grundeliegenden Intentionen nicht manifest widersprechen[26]. Auf diese Weise wird die prinzipielle Intersubjektivität der Sprache, die eine Person für jede Form des Verstehens beherrschen muß, ergänzt durch die faktische Intersubjektivität der Prozedur einer dialogisch realisierten Reflexion. Diese Ergänzung ist in der Regel für die kommunikative Alltagspraxis kaum notwendig, denn zumeist wissen die Sprecher, was sie sagen, und die meisten Korrekturen eines Entwurfes dessen, welche Handlung ein Sprechakt sein soll, betreffen nicht die zugrundegelegte Intention.[27] Der Fall, bei dem einem Sprecher erfolgreich unterstellt wird, daß er in Wahrheit etwas anderes beabsichtigte als er glaubte, bleibt ein Sonderfall, dessen Generalisierung seine Grenzen schon in der Dysfunktionalität einer andauernden Reflexion über wahre Absichten findet. Die Koordination von Handlungen in der kommunikativen Alltagspraxis würde zusammenbrechen, wenn die dialogischen Sequenzen ständig in eine Problematisierung der personal zurechenbaren Intentionen ausbräche.

Allerdings ist dieser Sonderfall eben der Fall, der untersucht werden muß, wenn die Frage nach der Individualisierung von Personen gestellt wird. Denn die Bekanntschaft mit sich selbst, die die Voraussetzung dafür ist, recht genau voraussehen zu können, was meine Absichten gewesen sein werden, wird erst erworben im Durchgang durch eine Vielzahl solcher Sonderfälle.

Das Kriterium der dialogischen Anerkennung bzw. Anerkennbarkeit von Intentions-'entwürfen' betrifft nicht nur die konkrete Identifikation, sondern auch die normative Bewertung einer Intention. Der Entwurf zukünftigen Handelns wird, anders gesagt, nicht nur mit Bezug auf die Authentizität eines expressiven Gehaltes befragt, sondern auch auf die normative Geltung der durch den illokutionären Modus des Sprechaktes ins Spiel gebrachten Handlungsnorm. Die in einer dialogischen Sequenz entfalteten Bedingungen der intersub-

---

[26] Das heißt: Die Anerkennung und damit die rationale Rechtfertigbarkeit der für zutreffend erachteten Zuschreibung einer Intention bleibt eine möglicherweise kontrafaktische Unterstellung aus den verschiedenen Teilnehmerperspektiven, die prinzipiell erfolgreich korrigiert werden könnte. Der kontrafaktische Status dieser Zuschreibung bleibt jedoch unauffällig und wird nicht handlungsrelevant, der Fortgang des Dialoges schafft auf diese Weise eine Tatsache.

[27] So bemißt sich der perlokutionäre Erfolg oder Mißerfolg eines Sprechaktes gerade an der mit der Sprechhandlung verfolgten Intention des Sprechers. Also muß hier eine (situations-) relative Zuverlässigkeit, daß der Sprecher wußte, was er mit seiner Sprechhandlung beabsichtigte, vorausgesetzt werden.

jektiven Verständlichkeit und Akzeptierbarkeit einer sprachlichen Handlungen betreffen also zugleich die Frage, was eine Person wirklich beabsichtigt bzw. inwieweit ihre Handlungen mit ihren Absichten übereinstimmen, und die Frage, ob diese Handlungsabsichten als legitim erachtet werden dürfen.

Wie sehr diese beiden Fragen miteinander verschränkt sind, wird deutlich, sobald man das Modell einer dialogischen Reflexion personal zurechenbarer Handlungsabsichten auf Vorschläge bezieht, die die Identität von Personen mit ihren normativen Orientierungen in einen Zusammenhang bringen. Dabei ist zu denken an die Debatte um die Möglichkeit der Rechtfertigung von "starken Wertungen" und von "Wünschen zweiter Ordnung". Damit wird auf zwei unterschiedliche, jedoch verwandte Versuche angespielt, die Identität einer Person durch 'wahrhafte' Intentionen zu erklären. Harry Frankfurt z.B. erläutert den Status einer Person dadurch, daß eine Person in der Lage sein muß, ihre eigenen Wünsche durch Wünsche zweiter Ordnung, d.h. durch Wünsche, die sich auf Wünsche beziehen, zu bewerten.[28] Die Diskussion dieses Vorschlages hat ergeben, daß hierbei das Problem eines infiniten Regresses entsteht. Denn die Rechtfertigung von Intentionen, wird intrapsychisch erklärt durch den Rückgriff auf eine weitere Intention, wobei für die Iteration eines solchen Rückgriffes kein notwendiges Ende angegeben werden kann.[29] Es ist zu bedenken, daß 'Rechtfertigung' hier zunächst einen vor allem normativen Sinn hat. Es geht also um die Frage, wodurch eine Person ihre Wünsche als normativ gerechtfertigt begründet. Allerdings ist diese Frage mit dem Problem der akzeptierbaren Identifikation von Intentionen verwoben: Denn in Frankfurts Argumentation stellt die Rekonstruktion der Entdeckung eines Wunsches als des Wunsches, den die Person 'wirklich' hat, den Schlüssel zur normativen Rechtfertigung dar. Desgleichen ist die dialogische Anerkennung mit der normativen Frage verwoben, denn neben die Anerkennung der Zuschreibung des Bestehens einer Intention tritt hier die Anerkennung der normativen Berechtigung dieser Intention. Das erklärt sich allein schon daraus, daß das Hegen einer Absicht dann, wenn der intentionale Entwurf dem Entwurf zukünftigen Handelns gleichkommt, der Auswahl aus dem Horizont von für die Situation relevanten Handlungsnormen

---

[28] Harry Frankfurt, FoW, S. 11-25.
[29] Dazu: Joel Anderson, ZBA, S. 98ff.

entpricht. Dialogische Anerkennung beinhaltet darum zweierlei: die Anerkennung, daß es genau diese Intention war, und die Anerkennung das diese Intention hier und jetzt normativ berechtigt ist. Das Problem in Frankfurts Vorschlag, in dem die Identifikation einer 'wirklichen' Intention sowohl intrapsychisch möglich als auch mit einer normativen Rechtfertigung schon identisch sein soll, ist also, daß für die Bewertung einer Intention als einer Intention, die die Person 'wirklich' hat, ein Kriterium angegeben werden müßte, für das nicht eine weitere Intention der Person herangezogen werden muß. Die dialogische Anerkennung eines Intentions-'entwurfes' stellt ein solches Kriterium dar.

Charles Taylor bezieht die personale Identität indessen auf die "starken Wertungen", die eine Person für sich selbst als verbindlich erachtet.[30] Starke Wertungen unterscheiden sich von "schwachen", wie Wünsche zweiter Ordnung von solchen erster Ordnung, d.h. 'schwache' Wertungen werden im Lichte 'starker' Wertungen bewertet. Mit anderen Worten, das Kriterium der zunächt normativen Anerkennung einfacher Intentionen ist ihr Bestehen vor der Instanz übergeordneter Intentionen. Auch hier geht es entgegen dem Anschein, daß eine bereits unproblematisch zuschreibbare Intention nachträglich normativ bewertet werden soll, darum, die Intention als 'wirklich' bestehende Intention zu identifizieren. Denn eine flüchtige Wertung mit Bezug auf eine starke Wertung zu korrigieren, bedeutet die Unterstellung, daß diese flüchtige Intention nicht 'wirklich' eine Intention dieser Person ist. Authentizität und normative Geltung sind also auch hier miteinander verknüpft, denn eine schwache Wertung hat normativ Bestand, sobald sie im Lichte starker Wertungen der entsprechenden Person als 'authentische' Wertungen gelten darf.[31] Taylors Strategie der Verknüpfung von einfachen Intentionen mit ihrer Reflexion durch den Bezug auf starke Wertungen wäre ebenso wie Frankfurts Vorschlag eine intrapsychische bzw. intentionalistische Strategie (denn der Test der einfachen Intention wäre monologisch denkbar), würde nicht bei Taylor ein gewisser Güterrealismus sowie das Prinzip der Artikulation von Wertungen in einem immer schon inter-

---

[30] Charles Taylor, WiHA, S. 19, und ders., SoS, S. 35ff.
[31] Vgl. Charles Taylor, EoA, S. 22ff.

subjektiv sprachlichen "public space" hinzutreten.[32] Das Modell der dialogischen Anerkennung könnte nun verstanden werden erstens als eine Konkretisierung des Prinzipes der Artikulation (denn die faktische dialogische Reflexion ist nichts anderes als eine interaktive Artikulation), und zweitens als eine Korrektur der Überreste eines Gütersubstantialismus, von dem Taylors Vorschlag nicht frei ist.[33] Denn die Rationalität einer Intention bzw. ihrer Reflexion muß im dialogischen Prozedere nicht an die Instanz substantialisierter Güter geknüpft werden, sondern es genügt das Kriterium eines dialogisch erzielten Einverständnisses.

Die Delegation der rational akzeptierbaren Bestimmung einer 'wirklichen' Intention an das dialogische Prozedere behält vorerst einen kontraintuitiven Rest. Es will nicht so recht einleuchten, daß wir auf die faktisch mit uns interagierenden anderen angewiesen sein sollen, um bestimmen zu können, wie wir uns selbst bzw. unsere Absichten verstehen. Wie gesagt, ist die dialogische Reflexion eines Intentions-'entwurfes' ein Sonderfall. Wir sind daran gewöhnt, unsere Intentionen mit großer Treffsicherheit zu entwerfen. Darum mag die Notwendigkeit intersubjektiver Anerkennung unauffällig bleiben, woraus sich schließich sogar das Motiv erklärt, für den Bereich des Intentionalen das Prinzip der privaten und täuschungsfreien Zugänglichkeit aus der Perspektive der ersten Person zum Merkmal zu erklären.[34]

Indessen, vor der Treffsicherheit, die eine individualisierte Person in der Regel hat, liegt der Erwerb dieser Treffsicherheit, d.h. das Erlernen einer Sprache und die Identifizierung einer Person im Sinne ihrer Individualisierung. Der Sonderfall ist also genetisch für alle anderen Fälle relevant. Für den 'Normal'-fall einer treffsicheren Unterstellung einer Intention muß also angenommen werden, erstens, daß diese Unterstellung stets kontrafaktisch bleibt, solange eine dialogische Reflexion nicht realisiert wird, und zweitens, daß das Vermögen, treffsicher zu unterstellen, diese oder jene Absicht zu hegen, den indivi-

---

[32] So enwirft Taylor in seinem Aufsatz über "Theorien der Bedeutung" einen nichtmonologisch verstandenen Begriff der sprachlichen Expression von Intentionen, in dessen Zentrum der Begriff der Artikulation in einem "public space" steht: Taylor, ToM, S. 264ff.
[33] So Joel Anderson, ZBA, S.112ff.
[34] Eine Voraussetzung, die z.B. auch erklärt, warum Tugendhat das Prinzip der veritativen Symetrie mit dem Prinzip der epistemischen Asymetrie verbindet, Tugendhat, SuS.

dualisierenden Erwerb eines personalen Selbstverständnisses bereits voraussetzt. Insofern knüpft das Modell einer notwendig dialogischen Reflexion von Intentionsentwürfen mit bedeutungs- und zeittheoretischen Mitteln an der Freud zu verdankenden Einsicht an, daß das Bewußtsein 'nicht Herr im eigenen Hause ist'.

Und in der Tat stellt das Modell der psychoanalytischen Interakion zwischen Analytiker und Analysand das paradigmatische Beispiel für die dialogische Identifizierung einer 'wirklichen' Intention dar. Überraschender Weise kann man sich an dieser Stelle wieder auf Ricoeur berufen. Denn auch wenn seine Konzeption in ZuE und in OaA der bisher vorgelegten Interpretation einer dialogisch gesprochenen Sprache als implizit und in Sonderfällen explizit narrativ strukturierten Sequenz wenig Spielraum einräumen will, hat Ricoeur doch in einer sehr viel früheren Arbeit selbst das Modell der psychoanalytischen Interpretation herangezogen, um sich einem Begriff der indirekten Reflexion anzunähern. Auch hier besteht sein Anliegen darin, ein Medium zu identifizieren, das an die Stelle der phänomenologisch vorausgesetzten Selbsttransparenz des Bewußtseins tritt. Die Reflexion ist keine immanente Prozedur eines ungetrübten, unmittelbaren Selbst-Bewußtseins, sondern sie wird ermöglicht durch die psychoanalytische Interpretation der dem analysierten Sprecher selbst verborgenen, d.h. unbewußten, Bedeutung seiner Äußerungen. In dem psychoanalytischen Begriff des Unbewußten findet Ricoeur einen Begriff, der eine Unzugänglichkeit 'wirklicher' Intentionen aus der Sprecherperspektive offenbart, denen eine rein phänomenologische Rekonstruktion aus methodischen Gründen nicht auf die Spur kommen kann.[35] Im Fall der psychoanalytischen Interpretation liegt insofern eine Extremfall vor, als hier nicht nur die Möglichkeit besteht, daß eine Person sich über ihre wirklichen Intentionen täuscht. Die wirklichen Intentionen sind in diesem Falle vielmehr notwendig aufgrund eines 'Triebschicksals', d.h.

[35] Ricoeur, DI, S. 385ff und S. 425. Ricoeur bezieht sich hier vor allem auf den Begriff eines phänomenologischen Unbewußten, der sich auf die Konzepte der passiven Synthesis und der nur qua reflektierender Bemühung zugänglichen Urstiftung (vgl. Kap. 1) aus der späteren, genetischen Phänomenologie stützt. Selbst hier, wo Husserl gegenüber seiner früheren Leugnung eines sinnvollen Gebrauches des Ausdruck 'unbewußt' im Rahmen phänomenologischer Reflexion einen solchen Begriff gestattet, stößt die Introspektion bei dem Phänomen der Verdrängung, des Wiederholungszwanges und der Notwendigkeit analytischer Arbeit an den Widerständen des Klienten an ihre methodische Grenze.

wiederum einer 'Geschichte' (eines Prozesses, der narrativ beschrieben werden müßte) dem Sprecher verborgen, obwohl diese Geschichte mit guten Gründen der Person als ihre eigene Geschichte zugeschrieben werden kann und deshalb, um der Ausbildung einer rationalen Identität willen, von dieser Person letzten Endes 'angeeignet' werden muß. Der Ausdruck 'rationale Identität' wird hier mit Absicht verwendet. Denn die letzte Bemerkung macht noch einmal klar, daß die sprachpragmatische Deutung der Individualisierung die abstrakte Entgegensetzung von personaler individueller Authentizität und intersubjektiver Rationalität aufheben kann. Denn, wie das Beispiel der psychoanalytischen Arbeit an der Integration einer der Person selbst verborgenen Lebensgeschichte ans Licht bringt: Die Anerkennung von intentionalen Entwürfen bezieht sich nicht nur auf die allgemeine (bis zu einem gewissen Grade generalisierbare) Legitimität der von einer Person sich selbst auferlegten Handlungsnormen, sondern auch auf die Übereinstimmung zwischen den vergangenen, gegenwärtigen und für die Zukunft entworfenen Handlungen und Äußerungen. Das einzige Kriterium für die Authentizität einer Person ist diese Übereinstimmung zwischen den Handlungen, Intentionen und Sprachhandlungen dieser Person. Und dieses Kriterium kann nicht monologisch in Gebrauch genommen werden, sondern es ist der Maßstab der Anerkennbarkeit, über die eine Person nicht mehr und nicht weniger entscheiden kann als ihre konkreten Gegenüber.

Das Entscheidende an Ricoeurs Interpretation von Freud ist in unserem Zusammenhange, daß er hier als das Medium der indirekten Reflexion gerade nicht die Konfiguration und die Rezeption von schriftlichen Erzählungen anführt, sondern die Erarbeitung einer konsistenten Geschichte der Person durch das Gespräch, das Analytiker und Analysand miteinander führen.[36]

Es läßt sich also mit Berufung auf Ricoeurs Arbeit über die psychoanalytische Interpretation mit Ricoeur gegen Ricoeur mindestens so viel behaupten, daß die Produktion und Rezeption von Erzählungen den Umweg durch das Medium der Schrift nicht in jedem Falle erfordert. Damit läßt sich zwar Ricoeur noch nicht auf die weitere Behauptung festlegen, daß dialogische Sequenzen

---

[36] Wofür die phänomenologische Reflexion des Unbewußten kein Äquivalent zu bieten hat, ist z.B. die kraft der interaktiven Dynamik der Übertragung zwischen Analytiker und Klient geleistete Arbeit an Widerständen und an der Deutung von Symptomen, Ricoeur, DI, S. 424f.

allein schon deshalb, weil Sprechakte Handlungsereignisse sind, (auch) als ein narrativ strukturierter interaktiver Sprachgebrauch zu verstehen sind. Die Argumente für diese weitere Behauptung lassen sich jedoch nicht nur dann begründen, wenn sie sich in Ricoeurs expliziten Aussagen wiederfinden lassen. Die Aufnahme der Ricoeurschen Argumente aus ZuE und OaA, vor allem die Deutung von Handlungsereignissen als narrativ synthetisierten bzw. identifizierten Bezugsgegenständen sprachlicher Ausdrücke, die Deutung der Struktur von Erzählungen als 'ursprünglicher', jedoch intersubjektiver Zeithorizont und die Deutung der narrativ vermittelten Identität einer Person kann sich von dem Vorbild Ricoeurs mindestens dort lösen, wo seine Einwände gegen ein alternatives, d.h. hier: sprachpragmatisches Modell narrativer Zeit auf Engführungen zurückzuführen sind. Und dies ist bei seiner Interpretation des Potentials der Sprechakttheorie der Fall.

Man darf also die soeben erwähnten Hauptmotive von ZuE und OaA aufgreifen und gleichzeitig erweitern im Sinne einer sprachpragmatisch inspirierten Korrektur eines partiellen Rückfalls von Ricoeur in den phänomenologischen Intentionalismus. Dieser Rückfall zeig sich in Ricoeurs Erörterung der Beziehung zwischen Intention und Bedeutung in der gesprochenen Sprache. Die Identität sprachlicher Bedeutung, die sich nicht reduktionistisch durch eine ihr zugrunde liegende Intentionalität erklären läßt, wird von Ricoeur unmittelbar auf die autonome Ebene des Logos projiziert, so daß die Intersubjektivität der Bedeutung zurückgeführt wird auf die Objektivität einer Sprache, aber nicht auf die Intersubjektivität des Sprachgebrauches. Das wäre, nicht zuletzt wegen der Herkunft von Ricoeurs antiphänomenologischen Argumenten aus der Fregeschen Sprachtheorie, eine bedeutungsplatonische Perspektive, wenn Ricoeur den Platonismus nicht durch eine texthermeneutische Variante des sprachlichen Holismus relativieren würde. Die Bedeutung der Worte und der Sätze haftet ihnen schließlich nicht an, bzw. sie hängt nicht wie eine platonische Idee am Himmel des objektiven Logos, sondern der Begriff der Bedeutung ist wenigstens insofern entsubstantialisiert, als die Identität der Bedeutung durch die Kontexte, in denen Sätze und Wörter stehen, einen relationalen Charakter bekommt. Jedoch begreift Ricoeur diese Kontexte stets als Texte im Sinne des schriftlich objektivierten Mediums der Dekontextualisierung von Äußerungsereignissen, nicht aber als z.B. pragmatische Kontexte von Sprechaktsequenzen, die verschiedenen miteinander interagierenden Sprechern zugerechnet werden können, anders ausgedrückt, nicht als Kontexte einer sprachlichen Praxis. Im Unterschied zu Putnams Prinzip der sprachlichen Arbeitsteilung ist die Ricoeursche Version der Dekontextualisierung und Entsubjektivierung (die 'Vertreibung der Gedanken aus dem Bewußtsein' (siehe Michael Dummett, weiter oben 1.1.) der Bedeutungsidentität nicht das Resultat linguistischer Praxis, sondern zuerst der Transformation der gesprochenen Sprache in das schriftliche Medium des objektiven Geistes. Nur darum läßt sich im Falle des faktischen Sprechens das intentionale Noema scheinbar mit dem propositionalen Gehalt von Aussagen und die noetische Modifikation mit dem illokutionären Modus identifizieren.

Ein letzter Einwand zugunsten Ricoeurs könnte sich auf die Differenz berufen zwischen einzelnen intentionalen Akten und der höherstufigen reflexiven Beziehung des intentionalen Subjektes zu sich selbst als Subjekt. Der Einwand lautete dann, daß der wesentliche Unterschied zwischen dem sinnvollen Vollzug einzelner Sprechakte und der Generierung einer personalen Selbstbeziehung die Nichtsubstituierbarkeit der schriftlichen Narration begründet. Ist nicht die narrative Identität einer Person eine überaus komplexe Struktur, deren Bestimmung die Zeitlichkeit einer alltäglichen Sprechsituation nicht leisten kann? Das wäre eine auf das Modell der dialogischen Reflexion zugespitzte Variante des Ricoeurschen Einwandes gegen MacIntyres Begriff der narrativen Einheit des alltäglichen Lebens. Ob dieser Hinweis auf das Komplexitätsgefälle zwischen der Identifizierung einer Intention und der Identifizierung einer Person genügt, entscheidet sich allerdings erst, wenn gezeigt wird, daß eine Rekonstruktion der Potentiale der Sprechakttheorie diesem Einwand nicht begegnen kann. Eine solche - im Vergleich zu Ricoeurs Darstellung adäquatere - Rekonstruktion würde, gerade mit Blick auf Ricoeurs Argument, daß die personale Identität als Kontinuität in der Zeit auf eine Pluralität von Sprechakten verweist, den Beiträgen von Austin und Searle die Konzentration auf isolierte Sprechakte nicht nur zum Vorwurf machen. Sondern sie würde versuchen herauszufinden, zu welchen Ergebnissen eine Analyse von Sprechaktsequenzen kommen würde, die zugleich die sprechakttheoretischen Unterscheidungen und die Motive von ZuE und OaA nutzt. Die Interpretation einer Sprechaktsequenz als narrative Struktur (wohlgemerkt in der 'unpräzisen' kommunikativen Alltagspraxis, in der Dialoge keine scharf definierten Argumentationen oder 'Diskurse' sind[37]) war ja zunächst nur beabsichtigt als eine Schlußfolgerung aus der Theorie der Zeit und der Erzählung mit Bezug auf die Frage nach dem spezifischen Mechanismus des individualisierenden Sprachgebrauches. D.h. die Rekonstruktion eines anspruchsvollen Begriffs der personalen Identität als Individualität nimmt sich die Ricoeursche Transformation der Heideggerschen Daseinsanalyse weiterhin zum Vorbild. Zusätzlich zu zeigen war nur, daß narrative Texte und pragmatische Kontexte hinsichtlich der zeitlichen Horizontalität eine strukturelle Ähnlichkeit aufweisen. Dieser Nachweis war um des Verständnisses der Individuierung willen notwendig, da nur eine pragmatische Analyse die Genese personaler Individualität in hinreichendem Maße als Praxis verständlich machen kann. Was bei Ricoeur der unaufgeklärte Begriff einer (auf welche Weise?) individuellen 'Lesart' geblieben ist, kann durch die Übertragung der Zeitstruktur von Geschichten auf die Zeitstruktur von Dialogen als die dialogische Erschließung der Region individueller Intentionalität entschlüsselt werden.

Damit ist durchaus noch nicht erklärt worden, wie sich aus einer Vielzahl einzelner 'dialogischer Reflexionen' von konkreten Intentionen die narrative Einheit des gesamten Lebens einer Person entwickeln soll. Wenn es aber überzeugend ist, daß das Modell einer dialogischen Reflexion erklären kann, wie die Dimension eines personalen Zeithorizontes prinzipiell eröffnet wird, läßt sich die Entfaltung einer höherstufigen Identifizierung, der Identifizierung einer gesamten Person, ebenfalls auf diesem Wege erläutern. Denn es ist nicht einzusehen, warum neben schriftlichen Texten nicht auch spezifische Handlungskontexte zur Vorlage für eine hinreichend komplexe Konfiguration einer dialogisch erschlossenen subjektiven Welt werden können.

Will man also die Bedingungen der Möglichkeit personaler Individualität aufklären, so genügt es nicht, einen zeittheoretischen Begriff der dynamischen

[37] Für rationale Diskurse im Sinne von J. Habermas kann nicht behauptet werden, daß sie in gleichem Maße narrativ strukturiert sind, da die Bedeutung eines Sprechaktes durch die Transparenz der illokutionären Norm, der sie genügen müssen, in Diskursen festgelegt sein muß. Hier müssen die Sprecher bereits das Vermögen erworben haben, hinreichend treffsicher zu wissen, was sie sagen.

Identität einer Person zu beschreiben. Man muß darüberhinaus die Dynamik der Identifizierung beschreiben können.

Der Ausdruck Intersubjektivität repräsentiert also nicht nur die Einsicht, daß die Identität sprachlicher Bedeutung bzw. die Intelligibilität narrativer Horizonte die subjektive Intention transzendiert. Vielmehr ist der Prozeß dieser Transzendierung und schließlich ebenso der reflexiven "Rückkehr" zur Intentionalität einer Person selbst intersubjektiv strukturiert. Für die Identität der Bedeutung gilt ebenso wie für die Erzählung, daß sie nicht nur als ergon, sondern auch als energeia intersubjektiv ist. Kurz gesagt, Intersubjektivität ist nicht nur eine logische Bestimmung, sondern zugleich ein pragmatischer Begriff. Die Individualisierung einer Person hängt nicht nur davon ab, daß wir über ein gemeinsames Sprachvermögen verfügen, sondern eben auch davon, daß wir miteinander auf eine bestimmte Weise interagieren. Aus diesem Grunde kann eine sprachpragmatische Perspektive Wesentliches beitragen zu der Rekonstruktion der Rolle, die die sprachliche Interaktion für die Individualisierung spielt.

Auf diese Rolle hätte Ricour zu sprechen kommen müssen bei der Beantwortung der dritten Frage, die er sich zu Beginn von OaA gestellt hat: Diese Frage betrifft die von Ricoeur so genannte "Dialektik zwischen dem Selbst und den anderen".

Die dritte philosophische Intention, die in OaA verfolgt werden sollte, nennt Ricoeur das Interesse, die Beziehung zwischen dem Selbst einer Person und seinem Gegenüber auf anspruchsvollere Weise zu fassen, als es eine Interpretation der personalen qua numerischer Identität erlauben würde. Denn in der Perspektive dieser Engführung erscheint das konkrete Gegenüber nur in der Form einer Reihe von abstrakten Antonymen wie 'gegensäzlich', 'unterschieden', 'divers'. 'Oneself as another suggests from the outset that the selfhood of one self implies otherness to such an intimate degree that one cannot be thougth of without the other."[38] Denoch erscheint die Andersheit des Gegenüber in OaA, bevor die Argumentation die Schwelle zur Ethik überschreitet, ausschließlich negativ. Das bedeutet, daß die angekündigte Dialektik zwischen Selbst und Gegenüber nicht als integrales Moment der narrativen Konfiguration personaler Identität sichtbar gemacht wird, sondern erst nachträglich unter dem Titel des

[38] Ricoeur, OaA, S. 3.

präskriptiven Charakters der Narration eingeführt wird.[39] Das fundamentale Gegenüber der narrativen Vermittlung narrativer Selbstbeziehung bleibt nur der geschriebene Text.

Ricoeur hatte während seiner Untersuchung der Sprachpragmatik die Intersubjektivität der vermittelnden interaktiven Praxis durchaus berührt. Hier war der Andere ein konkretes Gegenüber in der konkreten Sprechsituation, die nicht nur als ein Akt, sondern als Interaktion betrachtet wird: "In order to move from the suspension of ascription , through neutralized ascription, to actual and singular ascription, an agent must be able to designate himself or herself in such a way that there is a genuine other to whom the same attribution is made in a relevant manner. We must than move out of the semantics of action and enter into pragmatics, which takes into account propositions whose meaning varies with the position of the speaking subject and which, to this very extent, implies a face to face speech situation of an 'I' and a 'you'. But if the recourse to the pragmatics of discourse is necessary, is it sufficient to account for the particularities of self-designation as agent?"[40]

Ricoeur selbst legt also dar, daß eine Berücksichtigung der Intersubjektivität unter dem Titel der Dialekik zwischen dem Selbst und seinem Gegenüber sich an die Sprachpragmatik zu wenden hätte. Die das Zitat abschließende Frage bleibt allerdings rhetorisch. Denn, so wurde mittlerweile hinreichend dargelegt, für Ricoeur bleibt die Sprachpragmatik, von der er sich allerdings ein unvollständiges Bild macht, für die Untersuchung der personalen Identität insuffizient.

Dies Beobachtung führt zu einem weiteren Argument für eine sprachpragmatische Transformation der texthermeneutischen Erzähltheorie: Die 'Dialektik zwischen dem Selbst und den anderen' erschöpft sich nicht darin, daß eine individuelle Person, nachdem sie einen individuellen Zeithorizont ausgebildet hat, auf das normative Problem der Verbindlichkeiten anderen gegenüber stößt. Sondern schon die sprachliche Praxis der Individualisierung ist durch diese Dialektik imprägniert. Denn die Entwicklung eines rationalen Selbstverhältnisses vollzieht sich durch den Prozeß der Internalisierung der Perspektiven von konkreten anderen, d.h. durch die Übernahme von Verhaltenserwartungen aus

[39] Ricoeur, OaA, S. 169ff.
[40] Ricoeur, OaA, S. 98, 99.

der adressierenden Perspektive der zweiten Person.[41] Der Programmmatische Titel "Oneself as another" erfordert deshalb, daß mit sprachpragmatischen Mitteln entschlüsselt wird, wie es möglich ist, daß eine Person sich selbst als Individuum begreifen lernt, indem sie sich zunächst mit den Augen der anderen sieht. Damit sind einige Hinweise gegeben worden, welche Form die Rekonstruktion eines Begriffes "ursprünglicher", öffentlicher Zeit annehmen müßte.

4.2. Drei verschiedene Transformationen: Vom 'hermeneutic turn' über den 'linguistic turn' und den 'pragmatic turn' zum kommunikativen Zeithorizont

Mit dem Abschluß des drittens Teil dieser Arbeit wurde die Schwelle zu der letzten, d.h. der sprachpragmatischen, Transformation überschritten, der das Modell eines personal individuellen Zeithorizontes und die Analyse der Bedingungen seiner Möglichkeit unterzogen werden sollte:

Bevor die Charakteristika einer "kommunikativen Zeit" abschließend zusammengefasst werden, sollen die Hauptkonturen der bisherigen Transfomationen noch einmal rekapituliert werden:

1) Mit der transzendentalen Phänomenologie Husserls zu beginnen, bedeutete von vornherein den Begriff der individuellen Person als eine Form eines bewußten Selbstverhältnisses zu verstehen. Mit anderen Worten: Der Ansatz wurde bei der theoretischen und methodischen Perspektive der ersten Person gesucht. Husserls Entwurf der transzendentalen Selbstvergewisserung brachte von Beginn an die Suche nach den Kennzeichen eines bewußten Selbstverhältnisses auf die Spur der Zeitlichkeit, denn das Ego ist notwendig eine 'strömende' Gestalt, daß heißt, anders als bei Kant, ist die Zeit nicht nur eine Form der reinen Anschauung, die ihrerseits die Struktur des transzendentalen Bewußtseins nicht betrifft. Es wurde der phänomenologischen Methode gefolgt und dabei aporetische und konstruktive Gehalt unterschieden. Es zeigt sich, was die subjektphilosophische Aporie bedeutete: Das Dilemma eines zeitlichen Subjek-

[41] Siehe dazu die intersubjektivitätstheoretische Sozialpsychologie George Herbert Meads, Mead, MSS, und die Habermassche Verknüpfung dieser Meadschen Perspektive mit der Sprechakttheorie, Habermas, TkH.

tes, das seiner selbst im Widerspruch zu den geltungstheoretischen Ansprüchen einer reinen Deskription nicht gewahr werden kann, da die Zeit der Reflexion sich zwischen Subjekt und Objekt der Selbstgegebenheit schiebt. Das machte es notwendig, die Immanenz des Bewußteins und die Bestimmbarkeit einzelner intentionaler Erlebnisse als abhängig von der sprachlichen Intersubjektivität zu begreifen, die ihrerseits nicht im Rahmen der Husserlschen Bedeutungstheorie begriffen werden konnte. Die sprachliche Intersubjektivität zeigte sich als Fundament jeder rationalen Reflexion von intentionalen Gehalten, und die Unmöglichkeit einer intentionalistischen Rekonstruktion der Sprache zeigte sich darum methodisch als die Grenze der Introspektion. Die Innenperspektive des Bewußtseins mußte detranszendentalisiert werden, und das bedeutete, a) die Immanenz ist zu verstehen als die bewußte Innenperspektive eines empirischen Bewußtseins, d.h. einer Person, und b) die Introspektion kann als die Analyse der Bedingung der Möglichkeit von personalen Selbstverhältnissen nicht genügen, denn die Immanenz eines personalen Bewußtseins ist terminus ad quem, nicht termius a quo einer angemessenen Rekonstruktion der Möglichkeitsbedingungen personaler Selbstverhältnisse.

Von Husserl zu lernen war dabei, daß die reflexive Selbstbeziehung eines Bewußtseins auf drei Bedingungen angewiesen ist: 1) auf die Rationalität der Identifizierung intentionaler Gehalte: Die sprachliche Bedeutung und die Geltung, die Verständlichkeit und die Kritisierbarkeit, die Intersubjektivität und das personales Bewußtsein waren nicht voneinander zu lösen, 2) auf die zeitliche Extension des Prozesses der Reflexion, und damit 3), was das Bewußtsein im Allgemeinen und eine Person im Besonderen betrifft, auf die spezifische zeitliche Struktur jeglichen bewußten Selbstverhältnisses: die Horizontalität. Der Begriff des zeitlichen Horizontes, der in der Gegenwart eines intentionalen Aktes dessen Bestimmtheit und Bestimmbarkeit ermöglicht, stammt bereits von Husserl. Er wurde zunächst in der Phänomenologie des inneren Zeitbewußtseins als das Zeitfeld, das sich in Retention, Urimpression und Protention teilt, eingeführt und in der genetischen Phänomenologie unter Erweiterung des Appräsentationsbegriffes zu der Habitualität intentionaler Erlebnisse entfaltet. Die Bestimmtheit intentionaler Gegenstände und damit auch die Bestimmtheit personaler Selbstauffassung haben eine Geschichte, die auf eine intersubjektive Konstitution verweist.

Die wohl wesentlichste Einsicht, zu der die Rekonstruktion der phänomenologischen Aporie verpflichtet, ist die Notwendigkeit, ein bewußtes Selbstverhältnis nicht unter der Prämisse der Selbsttransparenz des transzendentalen Subjekts zu deuten, sondern als individuelles Selbstverhältnis einer empirischen, mundanen Person zu sehen. Das heißt, die Analyse der Struktur eines bewußten Selbstverhältnisses, der zeitlichen Dimension der Selbstreflexion, und die Analyse der Bedingungen der Möglichkeit eines solchen Selbstverhältnisses, der Genese der Immanenz, wenn man so will, treten auseinander und sind nicht länger uno actu im Zuge einer introspektiven Analyse zu gewinnen. Stattdessen ist die Selbstgegebenheit eines personalen Bewußtseins nach den Bedingungen seiner Möglichkeiten zu befragen, indem die intersubjektiven, und d.h. nicht introspektiv rekonstruierbaren, Voraussetzungen personaler Selbstverhältnisse, die Sprache und die Zeit, rekonstruiert werden.

2) Die erste Transformation, die hierauf erfolgte, ist die hermeneutische Reinterpretation des Subjektes und der Intentionalität. Korrigiert wird (von Heidegger) das methodische Prinzip der Introspektion sowie die Voraussetzung eines der Welt entzogenen und in seiner 'Seinsweise' ungeklärten Subjektes, das sich der Gegenstände und letztlich seiner selbst nur in der Form erkennender Gegenstandauffassung bewußt werden soll.

Heidegger bringt die Faktizität und die Geworfenheit ins Spiel, die das Dasein als bedingtes kennzeichnen.

Die Korrektur des ausschließlich epistemischen Zuschnittes der Phänomenologie betrifft im wesentlichen die Konzentration auf die praktische Seite des Selbstverhältnisses (wenn auch die emotive Seite nicht verschwiegen werden sollte).[42] Der primäre Weltbezug, angezeigt in der Zeuganalyse, in der

[42] Die gesamte hier vorgelegte Analyse würdigt so gut wie gar nicht die Heideggersche Dimension der 'Befindlichkeit' des personalen Selbstverhältnisses. Das bedeutet, der Bereich der affektiven Dispositionen und Selbstauffassungen, der gewiß eine große Rolle bei der Erschließung des Selbst spielt, bleibt nahezu ausgeblendet. Vgl. zu der Brücksichtigung dieser Seite im Rahmen einer Kritik der Tugendhatschen Interpreation von SuZ: Martin Löw-Beer, SwE, S. 132.

Diese Unterlassung ist indessen nicht auf eine systematische Vergeßlichkeit zurückzuführen, sondern sie läßt sich durch die vielleicht nicht hinreichende Entschuldigung erklären, daß der Akzent hier auf die theoretische und praktische Rationalität personaler Selbstverhältnisse

Umsicht im Besorgen, ist eine pragmatische Vertrautheit mit Zeug, mit 'Dingen' die im Horizont pragmatischer Verwendung eine Bedeutung haben. Und die Ausbildung eines individuellen Selbstverhältnisses wird vornehmlich als die praktische Kompetenz gedeutet, in eigentlicher Entschlossenheit ein personales Selbstverhältnis als praktische, zukunftsorientierte Selbst-Bestimmung zu realisieren. Die Struktur eines solchen Selbstverhältnisses wird durch den Begriff der ekstatischen, oder 'eigentlichen' Zeit aufgeklärt.

Allerdings schleicht sich eine Regression zum methodischen Solipsismus in SuZ dort wieder ein, wo die Bedingungen der Möglichkeit der Genese eines eigentlichen Selbstverhältnisses von der Analyse der öffentlichen oder intersubjektiven Auslegung von Welt sowie von der Sprache als Medium dieser Öffentlichkeit radikal getrennt wird. Die Verklammerung von Ontologie und Daseinsanalyse zwingt die Begriffe 'ursprüngliche' und 'eigentliche' Zeit zusammen, so daß die urprüngliche Auslegung des Sinns von Sein, die zu den Bedingungen der Ausbildung eines eigentlichen, zeitlichen Selbstverhältnisses gehört, wieder dem eigentlichen Dasein aufgebürdet wird. Die Öffentlichkeit wird unter der Bezeichnung der uneigentlichen Verfallenheit nur noch zum Hindernis für eine eigentliche Selbstbestimmung erklärt. Die Sprache, die von Heidegger undifferenziert als Medium der Konventionalität auf die Seite des uneigentlichen Selbstverstehens geschlagen wird, gerät bei der Suche nach den Bedingungen der Möglichkeit der existentiellen Genese aus dem Blick. Das eigentliche Ver-

---

gelegt wurde. Die Stimmungen einer Person, so aufschlußreich sie für sie selbst und für andere auch sind, stellen für ein rationales Einverständnis zwischen den an individualisierenden Dialogen Beteiligten eine nur sehr vage Basis zur Verfügung. Das soll nicht heißen, daß die Beziehung zwischen Emotionen, Affekten oder z.B. der Rolle der Empathie in der normativen Interaktionsdimension (dazu: Arne Johan Vetlesen, PEJ) und der sprachlichen Verständigung für das Verständnis personaler Identität von nur untergeordneter Bedeutung oder gar unwichtig wäre. Allerdings hätte die einer angemessenen Erwartung genügende Würdigung dieses Zusammenhanges hier den Rahmen überschritten. Die Hermeneutische Dimension der Befindlichkeit und ihrer expressiven, dialogischen Symbolisierung stellt einen eigenen Zusammenhang dar. Nur soviel soll angedeutet werden, daß bezogen auf das Problem der Geltung die Verbindung zwischen non- und vorverbalen Befindlichkeiten und ihrem sprachlichen Ausdruck zentral ist.
Der Unmut z.B., mit dem eine konstative Äußerung samt impliziertem Anspruch auf objektive Gültigkeit aufgefasst werden mag, spielt für eine rationalitätstheoretisch orientierte Sprechaktanalyse eben nur dann überhaupt in die Bedeutung eines Sprechaktes hinein, wenn dieser Unmut sich in eine klare normative Stellungnahme, die z.B. die Äußerung als anmaßenden Übergriff kritisiert, übersetzt worden wäre, oder wenigstens übersetzt werden könnte. An den Befindlichkeiten interessiert dann v.a. ihre diskursiv umgestaltete Form.

stehen wird mit Rückgriff auf das vorprädikative Weltverhältnis der Umsicht als vorprädikatives Vermögen gezeichnet.

Während die hermeneutische Transformation der transzendentalen Analyse eines bewußten Selbstverhältnisses also hinsichtlich der Zeitstruktur und der praktisch-pragmatischen Dimension zu einer Bereicherung führt, muß sie sich die Husserlsche Verknüpfung von Reflexion und intersubjektiver sprachlicher Geltung vorhalten lassen. Eine Aufhebung der Tugenden der transzendentalen und der hermeneutischen Phänomenologie leistet die zweite Transformation:

3) Heidegger hatte zwar zeigen können, daß die Zeitlichkeit und die rationale Dimension, die für personale Selbstverhältnisse bestimmend sind, d.h. die ekstatische Horizontalität und die praktische Selbstbestimmung, in einer Kritik der Phänomenologie in den Vordergrund gestellt werden müssen. Aber es fehlte an einem Nachweis, daß die Leistung der ursprünglichen Zeit, als Horizont einer der 'Seinsweise' von Personen angemessenen Identifikation, durch einen öffentlichen, sprachlichen und alltäglichen Modus der 'Zeitigung' erbracht werden kann. Diesen Nachweis trägt die texthermeneutische Transformation des Begriffes der ursprünglichen Zeit von Ricoeur nach. Hier wurde gezeigt, daß in der Struktur der Narration ein öffentliches Medium zu finden ist, in dem die intersubjektive Verständlichkeit und die ekstatisch-praktische Zeithorizontalität einander nicht ausschließen. Es gibt Formen des intersubjektiv verständlichen und kritisierbaren, darum rationalen, Sprachgebrauches, die zur Entfaltung eines Zeithorizontes führen, durch den das Selbstverhältnis einer individuellen Person ermöglicht wird. Der Horizont einer Geschichte ermöglicht eine Identifikation von Handlungsereignissen und des diese Handlungen vollziehenden, intendierenden und verantwortenden Personales, die die Beziehung zwischen einer Person und der Selbstbestimmung ihres Handelns in einer nicht verdinglichenden Form repräsentiert und verständlich macht. Diese Form kann intersubjektiv verständlich und im Modus der Anerkennung rational gültig sein.

Vor allem der genetische Zusammenhang zwischen der personalen Inividualität und der entsprechenden Individualisierung machte jedoch eine dritte Transformation notwendig.

4) Nach den Ausführungen des dritten Teils und des ersten Kapitels des vierten Teils kann diese Transformation als Vervollständigung einer sprachphi-

losophischen Wende beschrieben werden. Ricoeur hatte durch seine Distanzierung von einer phänomenologischen Bedeutungstheorie, die Husserl noch 1908 in außerordentlicher Differenziertheit vorgetragen hatte, zu der hermeneutischen Diskussion der Reflexion des Bewußtseins seinen Beitrag zum 'linguistic turn' beigesteuert. Die Analyse der Genese individuell personaler Selbstverhältnisse machte allerdings zusätzlich -nicht zuletzt, da die praktisch-pragmatische Dimension als zentraler Schauplaz der Individualisierung erkannt wurde- einen 'pragmatic turn' notwendig. Nicht die Produktion einer individiuellen Lesart, die die individuelle Genese zu einer Affäre zwischen Schrift und Leser erklärt, sondern ein spezifischer Modus sprachlicher Interaktion muß gesucht werden, um die pragmatischen Bedingungen der Möglichkeit individueller personaler Selbstverhältnisse aufzuklären.

Auf diesem Wege war die Untersuchung zu der Analyse der Zeitlichkeit von Sprechaktsequenzen gelangt. Denn die genaue Untersuchung der Beziehung zwischen erzählter Zeit und Zeit der Erzählung hat es einsichtig erscheinen lassen, daß eine zu vorschnelle Interpretation der Synchronisation von erzählter- und Erzählzeit als Modell der Genese personaler Individualität hinter den Anspruch einer Theorie der ausschließlich indirekten Reflexion zurückfallen muß. Der semantischen Autonomie der Erzählung und der nichtintentional reduzierbaren Bedeutungsidentität entsprach danach die kommunikativ bestimmte Bedeutung eines Sprechaktes, die von der Sprecherintention (im Falle der Individualisierung notwendig) abweicht.

Die Skizze einer solchen Analyse der Zeitstruktur von Sprechaktsequenzen war zunächst aus den Fragen entwickelt worden, die Ricoeurs Begriff der narrativen Zeit und seine Interpretation ihrer Bedeutung für die Identität einer Person unbeantwortet gelassen hatte. Die Frage nach dem sprachlichen Mechanismus der Individualisierung führte zu der Annahme, daß die Fähigkeit, einen Dialog zu verstehen bzw. an ihm teilzunehmen, zu einer basalen Voraussetzung wird, ohne die weder eine Geschichte verstanden werden kann, noch eine Person sich selbst als Handelnden und seine eigenen Handlungen verstehen kann. Diese Dialogfähigkeit wurde interpretiert als das Vermögen, die gegenwärtige Bedeutung eines Sprechaktes vermittels des impliziten oder expliziten Rückgriffes auf den zeitlichen Horizont der Sprechaktsequenz, zu der der gegenwärtige

Sprechakt gehört, zu verstehen. Wie die narrative Zeit als Horizont der Identifizierung aufgeschriebener Handlungsereignisse fungiert, so bestimmt der Horizont der Verknüpfung von Sprechakten die Identifizierung eines einzelnen Sprechaktes. Und so wie in der zeitlichen Extension einer geschriebenen Geschichte ein Modell der reflexiven Bestimmung von einzelnen Intentionen vorliegt, so erklärt die Untersuchung der zeitlichen Verknüpfung von Sprechakten, die im Modus eines Horizontes in die Gegenwart eines einzelnen Sprechaktes hineinragt, die indirekte und qua Anerkennung rationale Reflexion einzelner Intentionen als pragmatische Prozedur. Diese Reflexion bezieht sich dabei vornehmlich auf die Bestimmung des rational zuschreibbaren illokutionären Modus einer Sprechhandlung, dessen 'Handlungsnorm', d.h. die normativ und sachlich legitimerweise erwartbare Handlungsregel, zur gleichsam 'existentiellen' Möglichkeit der Selbst-Bestimmung wird. Dabei ist die Region derjenigen sprachlichen Interaktion, in der es zu dialogischen Reflexionen von personaler Identität kommen kann, durch den Zusammenhang von 'existentieller Maxime' und illokutionärem Modus auf die kommunikative Alltagspraxis eingeschränkt. Denn nur hier findet sich der alltägliche oder lebensweltliche Verzicht auf sprachliche Präzision und diskursive Formalisierung oder Institutionalisierung. Und nur unter der Bedingung dieses Verzichtes, ist das Repertoire denkbarer illokutionärer Modi ausreichend reichhaltig und kontextspezifisch, um den Spielraum individualisierender Bestimmungen der in sprachlichen und sprachlich vermittelten Handlungen wirksamen Maximen zu eröffnen. Anders gesagt: die Triade, die eine an dem rationalen Diskurs und an einer institutionalisierten Argumentation orientierte Formalpragmatik in den Vordergrund stellt, die Differenz zwischen subjektivem, objektivem und sozialem Weltbezug, ist eine sinnvolle rekonstruktive Abstraktion. Diese Abstraktion darf in der Einstellung von Teilnehmern gerade in der Situation, die eine individualisierende Genese ermöglicht, jedoch nicht vorausgesetzt werden. An dem illokutionären Modus interessiert also hier nicht allein die Zugehörigkeit des illokutionären Aktes zu einer der drei wesentlichen Geltungsdimensionen. Vielmehr entscheidet hier erstens die Offenheit der Frage, welche Geltungsdimension dialogisch zum Zuge kommt, und zweitens die konkrete kontext- und biographiespezifische Maxime, die durch den illokutionären Akt impliziert wird. Diese pragmatische Prozedur der Reflexion der Bedeutung von Sprechakten hat schließlich selbst eine Struktur, deren reflektierte Form ein Zeithorizont ist, der mit der narrativen Zeit die Struktur nicht aber das Medium teilt.

Dieser Unterschied des Mediums - einmal ist es die Schrift, dann ist es die faktische sprachliche Interaktion - stellt den wesentlichen Unterschied dar, der zwischen einem Begriff der kommunikativen Zeit und dem Begriff der narrativen Zeit besteht.

Der Begriff der kommunikativen Zeit läßt sich durch einen resumierenden Vergleich mit den übrigen, bisher diskutierten Modellen eines Zeithorizontes näher eingrenzen.

Die Kommunikative Zeit steht wie die existentielle Zeit und die narrative Zeit im Gegensatz zu einer objektiven, linearen, isotropen Zeit, die mit Rücksicht auf die innerzeitigen Gegenstände 'leer' genannt werden kann. Denn bezogen auf diese abstrakte Zeit werden Ereignisse gleichsam 'eingetragen' in das Schema eines Kontinuums. Dieses Kontinuum erlaubt es, Ereignisse unabhängig von ihren Relationen zu anderen Ereignissen durch die Angabe von objektivierten Koordinaten zu identifizieren. Die Verbindung zwischen Ereignissen bleibt eine gegenüber ihrer Identifizierung äußerliche Relation, deren paradigmatisches Modell die kausale Verknüpfung von isolierten Ereignissen darstellt. Hier bekommen diese Ereignisse zusätzlich zu ihrer numerischen bzw. spatiotemporal lokalisierten Identität den Charaker entweder einer Ursache oder einer Wirkung zugeschrieben. Demgegenüber gilt für die existentielle, die narrative und die kommunikative Zeit, daß die Einheit des Horizontes Vorrang gegenüber der Identität der einzelnen Ereignisse hat. Das bedeutet, daß das Verständnis und die Identifizierung einzelner Ereignisse nicht ohne Bezug auf den Gesamthorizont möglich ist. Und dies ist nicht der formale Bezug auf ein universales Kontinuum, sondern der holistische Bezug auf die bedeutungsvolle Gesamtheit konkreter Ereignisse. Die Frage: 'wann?' läßt sich hier nicht im Zuge der Abstraktion von einem spezifischen Kontext und von spezifischen Perspektiven des beteiligten Personals beantworten. Dieser holistische Bezug findet seine erste Veranschaulichung in dem Fall der intentionalen Verknüpfung zwischen einzelnen Handlungsabsichten und einzelnen Handlungsereignissen; doch er erschöpft sich sowenig darin, daß die Unterscheidung zwischen der intentionalen Gegebenheit eines Zeithorizontes und der pragmatisch interaktiven Konstitution eines Zeithorizontes geradezu zum Unterscheidungskriterium zwischen existentieller und narrativer bzw. kommunikativer Zeit wird. Ein 'gültiger' existentieller Zeithorizont bezieht seine Geltung aus der intersubjektiven Akzeptierbarkeit des narrativen oder kommunikativen Zeithorizontes und der Anerkennung der individuellen Rolle innerhalb dieses intersubjektiven Horizontes, die die Person, angeregt durch andere und doch aus freien Stücken, übernimmt.

Im Unterschied zu Heideggers letztendlich solipsistischem Begriff der existentiellen Zeit (sowie zu Husserls Begriff der immanenten Zeit) macht der Begriff der kommunikativen Zeit auf die Unhintergehbarkeit einer pragmatischen Kooperation einer Pluralität von Sprechern aufmerksam. Die 'Zeitigung' wird dadurch verständlich, ohne daß sie entweder als eine subjektive bzw. als eine existentielle Leistung oder als eine anonyme Leistung einer metaphysischen Ursprungsmacht namens 'die Zeit selbst' oder 'das Sein' begriffen werden müßte. Dadurch wird schließlich verständlich, auf welche Weise das Ergebnis der Genese eines individuellen personalen Selbstverhältnisses sowohl der 'Unvertretbarkeit' des menschlichen Individuums gerecht werden kann als auch die Verbindung zwischen individueller Selbstbestimmung bzw. individuellem Selbstverständnis und der intersubjektiven rationalen Geltung aufrecht erhalten kann. Die im pragmatischen Prozess der kommunikativen Reflexion von Intentionalität und personaler Identität zur Wirkung kommenden Kriterien der Anerkennbarkeit und Verständlichkeit, ohne die keine Person sich selbst verstehen kann, stehen für die Vermittlung zwischen der personalen Unvertretbarkeit und der Rationalität eines personalen Selbstverhältnisses. Denn, relativ zu dem konkreten Kontext der Reichweite personal zurechenbaren Handelns, ist zwar die gültige Anerkennung eines Entwurfes einer Intention und der Identität intersubjektiv allgemein; die Verpflichtung, die aus den intersubjektiv für gültig befundenen Entwürfen resultiert, ist jedoch nur einem Einzelnen bzw. einer Einzelnen in unvertretbarer Weise auferlegt. Erst dadurch kann der Heideggerschen Unterscheidung zwischen Eigentlichkeit und Uneigentlichkeit ein intersubjektiv nachvollziehbarer Sinn gegeben werden. Denn über die Authentizität einer Person kann diese allein und monologisch nicht entscheiden, auch wenn die Person diese Entscheidung nicht vollständig den anderen überlassen muß und kann. Selbst eine personale Identität, deren Eigensinn in der Mißachtung jeglicher Anerkennung durch andere begründet sein soll, braucht zur Aufrechterhaltung dieses Anspruchs immer wieder die in diesem Falle mißbilligende Resonanz der anderen. Insoweit stellt das offensive Aufbegehren gegen den Einspruch der anderen nur die abstrakte Negation, nicht aber die konzeptuelle Widerlegung der Notwendigkeit intersubjektiver Anerkennung dar. Das Kriterium der Authentizität einer Person und ihrer Handlungen ist die intersubjektiv nachvollziehbare Konsistenz zwischen Vergangenheit, Gegenwart und beabsichtigter Zukunft der Handlungen und Äußerungen der Person. Diese Konsistenz schließt den Wandel, dem sich eine Person im Zuge von Selbstkorrekturen, Lernprozessen und vielleicht sogar von Konversionen selbst unterwirft, keinesfalls aus. Das Kriterium der Konsistenz dient allein dazu, die Grenze zu ziehen, jenseits der ein Widerspruch zwischen Handlungen und Äußerungen, zwischen Vergangenheit und Gegenwart so eklatant wird, daß hier nicht länger von der selben Person bzw. von einem freien Willen gesprochen werden kann. Man könnte hier also von einem biographischen 'Konsistenz-kriterium' sprechen, solange dabei nicht in Vergessenheit gerät, daß 1) die hierbei wirksamen Geltungsmaßstäbe vermittelt über die Zustimmung konkreter anderer und über die Referentialität nicht-fiktionaler Geschichten Konsens- und (internalistisch verstandene) Korrespondenzkriterien einschließen, und daß 2) die intersubjektive Anerkennung voraussetzt, daß die Konsistenz der Biographie nicht allein aus der personalen Innenperspektive festgestellt werden und nicht allein für sie gültig sein kann. Die kommunikative Zeit wird von verschiedenen Personen interaktiv konstituiert.

Zum Begriff der kommunikativen Zeit gehört also nicht nur die Struktur eines zeitlichen Horizontes, sondern auch die pragmatische Struktur der Konstitution eines solchen Horizontes. Diese kommunikative oder kooperative 'Zeitigung' macht zudem sichtbar, daß die Genese eines der Identität einer Person angemessenen Zeithorizontes nicht auf den kairologischen Augenblick einer 'plötzlichen' Stiftung projiziert werden muß. Weder die Entfaltung eines kommunikativen noch die Entfaltung eines existentiellen Horizontes geschehen im außerordentlichen 'Augenblick' der Entschlossenheit. Das kairologische Moment beschreibt vielleicht angemessen die Abhängigkeit einer gegenwärtigen Transformation von Deutungen und Selbstverständnissen von der Gesamtheit eines Horizontes, nicht aber die Genese des Horizontes selbst. Zwar kann im Zuge der reflexiven Bestimmung eines intentionalen Entwurfes das darin bestimmte Element eines Horizontes diesen Horizont 'in einem neuen Licht' erscheinen lassen, doch sollte die Bedeutung besonderer 'Augenblicke' nicht überdramatisiert werden, denn ein solcher erschließender Augenblick ist stets vorbereitet durch eine bereits komplexe horizontale Struktur, durch Vorgeschichte und Anschlußmöglichkeiten. Und diese Struktur entsteht ihrerseits in einem Prozeß, der selbst 'in der Zeit' liegt, wobei diese Zeit einerseits beschreibbar sein muß als kommunikativer Horizont, andererseits jedoch abbildbar ist auf dem Kontinuum einer objektivierten Zeit. Denn ohne die kontexttranszendierende intersubjektive Chronologie hätte die Referentialität der sprachlichen Repräsentationen der kommunikativen Zeit keinen Rückhalt in der Möglichkeit der 'Einschreibung' der 'Geschichte' von Sprechaktsequenzen in eine generalisierte Zeit, die jede einzelne Sequenz transzendiert. Und damit wäre eine Mindestbedingung der intersubjektiven Verständlichkeit nicht erfüllt. Die 'Plötzlichkeit', in der 'einem die Augen aufgehen', z.B. die Wucht des Proustschen Genusses der Madelaine, entfaltet ihre Bedeutung vor dem Hintergrund eines Horizontes, der, solange er rational sein können soll, nicht aus dieser Plötzlichkeit selbst entsteht. Das augenblickliche Verstehen eines Horizontes setzt die nicht selten nüchterne und stets ausgedehnte Genese der Verständlichkeit voraus. Darum wäre es falsch, die oft im Zusammenhang mit personaler Individualität bemühte ästhetische Erfahrung mit der Individualisierung einer Person in einen allzu unmittelbaren Zusammenhang zu bringen, und d.h. kurzzuschließen. In Prousts Suche nach der verlorenen Zeit mag der Geschmack des teegetränkten Gebäcks im Nu ein gewaltiges inneres Echo ausgelöst haben; die Umarbeitung dieses einzigartigen Tones in die Verständlichkeit eines umfassenden Klangbündels erforderte jedoch aus guten Gründen eine in zahllose Sätze gefügte Versprachlichung.

Aufgrund dieses weitgehend nüchternen Prozeßcharakters der kooperativen Zeitigung ist es nicht überraschend, daß nicht jede kommunikative Prozedur eine kreative Konstitution eigentümlicher Zeithorizonte ist, so daß das interaktive Sprechen sich vornehmlich mit sich selbst befassen müßte, anstatt sich der Verständigung über 'etwas' zur Verfügung zu stellen. Der Löwenanteil der kommunikativen Alltagspraxis funktioniert unter der von den beteiligten Sprechern mit pragmatisch hinreichenden Gründen gemeinsam vorausgesetzten Unterstellung von konventionellen, d.h. institutionalisierten, Zeithorizonten, die die Treffsicherheit von Entwürfen, was aus einem Sprechakt geworden sein wird, stützen. Der Vorrang des kommunikativen Zeithorizontes bleibt im Standardfall unauffällig, und er muß es sein, um eine sich in Reflexionen verlierende Blockade der Koordination von Handlungen zu vermeiden. Die sprachliche Verständigung funktioniert im Standardfalle nur dort, wo der offene Prozess der kooperativen Zeitigung im Sinne einer Institutionalisierung von Standardhorizonten weitgehend geschlossen ist, bzw. von den Interagierenden in pragmatisch ausreichend gemeinsamer Weise für geschlossen gehalten wird. Nicht in jedem Gespräch wird die ganze personale Identität aufs Spiel gesetzt. Mit dem Grade der Formalisierung dieser Institutionalisierung nimmt die Kompatibilität zwischen einzelnen Fällen der kommunikativen Alltagspraxis zu, so daß das Ende der Skala der Formalisierung die Universalität von formalen Verfahren der Identifikation von Handlungsereignissen und Personen darstellen kann.[43] Dennoch offenbart der Sonderfall der kommunikativen Reflexion von Intentionen, daß die Einheit des kommunikativen Horizontes in jeder Verknüpfung von Sprechakten wirksam ist. Denn der reflexive Sonderfall wird möglich durch eine allgemeine Struktur, die allerdings in der Mehrheit der Fälle implizit in Anspruch genommen wird. Die sprachpragmatische Transformation des Modells der narrativen Zeit trägt damit nicht nur zur Erhellung der Frage nach personaler Individualität bei, sondern sie legt eine in den meisten Fällen

---

[43] So lassen sich z.B. die rechtlich formalisierten 'Verfahren' einer gerichtlichen Erhebung von Fallgeschichte, Verantwortlichkeit von Personen und die Identifizierung von Verbindlichkeiten auch begreifen als ein maximal formalisierter Zeithorizont der Verknüpfung von Sprechakten. Die eindeutige Form des Verfahrens beseitigt jeden Zweifel über den Status und die Bedeutung von z.B Zeugenaussagen, Plädoyers und Urteilsverkündungen als Sprachhandlungen, so daß der intentionale Entwurf der Bedeutung eines Sprechaktes in einem solchen Verfahren von der Unsicherheit der gelingenden Verwirklichung dieses Entwurfes im höchsten Maße befreit ist. Und dieser 'working consens' (Goffman) über die Bestimmung der relevanten illokutionären Modi der einzelnen Sprechakte erlaubt die nachhaltige Konzentration auf ihre propositionalen Gehalte, ohne die kein Thema und keine Streitsache vernünftig verhandelt werden kann.

still wirksame und dennoch notwendige Grundstruktur der sprachlichen Interaktion frei. Mit den sequenzanalytischen Überlegungen Goffmans kann man behaupten, daß ein einzelner Sprechakt nicht die kleinste analytische Einheit einer Rekonstruktion der Struktur der kommunikativen Alltagspraxis sein kann. Sowohl in der Teilnehmer - als auch in der Beobachterperspektive ist für das Verständnis einzelner Sprachhandlungen der Rekurs auf den entweder implizit entworfenen oder explizit artikulierten Horizont der Sequenz konstitutiv.

Im Unterschied zur narrativen Zeit Ricoeurs macht der Begriff der kommunikativen Zeit deutlich, daß eine gewisse Unsicherheit bezogen auf die Treffsicherheit intentionaler Entwürfe nicht nur möglich, sondern geradezu notwendig ist, denn anders kann sich die indirekte Reflexion von Handlungsabsichten und höherstufig: von personaler Identität überhaupt nicht entfalten. Das personale Subjekt einer individuellen Lesart in Ricoeurs Konzept der Mimesis III muß bereits ein Individuum sein, oder aber die Gleichzeitigkeit der Ausbildung eines individuellen personalen Selbstverhältnisses und der Bildung einer individuellen Lesart muß als geheimnissvolle Dialektik spekulativ hypostasiert werden. Demgegenüber kann die Beschreibung dialogischer Reflexionsprozesse erklären, wie es möglich ist, daß ein Sprecher, angeregt durch die konkreten anderen, sich selbst als sich selbst entdeckt. Dabei ist es von wesentlicher Bedeutung, daß der Fokus der Analyse gegenüber dem Modell der lesenden Rezeption sich erweitert zu der Betrachtung eines Prozesses, in dem ein mehrfacher Perspektivenwechsel stattfindet. Denn dieser Prozess funktioniert nur, wo sowohl die Sprecher wechseln als auch der einzelne Sprecher die Perspektive wechselt. Der reflexive Dialog besteht nicht nur aus dem Wechsel der Sprecherrolle, d.h. daraus, daß mal dieser und mal jener das Wort ergreift. Vielmehr changiert auch aus der Perspektive der Person, deren Intention bzw. Identität zum 'Gegenstand' der dialogischen Reflexion wird, die Auffassung des zeitlichen Horizontes zwischen der Teilnehmer-, der Beobachter- und der Adressatenperspektive. Denn für die reflexive Korrektur des eigenen intentionalen Entwurfes ist es notwendig, daß ein Sprecher seine eigenen Überzeugungen über die Bedeutung seiner Sprachhandlungen mit den durch andere artikulierten Überzeugungen über diese Sprachhandlung vergleichen kann. Der Sprecher muß also bereit und dazu in der Lage sein, seine vormals in der Perspektive der ersten Person intendierte Überzeugung nun aus der Perspektive eines anderen als nach wie vor diesselbe Überzeugung zu betrachten. Die Übernahme des Angebotes einer korrigierenden Interpretation der zeitrelativen Bedeutung der eigenen Sprachhandlung erfordert eine Einstellungsübernahme.

Der 'pragmatic turn' von der Text-Leser-Beziehung zur Prozedur einer Interaktion von Sprechern erlaubt es, die Struktur dieser Einstellungsübernahme nicht nur als die lesende Imagination, in der eine Person in narrativ strukturierte Rollen schlüpft, zu deuten. In Ricoeurs Konzept der individuellen Lesart wurde diese Imagination gegenüber der Engführung auf den Gegensatz von Innen- und Beobachterperspektive stark gemacht. Eine nicht vergegenständlichende Selbstauffassung sollte sich hier am Muster der Identifikation mit einer in Geschichten schriftlich repräsentierten Intentionalität aufrichten. Die Beziehung zwischen dem Selbst und den Anderen war dann, wie gesagt, eine Angelegenheit des transitorischen Status der Geschichtenrezeption, der das Zuschreiben, die 'ascription' zu der 'Vorschreibung', d.h. der prescription, normativ bewerteten Handelns umformen sollte.

Demgegenüber offenbart eine sprachpragmatische Perspektive von Beginn an, d.h. bereits mit dem Bezug auf die faktischen Bedingungen einer individuellen Identifizierung von Person und Intention, daß die Übernahme der Einstellung der anderen, anders als in der Form der Selbst-Beobachtung, das heißt der Übernahme der Perspektive einer dritten Person, sich an der Perspektive der zweiten Person ausrichtet. Die Internalisierung der Perspektive einer anderen Person ist erst dann die Grundlage einer nicht beobachtenden Selbstauffassung, wenn eine Person sich als das 'Du' eines anderen 'Du' erkennt. Denn nur im Modus der Adressierung an eine konkrete Person, d.h. an eine für Handlungen einstehende Instanz, nimmt die Erwartung bezüglich der im illokutionären Modus hinterlegten Handlungsnorm die Form einer im praktischen Sinne normativen Anforderung an. Die Regelmäßigkeit des Handelns, die illokutionär repräsentierte 'Norm', die aus der Beobachterperspektive, als Regel einer letztlich kausal interpretierbaren Prognostizierbarkeit verstanden wird, wird im Modus der Adressierung zu einer Forderung, die erhoben und der entsprochen werden kann. Für die Person selbst wird der Entwurf der eigenen Handlungen dann nicht gemessen an einer nomologisch, quasikausalen Allgemeinheit von Handlungsregeln, aus der Prognosen abgeleitet werden können, sondern sie wird gemessen an einer Maxime, aus der die Person Verpflichtungen ableitet.

Es ist vornehmlich die Perspektive der zweiten Person, die uns zu Adressaten von (durch uns selbst erhobenen) Verhaltenserwartungen macht. Und in diesem Sinne werden wir von schriftlichen Texten nicht 'angesprochen'.

Kommunikative Zeit heißt also: a) pragmatischer (von Handlungen angefüllter und realisierter) Horizont der kooperativen Identifikation von Handlungsereignissen und Handelnden b) adäquate reflexive Darstellung dieser Kooperation selbst, und c) symbolische Ressource und genetisches Medium für ein personales, zeitlich und pragmatisch strukturiertes Selbstverständnis.

Zu den Charakeristika der kommunikativen Zeit gehört:

- der Vorrang der Gesamtheit eines Horizontes vor der Gegenwart eines Handlungs- und Sprechereignisses, mithin die bedeutungstheoretische Unvollständigkeit eines isolierten Sprechaktes (soweit qua Institutionalisierung des dialogischen Verfahrens nicht mit guten Gründen von der Offenheit des Horizontes abstrahiert werden kann.)[44]

- Das Prinzip der Einheit des kommunikativen Zeithorizontes: Die Einheit einer Sequenz gehört zu den Kennzeichen der Vollständigkeit jeder einzelnen Identifikation, jedes Teil wird in seiner Determiniertheit von der Gesamtheit der Teile beeinflusst. Die Einheit einer Sequenz wird dabei durch die Sequenz selbst festgelegt, bzw. vor Abschluß der Sequenz in jedem kommunikativen Element antizipiert (und retrospektiv projiziert). Das Kriterium dieser Festlegung ist nichts anderes als die Verständigung darüber, worum es in der Sequenz geht. D.h. die Übereinstimmung der Teilnehmer darüber, worin die Einheit der Sequenz ihre Grenzen findet, variiert mit der Übereinstimmung darüber, was das Thema ist, und diese Übereinstimmung bezogen auf das Thema läßt ihrerseits permanent Korrekturen zu. Diese Betonung der 'intersubjektiven Faktizität' der kommunikativen Zeit ist wichtig, um dem Mißverständnis vorzubeugen, der Ausdruck 'kommunikative Zeit' hätte einen gleichsam ontologischen Status. Die Zeitlichkeit von Dialogen ist keine metaphysische Instanz, in

[44] Wobei in diesem Falle der Institutionalisiertheit der Vorrang des Horizontes inkraft bleibt, bei der Bestimmung der Bedeutung eines Sprechaktes aber nicht eigens expliziert werden muß.

die die Gesprächsteilnehmer schicksalhaft geworfen werden, sie ist die angemessene sprachliche Form der Repräsentation des Prozesses, an dessen Realisierung jeder Sprecher beteiligt ist.

- Modalität: Für die kommunikative Zeit gilt wie für ihre theoretischen Vorläufer, aus denen sie im Zuge der Transformationen gewonnen wurde, daß sie 'Sein-können-muß'. Sie 'ist' dann und nur dann wenn sie faktisch performativ vollzogen wird. Sie 'kann' sein, und bleibt im Modus der Möglichkeit, weil in jedem Moment des Prozesses immer auch andere Anschlußhandlungen möglich sind, und sie bleibt selbst nach Abschluß einer Sequenz mindestens in dem Sinne möglich, daß zukünftige Reinterpretationen des Themas und der Bedeutung der einzelnen Sprachhandlungen durch neue, auf die abgeschlossene Sequenz Bezug nehmende Sequenzen möglich bleiben. Die kommunikative Zeit 'muß' erstens realisiert werden, ohne notwendig gewesen zu sein, weil die Koordination von Handlungen keine Alternative zuläßt. Denn gemessen an dem innerweltlichen Problemdruck, auf den eine verständigungsorientierte Koordination von Handlungen reagiert, gibt es zwar mannigfaltige Möglichkeiten des Verlaufes eines Gespräches. 'Irgend eine' Möglichkeit muß jedoch - kooperativ - ergriffen werden, sofern dem Handlungsbedarf entsprochen werden soll. Zudem sind Handlungen nur dann 'Handlungen', wenn sie im Rahmen eines 'Spielraumes des Verhaltens'[45], d.h. unter der Voraussetzung hinreichender Freiheit der Handelnden, realisiert werden. Und deshalb 'muß' die konkrete Realisierung der kommunikativen Zeit zweitens möglich statt notwendig sein, weil eine kausale Notwendigkeit des Gesprächsverlaufes (selbst bei formalisierten Verfahren) die Offenheit des Verlaufes und damit den Spielraum des intentionalen Handelns aufheben würde.

- Für die Person schließlich gilt: Die kommunikative Zeit ist der symbolisch strukturierte Horizont, der als Ressource der Artikulation einer personalen Geschichte fungiert, und zugleich die Struktur des Prozesses der Individualisierung, an dessen Ende das Vermögen steht, die kommunikative Zeit als eine solche Ressource zu nutzen.

Personen sind in diesem Sinne zugleich 'Produkte' von Dialogen und notwendige Instanzen, von denen der Dialog in seiner temporalen und modalen

[45] Bernhard Waldenfels, SV.

Struktur getragen wird. Mit anderen Worten: Personalität und die Struktur der dialogischen Reflexion setzen einander in scheinbar zirkulärer Weise gegenseitig voraus. Der Anschein eines zirkulären Bedingungsverhältnisses wird jedoch dadurch aufgehoben, daß es hierbei nicht um ein logisches Voraussetzungsverhältnis geht zwischen Begriffen, die auf der gleichen konzeptuellen Stufe stehen. Es handelt sich vielmehr um ein empirisches Voraussetzungsverhältnis im Sinne der Nutzung der Unterscheidung zwischen Ontho- und Phylogenese: Dann nämlich kann man sagen: daß die Genese eines bestimmten personalen Selbstverhältnisses die Struktur von Dialogen voraussetzt, die ihrerseits Personen, jedoch: 'andere' Personen voraussetzt. Die Frage, was 'zuerst da war', Personen oder Dialoge, läßt sich durch den Hinweis auf die evolutionäre Genese vermeintlich substantieller Gegenstände entschärfen. Unter der Bedingung 'unseres' Sprachgebrauches bedingen sich Personen und Dialoge in der oben genannten Weise; und die Annahme eines solchen Bedingungsverhältnisses verliert durch den Hinweis, daß dieser 'unser' Sprachgebrauch eine evolutionäre Vorgeschichte haben muß, keineswegs an Plausibilität, auch wenn jene Vorgeschichte nicht eigens expliziert wird.[46]

4.3. Notwendige Fortsetzungen einer sprachpragmatischen Transformation

Das Modell einer kommunikativen Zeit bzw. eines kommunikativen Zeithorizontes bleibt in der hier vorgelegten Form notwendig unvollständig. Es konnte nicht mehr geleistet werden als ein mehr oder weniger programmatischer Entwurf der Richtung, die eine Durcharbeitung jener pragmatischen Transformation zu nehmen hätte. Eine Entfaltung der hier angeführten Motive hätte sich auf der einen Seite in ausführlicher Weise mit der von Austin und Searle begründeten, dann u.a. von Habermas und Apel aufgegriffenen, Sprechakttheorie auseinanderzusetzen. Allerdings tritt innerhalb dieser Traditi-

[46] Wobei eine solche Explikation keineswegs unmöglich sein muß. Sie könnte sich z.B. an die Motive der Meadschen Sozialpsychologie anlehnen, die die Entstehung von 'Mind', 'Self' und sprachlicher Bedeutung als einen ko-evolutionären Prozess beschreibt. (Siehe weiter unten.)

onslinie das Motiv der zeitlichen Horizontalität nirgends auffällig in den Vordergrund. Das verhält sich anders bei einer zweiten Tradition, an der sich eine pragmatische Transformation der phänomenologischen und hermeneutischen Zeitbegrifflichkeit zu orientieren hätte: bei dem amerikanischen Pragmatismus, in erster Linie bei den Arbeiten John Deweys und George Herbert Meads. Vor allem Meads Theorie der Intersubjektivität bemüht sich dabei ausdrücklich, so besonders Meads "Philosophy of the Present", um die Ausarbeitung eines Begriffes der Zeitlichkeit der in der sozialen Interaktion entfalteten Perspektivenübernahme.

Eine Aufnahme dieser Bemühungen kann eine Frage beantworten helfen, die hier nicht hinreichend beantwortet wurde, obwohl sie von zentraler Bedeutung ist: Die Frage, ob und wie aus der kommunikativen Reflexion einzelner Intentionen oder intentionaler Sprechaktentwürfe die höherstufige Reflexion einer komplexen personalen Identität hervorgehen kann.

Den Beitrag, den eine Aufnahme von Meads "Philosophy of the Present" und seiner Arbeit über "Mind, Self and Society"[47], für die Durcharbeitung einer pragmatischen Transformation im o.g. Sinne leisten kann, will ich darum mit Bezug auf die Frage der komplexen personalen Identität und auf einige wenige andere Fragen kurz andeuten:

- Die Brücke zwischen der hier entworfenen Transformation der Ricoeurschen Hermeneutik und der Sozialpsychologie Meads wird geschlagen durch die Bedeutung der Einstellungs- bzw. Perspektivenübernahme. Es wurde gesagt, daß für die selbstbezügliche Reflexion eigener Intentionen die Fähigkeit konstitutiv ist, seine eigenen Intentionen mit den Augen der widersprechenden oder zustimmenden anderen zu sehen. Genau diese Übernahme der Perspektive der anderen durch eine Person, die von diesen anderen adressiert wird, beschreibt Mead mit seinem Konzept des "taking the role of the other". In "Mind, Self and Society" entwirft Mead eine Theorie, derzufolge die Ausbildung eines komplexen Selbst nur im Zuge eines in mehreren Stufen vollzogenen Prozesses der Übernahme von Verhaltenserwartungen, die andere an mich richten, möglich ist. Die Instanz, die sich innerhalb dieses Prozesses 'in' einer Person entwikkelt, und mit Bezug auf die eine Person sich selbst versteht, nennt Mead das

[47] George Herbert Mead, MSS, und ders. PP.

'Me'.[48] Es ist das Ensemble der internalisierten Handlungserwartungen, die an mich gestellt wurden und werden. Die Logik des Prozesses der Entstehung dieser Instanz entspricht dabei genau dem, worauf der Begriff der kommunikativen Zeit hinweisen soll: Die Genese der personalen Innenperspektive - bei Mead unter der Überschrift: "The Definition of the Psychical" verhandelt"[49]- ist darauf angewiesen, daß vormals 'unbewußte', d.h. unreflektierte Erwartungen, die eine Handlung leiten, im Falle des Mißlingens als diese Erwartungen retrospektiv reflektiert werden. Sobald diese Erwartungen sich nun im Rahmen sozialen Handelns bewegen, das die Adressierung an Personen einschließt (die Perspektive der zweiten Person), entdeckt die Person durch die Internalisierung der adressierenden Perspektive sich selbst als Person. Denn in diesem Fall versteht es die Person, die Erwartung bezüglich des Ausgangs und des Gelingens der Handlung auf eine soziale Handlungsnorm zu beziehen.[50] Dieses Modell macht deutlich, daß sich in der kommunikativen Reflexion von Intentionen eine zeitliche und eine soziale Horizontalität verschränken. Die Fähigkeit zur bewußten Bezugnahme auf eine gegenwärtige 'eigene' Intention muß erworben werden in einem Prozess sozialer Interaktion. Zu der Logik dieses Erwerbs gehört die Perspektivenübernahme im Sinne der Synchronisation des eigenen Zeithorizontes und des Zeithorizontes der konkreten anderen, die an der Interaktion beteiligt sind. Insofern ist die Ausbildung der Instanz des 'Me' zugleich die Entwicklung eines zeitlichen und eines sozialen Horizontes.

Mead betont dabei, daß jede Form eines Selbstverhältnisses, dadurch daß es 'gleichzeitig' verschiedene Perspektiven einnehmen muß, sich in einer Gegenwart befindet, in der die Ausdehnung des Horizontes Vorrang vor einem punktuellen Jetzt haben muß. Diese ausgedehnte, horizontförmige Gegenwart bezieht Mead jedoch anders als die phänomenologische Interpretation nicht auf ein bewußtseinsimmanentes Zeitfeld oder einen existentiellen Kairos, sondern auf die "Ausdehnung der sozialen Handlung".[51] Diese Einschätzung entspricht

[48] Mead, MSS, III The Self, Nr. 22: "The 'I' and the 'Me'", S. 173-178.
[49] Mead, DoP, in: ders.: SelW, Nr. III, S. 25-60.
[50] darauf weist Axel Honneth hin in: Honneth, KuA, S.119.
[51] Mead, PP, S. 87: "A human organism does not become a rational being until he has achieved such an organized other in his field of social response. (...) Now this is possible only in the continual passage from attitude to attitude; but the fact that we do not remain simply in this passage is due to our coming back upon it in the role of the self and organizing the cha-

exakt dem Modell der 'kommunikativen Zeit', denn der gegenwärtige Horizont einer aktuellen Handlung umfasst retrospektiv und antizipatorisch die Zukunft und Vergangenheit der gegenwärtigen Handlung im Rahmen der kommunikativen Sequenz, der sie angehört. Insoweit bestätigt Meads "Philosophy of the Present" die Analyse der zeitlichen Horizontalität von Sprechaktsequenzen. Eine weiterführende Untersuchung der kommunikativen Zeit hätte sich also um den pragmatistischen Begriff einer sozialen Handlung zu bemühen, den neben Mead bereits John Dewey ausgeführt hatte.[52] Darüber hinaus kann der Begriff des 'Me' schließlich erklären, wie sich der Übergang von einzelnen Reflexionen intentionaler Entwürfe zur Reflexion der personalen Identität vollziehen kann. Denn Mead beschreibt die Ausbildung der Instanz des 'Me' als einen Prozeß zunehmender Generalisierung. Aus der Reflexion einzelner Intentionen ensteht im Zuge der Internalisierung der Gesamtheit der Erwartungen konkreter anderer und schließlich durch die Internalisierung der Erwartungen eines verallgemeinerten anderen ein komplexes 'Me', in dem die gesamten Konventionen der Gesellschaft, der die Person angehört, hinterlegt sind. Damit erreicht das personale Selbstverhältnis allerdings zunächst nur die Stufe einer gemessen an der sozialen Umwelt konventionellen Identität. Die Person versteht und entwirft ihre Handlungen, so wie 'man' es tut. Der Übergang zu einer individuellen personalen Identität läßt sich von hier aus mit den Mitteln Meads auf unterschiedliche Weise verstehen. Eine Möglichkeit besteht in der Betonung einer sozusagen überbietenden Steigerung der Generalisierung des 'Me', so daß eine 'postkonventionelle Identität' als die Berufung auf eine den Kontext der konkreten Lebensform transzendierenden universalen Gemeinschaft und ihre Moral begriffen werden kann.[53] Die Person kann dann in den Entwürfen der ihr selbst auferlegten Handlungsverpflichtungen auf universale Normen rekurrieren, die von den Konventionen der konkreten Gemeinschaft unabhängig sind und abweichen können. Mead selbst bezieht sich hier jedoch nicht nur auf die Univer-

---

racters which we pick out into the patterns this social structure of the self puts at our disposal. The stretch of the present within which this self-consciousness finds itself is delimited by the particular social act in which we are engaged."

[52] So etwa in John Dewey, EaN.

[53] Das ist der Weg der Habermasschen Meadinterpretation. Siehe dazu: Habermas: TkH, II, S. 63ff und: ders., IdV, in: ders., ND, S. 223ff.

salität einer allgemeinen Moral, sondern zusätzlich auf die Kategorie des "I". Darunter ist zu verstehen die unbewußte Form der personalen Identität, das Zentrum der individuellen Initiative oder der 'agency' (Charles Taylor), das für unberechenbare Abweichungen von dem erwartbaren Handeln sorgt und stets nur retrospektiv bewußt werden kann. Mead spricht davon, daß das 'I' auf die im 'Me' hinterlegten Erwartungen im Modus der Unberechenbarkeit reagiert, so daß wir nicht selten über unsere eigenen Reaktionen erstaunt sind. Darin liegt jedoch auch das romantische Motiv eines substantiellen Kerns der Person, der sich der sozialen Konditionierung entzieht.[54] Mit den Begriffen des Modells der 'kommunikativen Zeit' läßt sich auch diesem, bei Mead nicht vollends geklärten, Motiv eine intersubjekivitätstheoretische Deutung geben:

Es ist möglich, zwischen der Habermasschen und der Heideggerschen 'Postkonventionalität' eine dritte Form zu identifizieren. Das heißt, jenseits der existentiellen Entschlossenheit, die den Kontakt zur sozialen Konvention abbricht, und diesseits der universalistischen Überbietung der konkreten Konvention erlaubt die Struktur der kommunikativen Anerkennung einer Person einen rationalen Modus des Selbstverständnisses als eine besondere, nicht generalisierbare Form. Diese Zwischenform läßt sich durch den Vergleich verschiedener Imperative identifizieren: Zwischen dem konventionellen Gebot: 'Das darf man nicht tun!' und der universalistischen Aufforderung: 'Das darf kein Mensch (Vernunftwesen) tun!'[55] ist Raum für die Mahnung: 'Das darfst Du nicht tun!'. Im ersten Fall zählt als Kriterium des normativen Geltungsanspruches die konventionelle Norm einer kulturellen Tradition bzw. Lebensform, im zweiten Falle zählt die moralische Norm, die für kulturelle und personale Besonderheiten unempfindlich sein muß, in der Zwischenform wird dagegen ein Kriterium sichtbar, nämlich die intersubjektiv anerkenn- und beurteilbare Konsistenz einer Biographie, das weder konventionell noch existentiell solipsistisch noch kontexttranszendierend universalistisch ist.[56]

---

[54] Dazu: Mead, MSS, S. 173ff.

[55] Im Sinne von: "Das kann kein Mensch als Vernunftwesen tun, ohne seinen Status als vernünftiger bzw. zurechnungsfähiger Sprecher preiszugeben."

[56] Die Unterscheidung zwischen Stufen der postkonventionellen Identität läßt sich abbilden auf der Unterscheidung zwischen Stufen der Annerkennung personaler Identitätsentwürfe und der Unterscheidung zwischen Stufen der Autonomie: Man kann dann etwa wie Axel Honneth zwischen den Anerkennungsformen in Primärbeziehungen, in Rechtsverhältnissen

Die Meadsche Version einer solchen postkonventionellen Identität war, wie gesagt, auch an den Begriff des 'I' geknüpft. Der Begriff des 'I' stellt Meads Version des nur indirekt zugänglichen noch nicht reflektierten Bewußtseins dar. Als stets 'historische' Figur ist das 'I' darüberhinaus für Mead die Quelle der unberechenbaren Spontaneität und damit der Kreativität menschlichen Handelns. Die Kategorie des 'I' soll erklären, warum die im 'Me' gespeicherten Konventionen das Handeln einer Person nicht vollständig determinieren und entsprechend voraussagbar machen. Das 'I' bleibt jedoch eine Verlegenheitslösung, die eine Antwort auf unabweisbare Phänomene des wahrnehmbaren Handelns geben soll, aber letztlich an die Theore des 'role-taking' angestückt bleibt[57]. Das Modell der kommunikativen Zeit kann der Kategorie des 'I' einen geklärten intersubjektivitätstheoretischen Sinn geben. Denn der Begriff des intentionalen Entwurfes einer Handlung kann erklären, warum zwischen der Handlungsabsicht und der gemessen an der kommunikativen Prozedur tatsächlich vollzogenen Handlung eine Abweichung notwendigerweise möglich sein muß, mit anderen Worten: warum wir nicht selten von unseren eigenen Handlungen 'überrascht werden'. Keine Person kann 'wissen', was sie tut, in dem Moment, wo sie es tut, sie kann nur mehr oder weniger treffsicher glauben, es zu wissen. Übersetzt man den Ausdruck 'Verhaltenserwartung' in den Ausdruck des für eine Sprachhandlung (bzw. für eine sprachlich vermittelte und repräsentierbare Handlung) relevanten illokutionären Modus, so wird deutlich, daß jede (weitgehend nichtinstitutionalisierte) Sprachhandlung die Überraschung zuläßt,

---

und in Wertgemeinschaften unterscheiden, (vgl. dazu: Axel Honneth, KuA, Schaubild, S. 211), oder einfach wie Maeve Cooke differenzieren zwischen personaler und moralischer Autonomie; Cooke, PS, S. 65. Dem unterschiedlichen Maß an Kontextgebundenheit der Formen der Anerkennung bzw. der Autonomie von Personen entspricht dann eine unterschiedliche Generalisierbarkeit der durch diese Anerkennung gestützten Geltungsansprüche. So vertritt Cooke einen Begriff der personalen Autonomie, der sich von der universalistischen moralischen Autonomie, die an Prinzipien der Gerechtigkeit orientiert sein muß, durch eine zweifache Kontextgebundenheit unterscheidet: Sowohl für die Frage, durch wen die fragliche Anerkennung erfolgt, als auch für die Frage, wem die durch diese Anerkennung gültige Verbindlichkeit Verpflichtungen auferlegt, gilt die Beschränkung auf den konkreten Kontext einer in ihrem normativen Selbstverständnis partikularen Gemeinschaft.
Wie auch immer hier im einzelnen die Grenzen gezogen werden, so kann man mindestens Martin Löw Beer zustimmen, der die Ansicht vertritt, daß sich die Antwort auf die von Tugendhat so genannte praktische Frage 'wer will ich sein' stets nur in partikularen und gestuften Formen stellt. Vgl. Martin Löw-Beer, SwE, S. 133.

[57] Diese Kritik äußert auch: Bernhard Waldenfels, in: ders., SV, S. 223-265.

einen anderen als den beabsichtigten (im 'Me' repräsentierten) illokutionären Modus ins Spiel gebracht zu haben. Die dialogische Reflexion ist es also, die eine Person, sobald sie der in dieser Reflexion nahegelegten Korrektur ihres intentionalen Entwurfes zustimmt, zur Überraschung über sich selbst führt. Dann ist das 'I' kein spontaneistisches Arkanum, sondern die retrospektive, intersubjektiv reflektierte Gestalt der tatsächlichen Intention, die eine Person einen Moment zuvor gehabt hat, ohne es in diesem Moment 'gewußt' zu haben. Die Kategorie des 'I' repräsentiert dann die vorbewußte Form der personalen Identität, die als das Zentrum der Initiative im Rahmen einer vorprädikativen, und darum wohlgemerkt noch unverständlichen bzw. unverstandenen, 'Umsicht' zu deuten wäre. Der Unterschied zwischen 'I' und 'Me' ist nicht substantialistisch als Differenz zwischen Schichten oder Teilen einer Person zu verstehen, sondern als Differenz, die ihrerseits kommunikativ erzeugt und durch die Person gegebenenfalls ratifiziert wird.[58] Dadurch wird klar: eine Person muß sich selbst und andere immer wieder überraschen können, allein weil die Bedeutung ihrer Handlungen auf relativ unvorhersagbare Weise faktisch in der Kommunikation festgelegt werden kann. Die romantische Unruhe des Selbst läßt sich dann begreifen als notwendig mögliche kommunikative Beunruhigung einer personalen Identität. Die beunruhigte und nicht zu beruhigende Suche nach dem 'eigentlichen eigenen' Selbst beginnt dann bei dem Versuch, die Erinnerung an die eigenen intentionalen Entwürfe mit den Resonanzen, die ihre Artikulationen bei anderen hervorrufen, in Einklang zu bringen. Und dies muß nicht die Anpassung der Selbstdeutung an die Version der anderen sein, denn auch die anderen haben nicht nur eine Version, so daß die Wahl der für verbindlich genommenen Variante in letzter Instanz der freien Entscheidung der Person unterliegt. Die existentialistische Unruhe, die nach Sartres Überzeugung stets jede Zumutung der Identifizierung eines 'An sich' zurückweisen muß,[59] erklärt sich dadurch nicht als anthropologische Konstante, sondern als das Resultat der Form unserer sprachlichen Bezugnahme auf Personen und Handlungen. Würden wir anders über Handlungen sprechen, dann würden wir auch anders über

[58] Und das mag mutatis mutandis auch für die psychoanalytische Topologie gelten, in der zwischen dem Bewußtsein und dem Unbewußten unterschieden wird.
[59] Sartre, DSudN.

Personen sprechen und als Personen anders, vielleicht weniger dramatisch, über uns selbst sprechen. Je mehr die Struktur der Kommunikation es jedoch notwendig erscheinen läßt, so und nicht anders über Handlungen und Personen zu sprechen, desto unwahrscheinlicher ist eine Alternative zu unserem eingespielten Sprach- und Selbstverständnis.

4.4. Abschließende methodische Selbstvergewisserung

Am Ende soll daran erinnert werden, daß die hier vorgestellten Transformationen einer zu Beginn subjektphilosophischen Perspektive durch deren methodologische Aporie motiviert und legitimiert wurde. Das Modell einer 'kommunikativen' Zeit muß also schließlich daraufhin befragt werden (das Gelingen der theoretischen Aufhebung der phänomenologischen Intuition einmal vorausgesetzt), inwieweit eine sprachpragmatische Rekonstruktion der Bedingungen der Möglichkeit personaler Identität als Individualität ihrerseits den Anforderungen methodischer Konsistenz genügt.

Eine denkbare Einschränkung des Geltungsanspruches dieser Betrachtungsweise drängt sich auf angesichts der Einsicht, daß das Modell personaler Selbstverhältnisse, dem eine sprachpragmatische Rekonstruktion angemessen sein sollte, im Grunde vorausgesetzt wurde, ohne daß diese Voraussetzung anders begründet worden wäre, als durch den Apell an vortheoretische Intuitionen und den Rekurs auf heilige Texte.

Kann man, anders gesagt, überhaupt mit Notwendigkeit behaupten, daß z.B. die empiristische Deutung personaler Identität mit mehr im Widerspruch steht als bloß mit einem seinerseits kulturellen, historisch relativen Selbstverständnis 'moderner' individueller Personalität? Wäre eine solche Grundlage ausreichend, um den Geltungsanspruch einer formalen Rekonstruktion zu stützen, oder war die gesamte vorstehende Analyse nur die generalisierende Artikulation einer lebensformrelativen Intuition?

Eine weitere (und damit zusammenhängende) Fage betrifft die weitergehende Generalisierbarkeit der hier vorgelegten Analysen: Kann man unabhängig von der Fragestellung einer Theorie personaler Identität als Individualität behaupten, daß Sprechakte im allgemeinen als Handlungsereignisse in ihrer Bedeutung von der Grundstruktur einer kommunikativen Zeit bzw. der in der Zeit ausgedehnten dialogischen Reflexion abhängen?

Ein diesbezüglicher Nachweis muß zusätzliche Wege beschreiten: eine selbständige bedeutungstheoretische Auseinandersetzung mit der Sprachpragmatik als einer allgemeinen Theorie des Sprachgebrauches. Dieser Weg wurde hier nur zum Teil beschritten, so daß an dieser Stelle eine vorläufge Begrenzung der mit guten Gründen erhebbaren Geltungsansprüche dieser Arbeit sichtbar wird.

Das Modell der kommunikativen Zeit ist also vorerst nicht mehr als eine konsequente sprachtheoretische Reformulierung einer phänomenologisch-hermeneutischen oder existentialistischen Intuition. Das wäre nicht wenig, denn eine Verschränkung von einer phänomenologisch-hermeneutischen Zeittheorie und einem kommunikationstheoretischen Vernunftbegriff lieferte immerhin einen wichtigen Baustein des 'nachmetaphysischen Denkens'. Die umfassende Generalisierbarkeit des Modells der kommunikativen Zeit müßte allerdings erst noch ausführlicher begründet werden. Die soeben unter 4.2. und 4.3. ausgeführten Schlußfolgerungen müssen also vorläufig unter einem Vorbehalt bleiben. Und sogar die Berechtigung der phänomenologisch-hermeneutischen Intuition selbst verlangt eigentlich nach einer hier noch nicht gelieferten selbständigen Grundlage.

Wenn allerdings die Generalisierbarkeit der Ergebnisse der hier unternommenen Untersuchung nachgewiesen wird, so hätte dies in der Form eines willkommenen Nebeneffektes Rückwirkungen auf die Legitimierung der zugrundegelegten Intuition. Denn wenn unabhängig von dem Phänomen bzw. von unserer Interpretation personaler Identität die kommunikative Zeithorizontalität als eine Grundstruktur sprachlicher Interaktion freilgelegt wird, so erhält die hier vorgestellte Rekonstruktion der sprachlichen Bezugnahme auf Personen eine von der vorausgesetzten personalitätstheoretischen Intuition unabhängige Legitimität.[60] Dann ist es nicht länger nur relativ zu einem kulturellen Selbst-

---

[60] Und damit wäre auch dem Einspruch von Martin Löw Beer genüge getan, die Habermassche Vermutung, der kommunikative Sprachgebrauch impliziere mit Notwendigkeit den Begriff der Einzigartigkeit von Personen, verlange nach weiteren Begründungen. Vgl. Löw-Beer, SwE, S. 139.

verständnis normativ geboten, so und nicht anders von, über und mit Personen zu sprechen, sondern es kommt ans Licht, daß die formale Struktur des kommunikativen Handelns eine alternative Verwendung des Personenbegriffes gar nicht zuläßt.

Diese Begründungsfigur wurde in dieser Arbeit zweifellos nicht vollständig vorgelegt bzw. nicht abgeschlossen. Aber die Eigenständigkeit der bereits hier in Anspruch genommenen sprachphilosophischen Argumente genügt zur Stärkung der Zuversicht, daß sich eine solche ausgedehntere Begründung prinzipiell nachliefern läßt.

Eine solchen vervollständigten Analyse nachzureichen, hätte schließlich nicht nur den Effekt, die personalitätstheoretische Intuition auf kontexttranszendierende Argumente zu stützen. Die sprachpragmatische Transformation des phänomenologisch-hermeneutischen Motivs der Zeitlichkeit personaler Identität könnte dann erweitert werden zu einer Transformation der Kritik an einem metaphysischen 'Präsentismus'. Diese Erweiterung wäre das ehrgeizige Projekt einer Untersuchung des Zusammenhanges zwischen einem nicht länger metaphysischen Zeitbegriff und der kommunikativen Vernunft. In der Analyse von Heideggers SuZ wurde vorgeschlagen die Daseinsananlyse und die Fundamentalontologie zu entkoppeln, um sich dann einer entlasteten Daseinsanalyse zuzuwenden. Eine generalisierte Theorie kommunikativer Zeit könnte auf das fundamentalontologische Projekt zurückkommen. Sie würde dabei mit Blick auf die Vorstellung einer sprachlichen Arbeitsteilung als ontologischer Kooperation von verständigungsorientierten Personen ihre Position und ihren Kurs zu bestimmen versuchen.

Nicht umsonst erinnert die Figur der Begründung der Intuition, mit der diese Analyse begann, durch eine (zumindest für möglich erachtete) Generalisierung der Ergebnisse, zu denen sie gekommen ist, an den nichtzirkulären Kreis der Argumentation der Hegelschen Dialektik. Denn hier schließt sich der Kreis der Argumentation, sobald sich die Einsicht in die Unmöglichkeit der Voraussetzunglosigkeit jeder Analyse zu dem Eingeständnis durchringt, daß der Anfang durch das Ende erst bestimmt wird.

Diese Dialektik wird zuguterletzt zu einer nachträglichen methodologischen Bestätigung der Überlegungen zu einer kommunikativen Zeitlichkeit. Denn die

Begründung des Anfangs einer Analyse durch ihr Ergebnis entspricht in ihrer formalen Gestalt genau der Struktur kommunikativer Zeithorizontalität, durch die der Anfang nur möglich wird durch einen vorauslaufenden Entwurf des Endes, während der realisierte Durchgang, das faktische Abschließen des Prozesses erst letztgültig bestimmt, worin der Anfang bestanden hat. In diesem Sinne wandert das Modell der kommunikativen Zeit in die abschließenden Betrachtung der Geltung der Methode, die zu diesem Modell geführt hat, wieder ein: Nur eine Argumentation, die die Berechtigung der Voraussetzungen, mit denen sie beginnt, in jeder Fortsetzung der Diskussion erneut zur Disposition zu stellen bereit ist, bleibt undogmatisch.

Literaturverzeichnis:

Aguirre Antonio F., PH, Die Phänomenologie Husserls im Licht ihrer gegenwärtigen Interpretation und Kritik, Darmstadt, Wissenschaftliche Buchgesellschaft 1982.

Aler Jan, HCL, Heideggers Conception of Language in 'Beeing and Time', in: Kockelmanns (Hrsg.), OHL, S. 33-65.

Anderson Joel, ZBA, Starke Wertungen, Wünsche zweiter Ordnung und intersubjektive Kritik: Überlegungen zum Begriff ethischer Autonomie, Dtsch. Z. Phil. Berlin 42 (1994) 1, S. 97-119.

Apel Karl Otto, SuG, Sinnkonstitution und Geltungsrechtfertigung, Heidegger und das Problem der Transzendentalphilosophie, in: Forum für Philosophie Bad Homburg (Hrsg.), IuA, S. 131-176.

Apel Karl Otto, TPh, Transformation der Philosophie, Band 1, Sprachanalytik, Semiotik, Hermeneutik, Frankfurt, Suhrkamp, 1973.

Augustinus, C, Bekenntnisse, Zweisprachige Ausgabe, aus dem Lateinischen von Joseph Bernhart, Frankfurt, Insel, 1987.

Austin J. L., HTW, How to do Things with Words, Harvard University Press, Cambridge Mass., 1975 (1962).

Barthes Roland, EsAE, Einführung in die strukturale Analyse von Erzählungen, in: ders., Das semiologische Abenteuer, Frankfurt, Suhrkamp, 1988, S. 102-144.

Beck Ulrich, Beck-Gernsheim Elisabeth (Hrsg.), RF, Riskante Freiheiten, Frankfurt am Main, Suhrkamp, 1994.

Beck Ulrich, RG, Risikogesellschaft. Auf dem Weg zu einer anderen Moderne, Frankfurt, Suhrkamp, 1986.

Beck-Gernsheim Elisabeth, Auf dem Weg in die postfamiliale Familie - Von der Notgemeinschaft zur Wahlverwandtschaft, in: , Beck Ulrich, dies. (Hrsg.), RF, S. 115-139.

Becker Oskar, PMDD, Para-Existenz, Menschliches Dasein und Dawesen, in: Otto Pöggeler (Hrsg.), HPD, S. 261-286.

Benjamin Walter, DE, Der Erzähler, Betrachtungen zum Werk Nikolai Leskows, in: ders., Gesammelte Schriften, II, 2, Frankfurt, Suhrkamp, 1977, S. 438-465.

Bergmann Werner und **Hofmann** Gisbert, MTP, Mead und die Tradition der Phänomenologie, in: Hans Joas (Hrsg.) Das Problem der Intersubjektivität, Neuere Beiträge zum Werk George Herbert Meads, Frankfurt, Suhrkamp, 1985, S. 93-131.

Bernet Rudolf, DuG, Die ungegenwärtige Gegenwart. Anwesenheit und Abwesenheit in Husserls Analyse des Zeitbewußtseins, in: Orth E. W., ZZ, S. 16-58.

Bieri Peter, ZuZ, Zeit und Zeiterfahrung, Frankfurt, Suhrkamp 1972.

Binkley Timothy, TPM, On the Truth and Probity of Metaphor, in: Johnson M., PPM, S. 136-154.

Blumenberg Hans, LuW, Lebenszeit und Weltzeit, Frankfurt, Suhrkamp, 1986.

Bourdieu Pierre, POH, Die politische Ontologie Martin Heideggers, Frankfurt, Syndikat, 1976 (1975).

Brand Gerd, WIZ, Welt, Ich und Zeit nach unveröffentlichten Manuskripten von Edmund Husserl, Den Haag, 1955.

Brandner Rudolf, HBG, Heideggers Begriff der Geschichte und das neuzeitliche Geschichtsdenken, Passagen, Wien, 1995.

Carr David, TNH, Time, Narrative and History, Indiana University Press, Bloomington, Indianapolis, 1986.

Castaneda Hector-Neri, RS, Die Reflexivität des Selbstbewußtseins: Eine phänomeno-logische Untersuchung, in: Kienzle B. und Pape Helmut (Hrsg.), Dimensionen des Selbst, Frankfurt, Suhrkamp, 1991, S. 85-137.

Collingwood R. G. , IoH, The Idea of History, New York, Oxford, Oxford University Press, 1956.

Cometti Jean Pierre, HPL, Heidegger et la Philosophie Du Langage, in: Rev. Int. Philsosophique et E'tranger 43, 1989, S. 52-63.

Cooke Maeve, PS, Postkonventionelle Selbstverwirklichung: Überlegungen zur praktischen Subjektivität, in: Dtsch. Z. f. Philos., Berlin, 42 (1994) 1, S. 61-72.

Cunningham Suzanne, LPR, Language and the Phenomenological Reductions of Edmund Husserl, The Hague, 1977.

Danto A. C., VG, Die Verklärung des Gewöhnlichen, Frankfurt, Suhrkamp 1984 (Original: The Transfiguration of the Commonplace, A Philosophy of Art. Harvard University Press, Cambridge, Mass., 1981).

Danto Arthur C., APH, Analytical Philosphy of History, Cambridge, 1965.

Davidson D., IndvE, Zur Individuation von Ereignissen, in: ders., HE, S. 233-259.

Davidson Donald, HanG, Handlungen, Gründe und Ursachen (1963), in: ders., HE, S. 19-43.

Davidson Donald, HE, Handlung und Ereignis, Frankfurt, Suhrkamp, 1985 (Original: Essays on Actions and Events, Oxford University Press 1980).

Derrida J., HWG, Husserls Weg in die Geschichte am Leitfaden der Geometrie, München, Fink, 1987 (Original: Edmund Husserl, lórigine de la géometrie. Traduction et introduction par Jacques Derrida, Paris, Presses Universitaires de France, 1974).

Derrida J., SP, Die Stimme und das Phänomen, Frankfurt, Suhrkamp, 1979 (Original: La voix et le phénomene, Paris, Presses Universitaires de France 1967).

Derrida Jacques, FB, Die Form und das Bedeuten, Bemerkungen zur Phänomenologie der Sprache, in: ders., Randgänge der Philosophie, Wien, Passagen, 1988 (Original: Marges de la philosophie, Paris, Éd. de Minuit, 1972), S. 159-175.

Dewey John, EaN, Experience and Nature, La Salle, Ill., Open Court, 1989 (1929).

Donnellan K. S., Reference and Definite Description (1966), in: Schwartz S. P. (Hrsg.), Naming, Necessity and Natural Kinds, New York, 1977.

Dray William, LEH, Laws and Explanation in History, London, New York, Oxford, 1957.

Dreyfus Hubert, HIC, (Hrsg), Husserl, Intentionality and Cognitive Science, MIT, 1982.

Duby George und **Lardreau** Guy, GG, Geschichte und Geschichtswissenschaft, Frankfurt, Suhrkamp, 1982 (Original: Dialogues, Paris, Flammarion, 1980).

Dummett M., WH, Wahrheit, in: ders: Wahrheit, Stuttgart, Reclam, 1982, S. 7-37.

Dummett M., WiaTM, What is a Theory of Meaning, in: Evans G., McDowell J. (Ed.), Truth and Meaning, Oxford, 1976.

Dummett Michael, UaPh, Ursprünge der analytischen Philosophie, Frankfurt, Suhrkamp, 1992.

Düsing Klaus, SM, Selbstbewußtseinsmodelle. Apperzeption und Zeitbewußtsein in Heideggers Auseinandersetzung mit Kant, in: Forum f. Philos. Bad Homburg, ZuP, S. 89-123.

Dux Günter, ZiG, Die Zeit in der Geschichte, Ihre Entwicklungslogik vom Mythos zur Weltzeit, Frankfurt, Suhrkamp, 1989.

Erikson Erik, IuLZ, Identität und Lebenszyklus, Frankfurt, Suhrkamp, 1973 (1966) (Original: Identity and the Life Cycle, 1959).

Figal Günter, HPF, Martin Heidegger, Phänomenologie der Freiheit, Frankfurt, Athenäum, 1988.

Fink Eugen, VICM, VI Cartesianische Meditation, Texte aus dem Nachlass Finks (1930-1932) mit Anmerkungen und Beilagen aus dem Nachlass Husserls (1930-1932/3). Hrsg. von Guy van Kerckhoven, Dordrecht, Boston, London, Kluwer, 1988.

Fleischer Margot, ZAH, Die Zeitanalysen in Heideggers 'Sein und Zeit', Aporien, Probleme und ein Ausblick, Würzburg, Königshausen-Neumann, 1991

Föllesdal Dagfinn, HNN, Husserls Notion of Noema, in: Dreyfus (Hrsg.), ICS, S. 73-81.

Föllesdal Dagfinn, HuB, Husserl and Brentano on Intentional Objects, in: Dreyfus (Hrsg.), ICS, S. 31-49.

Forum für Philosophie Bad Homburg, IuA, (Hrsg.) Innen- und Außenansichten, Frankfurt, Suhrkamp, 1989,

Forum für Philosophie Bad Homburg, ZuP, (Hrsg.), Zeiterfahrung und Personalität, Frankfurt, Suhrkamp, 1992.

Frank M., SPI, Subjekt, Person und Individuum, in: ders., Raulet G. und v.Reijen Willem (Hrsg.), Die Frage nach dem Subjekt, Frankfurt, Suhrkamp, 1988, S. 7-25.

Frank M., ZB, Zeitbewußtsein, Pfullingen, Neske, 1990.

Frank Manfred, SuS, Selbstbewußtsein und Selbsterkenntnis, Stuttgart, Reclam, 1991.

Frankfurt Harry, FoW, Freedom of the Will and the Concept of a Person, in: Journal of Philosophy 68, 1, 1971, wiederabgedruckt in: ders., The Importance of What We Care About, Cambridge, Cambridge University Press, 1988, S. 11-25.

Frege G., FBB, Funktion, Begriff, Bedeutung, Göttingen, Vandenhoek und Ruprecht, 6. Aufl., 1986.

Frege Gottlob, DG, Der Gedanke, (1918), in: ders., Logische Untersuchungen, Hrsg. von Patzig G., Göttingen, Vandenhoeck, 2. Aufl. 1976.

Freud Sigmund, ZüKuT, Zeitgemäßes über Krieg und Tod (1915), in: ders., Kulturtheoretische Schriften, Frankfurt, Fischer, 1974, S. 33-61.

Früchtl Josef, EU, Ästhetische Erfahrung und moralisches Urteil, Frankfurt, Suhrkamp, 1993.

Gadamer H. G., DMT, Die Marburger Theologie, in: ders., Gesammelte Werke, Band 3, Tübingen, Mohr-Siebeck, 1987, S. 197-209.

Gadamer H. G., PL, Philosophische Lehrjahre, Frankfurt, Klostermann, 1977.

Gadamer H. G., WiK, Der Weg in die Kehre, in: ders. Gesammelte Werke, Band 3, Tübingen, Mohr-Siebeck, 1987, S. 271-285.

Gadamer Hans Georg und Boehm Gottfried , HuW, (Hrsg.), Die Hermeneutik und die Wissenschaften, Frankfurt, Suhrkamp, 1978.

Gadamer, WuM, Wahrheit und Methode, Tübingen, Mohr-Siebeck, 1975 (1960).

Gale Richard, LT, The Language of Time, London, 1968.

Gallie W. B., PHU, Philosophy and the Historical Understanding, New York, 1964.

Gethmann Carl Friedrich, DEH, Dasein: Erkennen und Handeln - Heidegger im phänomenologischen Kontext, Berlin, New York, de Gruyter, 1993.

Gethmann Carl Friedrich, HKH, Heideggers Konzeption des Handelns in 'Sein und Zeit', in: Gethmann-Siefert A. und Pöggeler O. (Hrsg.), Heidegger und die praktische Philosophie, Frankfurt, Suhrkamp 1988, S. 140-177.

Goffman Erving, FT, Forms of Talk, University of Penns. Press, Philadelphia, 1981.

Goodman Nelson, LA, The Languages of Art, An Approach to a Theory of Symbols, Indianapolis, 1968.

Gratthoff Richard, PIGS, Das Problem der Intersubjektivität bei Aron Gurwitsch und Alfred Schütz, in: ders. und Waldenfels B. (Hrsg.), Sozialität und Intersubjektivität, München, Fink, 1983, S. 87-121.

Habermas J, EuI, Erkenntnis und Interesse, Frankfurt, Suhrkamp, 3. Aufl., 1975.

Habermas J., DUH, Der Universalitätsanspruch der Hermeneutik, in: Habermas J., Henrich D. und Taubes J. (Hrsg.), Hermeneutik und Ideologiekritik, Frankfurt, Suhrkamp, 1971, S. 120-160.

Habermas J., EVVS, Die Einheit der Vernunft in der Vielfalt ihrer Stimmen, in: ders., NMD, S. 153-187.

Habermas J., IdV, Individuierung durch Vergesellschaftung. Zu G. H. Meads Theorie der Subjektivität, in: ders., NMD, S. 187-242.

Habermas J., NMD, Nachmetaphysisches Denken, Frankfurt, Suhrkamp, 1988.

Habermas J., PhdM, Der philosophische Diskurs der Moderne, Frankfurt, Suhrkamp, 1985

Habermas J., TkH, Theorie des kommunikativen Handelns, Band 1+2, Frankfurt, Suhrkamp, 1981.

Habermas Jürgen, ZKB, Zur Kritik der Bedeutungstheorie, in: ders., NMD, S. 105-136.

Haugeland J., HoBP, Heidegger on Beeing a Person, in: Nous, XVI, Nr.1, 1982, S. 15-26.

Haugeland John, DD, Daseins Disclosedness, in: The Southern Journal of Phil., Vol. 28 Suppl., 1989, S. 51-73.

Heffernan George, BuE, Bedeutung und Evidenz bei Edmund Husserl. Das Verhältnis zwischen der Bedeutungs- und Evidenztheorie in den 'Logischen Untersuchungen' und der 'Formalen und Transzendentalen Logik'. Ein Vergleich anhand der Identitätsproblematik, Bonn, Bouvier, 1983.

Heidegger M., GPP, Die Grundprobleme der Phänomenologie, Gesamtausgabe, II Abteilung: Vorlesungen 1923-1944, Band 24, hrsg. v. F. W. von Herrmann, Frankfurt, Klostermann, 1989 (1975).

Heidegger M., KPM, Kant und das Problem der Metaphysik, Frankfurt, Klostermann, 5. Aufl. 1991 (1973).

Heidegger M., PGZ, Prolegomena zur Geschichte des Zeitbegriffes, Gesamtausgabe, Band 20, hrsg. von P. Jaeger, Frankfurt, Klostermann, 1979.

Heidegger M., SuZ, Sein und Zeit, Tübingen, Niemeyer, 1984 (1927).

Heidegger M., ÜdH, Über den Humanismus, Frankfurt, Klostermann, 1981 (1949).

Heidegger M., UdK, Der Ursprung des Kunstwerkes (1935/36), in: ders., Holzwege, Frankfurt, Klostermann, 1980 (1950), S. 1-73.

Heidegger M., US, Unterwegs zur Sprache, Pfullingen, Neske, 1986 (1959).

Heidegger M., WG, Vom Wesen des Grundes, Frankfurt, 1949.

Heidegger Martin, EiM, Einführung in die Metaphysik, Tübingen, Niemayer, 1976.

Held Klaus, LG, Lebendige Gegenwart, Die Frage nach der Seinsweise des transzendentalen Ich bei Edmund Husserl entwickelt am Leitfaden der Zeitfrage, Den Haag, 1966.

Hempel C. G., FGLH, The Function of General Laws in History, in: The Journ. of Phil., 39, 1942, S. 35-48.

Hofmann G. und Bergmann W., siehe Bergmann, MTP.

Holenstein Elmar, MS, Menschliches Selbstverständnis, Ichbewußtsein, Intersubjektive Verantwortung, Interkulturelle Verständigung, Frankfurt, Suhrkamp, 1985.

Honneth Axel, KuA, Kampf um Anerkennung, Zur moralischen Grammatik sozialer Konflikte, Frankfurt, Suhrkamp, 1992.

Hume David, ToHN, A Treatise of Human Nature, Oxford, Clarendon Press, 1968 (1888).

Husserl E., EU, Erfahrung und Urteil, Hamburg, Meiner, 1985.

Husserl E., Ideen, Ideen zu einer reinen Phänomenologie und phänomenologischen Philosophie, Erstes Buch, Allgemeine Einführung in die reine Phänomenologie, Husserliana III, Den Haag, 1950.

Husserl E., KdgW, Die Konstitution der geistigen Welt, (Teil aus: Husserliana IV, Ideen zu einer reinen Phänomenologie und phänomenologischen Philosophie. Zweites Buch, Haag 1952), Hamburg, Meiner, 1984, eingeleitet von Manfred Sommer.

Husserl E., Krisis, Die Krisis der europäischen Wissenschaften und die transzendentale Phänomenologie, Hamburg, Meiner, 1982 (1977).

Husserl E., LU, Logische Untersuchungen, Band 1, Halle a.d.S., Niemeyer, vierte Aufl., 1928; Logische Untersuchungen Band 2, Teil 1, Halle a.d.S., Niemeyer, vierte Auflage, 1928; Logische Untersuchungen, Band 2, Teil 2, Halle a.d.S., Niemeyer, dritte Auflage, 1922.

Husserl E., PhI, Phänomenologie der Intersubjektivität, incl. 'Seefelder Manuskripte', Husserliana XIII, Bd. 1, Den Haag 1973; Husserliana XIV, Bd. 2, Den Haag 1973; Husserliana XV, Band 3, Den Haag, 1973.

Husserl E., PZ, Zur Phänomenologie des inneren Zeitbewußtseins, (1893-1917), Husserliana X, Den Haag, 1966.

Husserl E., Ursprung, Der Ursprung der Geometrie, (Teil der Krisis der europäischen Wissenschaften, Husserliana VI, La Haye, Nijhoff, 1954), hier, in: Derrida J., HWG, S.204-233.

Husserl E., VBL, Vorlesungen über Bedeutungslehre, Sommersemester 1908, Husserliana XXVI, Den Haag, 1987.

Husserl E., ViZ, Vorlesungen zur Phänomenologie des inneren Zeitbewußtseins, Tübingen, Niemeyer, 1980 (1928).

Husserl Edmund, CM, Cartesianische Meditationen, Hamburg, Meiner, 1977.

Jamme Christoph und **Pöggeler** Otto, PiW, (Hrsg.) Phänomenologie im Widerstreit, Zum 50. Todestag Edmund Husserls, Frankfurt, Suhrkamp, 1989.

Johnson Mark, PPM, Philosophical Perspectives on Metaphor, University of Minnesota Press, 1981.

Kant I., KdrV, Kritik der reinen Vernunft, Band 1 und 2, Werkausgabe, Band II und IV, Frankfurt, Suhrkamp, 1980 (1781).

Kant Immanuel, KdpV, Kritik der Praktischen Vernunft, Hamburg, Meiner, 1959.

Kerckhoven Guy van, ITM, Die Idee einer transzendentalen Methodenlehre in phänomenologischer Absicht, in: Jamme, Pöggeler (Hrsg.), PiW, S. 81-106.

Kermode F., SoE, The Sense of an Ending. Studies in the Theory of Fiction, London, Oxford, New York, 1966.

Kettering Emil, FuF, Fundamentalontologie und Fundamentalaletheiologie, in: Forum für Phil. Bad Homburg (Hrsg.), IuA, S. 201-215.

Kisiel Theodore, GH, The Genesis of Heideggers Being and Time, University of California Press, Berkeley, Los Angeles, London, 1993.

Kisiel Theodore, ZFH, Der Zeitbegriff beim frühen Heidegger, in: Orth E.W., ZZ, S. 192-211.

Kockelmanns J. J., ODHG, Ontological Difference, Hermeneutics and Language, in: ders., OHL, S. 195-235.

Kockelmanns J. J., OHL, (Hrsg.) On Heidegger and Language, Northwestern University Press, Evanston, 1972.

Kockelmanns Joseph J., LME, Language, Meaning and Existence, in: ders., OHL, S. 3-33.

Koselleck Reinhart, VZ, Vergangene Zukunft, Frankfurt, Suhrkamp, 1984 (1979).

Kripke Saul, IaN, Identity and Necessity, in: Munitz M. (Ed.), Identity and Individuation, New York, 1972, S. 135-164.

Kripke Saul, NaN, Naming and Necessity, in: Davidson D. und Harman G. (Ed.), Semantics of Natural Language, Dordrecht, 1972, S. 253-355.

Lafont Christina, SuW, Welterschließung und Sprache - Zur linguistischen Wende der Hermeneutik Heideggers, Frankfurt, Suhrkamp, 1994.

Lafont Christina, WuR, Welterschließung und Referenz, in: Dtsch. Z. f. Philos., 41, 1993, 3, S. 491-509.

Landgrebe Ludwig, FuI, Faktizität und Individuation, Studien zu Grundfragen der Phänomenologie, Hamburg, 1982.

Landsberg, DET, Die Erfahrung des Todes, Frankfurt, Suhrkamp, 1973.

Losurdo Domenico, GTA, Die Gemeinschaft, der Tod, das Abendland, Heidegger und die Kriegsideologie, Stuttgart, Metzler, 1995.

Löw-Beer Martin, SwE, Sind wir einzigartig? Zum Verhältnis von Autonomie und Individualität, in: Dtsch. Z. Philos., Berlin, 42 (1994) 1, S. 121-139.

Löwith K., HDdZ, Heidegger - Denker in dürftiger Zeit, Stuttgart, Metzler, 1984.

Löwith K., HuR, M. Heidegger und F. Rosenzweig. Ein Nachtrag zu 'Sein und Zeit', in: ders., HDdZ, S. 72-102.

Löwith Karl, MD, Mein Leben in Deutschland vor und nach 1933, Stuttgart, Metzler, 1986.

Luhmann Niklas, I, Individuum, Individualität, Individualismus, in: ders: Sozialstruktur und Semantik, Band 3, Frankfurt am Main, Suhrkamp, 1989, S. 149-259.

Luhmann Niklas, SS, Soziale Systeme, Frankfurt, Suhrkamp, 1984.

Lukács Georg, TR, Theorie des Romans, ein geschichtsphilosophischer Versuch über die Formen der großen Epik, Darmstadt, Luchterhand, 1984.

MacIntyre Alasdair, AV, After Virtue, Notre Dame, 1981.

Masullo Aldo, SHVHI, 'Sorge', Heideggers Verwandlung von Husserls Intentionalitätsstruktur, in: Jamme C. und Pöggeler O. (Hrsg.), PiW, S. 234-255.

McGaughey Douglas R., RMN, Ricours Metaphor and Narrative Theories as a Foundation for a Theory of Symbols, in: Relig. Stud. 24, 1988, S. 415-437.

McIntyre Ronald, IaR, Intending and Referring, in: Dreyfus (Hrsg.), ICS, S. 216-235.

McTaggart J.M.E., TUT, The Unreality of Time, in: Mind, 17, 1908, S. 457-484.

Mead G. H., MSS, Mind, Self and Society from the Standpoint of a Social Behaviorist, University of Chicago Press, 1967.

Mead G. H., PP, The Philosophy of the Present, La Salle, Open Court, 1959.

Mead G. H., SelW, Selected Writings, Edited by Andrew J. Reck, The University of Chicago Press, 1964.

Mead Georg Herbert, DOP, The Definition of the Psychical, in: ders., SelW, S. 25-60.

Meist Kurt Rainer, ZG, Die Zeit der Geschichte. Probleme in Husserls transzendentaler Begründung einer Theorie der Geschichte, in: Orth E. W., ZZ, S. 58-111.

Merker B., SuS, Selbsttäuschung und Selbsterkenntnis, Frankfurt, Suhrkamp, 1988.

Merker Barbara, KsR, Konversion statt Reflexion, in: Forum f. Phil. Bad Homburg (Hrsg.), IuA, S. 215-244.

Merleau-Ponty Maurice, PhdW, Phänomenologie der Wahrnehmung, Berlin, deGruyter, 1966.

Miller Izchak, HATA, Husserls Account of Our Temporal Awareness, in: Dreyfus (Hrsg.), ICS, S. 125-147.

Mink L. O., AHU, The Autonomy of Historical Understanding, in: History and Theory, vol. V, 1, 1965, S. 24-47.

Mink L. O., HFMC, History and Fiction as Modes of Comprehension, in: New Literary History, 1979, S. 541-558.

Mink L. O., NFaaCI, Narrative Form as a Cognitive Instrument, in: Kozicki H. e.a. (Hrsg.), The Writing of History, Madison, 1978.

Mukenbantu Paul, OUR, L'Unite de l'Oeuvre philosophique de Paul Ricoeur, in: Laval Theol. Phil., 46 (2), S. 209-222.

Müller Max, PhO, Phänomenologie, Ontologie und Scholastik, in: Pöggeler, (Hrsg.), HPD, S. 78-95.

Musil Robert, MoE, Der Mann ohne Eigenschaften, Hamburg, Rowohlt, 1986.

Okrent Mark, HP, Heideggers Pragmatism, Ithaka, London, 1988.

Orth Ernst Wolfgang, ZZ, (Hrsg.) Zeit und Zeitlichkeit bei Husserl und Heidegger, Phänomenologisch Forschungen, Band 14, München, Alber, 1984.

Parfit Derek, RP, Reasons and Persons, Oxford, Oxford University Press, 1986.

Pellauer David, LuL, Limning the Liminal. Carr and Ricoeur on Time and Narrative, in: Philosophy Today, Vol. 35, 1, 1991, S. 51-61.

Philibert Michel, TMR, The Philosophical Method of Paul Ricoeur, in: Reagan Charles E. (Hrsg.), Studies in the Philosophy of Paul Ricoeur, Ohio University Press, Athens, 1979, S. 133-141.

Pöggeler O., HPD, (Hrsg.) Heidegger, Perspektiven zur Deutung seines Werks, Königstein, Athenäum, 1984.

Pöggeler O., HudhP, Heidegger und die hermeneutische Philosophie, Freiburg/München, Alber, 1983.

Pöggeler O., NWH, Neue Wege mit Heidegger, Freiburg/München, Alber, 1992.

Pöggeler O., SAE, Sein als Ereignis, in: ders., HudhP, S. 71-139.

Pöggeler Otto, DW, Der Denkweg Martin Heideggers, Pfullingen, Neske, 1983 (1963).

Pucci Edi, R, Review of Paul Ricoeur's 'Oneself as Another': Personal Identity, Narrative Identity and 'Selfhood' in the Thought of Paul Ricoeur, in: Phil. Soc. Critic 18 (2), 1992, S. 185-209.

Putnam H., RR, Repräsentation und Realität, Frankfurt, Suhrkamp, 1991 (Original: Representation and Reality, MIT 1988).

Putnam H., VWG, Vernunft, Wahrheit und Geschichte, Frankfurt, Suhrkamp, 1990 (Original: Reason, Truth and History, Cambridge UP 1981).

Putnam Hilary, BvB, Die Bedeutung von 'Bedeutung', Frankfurt, Klostermann 1990 (1979) (Original: The Meaning of 'Meaning', in: Gunderson K., Language Mind and Knowledge, University of Minnesota Press, 1975).

Quine Willard Van Orman, (WaO) WuG, Wort und Gegenstand, Stuttgart, Reclam, 1980 (Original: Word and Object, New York 1960).

Récanati Francois, TE, La Transparence et l`énoncation, Paris, Éd. du Seuil, 1979.

Renn J., KESW, Die kommunikative Erschließung der subjektiven Welt. Die existentielle Genese als dialogische Reflexion expressiver Sprechakte, in: Dtsch. Z. f. Philos., Berlin, 41 (1993) 3, 539-561.

Renn Joachim, DBG, Dilthey und der Begriff der Geschichte. Hermeneutisch-phänomenologische Argument gegen den Kollektivsingular, in: Dilthey-Jahrbuch, Band 8, Göttingen, 1992-93, S. 297-339.

Ricoeur P., DI, Die Interpretation, Ein Versuch über Freud, Frankfurt, Suhrkamp 1976 (Original: De l'Interpretation. Essai sur Freud, Paris, Édition du Seuil, 1965).

Ricoeur P., DuK, Diskurs und Kommunikation, in: Neue Hefte f. Philsosophie, Nr. 11, 1977, S. 1-25.

Ricoeur P., GuW, Geschichte und Wahrheit, München, List, 1974 (Original: Histoire et Vérité, Édition du Seuil, Paris, 1955).

Ricoeur P., HH, Hermeneutics and the Human Sciences, (Hrsg: Thompson John B.), Cambridge University Press, 1981.

Ricoeur P., HuS, Hermeneutik und Strukturalismus, München, Kösel, 1973 (Orignal: Le conflict de interprétations, Essai d'hermeneutique, Paris, Éd. du Seuil, 1969.

Ricoeur P., LM, Die lebendige Metapher, München, Fink, 1986 (Original: La métaphore vive, Paris, Éd. du Seuil, 1975).

Ricoeur P., NF, The Narrative Function, in: ders., HH, S. 274-297.

Ricoeur P., NI, Narrative Identity, in: Philosophy Today, Vol. 35, 1, 1991, S. 73-80.

Ricoeur P., OaA, Oneself as Another, University of Chicago Press, 1992 (Original: Soi-méme comme un autre, Paris, Éd. du Seuil, 1990).

Ricoeur P., RoHP, The Reality of the Historical Past, Marquette University Press, Milwaukee, 1984.

Ricoeur P., SA, Semantique de l'Action, Paris, 1977.

Ricoeur P., SDM, Philosophie de la volonté. Finitude et Culpabilité. II. La symbolic du mal, Paris, Aubier, 1960.

Ricoeur P., TaM, Der Text als Modell, in: Gadamer Hans Georg und Boehm Gottf. (Hrsg.), HuW, S. 83-118.

Ricoeur P., TSR, The Function of Fiction in Shaping Reality, in: Man and World, 12, 1979, No. 2, S. 123-141.

Ricoeur P., ZuE, I, Zeit und Erzählung, Band 1, München, Fink, 1988 (Original: Temps et récit, tome I, Paris, Éd. du Seuil, 1983).

Ricoeur Paul, AR, A Response, in: ders. HH, S. 32-43.

Ricoeur, ZuE, II, Zeit und Erzählung, Band 2, München, Fink, 1989 (Original: Temps et récit, tome II, dans le récit de fiction, Paris, Éd. du Seuil, 1984).

Ricoeur, ZuE, III, (Zeit und Erzählung, Band 3), Time and Narrative, Volume 3, University of Chicago Press, 1988 (Original: Temps et récit, tome III, Paris, Éd. du Seuil, 1985).

Römpp George, TaI, Truth and Interpretation, An Inquiry into the argumentative Structure of Heideggers Beeing and Time, in: Int. Phil. Quart. 29 (4), 1989, S. 429-447.

Rorty R., HCP, Heidegger, Contingency, and Pragmatism, in: ders.: EHO, S. 27-50.

Rorty R., OT, Overcoming the Tradition: Heidegger and Dewey, in: ders., Consequences of Pragmatism, Sussex, 1982.

Rorty R., WHL, Wittgenstein, Heidegger, and the Reification of Language, in: ders.: EHO, S. 50-66

Rorty Richard, CIS, Contingency, Irony, and Solidarity, Cambridge, Cambridge University Press, 1989.

Rorty Richard, EHO, Essays on Heidegger and Language, Phil. Papers, Vol. 2, Cambridge, Cambridge University Press, 1991.

Rothacker Erich, GMH, Gedanken über Martin Heidegger.

Röttgers Kurt, KTZG, Der kommunikative Text und die Zeitstruktur von Geschichten, München, Alber, 1982.

Rüsen Jörn, HV, Historische Vernunft, Göttingen, Vandenhoeck, 1983.

Ryle Gilbert, CoM, The Concept of Mind, London, New York, Harper & Row, 1949.

Safranski Rüdiger, HMD, Ein Meister aus Deutschland, Heidegger und seine Zeit, München, Wien, Hanser, 1994.

Sallis John (Hrsg.), RH, Reading Heidegger, Indianapolis, Bloomington, Indiana University Press, 1993.

Sartre Jean Paul, DSN, Das Sein und das Nichts, Hamburg, Rowohlt, 1962 (Original: L'Etre et le Néant, Essai d'ontologie phénoménologique, Paris, 1943).

Savigny Eike von, PnS, Die Philosophie der normalen Sprache, Frankfurt, Suhrkamp, 1993.

Schöfer Erasmus, HLMG, Heideggers Language. Metalogical Forms of Thought and Grammatical Specialities, in: Kockelmanns J. J., OHL, S. 281-303.

Schütz Alfred (Luckmann Thomas), SLW, Strukturen der Lebenswelt, Band 1 und 2, Frankfurt, Suhrkamp, 1979.

Searle John R., I, Intentionalität, Eine Abhandlung zur Philosophie des Geistes, Frankfurt, Suhrkamp, 1987 (Original: Intentionality, Cambridge UP, 1983).

Searle John R., SA, Speech Acts, An Essay in the Philosophy of Language, Cambridge University Press, 1992 (1969).

Smith Woodruff, HDRP, Husserl on Demonstrative Reference and Perception, in: Dreyfus (Hrsg.), ICS, S. 193-215.

Sokolowski Robert, FHCC, The Formation of Husserls Concept of Constitution, The Hague, 1964.

Sommer Manfred, Einleitung in Husserl, KdgW.

Sommer Manfred, LWZB, Lebenswelt und Zeitbewußtsein, Frankfurt, Suhrkamp, 1990.

Spiegelberg Herbert, PhM, The Phenomenological Movement. A historical Introduction, Den Haag, 1960.

Stanzel Franz K., TdE, Theorie des Erzählens, Göttingen, Vandenhoek und Ruprecht, 1979.

Sternberger Dolf, ÜT, Über den Tod, Frankfurt, Suhrkamp, 1981.

Stewart Roderick M., HIL, Heidegger and the Intentionality of Language, in: Amer. Phil. Quart. 25, 1988, S. 153-162.

Strawson P. F., I, Individuals. An Essay in Descriptive Metaphysics, London, 1959.

Sturma Dieter, PuZ, Person und Zeit, in: Forum f. Phil. Bad Homburg (Hrsg.), ZuP, S. 123-158.

Taylor Ch., EoA, The Ethics of Authenticity, (Original: The Malaise of Modernity), Harvard University Press, Cambridge, Mass., 1991.

Taylor Ch., ToM, Theories of Meaning, in. ders., What is Human Agency, in: ders., Human Agency and Language, Phil. Papers 1, Cambridge University Press, 1985, S. 248-293.

Taylor Ch., WiHA, What is Human Agency, in: ders., Human Agency and Language, Phil. Papers 1, Cambridge University Press 1985, S. 15-45.

Taylor Charles, SoS, Sources of the Self, The Making of the Modern Identity, Harvard University Press, Cambridge, Mass., 1989.

Theunissen M., MZPA, Melancholische Zeiterfahrung und psychotische Angst, in: Fink-Eitel H. und Lohmann G. (Hrsg.), Zur Philosophie der Gefühle, Frankfurt, Suhrkamp, 1993, S. 334-345.

Theunissen M., SVUA, Selbstverwirklichung und Allgemeinheit. Zur Kritik des gegenwärtigen Bewußtseins, Berlin, deGruyter, 1982.

Theunissen Michael, A, Der Andere, Studien zur Sozialontologie der Gegenwart, Berlin, 1977.

Thomä Dieter, ZSZD, Die Zeit des Selbst und die Zeit danach: Zur Kritik der Textgeschichte Martin Heideggers 1910-1976, Frankfurt, Suhrkamp, 1990.

Thompson John B., EI, Editors Introduction, in: Ricoeur Paul, HH, S. 1-27.

Tietz Udo, DMS, Dasein-Mitsein-Sprache, Heideggers Auffassung über das Wesen der Sprache in 'Sein und Zeit', in: Dt. Ztschrft. f. Phil. 38Jg., 12, 1990, S. 1152-1159.

Tugendhat E., VS, Vorlesungen zur Einführung in die sprachanalytische Philosophie, Frankfurt, Suhrkamp, 1976.

Tugendhat E., W, Der Wahrheitsbegriff bei Husserl und Heidegger, Berlin, deGruyter, 1970.

Tugendhat Ernst, SuS, Selbstbewußtsein und Selbstbestimmung, Frankfurt, Suhrkamp, 1979.

Ulfig Alexander, LuR, Lebenswelt und Reflexion, in: Protosoziologie, Hft. 3, 1992, S. 19-42.

Vetlesen Arne Johan, PEJ, Perception, Empathy and Judgement. An Inquiry into the Preconditions of Moral Performance, Pennsylvania State University Press, 1994.

Wälde Martin, HuS, Husserl und Schapp, Von der Phänomenologie des inneren Zeitbewußtseins zur Philosophie der Geschichten, Basel, Schwabe, 1985.

Waldenfels Bernhard, SV, Der Spielraum des Verhaltens, Frankfurt, Suhrkamp, 1980.

Watanabe Jiro, Categorical Intuition and the Understanding of Being in Husserl and Heidegger, in: John Sallis, RH, S. 109-118.

Welter Rüdiger, BL, Der Begriff der Lebenswelt. Theorien vortheoretischer Erfahrungswelt, München, Fink, 1986.

Welton Donn, VNVG, Verbindende Namen, Verbundene Gegenstände: Frege und Husserl über Bedeutung, in: Jamme Chr. und Pöggeler Otto (Hrsg), PiW, S. 141-192.

White H., PE, Das Problem der Erzählung in der modernen Geschichtstheorie, in: Rossi Pietro (Hrsg.), Theorie der modernen Geschichtsschreibung, Frankfurt, Suhrkamp, 1987, S. 57-107.

White Hayden, MH, Metahistory. Die historische Einbildungskraft im 19. Jahrhundert in Europa, München, Fink, 1986.

Wittgenstein L., TLP, Tractatus logico-philosophicus, (Der Band enthält zudem: Wittgenstein, PhU; TLP: S. 7-87), Frankfurt, Suhrkamp, 1984.

Wittgenstein Ludwig, PhU, Philosophische Untersuchungen, in: ders., TLP, S. 225-619.

Wood David, DoT, The Deconstruction of Time, Atlantic Highlands, Humanity Press, 1989.

Wood David, RI, Reiterating the Temporal - Toward a Rethinking of Heidegger on Time, in: John Sallis, RH, S. 136-163.

GPSR Compliance

The European Union's (EU) General Product Safety Regulation (GPSR) is a set of rules that requires consumer products to be safe and our obligations to ensure this.

If you have any concerns about our products, you can contact us on ProductSafety@springernature.com

In case Publisher is established outside the EU, the EU authorized representative is:

Springer Nature Customer Service Center GmbH
Europaplatz 3
69115 Heidelberg, Germany

Batch number: 10808666

Printed by Printforce, the Netherlands